Python编程从数据分析到机器学习实践

（微课视频版）

刘 瑜 著

中国水利水电出版社
www.waterpub.com.cn
·北京·

内容提要

《Python 编程从数据分析到机器学习实践（微课视频版）》是一本基于 Python 语言进行数据分析和机器学习的入门与应用类图书，也是一本兼顾实战要求的视频教程。具体内容包括：Jupyter Notebook 应用，Numpy 科学计算、矩阵、线性代数和高级技术，Matplotlib 基础知识和高级应用，Scipy 基础知识和高级应用，Pandas 基础知识、数据处理和基于时间应用，Scikit-learn 基础知识与应用等。本书突出了代码编写的实战要求，为每一章提供了生动有趣的实践内容，包含了文字处理、图像识别、音频编辑、数据分析及预测等实际案例。本书的编写基于 Python 3.7 的最新版本。另外，本书配备了 608 分钟的微视频讲解、提供完整的源代码及 PPT 课件下载。具体下载方法见“前言”中的相关介绍。

《Python 编程从数据分析到机器学习实践（微课视频版）》适合具有 Python 编程基础的 IT 编程工程师、计算机相关专业的学生、专业科学研究人员、数据工程师、高校老师等使用。本书可作为高校、相关培训机构的教材使用。

图书在版编目（CIP）数据

Python 编程从数据分析到机器学习实践：微课视频版 / 刘瑜著. -- 北京：中国水利水电出版社, 2020.2
ISBN 978-7-5170-8152-4

Ⅰ. ①P… Ⅱ. ①刘… Ⅲ. ①软件工具—程序设计 Ⅳ. ①TP311.561

中国版本图书馆 CIP 数据核字（2019）第 248847 号

书　　名	Python 编程从数据分析到机器学习实践（微课视频版） Python BIANCHENG CONG SHUJU FENXI DAO JIQI XUEXI SHIJIAN
作　　者	刘瑜　著
出版发行	中国水利水电出版社 （北京市海淀区玉渊潭南路 1 号 D 座　100038） 网址：www.waterpub.com.cn E-mail：zhiboshangshu@163.com 电话：（010）62572966-2205/2266/2201（营销中心）
经　　售	北京科水图书销售中心（零售） 电话：（010）88383994、63202643、68545874 全国各地新华书店和相关出版物销售网点
排　　版	北京智博尚书文化传媒有限公司
印　　刷	三河市龙大印装有限公司
规　　格	190mm×235mm　16 开本　28.25 印张　697 千字
版　　次	2020 年 2 月第 1 版　2020 年 2 月第 1 次印刷
印　　数	0001—5000 册
定　　价	99.80 元

前 言

Preface

进入 21 世纪后，随着大数据、人工智能、物联网、云平台等新技术的发展，利用各种各样的数据进行科学分析，成为可能。而这里最引人关注的是基于 Python 语言的各种分析工具，这也是本书将要介绍的主要工具，它们可以轻而易举地解决网页、表格、图片、音频、视频等数据的处理和应用，不再受关系数据和非关系数据的制约，并且，大多数情况下在普通计算机上就可以执行。这是一件非常令人兴奋的事情！我们可以借助这些工具做数据工程师、数据分析及研究科学家、人工智能专家所做的工作。这在以前是不可想象的，总觉得那是一件非常遥远或高不可攀的事情，如今一切皆有可能。

一、本书主要涉及工具

1．Jupyter Notebook

该工具的前身 Ipython 是科学家科学计算可视化操作的专业工具，如今被普遍应用到数据处理及分析当中。本书主要介绍其后续项目 Jupyter Notebook 的使用功能。

2．Numpy

Numpy 是 Python 技术体系下科学计算的基础工具，具有基石的作用，其他很多工具都是基于该工具进行功能扩展的。

3．Scipy

Scipy 是在 Numpy 基础上开发而成的，是一种高级科学计算工具，除了继承 Numpy 大量的功能外，还拥有一系列高级计算功能。

4．Pandas

Pandas 是进行数据处理和分析的主流技术工具，尤其擅长二维表格的数据处理，业内人士认为 Pandas 将二维数据处理技术用到了极致。

5．Matplotlib

对数据进行图像可视化处理的首选工具，其提供了丰富多彩的二维、三维处理功能，可以看作 Numpy、Scipy、Matplotlib 的组合，可以替代 MATLAB 的相关功能。

6．Scikit-learn

Scikit-learn 是人工智能入门的首选工具，可以借助它深入理解人工智能的一些基础知识和原理，而且该工具相对简单易学，所提供的功能强大、案例丰富。

当然，上述工具都是免费的、开源的，用户可以直接进行商业应用。

二、本书构建思路

1. 让读者相对容易地入门

本书可以使读者方便地入门，并能持续地深入学习。基于此，本书对基础知识进行了详细讲解，并通过图、表、提示等技巧使读者更加容易接受；另外，本书遵循由浅入深、层层推进的原则对知识点进行了深入浅出的分析；本书还突出了代码示例、案例的作用。

2. 让读者有相对清晰的知识结构

由于科学计算涉及工具众多，如何解释清楚它们之间的关系，并说明工具本身的知识范围，是一件非常具有挑战意义的事情。本书在这方面做了很多工作，可以让读者在一步步掌握知识点的同时，也能很清晰地掌握相关知识结构。

3. 让读者能具备一定的实战能力

学完本书的读者可以具备基本扎实的数据处理能力，这也是作为数据工程师所必需具备的。读者在掌握了基本数据处理能力并有一定实操经验后可以比较顺利地进入互联网企业、大数据中心等进行就业，当然，也可以进一步深入学习和研究。

4. 让读者觉得本书有趣味性

为了增加趣味性，本书引入“三酷猫”的故事，“三酷猫”是电影《九条命》主题曲 *Three Cool Cats* 的中文翻译。因为作者和作者的孩子都喜欢那只可爱的猫咪。

三、本书适合读者对象

（1）高校学生。本书主体定位于科学计算入门教材，主要面向高校中已具有 Python 编程基础，并立志于从事数据分析、人工智能研究的在校学生。

（2）IT 行业编程人员。本书还适合已经掌握 Python 语言，并且想在数据工程、人工智能应用方面有所了解或发展的技术人员。

（3）相关培训机构的教师和学员。本书可作为相关培训机构的培训教材使用。

（4）专业科研机构的研究人员、高校教师。

（5）编程爱好者。

四、本书相关资源及获取方式

（1）为方便读者学习，本书提供视频源文件，方便读者下载后在电脑上学习观看。

（2）为方便读者巩固知识，本书免费提供配套电子版《习题及答案》。

（3）为方便读者实战学习，本书附赠所有章节的案例源代码。

（4）为方便教师教学，本书制作了教学课件 PPT。

资源下载方式

（1）读者通过扫描下面的二维码，关注微信公众号后，输入“Py524”即可获得本书资源下载链接。

（2）读者可以加入本书 QQ 交流群：797965584（若群满，会创建新群，请注意加群时的提示），按群公告中的提示获取本书资源下载链接。

五、作者介绍

刘瑜，具有 20 多年 C、ASP、Basic、Foxbase、Delphi、Java、C#、Python 等编程经验，著有《战神——软件项目管理深度实战》《NoSQL 数据库入门与实践》《Python 编程从零基础到项目实战》，作者是高级信息系统项目管理师、软件工程硕士、CIO、硕士企业导师、协会理事。

六、编写内容约定

（1）虽然本书主体代码是在 Windows 操作系统下通过的测试，但是在 Linux、Mac 操作系统下也可以实现（书中主要通过“说明”给予提示）。

（2）书中代码行首出现的“$”若不作特殊说明，指 Linux 下的命令提示符。

（3）本书主要内容在是 Python 3.7.2 基础上结合最新第三方库来实现的。

（4）编排格式及阅读方式提示。本书所有代码在 Notebook 里执行并通过，采用如下编排风格：

```
s1=[100,100,50]                    #列表对象 s1
s1                                 #执行 s1
[100, 100, 50]                     #列表执行结果
sum(s1)                            #求列表元素和
250                                #求和结果
```

背景颜色，浅灰色为输入并执行的代码，深灰色为执行结果输出。本书对代码进行了注释，除了方便读者阅读和理解外，也是为了尽量利用纸张的空间，在有限的空间提供尽量多的知识内容。所以提醒读者，代码中的注释内容与正文内容同等重要，必须严格阅读和掌握。在涉及数据使用时，尽量在一章节的开始，先实现数据存储及展现的过程，后续同一节的内容，避免反复展现相同的数据内容，这要求读者在同一节能前后对照着阅读代码执行内容。如 s1 数组变量，可以用于同一节的后续不同代码案例，而不用反复定义 s1。

七、习题及实验使用说明

《习题及答案》主要是为高校学生提供知识巩固测验之用。作者将为购买本书作为教材的学校提供习题标准答案（可以通过 QQ 群或微信公众号联系获取）。

实验是针对所有读者的，无论在校学生，还是编程从业人员，均应该认真完成每章所提供的实验任务，以切实掌握每章的核心编程内容（对于实验结果，学校可以从作者处获得标准答案；编程从业人员可以参与 QQ 群讨论和咨询）。

八、致谢

这里先要致谢视频支持老师——屈晓渊，榆林学院副教授，为本书录制了配套视频讲座。

同时感谢其他参与本书编写的人员——裴英尚、董树南、阚伟、刘勇。

本书受作者知识水平局限，虽然尽心尽力确保书中内容的质量，但难免存在疏漏之处。欢迎广大读者提出宝贵意见，谢谢！

编　者

目　录

Contents

第 1 章 入门准备

Python 语言作为“胶水”语言，“粘连”了大量的第三方库，这些第三方库在科学计算、数据分析、人工智能等方面都发挥了强大的应用功能，其中，包括了 Jupyter Notebook、Numpy、Scipy、Pandas、Matplotlib、Scikit-learn 等。对于已经有 Python 语言基础，想从事数据分析、科学计算、人工智能等工作的读者，本章提供了基础入门知识。

学习内容

- 自然智能、人工智能、机器学习、深度学习等概念
- 工具安装
- 数据
- 对读者的建议
- 公共约定
- 习题及实验

扫一扫，看视频

1.1 基本知识概述

本节介绍目前 IT 行业内比较流行的且跟本书紧密相关的一些背景知识，同时把 Jupyter Notebook、Numpy、Scipy、Pandas、Matplotlib、Scikit-learn 的基本情况及特点进行整体介绍，而本书的主体内容也是围绕上述六大库进行系统讲解和应用的。

1.1.1 背景知识

进入 21 世纪，Python 语言得到业内越来越多人的青睐，在全球范围内程序软件使用排名一路上升。截至 2019 年 2 月，其在 TIOBE 网[①]上排名居于前 3，且仍具有强烈的上升势头。Python 的火爆主要基于其两个优点，一是简单易学，赢得了大量编程初学者的认可；二是其粘连了大量的第三方库，如 Jupyter Notebook、Numpy、Scipy、Pandas、Matplotlib、Scikit-learn 等[②]。借助这些第三方库，Python 可以做（大）数据分析、科学计算、人工智能等相关的工作，而且这些第三方库都是免费的、开源的，这给了很多技术人员、研究人员更多的机会，他们可以更加轻松地学习，并通过上述工具，来解决看起来非常“高、大、上”的事情。

2003 年，两个美国科学家为了解决从网上爬取的以 10 亿页计的海量数据，开始研究大数据技术，并在 2008 年获得了成功[③]。而最近几年，我国各省市也陆续建立了省级或国家级的数据中心，累计的数据达到 TB、PB 甚至 EB 级别。另外，不同企业，甚至个人计算机上也都积累了数字、文字、网页、表格、图片、音频、视频等形式的大量数据。这些堆积的数据需要有专业的工具进行加工分析，从而产生对用户有价值的信息，而这正是 Python 所支持的第三方库所擅长的。

2016 年和 2017 年，阿尔法狗（AlphaGo）连续击败了世界围棋冠军李世石和排名第一的世界围棋冠军柯洁，这也宣告了目前人工智能在该领域彻底击败人类[④]。而阿尔法狗的工作原理是人工智能技术（主要是深度学习技术），要想在人工智能技术方面有所作为，利用基于 Python 语言的第三方库学习，是一个很好的选择。

另外，Python 语言在第三方库的支持下，还实现了强大的科学计算功能，如通过 Python 与 Numpy、Scipy、Matplotlib 的结合，可以替代 MATLAB 的部分功能，这对工程技术人员、科学研究人员来说，是一个极具诱惑的选择。

数学家说这个世界是数字的，今天我们距离可操控的数字世界是如此之近。

自从冯·诺依曼设计并制造出第一台通用电子计算机以来，“0”和“1”展现了这个世界越来越多的信息。从财务表格、数学公式、图片、音频、视频，到机器人智能博弈、音频图像识别、机器翻译、医疗诊断、自动驾驶、指纹和人脸识别等，计算机越来越多地替代人类的各种智能活动。让我们来看看董树南老师亲手研究并制作的“基于数字驱动三维碰撞模型”，如图 1.1 所

---

① TIOBE 网地址 https://www.tiobe.com/tiobe-index/。

② PyPi 网提供了超过 17 万个基于 Python 的项目（库），其地址为 https://pypi.org/。

③ 刘瑜、刘胜松《NoSQL 数据库入门与实践》(基于 MongoDB、Redis)，2018 年 2 月，第 4 页。

④ 刘瑜《Python 编程从零基础到项目实战》第 375 页。

示，整个模型用数字搭建，再现了数字在三维世界里的仿真功能。

图 1.1　数字驱动三维动态仿真

动态的、随着时间变化的、碰撞的仿真，意味着什么呢？意味着整个世界都可以通过类似数字模型来展示。当读者耐心学完这本书时，大脑里会充满各种数字坐标和公式，也就是说这个世界可以用数字来表达，并可以通过二维、三维视觉来展现。

1.1.2　智能概述

在介绍相关工具前，需要先理清一些概念及关系，方便读者准确理解本书的知识。

自然智能（Natural Intelligence，NI），指人通过大脑的运算和决策产生有价值的行为。这些行为包括了人的大脑思考及决策、耳朵听力及判断、眼睛视觉及判断、鼻子嗅觉及判断、皮肤触觉及判断等，体现在人行为的方方面面。

人工智能（Artificial Intelligence，AI），通过机器替代人，实现人具有的智能行为。这里的机器主要指计算机、数据、相关软件，也可以包括相关的智能终端设备。目前人工智能应用比较成熟的技术方向包括机器博弈（智能机器人）、声音识别、图像图片识别（文字、指纹、人脸等）、传感器等提供数据的分析与预测。人工智能研究的主要学科涵盖计算机科学、信息论、控制论、自动化、仿生学、生物学、心理学、数理逻辑、语言学、医学和哲学等。

机器学习（Machine Learning，ML）是算法和统计模型的科学研究，计算机系统使用它来有效地执行特定任务，无须使用明确的指令，而是依赖于模式和推理。它被视为人工智能的一个子集，也是人工智能的核心。[①]机器学习必须借助数据进行“学习”。机器学习的形式可以分为监督学习、半监督学习、无监督学习、强化学习。

深度学习（Deep Learning，DL）（也称为深度结构化学习或分层学习）是基于学习数据表示的机器学习方法系列的一部分，而不是特定于任务的算法。深度学习受生物神经系统中信息处理和通信模式的启发，但与生物大脑的结构和功能存在差异。目前，深度学习架构，如深度神经网络、深度置信网络和递归神经网络，已应用于计算机视觉、语音识别、自然语言处理、音频识别、社交网络过滤、机器翻译、生物信息学、药物设计和医学图像分析等领域。

[①] Machine Learning, https://en.wikipedia.org/wiki/Machine_learning#cite_note-1。

图 1.2 直观地体现了自然智能、人工智能、机器学习、深度学习之间的关系，它们是包含关系，同时也是部分继承关系，各自概念的定义进一步区分了各自的特点，一般读者对此有印象、会简单区分即可。

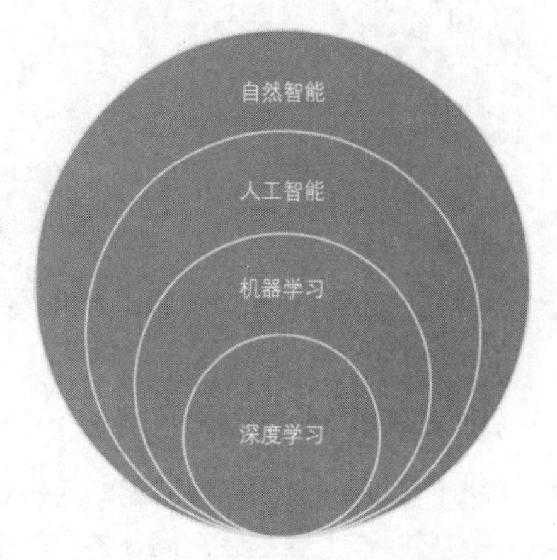

图 1.2　NI、AI、ML、DL 的关系

1.1.3　主要库功能

Python、Jupyter、Numpy、Scipy、Pandas、Scikit-learn、Matplotlib 等主要分别实现什么功能呢？它们之间是什么关系呢？如图 1.3 所示。

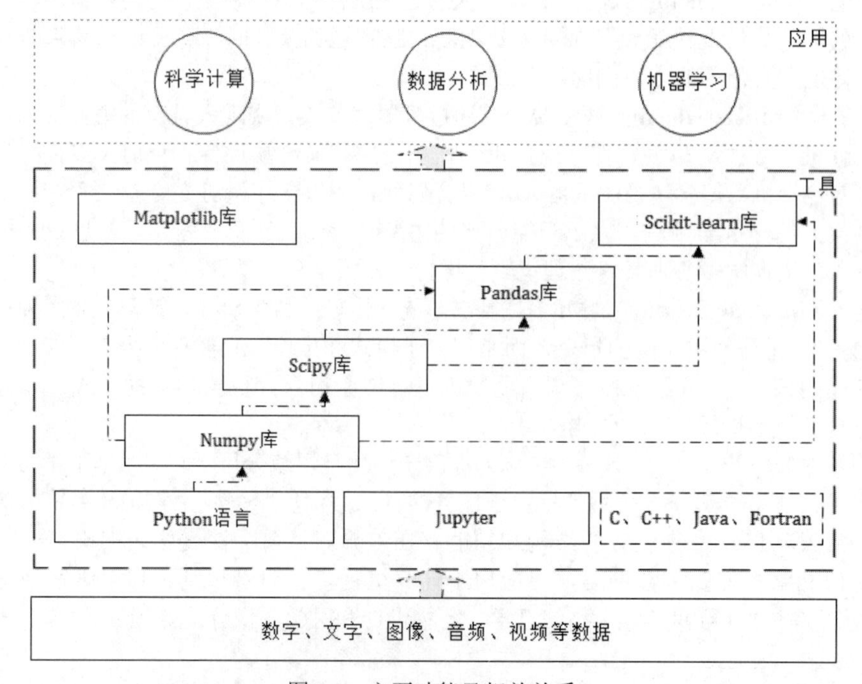

图 1.3　主要功能及相关关系

（1）Python 语言是后续其他库使用的基础编程环境，并为其他库提供了代码解释器和统一环境下的使用支持功能，也就是说其他库是基于 Python 语言的基础上进行编程，进行数据处理，进行科学研究的。这要求阅读本书的读者，必须先掌握 Python 语言，才能使用其他库。

（2）Jupyter 是一款支持 Python 语言的集成开发环境（IDE），其发展出来的可视化代码编辑工具 Jupyter Notebook 是本书所有代码的调试工具，也是数据工程师、科学家们比较喜欢使用的一款开发工具，因为它提供了探索式、一体化的操作环境，可以大大提高工作效率。Python 编程人员可以把它当作与 IDLE、PyCharm、VSCode 类似的一款开发工具。

（3）Numpy 库是建立在 Python 语言基础上以数组（Array）为核心的科学计算库，是 Python 技术体系下公认的科学计算基础包，为数据分析、科学计算、机器学习提供了数据基础处理功能。

（4）Scipy 库是建立在 Numpy 库基础上更加专业的，基于科学计算和工程计算的科学计算包，是高级工程人员和科学家关注的重点。

（5）Pandas 库是基于 Numpy 和 Scipy 库基础上的专业数据分析工具，是数据工程师重点关注的对象。其主要提供了基于二维表格的各种数据处理分析功能，其功能远远超过了 Excel 表格、SQL 数据表等，可以说其把数据处理能力用到了极致。

（6）Scikit-learn 库是机器学习的入门和主流开发工具，其在 Numpy、Scipy、Pandas 库的基础上，实现对数据的“学习”，并得出人们预期的智能输出结果。

（7）Matplotlib 库是实现数据的二维、三维的静态、动态可视化，使数据分析、科学计算、机器学习结果更加直观。

上述工具，由于都为开源，并都提供了二次开发支持功能，有实力的读者可以借助 C、C++、Java、Fortran 等语言，开发自定义功能模块，并集成到上述库中，这为算法研究等功能的实现提供了可操作的方法。

显然，这些工具的使用是建立在各种数据的基础上的，并通过这些工具的加工产生科学计算、数据分析、机器学习的最终输出结果。

1.2 工具安装

扫一扫，看视频

了解了 Python、Jupyter Notebook、Numpy、Scipy、Pandas、Matplotlib、Scikit-learn 等基本功能后，接下来就要实际安装并操作了。安装上述工具有很多种方法，本节仅介绍一种安装方法，即借助 Anaconda 安装管理工具。Anaconda 首先是发布 Python 的工具，同时也是发布、管理与 Python 相关的第三方库的工具。

1.2.1 安装准备工作

Anaconda 支持 Linux、Windows、Mac OS X 下的安装与使用。Anaconda 安装工具包含了 1500 多个 Python/R 数据科学包，其大小超过了 600MB，若读者的计算机环境或网络速度有限，可以选择缩小包 Miniconda 的安装[1]。

[1] 下载地址为 https://docs.conda.io/projects/continuumio-conda/en/latest/user-guide/install/windows.html。

1．检查安装计算机环境

目前，Anaconda 安装主要分两个版本，分别是 64 位和 32 位。这里的位数是指计算机的 CPU 和操作系统支持的位数。

在 Windows 下，在“我的电脑”图标上右击，选择“属性”命令，即可查看“系统”的基本信息，可以找到“系统类型”，该信息列出了操作系统、CPU 所支持位数。如图 1.4 所示为 Windows 10 所显示的系统基本信息。

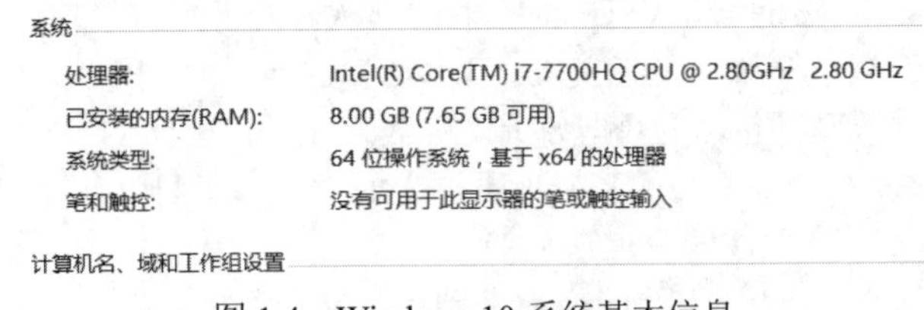

图 1.4　Windows 10 系统基本信息

说明：

在 Linux 下，通过以下命令可以查看操作系统及 CPU 的基本信息：

```
$ uname -a    #查看操作系统、CPU 信息
```

在 Mac OS X 下，依次单击工具栏左上角的苹果标志→关于本机→更多信息→系统报告→（左侧中）软件，就可以在右侧窗口系统软件概览显示相应信息。

2．下载 Anaconda 安装包

从浏览器打开 Anaconda 安装包官网下载地址 https://www.anaconda.com/distribution/，然后选择需要的操作系统类型（本书选择 Windows），再单击下面的 Python 3.7 version 下的“Download”按钮就可以实现安装工具的下载（如图 1.5 所示）。注意尽量选择图形安装包（如 64-Bit Graphical Installer），方便安装。

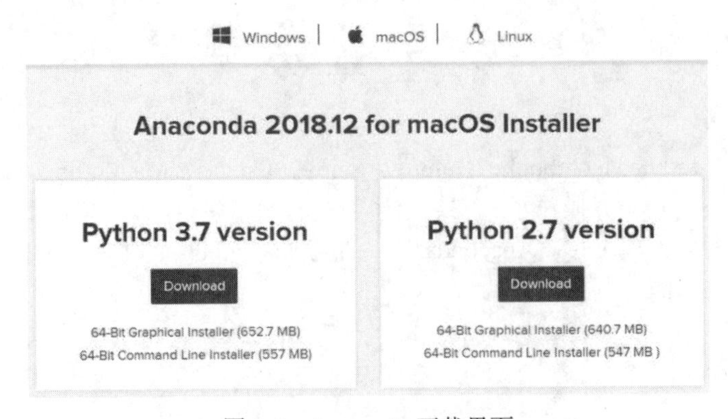

图 1.5　Anaconda 下载界面

注意：

Windows 下的安装包名称类似 Anaconda3-2018.12-Windows-x86_64 .exe。

Linux 下的安装包名称类似 Anaconda3-2018.12-Linux-x86_64.sh。

Mac OS X 下的安装包名称类似 Anaconda3-2018.12-MacOSX-x86_64.pkg。

1.2.2　Windows、Linux、Mac 下安装过程

完成下载 Anaconda 安装包后，就可以在计算机上正式安装了。

1. Windows 下安装

双击安装包（如 Anaconda3-2018.12-Windows-x86_64.exe），启动如图 1.6（a）所示的安装界面，单击“Next”按钮，进入授权界面再单击“I Agree”按钮，进入用户安装类型界面，默认选择项是“All Users”，再单击“Next”按钮进入安装路径选择界面，单击“Browse...”按钮可以选择需要安装的路径（如 D:\Anaconda），再单击“Next”按钮，进入图 1.6（b）所示的界面，选中第一个复选框，再单击“Install”按钮就可以开始安装软件。当进度条显示完成时，单击“Next”按钮，可以继续选择单击“Install Microsoft VSCode”安装 VSCode 代码开发工具（需要连接 Internet），或单击“Skip”按钮，最后单击“Finish”按钮即完成安装。

注意：

（1）图 1.6（b）中第一个复选框必须勾选，否则所安装的工具在使用时存在找不到等问题，需要人工在系统环境下配置，增加初学者的难度。

（2）图 1.6（b）中第二个复选框指定该版本的 Python 为其他第三方库所依赖的主语言工具，一般情况下默认勾选安装即可。除非读者的计算机上已经存在更新版本的 Python（但是需要考虑版本兼容性的问题，在这里不详细指出了）。

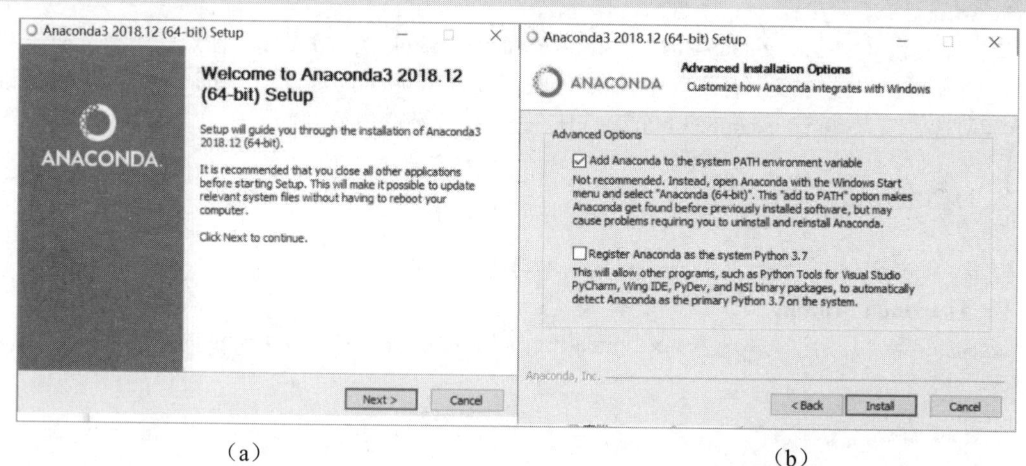

（a）　　　　（b）

图 1.6　Anaconda 安装过程图

然后在 Windows“开始”菜单里找到如图 1.7 所示安装的内容。

（1）Reset Spyder Settings：重新设置 Spyder 默认运行参数。

（2）Anaconda Prompt：Anaconda 命令执行终端界面。

（3）Spyder：比 Python 的 IDLE 工具具有更强大的代码管理功能的编码工具。

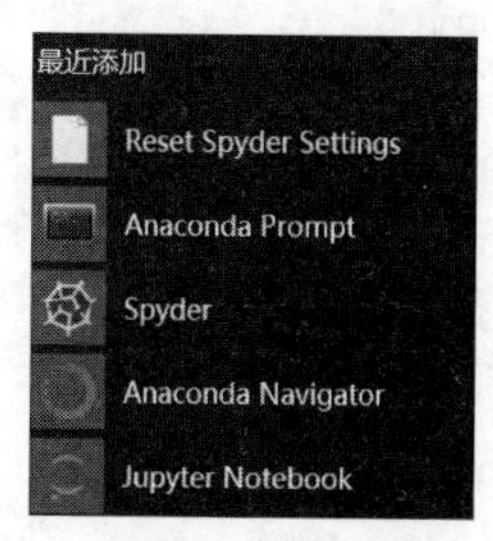

图 1.7　“开始”菜单里已安装的 Anaconda 工具

（4）Anaconda Navigator：用于管理第三方库及配置环境信息、技术交流社区、在线学习资料等功能的管理工具。

（5）Jupyter Notebook：基于 Web 的可以探索式科学计算、数据分析、图形展示，并支持多种开发语言的编辑工具，是本书的主要代码开发环境。另外，其还具有强大的文档编辑功能。

2．Linux 下安装

在终端窗口中，执行如下安装命令：

```
$ bash Anaconda3-2018.12-Linux-x86_64.sh
```

注意：

安装文件名需要根据自己实际下载文件名进行输入。安装完成后需要通过如下命令设置运行环境参数：

```
$ sudo vi /etc/profile
```

在打开的配置文件末尾加 export PATH=$PATH:/home/software/anaconda3/bin 并保存，就可以使用 Anaconda。使用时可以先用$ python3 做一个测试。

注意：

一般情况下，Linux 默认自带 Python 2.X 版本，由于 Linux 比较依赖该版本，在安装新版本 Python 时，不要删除现有版本的 Python。

3．Mac OS X 下安装

双击安装包（如 Anaconda3-2018.12-MacOSX-x86_64.pkg），按照提示信息就可以完成安装。注意，该方式也可能存在运行环境参数设置的问题，若无法正常使用 Anaconda，就需要通过 export PATH="/安装路径/anaconda3/bin:$PATH" 进行运行环境参数设置。

1.2.3 Anaconda 功能使用

完成 Anaconda 安装后，就需要了解其基本功能。

1．Anaconda Prompt

在 Windows“开始”菜单选择 Anaconda Prompt 命令，弹出如图 1.8 所示的终端界面。在该界面输入：

```
conda list
```

然后按Enter键，将会罗列所有已经安装的Python的第三方库，其中，包括了本书所用到的主要第三方库名和版本。这意味着读者的计算机具备了学习 Python 的使用环境。

Prompt 常用命令如下。

（1）conda list：列出当前已经安装的第三方库名、版本号及所依赖的 Python 版本。

（2）conda install numpy：用 conda 安装 numpy，对应的卸载命令为 conda uninstall numpy。

（3）conda upgrade numpy：更新 numpy 的版本。

（4）conda update –all：更新环境中的所有包。

（5）conda –version：检查 conda 安装包版本。

（6）conda update conda：升级 conda 到最新版本。

■ 选择Anaconda Prompt

```
(base) C:\Users\网络资源管理部>conda list
# packages in environment at D:\Anaconda:
#
# Name                    Version                   Build  Channel
_ipyw_jlab_nb_ext_conf    0.1.0                    py37_0
alabaster                 0.7.12                   py37_0
anaconda                  2018.12                  py37_0
anaconda-client           1.7.2                    py37_0
anaconda-navigator        1.9.6                    py37_0
anaconda-project          0.8.2                    py37_0
asn1crypto                0.24.0                   py37_0
astroid                   2.1.0                    py37_0
astropy                   3.1              py37he774522_0
atomicwrites              1.2.1                    py37_0
attrs                     18.2.0           py37h28b3542_0
babel                     2.6.0                    py37_0
backcall                  0.1.0                    py37_0
backports                 1.0                      py37_1
backports.os              0.1.1                    py37_0
backports.shutil_get_terminal_size 1.0.0                   py37_2
beautifulsoup4            4.6.3                    py37_0
bitarray                  0.8.3            py37hfa6e2cd_0
bkcharts                  0.2                      py37_0
blas                      1.0                         mkl
blaze                     0.11.3                   py37_0
```

图 1.8　Prompt 命令终端

（7）conda create -n new1 python=3：在新虚拟环境下指定 Python 版本并安装。new1 为环境变量名。

说明：

conda install numpy 只是用来说明怎样安装第三方库，其他库如 Scipy 也可以采用此方法单独安装。conda 工具具有在一台计算机上安装并独立运行多套安装包的能力，它通过环境配置隔离不同版本的安装包。这如 Python 2.7、Python 3.7.2 不同版本相关第三方库的独立运行。

2. 打开 Jupyter Notebook

安装完成后，想进一步验证一下 Numpy、Scipy、Pandas、Matplotlib、Scikit-learn 是否能正常使用，则可以在 Windows“开始”菜单选择 Jupyter Notebook，启动 Jupyter 后台服务器，如图 1.9 所示。

Jupyter Notebook

```
[I 20:33:42.825 NotebookApp] Writing notebook server cookie secret to C:\Users\网络资源管理部\AppData\Roaming\jupyter\runtime\notebook_cookie_secr

[I 20:33:43.480 NotebookApp] JupyterLab extension loaded from D:\Anaconda\lib\site-packages\jupyterlab
[I 20:33:43.480 NotebookApp] JupyterLab application directory is D:\Anaconda\share\jupyter\lab
[I 20:33:43.483 NotebookApp] Serving notebooks from local directory: C:\Users\网络资源管理部
[I 20:33:43.483 NotebookApp] The Jupyter Notebook is running at:
[I 20:33:43.483 NotebookApp] http://localhost:8888/?token=25cc03248ed8caec6a6e14d166651c186e407928d58681b1
[I 20:33:43.483 NotebookApp] Use Control-C to stop this server and shut down all kernels (twice to skip confirmation).
[C 20:33:43.544 NotebookApp]

    To access the notebook, open this file in a browser:
        file:///C:/Users/%E7%BD%91%E7%BB%9C%E8%B5%84%E6%BA%90%E7%AE%A1%E7%90%86%E9%83%A8/AppData/Roaming/jupyter/runtime/nbserver-6592-open.html
    Or copy and paste one of these URLs:
        http://localhost:8888/?token=25cc03248ed8caec6a6e14d166651c186e407928d58681b1
[I 20:34:58.821 NotebookApp] 302 GET /?token=25cc03248ed8caec6a6e14d166651c186e407928d58681b1 (::1) 0.90ms
[I 20:35:10.860 NotebookApp] Creating new notebook in
[I 20:35:10.881 NotebookApp] Writing notebook-signing key to C:\Users\网络资源管理部\AppData\Roaming\jupyter\notebook_secret
[I 20:35:13.351 NotebookApp] Kernel started: 025f76f5-9d4e-423d-8030-6edf3f4ebe37
[I 20:35:15.575 NotebookApp] Adapting to protocol v5.1 for kernel 025f76f5-9d4e-423d-8030-6edf3f4ebe37
```

图 1.9　Jupyter 后台服务器

把图 1.9 提示地址复制到浏览器 URL 中，按 Enter 键，出现 Jupyter Notebook 主界面（又叫仪表板，Notebook Dashboard），如图 1.10 所示。

图 1.10 Jupyter Notebook 主界面

在图 1.10 右上角 New 下拉列表框中选择“Python 3”，弹出新的代码输入界面，如图 1.11 所示。

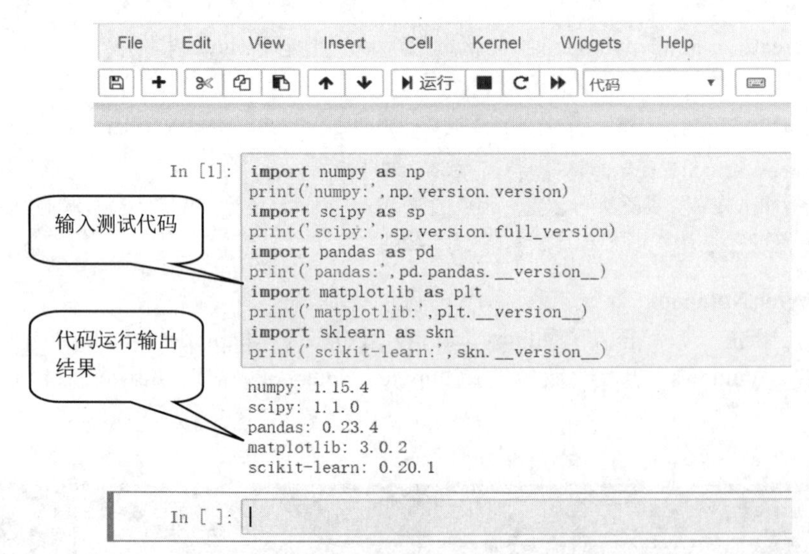

图 1.11 Jupyter Notebook 代码编辑界面

注意：

（1）在使用 Jupyter Notebook 期间，不能关闭 Jupyter 后台服务器。

（2）当浏览器打开是空白时，可以在地址栏手工输入 http://127.0.0.1:8888/tree 打开。

3．测试第三方库

在图 1.11 依次输入如 In[1]所示的代码，并单击“运行”按钮，若正常显示 Numpy、Scipy、Pandas、Matplotlib、Scikit-learn 的版本信息，则意味着上述库运行正常。读者便可以在此基础上学习各个库的用法。

1.2.4　其他安装

其实作者本人喜欢逐个安装第三方库。这样的优点是需要什么安装什么，避免安装一些不用的工具。还可以在对应官方网站找到最适合自己的库版本，顺便了解库的最新发展情况，还应深入了解不同库运行所需要的支持环境。

注意：

（1）已安装 Python 和相关第三方库的读者可以忽略该部分安装要求。

（2）下列安装包在安装过程中遇到要求更新 pip 工具时，可以在命令提示终端输入如下命令：

```
python -m pip install --upgrade pip
```

1．Python 安装方法

Python 直接在其官网下载对应的安装包，在本地安装即可。这里假设读者都已经具备 Python 基础，所以不再详细给出安装过程。其官网下载地址为 https://www.python.org/downloads/。

2．Jupyter 安装、更新方法

```
pip3 install jupyter                                    #Windows 下的 CMD 命令终端
```

图 1.12 所示为在 Windows 的命令提示符界面里执行 Jupyter 安装过程。

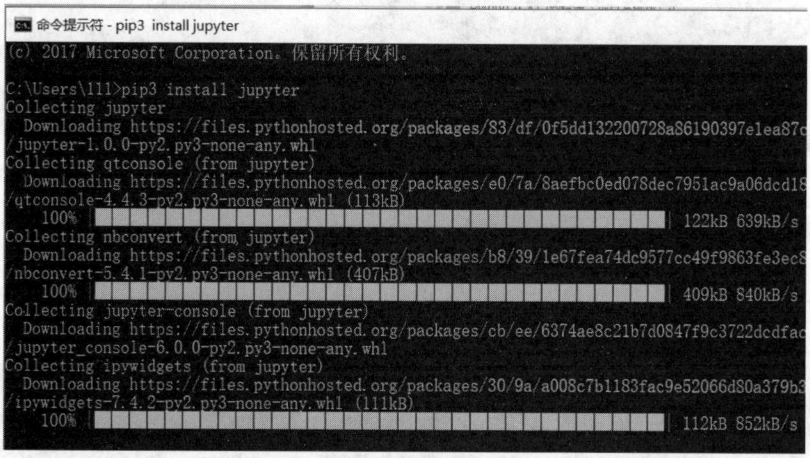

```
命令提示符 - pip3 install jupyter
(c) 2017 Microsoft Corporation。保留所有权利。

C:\Users\111>pip3 install jupyter
Collecting jupyter
  Downloading https://files.pythonhosted.org/packages/83/df/0f5dd132200728a86190397e1ea87c
/jupyter-1.0.0-py2.py3-none-any.whl
Collecting qtconsole (from jupyter)
  Downloading https://files.pythonhosted.org/packages/e0/7a/8aefbc0ed078dec7951ac9a06dcd18
/qtconsole-4.4.3-py2.py3-none-any.whl (113kB)
    100% |████████████████████████████████| 122kB 639kB/s
Collecting nbconvert (from jupyter)
  Downloading https://files.pythonhosted.org/packages/b8/39/1e67fea74dc9577cc49f9863fe3ec8
/nbconvert-5.4.1-py2.py3-none-any.whl (407kB)
    100% |████████████████████████████████| 409kB 840kB/s
Collecting jupyter-console (from jupyter)
  Downloading https://files.pythonhosted.org/packages/cb/ee/6374ae8c21b7d0847f9c3722dcdfac
/jupyter_console-6.0.0-py2.py3-none-any.whl
Collecting ipywidgets (from jupyter)
  Downloading https://files.pythonhosted.org/packages/30/9a/a008c7b1183fac9e52066d80a379b3
/ipywidgets-7.4.2-py2.py3-none-any.whl (111kB)
    100% |████████████████████████████████| 112kB 852kB/s
```

图 1.12　Jupyter 命令安装

说明：

```
$ python3 -m pip install jupyter                      #Linux 下 shell 终端
sudo pip install jupyter                              #MAC 下的命令终端
```

安装完成 Jupyter 后，继续在命令提示符界面里执行 jupyter notebook 命令，按 Enter 键，就可以在浏览器中跳出 Jupyter 界面。其地址为 http://localhost:8888/tree。

3．Numpy 安装方法

在 Windows 命令提示符里输入 python -m pip install --user numpy，并按 Enter 键，安装成功界

面如图 1.13 所示。

```
命令提示符
Microsoft Windows [版本 10.0.15063]
(c) 2017 Microsoft Corporation。保留所有权利。

C:\Users\111>python -m pip install --user numpy
Collecting numpy
  Downloading https://files.pythonhosted.org/packages/3a/3c/515afabfe4f29bfc0a67037efaf518c33d0076b32d22ba865241cee2
37m-win_amd64.whl (11.9MB)
    100% |████████████████████████████████| 11.9MB 2.0MB/s
Installing collected packages: numpy
  The script f2py.exe is installed in 'C:\Users\111\AppData\Roaming\Python\Python37\Scripts' which is not on PATH.
  Consider adding this directory to PATH or, if you prefer to suppress this warning, use --no-warn-script-location.
Successfully installed numpy-1.16.2

C:\Users\111>
```

图 1.13　Numpy 安装成功界面

在 Linux、Mac 操作系统下安装 Numpy 说明与 Jupyter 的安装类似，这里不再赘述，后续安装其他库时也不再说明。

4．Scipy 安装方法

在 Windows 命令提示符里输入 python -m pip install --user scipy，按 Enter 键，安装成功界面如图 1.14 所示。

```
选择命令提示符
C:\Users\111>python -m pip install --user scipy
Collecting scipy
  Downloading https://files.pythonhosted.org/packages/58/f0/d00c0e01e077da883f030af3ff5ce653a0e9e4786f83faa89a6e18c98612/scipy-1
7m-win_amd64.whl (30.0MB)
    100% |████████████████████████████████| 30.0MB 191kB/s
Requirement already satisfied: numpy>=1.8.2 in c:\users\111\appdata\roaming\python\python37\site-packages (from scipy) (1.16.2)
Installing collected packages: scipy
Successfully installed scipy-1.2.1
```

图 1.14　Scipy 安装成功界面

5．Pandas 安装方法

在 Windows 命令提示符里输入 python -m pip install --user pandas，按 Enter 键，安装成功界面如图 1.15 所示。

```
命令提示符
C:\Users\111>python -m pip install --user pandas
Collecting pandas
  Downloading https://files.pythonhosted.org/packages/61/f4/4ede3085c0f11c3a4f27fb97d9937b8847003bf8aa737df07cdf9600d8b2
p37m-win_amd64.whl (9.0MB)
    100% |████████████████████████████████| 9.0MB 1.0MB/s
Requirement already satisfied: python-dateutil>=2.5.0 in f:\python3\lib\site-packages (from pandas) (2.8.0)
Requirement already satisfied: numpy>=1.12.0 in c:\users\111\appdata\roaming\python\python37\site-packages (from pandas)
Collecting pytz>=2011k (from pandas)
  Downloading https://files.pythonhosted.org/packages/61/28/1d3920e4d1d50b19bc5d24398a7cd85cc7b9a75a490570d5a30c57622d34
none-any.whl (510kB)
    100% |████████████████████████████████| 512kB 1.5MB/s
Requirement already satisfied: six>=1.5 in f:\python3\lib\site-packages (from python-dateutil>=2.5.0->pandas) (1.12.0)
Installing collected packages: pytz, pandas
Successfully installed pandas-0.24.1 pytz-2018.9
```

图 1.15　Pandas 安装成功界面

6．Matplotlib 安装方法

在 Windows 命令提示符里输入 python -m pip install --user matplotlib，按 Enter 键，安装成功界

面如图 1.16 所示。

```
命令提示符
C:\Users\111>python -m pip install --user matplotlib
Collecting matplotlib
  Downloading https://files.pythonhosted.org/packages/13/ca/8ae32601c1ebe482b14098leedadf8a927de719ca4cecc550b12a4b78f2d
7-cp37m-win_amd64.whl (9.1MB)
    100% |████████████████████████████████| 9.1MB 2.0MB/s
Requirement already satisfied: python-dateutil>=2.1 in f:\python3\lib\site-packages (from matplotlib) (2.8.0)
Collecting pyparsing!=2.0.4,!=2.1.2,!=2.1.6,>=2.0.1 (from matplotlib)
  Downloading https://files.pythonhosted.org/packages/de/0a/001be530836743d8be6c2d85069f46fecf84ac6c18c7f5fb8125ee11d854
py3-none-any.whl (61kB)
    100% |████████████████████████████████| 71kB 2.4MB/s
Requirement already satisfied: numpy>=1.10.0 in c:\users\111\appdata\roaming\python\python37\site-packages (from matplot
Collecting cycler>=0.10 (from matplotlib)
  Downloading https://files.pythonhosted.org/packages/f7/d2/e07d3ebb2bd7af696440ce7e754c59dd546ffe1bbe732c8ab68b9c834e61
3-none-any.whl
Collecting kiwisolver>=1.0.1 (from matplotlib)
  Downloading https://files.pythonhosted.org/packages/7c/be/7ae355b45699460e369ebf88d86058fca26827933974cc3f6b6b7800a324
7-none-win_amd64.whl (57kB)
    100% |████████████████████████████████| 61kB 1.2MB/s
Requirement already satisfied: six>=1.5 in f:\python3\lib\site-packages (from python-dateutil>=2.1->matplotlib) (1.12.0)
Requirement already satisfied: setuptools in f:\python3\lib\site-packages (from kiwisolver>=1.0.1->matplotlib) (40.6.2)
Installing collected packages: pyparsing, cycler, kiwisolver, matplotlib
Successfully installed cycler-0.10.0 kiwisolver-1.0.1 matplotlib-3.0.3 pyparsing-2.3.1
```

图 1.16　Matplotlib 安装成功界面

7．Scikit-learn 安装方法

在 Windows 命令提示符里输入 python -m pip install --user scikit-learn，按 Enter 键，安装成功界面如图 1.17 所示。

```
命令提示符
C:\Users\111>python -m pip install --user scikit-learn
Collecting scikit-learn
  Downloading https://files.pythonhosted.org/packages/47/a6/5cfab2684c3da61dece651796aefb25
cp37-cp37m-win_amd64.whl (4.8MB)
    100% |████████████████████████████████| 4.8MB 4.6MB/s
Requirement already satisfied: numpy>=1.8.2 in c:\users\111\appdata\roaming\python\python37
Requirement already satisfied: scipy>=0.13.3 in c:\users\111\appdata\roaming\python\python3
Installing collected packages: scikit-learn
Successfully installed scikit-learn-0.20.3
```

图 1.17　Scikit-learn 安装成功界面

上述安装过程要求计算机与互联网进行连接。对于安装命令的详细用法，本书并不作详细介绍，感兴趣的读者可以参考互联网上的相关说明。

1.3　数　　据

扫一扫，看视频

无论数据分析①、科学研究计算，还是机器学习研究，都离不开数据②，数据可谓是基础资源。因此，用户需要了解数据在计算机中的表示以及数据处理过程，从而为实际应用奠定基础。

1.3.1　数据分类

分类角度不同数据分类方法也不同，本书探讨数据的应用及研究问题，需要对数据进行处

① 包括普通规模数据、大数据的处理和分析。
② 这里都指计算机可以使用的电子数据。

理。首先需要了解它们数字化的特点，然后才能根据其特点进行数据处理。如我们想进行图像识别，那么给的图片是什么格式的？用什么方法读取其数据？这些是我们关心的焦点。数据可以分为文本数据和二进制数据，这是大多数据科学家或数据工程师所面对的，是可以通过各种方法打开并处理的数据。

1．文本数据

文本数据是指人们可以通过各种工具直接阅读的结构化、非结构化数据。包括数字、文字、符号等，存储格式分别为 TXT、CSV、XLS、XML、HTML、JSON、XLSX、LOG 及各种数据库文件等。图 1.18 所示为某网站 JSON 格式代码（这里作为数据看待）。

```
51 <script src="//p3.ifengimg.com/a/2018/0820/fa.min.js"></script>
52     <script>
53         var allData = {"piaohong":{"image":"http://p1.ifengimg.com/a/2019_09/8f8b79b43b7e4ae.jpg","piaohong":true,"columnId":["3-
"],"url":"http://news.ifeng.com/mainland/special/2019qglh/"},"channel":[{"logo":"http://p0.ifengimg.com/37780e23b9ea2d8b/2017/38/logoTech.png","title":"科
技","domain":"tech.ifeng.com","slogen":"https://p2.ifengimg.com/2019_04/80E11ADD526B1EE10AC1756E42152A4F3614BEC0_w155_h30.jpg"}],"nav":
{"moreLink":"//www.ifeng.com/daohang/","nav":[{"title":"首页","url":"//www.ifeng.com/"},{"title":"资讯","url":"//news.ifeng.com/"},{"title":"视频","url":"//v.ifeng.com/"},
{"title":"直播","url":"//zhibo.ifeng.com/"},{"title":"财经","url":"//finance.ifeng.com/"},{"title":"娱乐","url":"//ent.ifeng.com/"},{"title":"体育","url":"//sports.ifeng.com/"},
{"title":"时尚","url":"//fashion.ifeng.com/"},{"title":"汽车","url":"//auto.ifeng.com/"},{"title":"房产","url":"//house.ifeng.com/"},{"title":"科技","url":"//tech.ifeng.com/"},
{"title":"读书","url":"//book.ifeng.com/"},{"title":"游戏","url":"//games.ifeng.com/"},{"title":"文化","url":"//culture.ifeng.com/"},{"title":"历
史","url":"//history.ifeng.com/"},{"title":"军事","url":"//mil.ifeng.com"},{"title":"旅游","url":"//travel.ifeng.com/"},{"title":"佛教","url":"//fo.ifeng.com/"},{"title":"国
学","url":"//guoxue.ifeng.com/"},{"title":"数码","url":"//tech.ifeng.com/digi/"},{"title":"健康","url":"//health.ifeng.com/"},{"title":"家居","url":"//home.ifeng.com/"},
{"title":"彩票","url":"//cp.ifeng.com/?aid=45"},{"title":"公益","url":"//gongyi.ifeng.com/"},{"title":"酒业","url":"//jiu.ifeng.com/"},{"title":"未来","url":"//audi-
future.ifeng.com/"}],"limit":18},"topNav":[{"title":"科技首页","url":"//tech.ifeng.com/"},{"title":"数码","url":"//tech.ifeng.com/digi/"},{"title":"手
机","url":"//tech.ifeng.com/mobile/"},{"title":"24H必读","url":"//tech.ifeng.com/24h/"},{"title":"风眼","url":"//tech.ifeng.com/core/"},{"title":"凰家评
测","url":"//tech.ifeng.com/lab/"},{"title":"深度阅读","url":"//tech.ifeng.com/profound/"},{"title":"科技视频","url":"//v.ifeng.com/keji/"},{"title":"上市公司财
报","url":"//tech.ifeng.com/special/freports/"},{"title":"区块链","url":"//tech.ifeng.com/blockchain/"},{"title":"车科
技","url":"//tech.ifeng.com/autotech"}],"topNavId":30006,"search":[{"type":"sofeng","name":"站内","keyword":"丹东房市火爆"},{"type":"hq","name":"证券","keyword":"上证指数"},
{"type":"car","name":"汽车","keyword":"输入品牌或车系"},{"type":"video","name":"视频","keyword":"丹东房市火爆"}],"isEnd":false,"newsstream":
```

图 1.18　某网站的 JSON 格式网页

2．二进制数据

二进制数据是用二进制数描述和存储并且需要借助专业工具翻译，才能供人们使用，如图片文件（PNG、JPEG、GIF、BMP 等）、视频（AVI、MOV/.QT、ASF、RM、NAVI、MPEG 等）、音频（WAV、MID、MP3、RA、AIFF、AU 等）及已编译的应用软件（EXE、BIN、DLL 等）。

在 Windows 下可用 Notepad++[①]（要安装二进制插件[②]）、HexEditorNeo 工具[③]查看二进制文件。图 1.19 中的 digit.jpg 文件用 Notepad++打开的效果如图 1.20 所示。其显示的是十六进制数，十六进制转为二进制比较容易，而且相对容易阅读。

图 1.19　本书附带的 JPEG 图片(digit.jpg)

① Notepad++工具下载地址为 https://notepad-plus.en.softonic.com/?ex=DSK-1262.1。

② Notepad++工具二进制、十六进制插件下载地址为 https://sourceforge.net/projects/npp-plugins/files/。

③ HexEditorNeo 工具下载地址为 https://www.hhdsoftware.com/free-hex-editor。

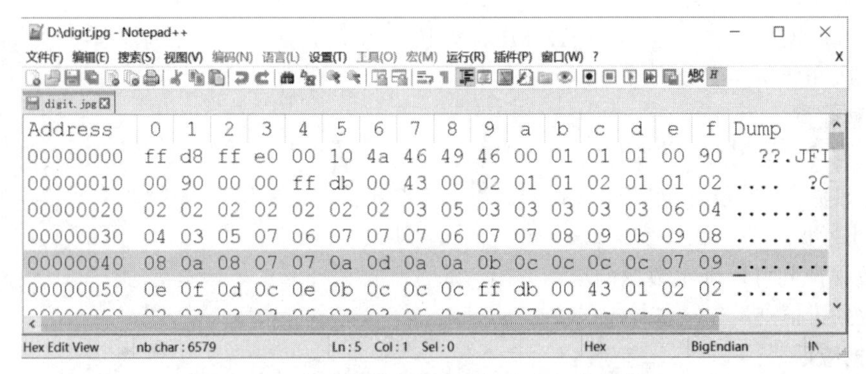

图 1.20 本书附带的 JPEG 图片十六进制表示

说明：

作为数据工程师，只需要简单了解各种数据构成特点即可，本书所提供的工具为原始数据转化为可处理数据格式提供了辅助功能，如从 JPG 文件读取为二维数据对象。作为数据科学家，若要深入研究各种算法，建议掌握相关数据的原始设计原理。

1.3.2 数据处理流程

无论数据工程师还是科学家，有必要了解数据处理流程。了解数据处理的基本环节，既有利于数据问题的追溯，也有利于数据处理过程的规范化。

数据处理流程从项目角度来看，可分为产生、获取、规整、分析、应用和反馈六大环节，如图 1.21 所示。

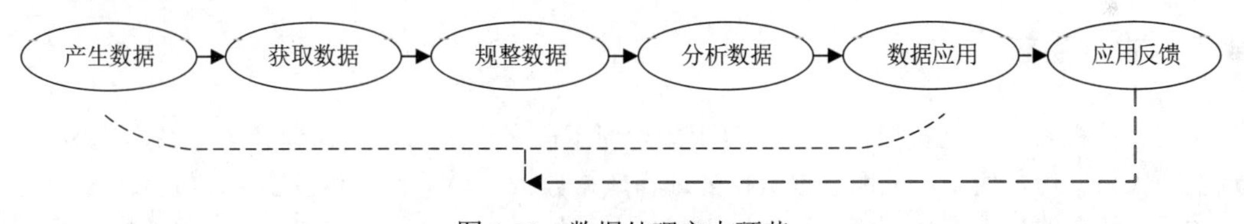

图 1.21 数据处理六大环节

1．产生数据

通过软件、电子设备产生数字化的数据，这是数据处理的前提，任何事物只有被数字化，才能供后续数据处理环节使用。这里生产数据主要有以下两种方式。

一种是各种数字终端自行产生，如摄像终端产生数字视频数据、医院的 CT 设备产生数字影像数据、卫星产生的各种数据、实验室里各种自动化仪器产生的数据（如 DNA 检测）等。

另一种是人工借助软件处理产生的数据，如财务报表 Excel 中的数据、油田管损记录表中的数据、从网上爬取的数据及超市销售数据等。

2．获取数据

获取数据指数据工程师在处理数据前获取数据的渠道和方法。例如，可以通过存储在硬盘的 TXT、CSV、DB、LOG、JPG、WAV 等文件来获取数据；可以实时传输数据，如实时视频数据；

还可以通过互联网爬取各种数据，如HTML、XML、JSON、JPG等。作为数据工程，需要考虑如何接入、提取和集中存储数据等问题。

3．规整数据

规整数据环节是数据工程师在获取原始数据后进行的第一步处理过程，包括数据特点预判、数据清洗（过滤无关数据，补充缺失数据、纠正错误数据、标准化）、数据归类及储存等。

4．分析数据

根据数据预判可以确定数据的应用方向，通过数据处理算法、数据处理工具、数据可视化工具来实现数据价值展现。

5．数据应用

数据应用就是数据按照人们的预期，处理完成后，在实际生产中所展现出来的各种价值。如通过视频图像识别可以判断出小偷；通过 CT 图片可以自动诊断出得某种疾病的概率；通过智能算法可以识别垃圾邮件；通过机器学习可以识别文字；通过数据学习可以进行智能机器人智能博弈；通过网站访问特征数据来判断访问者的爱好等。

6．应用反馈

在数据实际应用过程中，随着应用环境的变化、技术的提升、人们需求的转移、数据提供质量的变化，需要数据工程师及时调整并优化各个处理环节的处理过程，从而保证数据应用的最佳状态。

1.4 对读者的建议

会学习、巧学习，是所有读者都应该考虑的问题，这里为读者提供一些学习建议。

1.4.1 学习要求

学习计算机知识，上机操作是必不可少的学习手段之一，所以建议读者边看书，边敲代码。通过编写代码、运行代码，从而掌握数据处理、数据分析、科学计算和机器学习等基本技能。

本书提供在线技术支持，可以同在线人员一起讨论、一起学习，营造一个良好的学习环境。

当然，互联网资源丰富，学习计算机知识，应该掌握通过互联网解决问题的技能。

本书所提供的配套代码文件，是读者应该关注的学习资源，当读者所编写的代码出现差错时，可以通过该部分的代码文件进行核对。但是，不建议读者一上来就直接阅读代码文件。因为，只阅读而不自己动手编写代码，记忆不会深刻，编程思路也得不到锻炼，这是一件糟糕的事情。

本书配套赠送的电子版《习题册及答案》，更是读者应该亲自动手实践的内容，通过对每一章知识的巩固，才能逐步变成真正的数据工程师。

1.4.2 发展方向

本书的知识内容重在入门，让读者快速掌握 Jupyter、Numpy、Scipy、Matplotlib、Pandas、

Scikit-learn 的主要用法，从而使读者具备基本的数据处理能力、科学计算能力和初步的机器学习操作技能。

若要深入进行数据应用及研究，一本书是远远不够的。本人在编写本书的过程中翻阅了上述六大库上万页官方文档，由此，本书仅起抛砖引玉的作用，让读者学习基本入门知识的同时，知道自己后续将要努力的方向。

1.5 公共约定

1．概念约定

在 Numpy 多维数组、Pandas 二维表、Matplotlib 绘图坐标中，都会提到维度（Dimension），轴（Axis）的概念，这里需要统一声明一下。

（1）维度确定方向，如横向为第一维，竖向为第三维，与第一、三维都垂直的是第二维，三个维度建立了立体空间，如图 1.22 所示。

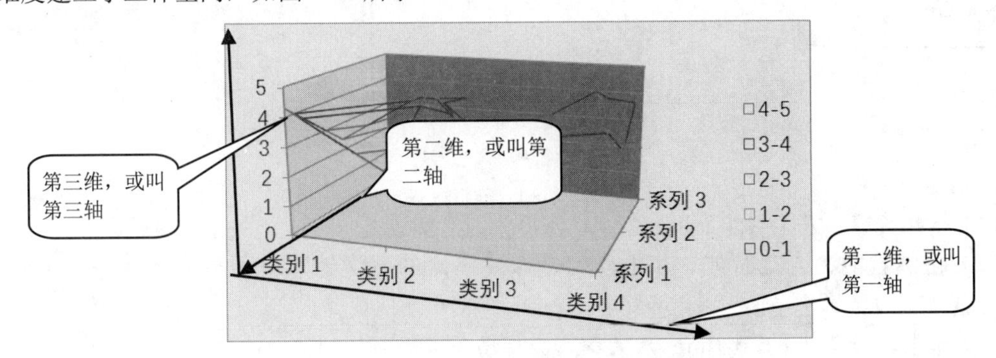

图 1.22　三维（轴）立体空间

（2）轴，在维度的基础上，建立了坐标刻度，由具体的坐标数据对应，同时继承了维度方向的概念。如第一轴跟第一维方向一致，只是多了数据刻度。

在不严格区分情况下，维度和轴两个概念可以通用。

（3）行（Row）、列（Column）。

在涉及多维数组、二维表时，会引入行、列的概念。图 1.23 所示的表横向的一条记录叫一行；竖向的一条记录叫一列。

行，序号 1 对应第一行

序号	姓名	年龄	班级
1	三酷猫	10	四年级
2	加菲猫	9	三年级

列，班级、四年级、三年级构成一列

图 1.23　表的结构

行、列与维、轴一致的地方是它们的方向都一致。行对应第一维（轴）方向，列对应第二维

（轴）方向；不同之处是行指向具体的某一条横向记录，列指向具体某一条竖向记录，行和列的颗粒度更细。由所有的行记录构成了一维内容，由所有的列记录构成了二维内容。

Numpy、Scipy、Pandas 的对象参数，axis=0 代表列轴，axis=1 代表行轴。

2．代码阅读约定

图 1.24 所示为 Jupyter Notebook 界面里，实际代码输入执行的结果。In[10]右边的单元格里是需要输入并执行的代码，紧跟下面是执行结果。

```
In [10]: print("Hello，三酷猫！")
         Hello，三酷猫！
```

图 1.24　Jupyter Notebook 下实际代码输入及输出效果

本书为了读者方便阅读，对图 1.24 所示的代码及输出统一规定如下书写模式。

```
print("Hello，三酷猫！")
Hello，三酷猫！
```

浅灰色的为输入并要执行的代码

深灰色的为执行结果

1.6　习题及实验

1．填空题

（1）自然智能、人工智能、机器学习、深度学习之间既是（　　）关系，又是（　　）关系。

（2）自然智能、人工智能、机器学习、深度学习的英文缩写分别是（　　）、（　　）、（　　）、（　　）。

（3）本书将要学习的 Python 六大第三方库分别是（　　）、（　　）、（　　）、（　　）、（　　）、（　　）。

（4）基于 Python 语言的第三方库支持（　　）、（　　）、（　　）操作系统下的使用。

（5）数据处理流程从项目角度，涉及（　　）、（　　）、（　　）、（　　）、（　　）、（　　）六大环节。

2．判断题

（1）人工智能研究的主要学科包括计算机科学、信息论、控制论、自动化、仿生学、生物学、心理学、数理逻辑、语言学、医学和哲学等。（　　）

（2）AlphaGo 的核心底层技术是 DL。（　　）

（3）Scipy 库是基础科学计算包，Numpy 库是高级科学计算包。（　　）

（4）Jupyter Notebook 和 Python 自带的 IDLE 都是代码编辑、调试工具。（　　）

（5）Anaconda 包支持不同操作系统的安装和使用，下载时无须考虑版本。（　　）

3．实验题

实验：安装 Anaconda 包

（1）根据计算机的环境，自行下载并安装 Anaconda 包。

（2）查看 Anaconda 包里所包含的第三方库名和版本号，并记录。

（3）用 Jupyter Notebook 输出 Numpy、Scipy、Pandas、Scikit-learn、Matplotlib 版本号，并记录。

（4）用 Spyder 编程循环 5 次输出“你好，三酷猫！”并分五行输出。

（5）对上述操作过程，编写完整的实验报告（含步骤、代码、输出结果）。

第 2 章 Jupyter Notebook 应用基础

Jupyter Notebook 是一个开源 Web 应用程序，可以创建和共享包含编程代码、数学公式、数据可视化、叙述文本的文档。可以进行数据清理和转换，数值模拟，统计建模，数据可视化，机器学习等。本章主要介绍 Jupyter Notebook 基本功能。

学习内容

- 接触 Jupyter Notebook
- 图形界面使用
- Jupyter Magic 命令
- 习题及实验

扫一扫，看视频

2.1　接触 Jupyter Notebook

Jupyter Notebook 是一款以科学计算为主，可以进行探索式代码开发，基于 Web 的开发工具。常用于科学计算、数据分析、机器学习操作环境。本书主要代码都由该工具编写、调试完成。

2.1.1　什么是 Jupyter Notebook

Jupyter Notebook 早期名称叫 IPython Notebook。Jupyter 这个名字由 Julia、Python 和 R 拼凑而成，因为它主要支持这三种语言的运行，这个名字与“木星（Jupiter）”谐音。

Jupyter Notebook 是公认的、好用的用于科学计算的代码开发工具之一，其主要有以下几个特点。

（1）基于 Web 的图形界面，提供快速交互式代码开发功能。

（2）具有代码编写、数据处理、图像展示、数学公式处理、标记注释于一体的处理功能。

（3）支持 Python、R、Julia、Ruby、Scala、Fortran、Go、C++等 40 多种语言[①]的代码编写，甚至可以混合代码编程。

（4）支持 html、md、pdf、py、.ipynb 等格式文件的导入与导出。

（5）支持对 shell 命令的操作。

（6）支持 Numpy、Scipy、Matplotlib、Pandas、Scikit-learn、TensorFlow、Apache Spark、ggplot2 等嵌入开发。

（7）支持数据分析、轻量级并行数据处理、机器学习。

（8）最吸引人的是该工具开源、免费。

与一般的 IDE 开发工具（如 IDLE、PyCharm、Spyder）相比，Jupyter Notebook 最大的优势是可以根据执行结果，快速在同一界面调整代码（数据）。在处理数据分析时，Jupyter Notebook 可以频繁调整代码处理方式，然后观察处理结果，这种频繁的交互过程，又叫探索式编程，它可以给编程人员节省大量的调试时间，从而获取良好处理结果。

2.1.2　配置 Jupyter

为了保证数据和代码的安全，同时减少对 C 盘存储资源的消耗，安装完成 Jupyter Notebook 后，建议马上进行配置设置。设置步骤如下。

（1）生成配置文件。

在命令提示符里运行 jupyter notebook --generate-config，运行成功，提示在指定路径下生成 jupyter_notebook_config.py 文件，如图 2.1 所示。

① Jupyter Notebook 支持的编程语言清单地址为 https://github.com/jupyter/jupyter/wiki/Jupyter-kernels。

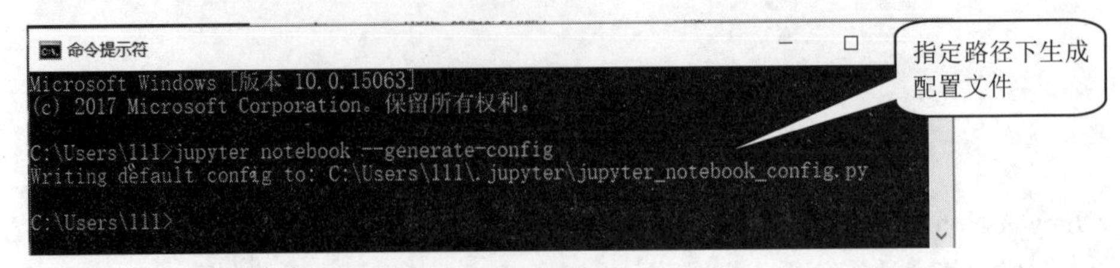

图 2.1　生成配置文件

（2）配置参数。

在图 2.1 指定路径里用 Python 打开 jupyter_notebook_config.py。在打开的配置文件里，搜索“notebook_dir”，找到后，去掉前面的“#”号，然后设置存放项目代码和数据新的路径即可，如图 2.2 所示。

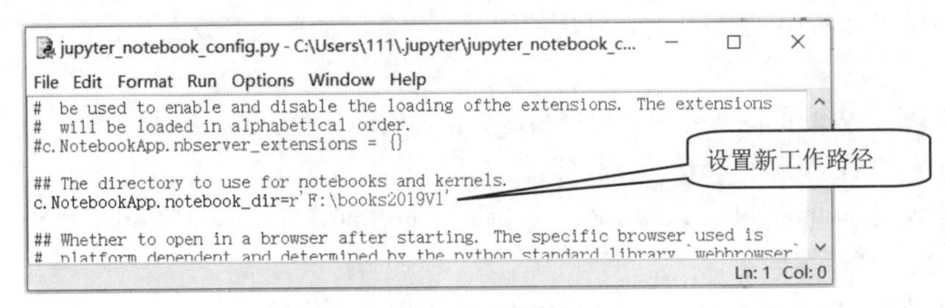

图 2.2　配置文件设置路径参数

说明：

（1）设置路径参数的同时，要在指定盘区里新建文件夹。

（2）设置路径参数时，前面必须加 r。

（3）在 Linux 下设置配置文件参数，用如下命令：（需要 root 权限）

```
$ sudo /root/anaconda3/bin/jupyter notebook --generate-config --allow-root
$ vim sudo /root/.jupyter/jupyter_notebook_config.py
c.NotebookApp.notebook_dir = u'/usr/lib/anaconda3/jupyter_dir'    #在打开的配置文件里设置
```

扫一扫，看视频

2.2　图形界面使用

Jupyter Notebook 最直观的特点是可交互式的图形界面，可以实现高效的探索式的代码调试与数据处理。

2.2.1　主界面功能

在 Windows 的命令提示符里输入 jupyter notebook 并按 Enter 键，在浏览器里会弹出如图 2.3 所示的主界面。该界面是代码文件的列表管理界面，为代码文件提供了建立、删除、复制、打开、排序、关闭运行、重命名、下载、上传等功能。

图 2.3　Jupyter Notebook 主界面

1. 新建文件

在“New”下拉列表框中选中“Python3”项，就可以进入代码编辑界面来输入代码了。在输入代码过程中，Jupyter Notebook 提供了间隔几秒自动保存代码的功能，避免了代码的突然丢失。新建的代码文件 Jupyter Notebook 自动保存为 Untitled.ipynb、Untitled1.ipynb 文件。

2. 复制文件

在主界面的列表框里，选择需要复制的代码文件，然后单击“Duplicate”（复制）按钮，将会弹出如图 2.4 所示对话框。

图 2.4　复制代码文件

单击“复制”按钮，在主界面列表里将出现复制文件的副本（新文件名含_Copy 字符）。当读者需要保存代码文件的不同版本时，该功能操作方便。

3. 关闭运行文件

对于“运行”状态的文件，可以通过单击“Shutdown”（关闭）按钮停止运行。

4. 打开文件

在主界面选中代码文件后，单击“View”（查看）按钮，就会弹出代码编辑界面。或在选中代码文件后，双击该文件，就可以打开对应的代码文件。

5. 编辑文件

Jupyter Notebook 文件都是用 JSON 格式进行组织的，它可以混合文字、数字、数学公式、图片、视频等内容。要修改 JSON 格式时单击“Edit”（编辑）按钮，就会弹出对应文件的 JSON 格式形式，如图 2.5 所示。

```
1  {
2   "cells": [
3    {
4     "cell_type": "code",
5     "execution_count": 3,
6     "metadata": {},
7     "outputs": [
8      {
9       "data": {
10       "text/plain": [
11        "'1.16.2'"
12       ]
13      },
```

图 2.5　代码文件的 JSON 格式

说明：

（1）本书几乎不会涉及该操作。

（2）Jupyter Notebook 文件内容可以嵌入 Web 界面。

6．删除文件

对于不需要的代码文件，在主界面上先选中需要删除的文件，然后单击图 2.3 中的 🗑 “删除”按钮即可。

7．下载文件

将 Jupyter Notebook 上的文件下载到本地硬盘的指定路径下。目前，所有产生的代码文件存储于指定的路径下，在该工具上若想把文件存储到其他路径下，可以通过单击“Shutdown”按钮关闭该运行文件，注意这时主界面快捷按钮栏变成如图 2.6 所示的状态。

单击图 2.6 所示的“Download”（下载）按钮，就会弹出如图 2.7 所示的下载对话框，选中需要下载的文件夹地址，单击“下载”按钮即可。

Duplicate　Rename　Move　Download　View　Edit　🗑

图 2.6　有下载功能的快捷键栏

图 2.7　下载到指定路径

注意：

虽然文件下载到指定路径，但是该文件在主界面列表里还存在。

8．重名命文件

对于非“运行”状态的文件，可以修改其名称。选中需要修改的代码文件，单击“Rename”（重命名）按钮，然后弹出如图 2.8 所示的对话框，输入新的文件名称，单击“重命名”按钮就可以完成文件名称的修改。

图 2.8　重命名代码文件

注意：

对于运行状态的代码文件，需要先通过单击“Shutdown”按钮将其关闭，才能修改文件名称。

9. 移动文件

若要把列表里的文件移走，则在选中需要移走的文件后，单击“Move”（移动）按钮，输入新移入的路径，再单击“移动”按钮即可。

注意：

因为 Jupyter Notebook 以 Web 形式运行，所以只能在配置文件指定路径下，选择另外一个子路径予以移入文件。

10. 上传文件

若要把其他文件夹里的文件在 Jupyter Notebook 显示并编辑，可以单击图 2.3 所示的主界面的右上角的“Upload”（上传）按钮，在弹出的对话框导航到指定路径的文件处，选中文件，单击“打开”按钮，然后在主界面列表里单击“上传”按钮即可。

2.2.2　代码编辑界面

在主界面单击“New”下拉列表框，选中 Python3 项，弹出一个新的代码编辑界面（Notebook），如图 2.9 所示（该界面是读者需要频繁操作的界面）。仔细观察该界面，同微软的 Word 软件编辑界面有点类似，最上面是菜单栏，接着是快捷键栏，中间区域是编辑及代码运行区域（单元格）。本节先介绍单元格的使用。

1. 单元格（Cell）

单元格是一个容器，用于编辑、保存和显示带格式的文本，这里的文本可以是文字、数字、图片、视频、数学公式等，功能非常丰富。同时，其也提供 40 多种编程语言代码的编辑、调试及运行功能。前一种功能非常类似 Word 的编辑功能，后一种功能就类似 IDLE、PyCharm、VSCode 的代码集成环境。

2. 内核（Kernel）

单元格的代码要可执行，必须提供对应的语言编译或解释功能，该功能就是内核所提供的功能，如要执行 Python 语言，那么必须要调用 Python 内核。而在“New”下拉列表框选择“Python3”时，就指定了 Notebook 所需要的 Python 内核了。在 Web 界面开启一个 Notebook，就运行一个独立内核。其开启时会向 Jupyter 后台服务器（见图 1.9）发送一条消息，该消息右边是内核 ID 号，如图 2.9 所示。

```
Kernel started: f5fcc680-bb27-4c51-acea-21731c6bb24a
```

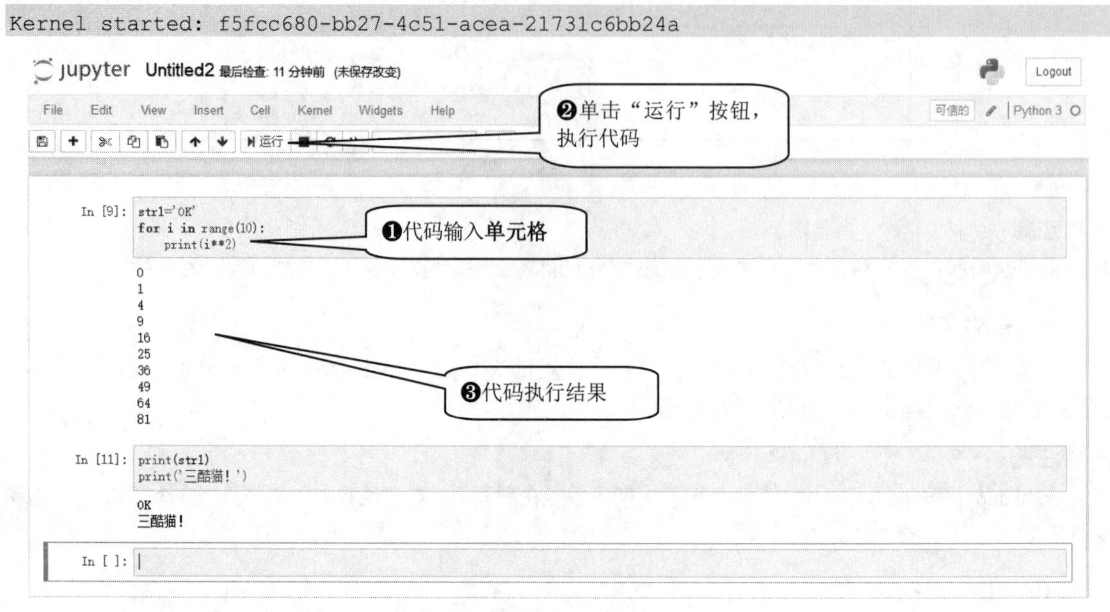

图 2.9　代码编辑界面

3．代码输入及执行

（1）在图 2.9 中❶处输入需要执行的代码，输入一行后按 Enter 键，再在第二行输入新的代码。

（2）所有需要执行的代码输入完成后，单击图 2.9 中❷处“运行”按钮，就可以在图 2.9 中❸处输出执行结果。

说明：

（1）执行代码的便捷方式是直接按 Shift+Enter 组合键。

（2）In[]开始的为代码输入单元格，输入时单元格四边框变成绿色。

（3）执行完成后，该界面自动会生成一个新的单元格，可以继续输入其他代码，并执行。

（4）在所有单元格都被执行的情况下，一个界面的代码对象共享，也就是上一个单元的对象，可以被下一个单元格调用。

4．代码保存功能

Notebook 提供了输入代码自动保存功能，可以保证输入代码不丢失。这是一个非常有用的功能，当出现突发事故，如停电、电脑死机等，可以确保已经输入代码的安全。

说明：

也可以手动保存，直接按 Ctrl+S 组合键保存输入内容。

5．Tab 键功能

Tab 键用于查看当前代码所涉及的空间范围内（包括已引用模块）变量、函数、方法、类等的内容。

（1）模糊查找指定字符的对象

如图 2.10 所示，在输入 s 后，按“Tab”键，就会出现一个与“s”相关的列表框，可以在该列表框里寻找自己需要的对象，如 sum 函数，然后继续编程。

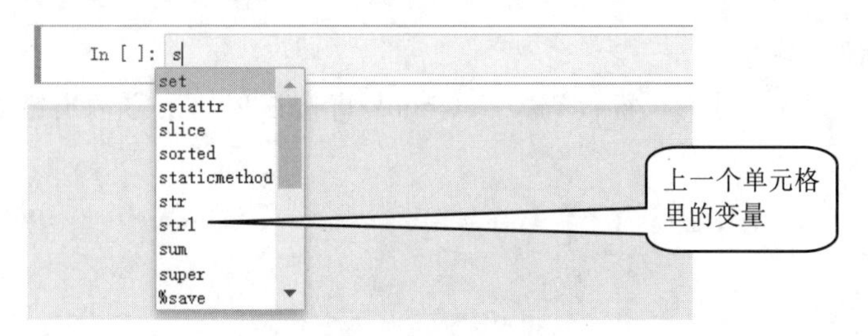

图 2.10　Tab 键模糊查找

该方法主要起助记查询作用。因为所学内容增多，谁也不能百分之百记住所学知识，而根据 Tab 键的模糊查找，可以为程序员节省一些查找资料的时间。

（2）查找模块或对象相关内容的技巧

模块包括类的实例、函数、固定变量等内容，实例等对象自带各种方法、属性。这些内容可以通过 Tab 键进行查找。如图 2.11 所示，先输入 import numpy as np，接着换行输入 np.(注意有个点号不能漏掉)，按 Tab 键，就可以显示 Numpy 库的相关对象信息。

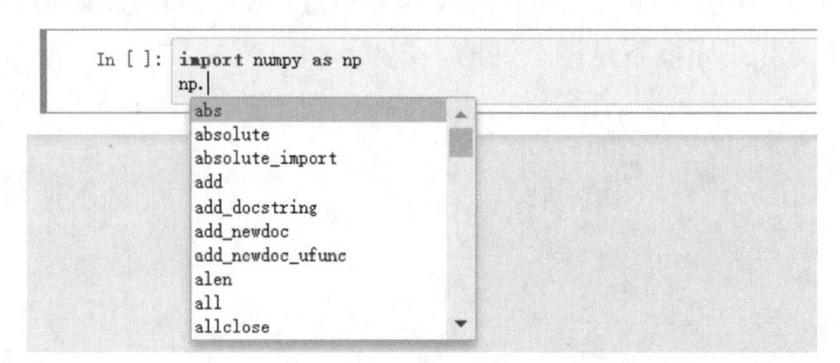

图 2.11　Tab 查找对象相关的信息

📖 **说明：**

Tab 键功能对应 IDE 环境（IDLE、VSCode、PyCharm、Spyder 等）下的智能点号感应功能。

（3）查找指定路径下的文件

图 2.12 所示为在 Windows 下按 Tab 键执行的结果。

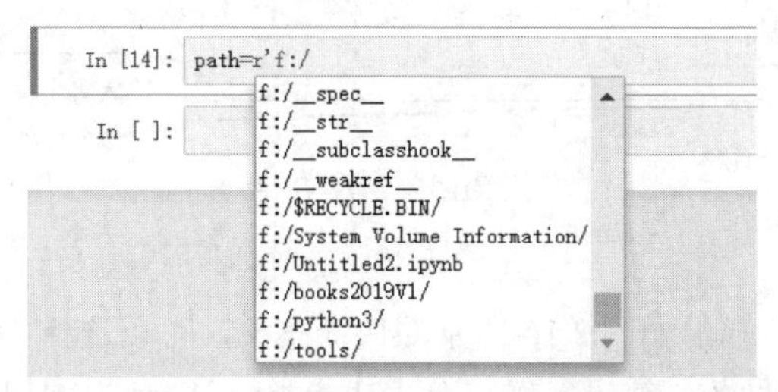

图 2.12　Tab 键获取指定路径下的文件或子文件夹

注意：

在 Python 中是采用“\”，在 Notebook 里只能采用“/”才能使用 Tab 键查找对应路径下的内容。但是在代码执行时，Notebook 都认可这两种格式，并可以正常执行。

6．代码调试功能

当代码存在错误时，执行代码，Notebook 直接在代码下方输出错误信息提示，如图 2.13 所示。

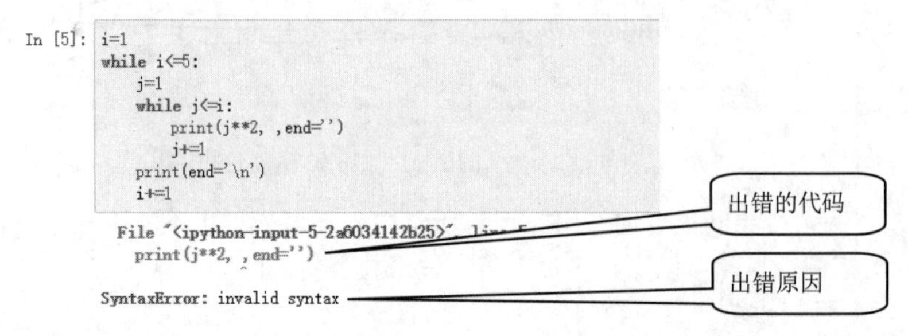

图 2.13　出错提示

7．探索式编程

上述代码报错后，可以直接对代码进行修改，再执行，直至代码正确运行，如图 2.14 所示。这在 Python 的 IDLE 交互式环境下是做不到的，Python 程序员只能复制原先的代码到新的行，再修改，再执行。

```
In [7]: i=1
        while i<=5:
            j=1
            while j<=i:
                print(j**2,' ',end='')
                j+=1
            print(end='\n')
            i+=1

1
1  4
1  4  9
1  4  9  16
1  4  9  16  25
```

图 2.14　调试正确并执行后的效果

8．自动补全功能

大括号、中括号、小括号、引号自动补全，如图 2.15 所示。

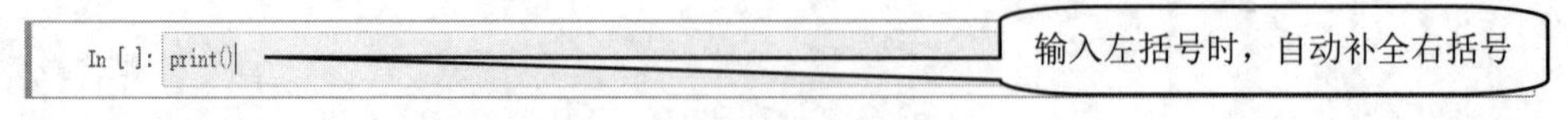

图 2.15　自动补全

9．鼠标右键功能

在输入框里右击后，将弹出如图 2.16 所示的快捷菜单，可以选择“剪切”“复制”“粘贴”“删除”“全选”等命令对代码做各种编辑操作，上述功能类似 Word 里的相关功能。

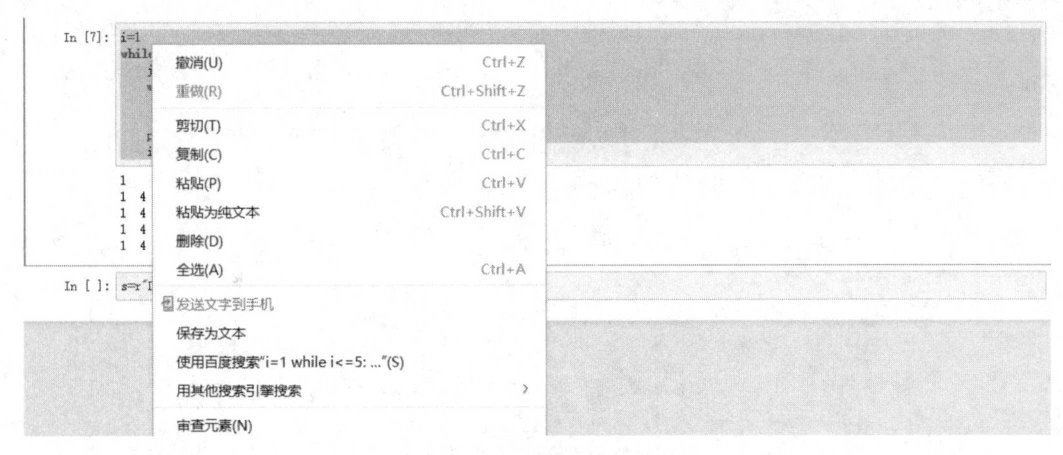

图 2.16　右击弹出快捷菜单

10．Markdown

单元格有两种编辑类型。一种为代码编辑类型，上面介绍的都是该类型的使用方法；另外一种类型是 Markdown 类型。按 Ctrl+M 组合键，会将活动单元格转换为 Markdown 单元格。

Markdown 是一种轻量级的、易于学习的标记语言，用于格式化纯文本。它的语法与 HTML 标记有一对一的对应关系。

11．单元格执行状态

当在单元格里执行代码时，单元格前面的 In[]状态会变成如图 2.17 带*号的执行状态，一直到执行结束，In[]才重新恢复到数字状态。可以通过该状态判断代码是否执行完成，因为有些代码执行需要花比较长的时间。

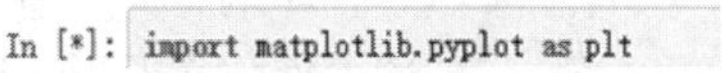

```
In [*]: import matplotlib.pyplot as plt
```

图 2.17　执行状态

12．帮助

对于代码对象的使用帮助，可以用?、help()来实现。

```
import numpy as np
?np.abs                                          #? 查看 abs 函数的使用帮助信息
help(np.abs)                                     #help () 查看 abs 函数的使用帮助信息
执行结果（略）
```

2.2.3　常用菜单和快捷键功能

读者在编写代码过程中需要用到相关辅助功能，这些辅助功能很多由快捷键和菜单功能来完成，这里仅介绍常用的一些功能。

1．常用菜单功能

Notebook 菜单如图 2.18 所示，分别为 File、Edit、View、Insert、Cell、Kernel、Widgets、Help 八大类。

图 2.18　Notebook 菜单功能

（1）File

File 菜单主要实现与代码文件相关的操作，如新建代码文件、打开已存在代码、当前内容另存、文件重命名、打印浏览（当前内容可以输出到打印机）、当前内容导出为不同格式的文件（详见 2.2.4 节）、关闭当前代码编辑界面等。

初学者经常会使用文件重命名（Rename...）功能，在生成新的代码文件后，直接在该代码文件里修改文件名比较方便。

（2）Edit

Edit 菜单可以实现剪切、复制、粘贴、删除、分割、合并、移动单元格，查找并替换单元格内容和往单元格插图片功能。

初学者经常会使用删除单元格（Delete Cells）功能，以清除不需要的或大段报错的单元格内容。

（3）View

View 菜单可以控制 Notebook 头部信息的显示，包括对文件名称、最后检查时间等信息的显示，以及控制是否显示快捷键按钮栏，控制单元格代码行数是否显示，控制单元格编辑方式等。

（4）Insert

Insert 菜单可以在当前单元格前插入新的单元格（Insert Cell Above）和在当前单元格后插入新的单元格（Insert Cell Below）。

（5）Cell

Cell 菜单可以实现运行单元格代码、单元格出错提示信息处理。

对于初学者，单击“Run All”命令，执行当前页面所有单元格代码，可以避免一个个手动执行所有的单元格代码。对于部分大段的出错信息，可以通过使用 CurrentOutputs 子菜单下的 Clear 命令予以清除，方便代码浏览。

（6）Kernel

Kernel 菜单可以中断程序执行，重新启动执行代码，重新连接后台服务器，停止当前文件的运行和选择其他内核对象的操作。

对于初学者来说，当发生死循环等错误时，可以用“Interrupt”（中断）程序执行功能来解决问题。

（7）Widgets

Widgets 菜单可以保存 Notebook 当前窗口状态，清除 Notebook 当前窗口状态、下载 Notebook 当前窗口状态和产生当前窗体状态信息。

（8）Help

Help 菜单可以提供键盘在当前窗体上左右移动功能，还可以对 Notebook 快捷键进行设置，还可以查找 Python、IPython、Numpy、Scipy、Matplotlib、Sympy、Pandas 在线学习资料及 Jupyter 当前版本信息。

2．常用快捷键

图 2.19 所示为 Notebook 常用的快捷键工具栏。

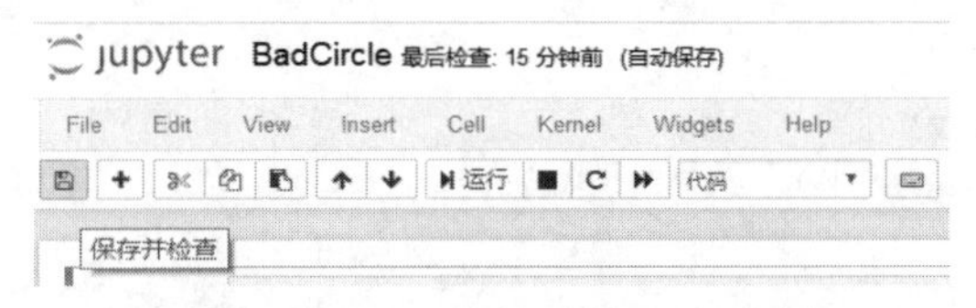

图 2.19　Notebook 快捷键工具栏功能

（1）保存代码，其快捷键为 Ctrl+S。

按 Ctrl+S 组合键可以调用“保存和检查点”命令来保存 Notebook 内容。每当创建一个新的 Notebook 时，都会创建一个检查点文件和一个 Notebook 文件；检查点文件位于配置文件指定路径的子路径.ipynb_checkpoints 中，扩展名也是.ipynb。默认情况下，Jupyter 将每隔 120 秒自动保存当前 Notebook 内容到检查点文件，而不会改变当前 Notebook 文件。当单击“Save and Checkpoint”或按 Ctrl+S 组合键时，Notebook 和检查点文件都被更新。可以通过“Revert to Checkpoint”把文件内容恢复到检查点。

（2）在当前单元格下面插入新的单元格（Ctrl+B）。

（3）剪切指定单元格中的代码（Ctrl+X）。

（4）复制指定单元格中的代码（Ctrl+C）。

（5）复制指定单元格中的代码到下面的单元格中（Ctrl+V）。

（6）上移指定单元格一行。

（7）下移指定单元格一行。

（8）运行 运行指定单元格代码（Shift+Enter）。

（9）中断服务，当程序出现死循环等问题时，该功能比较有用（Esc+I）。

（10）重启服务，当程序被中断服务后，可以重启 Notebook（Esc+O）。

（11）重启服务，并重新运行当前 Notebook 上的所有代码。

（12）打开快捷命令设置界面，在弹出的对话框中显示所有快捷命令，并可以自定义设置（Ctrl+Shift+P）。

📖 说明：

（1）菜单包括了所有的辅助操作功能，快捷键提供了快速的鼠标操作功能，快捷命令在单元格代码编写过程提供了快速处理的功能。菜单同快捷键在功能上重叠，在操作上互补。

（2）上述快捷命令都是 Jupyter Notebook 安装时默认的设置值。

2.2.4 导出文件

对于 Notebook 里的内容可以实现导出功能，在 File 菜单中选择“Download as”命令，显示如图 2.20 所示的子菜单项。

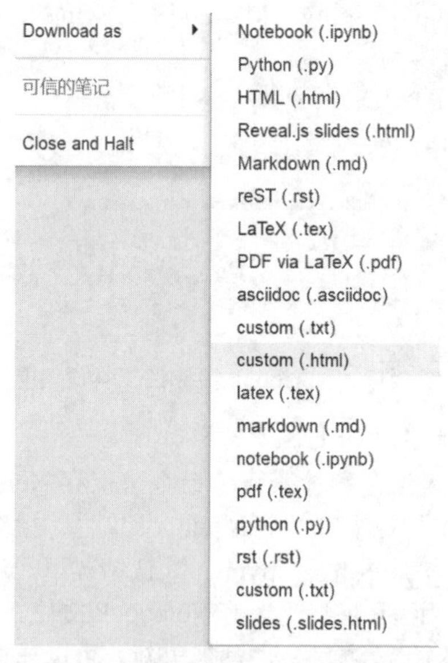

图 2.20　Notebook 导出子菜单项

子菜单中列出可以导出的文件格式，包括.ipynb（Notebook 默认的文件）、.py（Python 代码文件）、.html（HTML 静态网页文件）、.pdf（只读图片格式文件）、.txt（纯文本文件）、.md（markdown 文件）等。

扫一扫，看视频

2.3 Jupyter Magic（魔法）命令

上一节介绍了 Jupyter Notebook 的基本使用功能，但是对混合编程、性能测试等高级操作还没有涉及，Magic（魔法）命令提供了这方面的功能。

2.3.1 接触魔法命令

Magic 命令能干什么呢？有多少个这样的命令呢？

1. Magic 命令的主要功能

（1）混合编程

利用 Magic 命令可以在同一 Notebook 界面里，实现不同编程语言的混合编程，如 Python、R、Ruby、Go、Julia、Scala 的混合编程。

（2）执行 Shell 命令

在 Notebook 界面上通过 Shell 命令可以直接做文件夹的切换、文件的查询等操作，而无须切换到操作系统的命令终端去执行 Shell 命令。

（3）执行特定代码功能

利用 Magic 命令测试代码执行时间，导入并执行第三方库，导入相关文件等。

2. Maigic 命令分类

Magic 命令有两类，一类是行魔法命令（Line Magic），另一类是单元魔法命令（Cell Magic）。

（1）行魔法命令

以%开始的命令，只作用于一个代码行。

（2）单元魔法命令

以%%开始的命令，一般情况下只能在一个单元的开始使用，一个单元只能有一个同样的单元魔法命令。

3. 查看有多少个 Magic 命令

在 Notebook 的单元格里输入如下命令并按 Enter 键，将显示所有魔法命令。

```
%lsmagic                                          #注意，第一个字母为 L 的小写 l
```

执行结果为命令集，其中行魔法命令为 92 个，单元魔法命令为 28 个（随着版本及安装的不同，数量有所不同）。

Magic 命令使用的官方文档地址为 https://ipython.readthedocs.io/en/stable/interactive/magics.html。

下面将介绍一些常用魔法命令的具体用法。

2.3.2 行魔法命令

行魔法命令以%开始，后面紧跟命令名称，若有参数则在命令名后用空格隔开，不需要加引号。

（1）%load，加载指定路径下的 Python 文件代码到当前单元格。

使用格式：%load source，source 为指定路径下的 Python 文件。

```
# %load G:\MyFourBookBy201811go\B_data\hello.py        #加载指定路径下的 hello.py 文件
print("Hello,三酷猫!")
print("开始做数据分析工程师啦! ")
```

在单元格输入%load G:\MyFourBookBy201811go\B_data\hello.py 并按 Enter 键后，前面自动加#，并变成斜体注释语句，同时导入代码。本例下两行代码为 hello.py 文件中的内容。

说明：

该命令也可以直接从网上导入代码，如：

```
%load http://www.lz.com/OK.py
```

（2）%pwd，可以查看 Jupyter Notebook 运行的当前工作路径。

```
%pwd
'C:\\Users\\111'                                        #执行上述命令后的结果
```

（3）%run 运行.py 格式的文件。

%run 可以运行.py 格式的 Python 代码文件。该命令也可以运行其他的 Jupyter Notebook 文件。但需要注意的是，使用%run 与导入一个 Python 模块是不同的。

```
%run G:\MyFourBookBy201811go\B_data\hello.py
Hello,三酷猫!
开始做数据分析工程师啦!
```

（4）%system，Shell 执行—运行 Shell 命令和捕获输出（!!是该魔法命令的简写）。

执行 ping 命令。

```
!!ping 127.0.0.1                                        #执行 ping 命令
['',
'正在 Ping 127.0.0.1 具有 32 字节的数据:',
'来自 127.0.0.1 的回复: 字节=32 时间<1ms TTL=128',
'来自 127.0.0.1 的回复: 字节=32 时间<1ms TTL=128',
'来自 127.0.0.1 的回复: 字节=32 时间<1ms TTL=128',
'来自 127.0.0.1 的回复: 字节=32 时间<1ms TTL=128',
'',
'127.0.0.1 的 Ping 统计信息:',
'    数据包: 已发送 = 4，已接收 = 4，丢失 = 0 (0% 丢失)，',
'    往返行程的估计时间(以毫秒为单位):',
'    最短 = 0ms，最长 = 0ms，平均 = 0ms']
```

执行工作路径下文件和子路径查找命令。

```
!!dir *.*                                               #Linux 下用 ls 命令
[' 驱动器 F 中的卷是软件',
 ' 卷的序列号是 000E-157A',
 '',
 ' F:\\books2019V1 的目录',
 '',
 '2019/03/18  18:10    <DIR>          .',
 '2019/03/18  18:10    <DIR>          ..',
 '2019/03/17  16:25    <DIR>          .ipynb_checkpoints',
 '2019/03/16  20:28             1,046 BadCircle.ipynb',
 '2019/03/14  22:46             3,808 digit.jpg',
 '2019/03/18  18:10               103 pythoncode.py',
 '2019/03/18  18:09               103 pythoncode.txt',
 '2019/03/16  11:59                17 README.md',
 '2019/03/18  18:10            14,992 U2_magic.ipynb',
 '2019/03/16  15:44               868 U2_test0.ipynb',
 '2019/03/16  19:10             1,612 U2_test1.ipynb',
```

```
'2019/03/16  19:08           1,076 Untitled1.ipynb',
'2019/03/16  10:27              72 Untitled2-Copy1.ipynb',
'            10 个文件         23,697 字节',
'             3 个目录 388,090,945,536 可用字节']
```

该命令为读者提供了直接在 Notebook 上执行 Shell 命令的方法，避免来回切换不同界面的问题。

（5）%time，测试单行代码单次执行的时间，并返回测试结果。

```
%time sum(range(10000000))
Wall time: 335 ms                                       #执行时间，ms 为毫秒
49999995000000                                          #计算结果
```

（6）%timeit，测试单行代码执行时间并采用重复执行 N 次的方法，最后求平均执行时间。在加-r 参数情况下 N 默认值为 7，-p 情况下 N 默认值为 3。

```
import random
%timeit random.randint(0,10000)
1.13 µs ± 34.6 ns per loop (mean ± std. dev. of 7 runs, 1000000 loops each)
```

上述代码重复执行 7 次（7 runs）。

说明：

%time 和%timeit 在测试或比较代码执行效率时，非常有用。如比较 Python 的数组与 Numpy 的数组执行效率。

2.3.3　单元魔法命令

行魔法命令只能用于一行代码的执行，单元魔法命令为单元格里的所有代码提供了执行方法，也就是在单元格开始输入单元格魔法，将影响整个单元格的代码。单元格命令用%%开头。

（1）混合编程。

当想在 Notebook 里进行混合编程时（见图 2.21），可以用在单元格起始处输入%%内核名的方式实现，如表 2.1 所示。

```
In [21]: %%HTML
         <html>
         <head>
         <meta charset="utf-8">
         <title>三酷猫(runoob.com)</title>
         </head>
         <body>
             <h1>Jupyter Notebook</h1>
             <p>HTML编程</p>
         </body>
         </html>

         Jupyter Notebook
         HTML编程

In [22]: print("Python编程")
         Python编程
```

图 2.21　Notebook 混合编程

表 2.1　部分 Notebook 支持的内核使用命令

序　号	内 核 命 令	功 能 说 明
1	%%bash	bash 是一个为 GNU 计划编写的 UNIX shell
2	%%HTML	用 HTML 内核方式运行单元格，将单元格渲染为 HTML 块
3	%%python2	在单元格中可运行 Python2 代码
4	%%python3	在单元格中可运行 Python3 代码
5	%%ruby	在单元格中可运行 Ruby 代码
6	%%perl	在单元格中可运行 Perl 代码
7	%%javascript	在单元格中可运行 JavaScript 代码
8	%%latex	在单元格中可以运行复杂的数学格式

表 2.1 内核支持库需要事先安装。用 Anaconda 方式安装的，大多数第三方库已经存在，直接调用即可。

说明：

Notebook 还支持部分语言在一个单元格内混合编程，如 Python 和 R 语言。

利用 Notebook 可以轻松显示复杂的数学公式，如图 2.22 所示。

```
In [23]: %%latex
         $$ P(A \mid B) = \frac{P(B \mid A) , P(A)}{P(B)} $$
```

$$P(A \mid B) = \frac{P(B \mid A), P(A)}{P(B)}$$

```
In [ ]:
```

图 2.22　Notebook 显示复杂的数学公式

（2）%%markdown，将单元格渲染为 Markdown 文本块。

```
%%markdown
第一道数学题公式为：
$$e^x=\sum_{i=0}^\infty \frac{1}{i!}x^i$$
请答题：
![jupyter](./digit.jpg)
```

上述代码需要单元格在 Markdown 模式下运行（用%%markdown 开始），最后一行的 digit.jpg 图片要存放到配置文件指定的工作路径下。读者可以把其他图片放入该路径下，供 Notebook 调用。上述代码执行结果如图 2.23 所示。

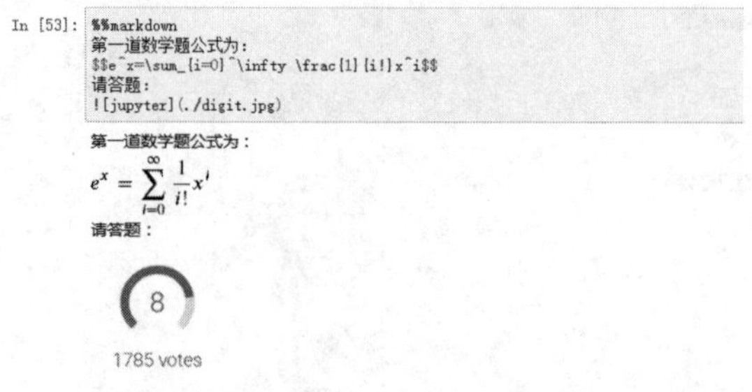

图 2.23　Markdown 模式下执行结果

（3）%%writefile，将单元格的内容写入文件。

使用格式：%%writefile [-a] filename

参数-a，即- append，将单元格的内容附加到现有文件。如果文件不存在，将创建该文件。没有参数情况下第一次建立新文件，后续都覆盖原文件。

```
%%writefile pythoncode.py
i=0
d1={'三酷猫':2,'加菲猫':5,'Tom 猫':8}
for k,v in d1.items():
   print("%s:%d 岁"%(k,v))
```

执行上述代码，显示 Writing pythoncode.py，并在配置文件指定的工作路径下生成对应的文件。

说明：

除了指定.py 扩展名外，还可以指定其他扩展名的文件，如.txt 等。

（4）%%time，测试单元格代码单次执行时间，并返回测试结果。

```
%%time
import math
i=0
while i<30:
   i+=1
   print(math.exp(i))
```

上述代码在单元格内执行结果如下。

```
Wall time: 1 ms
```

（5）%%timeit，测试单元格代码 N 次执行时间，并返回测试结果。

%%timeit 使用方法同%%time，主要区别在于前者测试单元格代码 N 次，求平均执行时间。

与 2.3.2 小节%time、%timeit 相比，主要区别在于，%%time、%%timeit 用于单元格代码执行时间测试，而%time、%timeit 用于一行代码的测试。

2.4 习题及实验

1. 填空题

（1）Jupyter Notebook 是广受科学家、数据工程师、人工智能工程师喜欢的一款（　　）式的代码调试及数据处理工具。

（2）新建最新版本的 Python 代码文件，需要先选择（　　）内核。

（3）在 Jupyter Notebook 上运行代码可以通过使用（　　）快捷按钮或直接在单元格里输入（　　）命令来执行。

（4）若想知道代码开发文件存放的具体位置，可以用（　　）魔法命令。

（5）若想直接在 Jupyter Notebook 里执行 Shell 命令用（　　）魔法命令。

2．判断题

（1）Jupyter Notebook 是一款探索式的代码编辑器，同时具有 Word 类似的编辑操作风格。（　　）

（2）修改 Jupyter Notebook 代码文件名称只能在文件上通过下拉菜单修改。（　　）

（3）Jupyter Notebook 支持 40 多种语言的混合代码开发，也支持文本格式的编辑。（　　）

（4）Jupyter Notebook 可以实现在单元格内的 40 多种语言的混合开发。（　　）

（5）Jupyter Notebook 单元格里的代码可以通过魔法命令导出到.py 文件，也可以通过魔法命令导入.py 文件的代码。（　　）

3．实验题

实验一：代码文件丢失问题的解决

小张在用 Jupyter Notebook 编程过程中，发生系统崩溃问题，重装系统后发现所编写的代码文件全部丢失，请分析原因，提出解决办法，并写出解决办法的操作过程，完成实验报告。

实验二：用魔法命令调试

用 Python 的 IDLE 编写一段小程序（任意），然后用魔法命令导入，并执行。记录所有操作过程，完成实验报告。

第3章 Numpy 科学计算基础

Numpy（Numerical Python 的简称）库是 Python 技术体系里最著名的科学计算库，它主要借助多维数组和相关的函数实现复杂的数据处理和计算，也是其他科学计算库的基础库。它是进行数据分析、科学研究、机器学习需要掌握的入门级的第三方开源库。

学习内容

- 接触 Numpy
- 建立数组
- 索引与切片
- 基本数学计算
- 通用函数
- 习题及实验

扫一扫，看视频

3.1 接触 Numpy

Numpy 主要借助多维数组和数组相关的函数，实现对各种数据的复杂处理和计算，是从事数据分析、科学研究和机器学习人员必须掌握的入门级工具。

3.1.1 什么是 Numpy

从 Numpy 的英文全称 Numerical Python 可知，该库是基于 Python 语言的科学数字计算库。相比 Python 自带的一些计算功能，如 array.array 一维数组对象，它提供了更高效、更强大、更专业的数据存储及计算功能，所以博得了从业人员的喜爱。

1. Numpy 主要功能

（1）提供快速、节约空间的多维数组，并具有矢量运算和复杂的广播能力。

（2）为基于数据的计算提供大量的标准数学函数。

（3）提供各种读写磁盘文件和内存映射文件的工具，打通文件与数组交换数据的通道。

（4）提供线性代数、傅里叶变换、随机生成等高级数学功能。

（5）提供 C、C++、Fortran 等语言的接口支持，方便专业研究人员扩充 Numpy 功能。

2. 主要支持对象

Numpy 核心环绕 ndarray 和 ufunc 两个类对象实现相关计算功能。

（1）ndarray 是 Numpy 的数据存储对象，代表了 N 维（Dimensional）数组（Array），用于存储不同维数的不同类型的数据。

（2）ufunc（Universal Function）是能够对数组进行处理的标准函数。Numpy 的很多函数都是用 C 语言编写的，因此执行速度非常。

3.1.2 开始使用

在正式使用 Numpy 前，要确保计算机上已经正确安装了 Python、Jupyter 及 Numpy 库，安装过程详见 1.2 节。

在 Jupyter Notebook 中导入 Numpy，如图 3.1 所示。然后，在第二行使用绝对值函数 abs()对−9 进行求绝对值，按 Shift+Enter 组合键，执行结果为 9。上述过程说明了 Numpy 可以在 Notebook 里正常运行。

```
In [2]: import numpy as np
        np.abs(-9)        #求-9的绝对值

Out[2]: 9
```

图 3.1　在 Jupyter Notebook 中导入 Numpy 库

本书约定 Numpy 的写法都为 np，后续看到 np 就代表引用了 Numpy 库。

在 Python 的 IDLE 上使用 Numpy 方法如图 3.2 所示。

```
Python 3.7.2 Shell
File Edit Shell Debug Options Window Help
Python 3.7.2 (tags/v3.7.2:9a3ffc0492, Dec 23 2018, 23:09:28) [MSC v.1916 64 bit
(AMD64)] on win32
Type "help", "copyright", "credits" or "license()" for more information.
>>> import numpy as np
>>> np.abs(-9)
9
>>>
Ln: 6 Col: 4
```

图 3.2　在 Python 的 IDLE 上使用 Numpy 方法

在 Numpy 库中，可以通过 np.info()函数获取更加直接的对象使用帮助信息。在 Notebook 里也可以直接使用“?”命令获取对象的基本使用信息。

扫一扫，看视频

3.2　建 立 数 组

3.2.1　用 array 建立数组

在 Numpy 中建立数组，可以通过 array()函数来实现。

1. 一维数组的建立

（1）参数为列表的 array()函数实现方式。

```
import numpy as np
a1=np.array([1,2,3,4,5,6])                   #参数为列表
print(a1)
[1 2 3 4 5 6]                                #执行结果，为一维数组
```

继续在 Notebook 执行下列代码，检查 a1 对象的类型。

```
type(a1)
numpy.ndarray                                #执行结果，a1 是 ndarray 对象
```

从输出结果可以确定 a1 是 ndarray 对象。

（2）参数为元组的 array()函数实现方式。

```
a2=np.array((1,2,3,4,5,6))
print(a2)
[1 2 3 4 5 6]                                #执行结果，为一维数组
```

2. 二维数组的建立

（1）参数为列表的 array()函数实现方式。

```
b1=np.array([[100,98,99],[88,78,95]])
print(b1)
[[100  98  99]                               #执行结果，为二维数组
 [88  78  95]]
```

二维数组可以对照表 3.1。

表 3.1　成绩单二维表（示例）

姓　名	数 学 成 绩	语 文 成 绩	英 语 成 绩
王小丫	100	98	99
刘菲菲	88	78	95

这里的第一维指的是表的行；第二维指的是表的列。

表 3.1 的第一维有两条记录，它们分别是[100，98，99]、[88，78，95]；第二维有三列，它们分别是[[100]，[88]]、[[98]，[78]]、[[99]，[95]]。

（2）参数为列表嵌套元组的 array()函数实现方式。

```
dem1=np.array([(0,0,0),(1,1,1),(2,2,2)])
print(dem1)
[[0 0 0]
 [1 1 1]
 [2 2 2]]
```

3. 三维数组的建立

参数为列表的 array()函数实现方式如下。三维数组可以用表 3.2 表示。

```
c1=np.array([[[100,98,99],[88,78,95]],[[98,97,99],[89,91,68]]])
print(c1)
[[[100  98  99]                                    #执行结果，为三维数组
  [ 88  78  95]]
 [[ 98  97  99]
  [ 89  91  68]]]
```

表 3.2　多班级成绩单表（示例）

班　级	姓　名	数 学 成 绩	语 文 成 绩	英 语 成 绩
六一班	王小丫	100	98	99
	刘菲菲	88	78	95
六二班	张　力	98	97	99
		89	91	68

表 3.2 的第一维为各课成绩，第二维为学生姓名，第三维为班级。显然三维数组代表三个层次的分类。最里层是各课成绩分类，第一维度能记录不同课程的成绩；第二层为学生分类，不同的学生有自己的各课成绩，代表第二维；第三层是班级分类，代表不同班级，它可以对应各自学生的成绩，属于第三维度。由此可以推理，由四种分类的数据可以用四维数组表示，可以组成四个维度。数组维数跟数据分类层级数是等价关系。

说明：

（1）数组维数快速识别，开始如为[[[（三个左中括号），则是三维数组；开始为[[[[，则为四维数组；依次类推。

（2）数维数时，从最里面往外数，如[[[，最里面[是第一维，往左第二个[是第二维，最左边的[是第三维。

（3）数组可以表示数据的维度，也可以表示带层级关系分类的数据。

4. 数组元素类型

数组元素类型，除了上面介绍的整型外，还有字符串、布尔、浮点型、复数型等。

（1）字符串数组的建立

```
r1=np.array(['b','中国','13600000'])          #建立字符串数组
print(r1)
['b' '中国' '13600000']                        #输出字符串元素的数组
r1.dtype                                       #显示数组类型
dtype('<U8')                                   #显示长度为 8 字节的固定字符串，详细见附录一说明
```

（2）布尔数组的建立

布尔数组的元素要求是 True、False、0、1 四个值之一，这是布尔运算的标准值，但是在布尔运算时，可以把非 0 数值都看作 True。None 是另外一种形式的 False。

```
d1=np.array([True,False,0,1])
np.alltrue(d1)                                 #用 alltrue 测试数组的元素是否都为 True 值，若是则
                                                返回 True，否则返回 False
False                                          #这里因为 d1 数组里有一个 0 元素，所以返回 False
d2=np.array([-1,2,10])                         #都是非 0 数值
np.alltrue(d2)
True
```

（3）浮点型数组的建立

```
e1=np.array([10.5,6.2222,7.2884848])           #建立浮点型数值的数组
print(e1)
[10.5       6.2222     7.2884848]
e1.dtype                                       #显示数组类型
dtype('float64')                               #浮点型
```

注意：

不同的科学计算对浮点数小数部分的保留精度是有不同要求的，有关浮点数可保留的精度可参考附录一。

（4）复数数组的建立

```
f1=np.array([10+2j,8J,2.1+3j])                 #复数虚部用 J 或 j 表示都可以
print(f1)
[10. +2.j  0. +8.j  2.1+3.j]
f1.dtype                                       #显示数组类型
dtype('complex128')                            #复数型
```

5. 注意事项

Numpy 的数组元素要求统一类型，也就是不能出现既是整型，又是字符型的现象。如果不小心输入不同类型的元素，array 函数也会把其他类型的元素自动转为字符串型。

```
g1=np.array(['OK?',10,'岁',0.3,False])          #输入值类型不一致
print(g1)
['OK?' '10' '岁' '0.3' 'False']                 #输出字符串类型值
```

```
g1.dtype                                                    #显示数组类型
dtype('<U5')                                                #固定长度为 5 的字符串型
```

若需要在 Numpy 的同一个数组里完成不同类型元素的存储，唯一的办法是以字符串形式体现。这也是 Numpy 数组的缺陷，后续 Pandas 库将进一步解决该问题。

扫一扫，看视频

3.2.2 其他常见数组建立方法

Numpy 为建立特定元素的数组，提供了一些函数可以快速建立的方法。

1. arange()函数

以指定步长累加产生指定范围有序元素的数组。

函数使用格式：arange([start,] stop[, step,], dtype=None)

参数使用说明：start 为开始数字，stop 为结束数字（该数字本身不算），step 为数字增量步长，dtype 可以指定产生数组元素的数值类型（见附录一）；stop 为必须指定参数，其他参数可选。

```
h1=np.arange(5)                                             #默认情况下 start=0，默认步长 step 为 1
print(h1)
h2=np.arange(0,5)                                           #默认步长 step 为 1
print(h2)
h3=np.arange(0,5,0.5)                                       #指定步长 step 为 0.5
print(h3)
h4=np.arange(5,0,-1)
print(h4)
[0 1 2 3 4]                                                 #h1 输出结果
[0 1 2 3 4]                                                 #h2 输出结果
[0.  0.5 1.  1.5 2.  2.5 3.  3.5 4.  4.5]                   #h3 输出结果
[5 4 3 2 1]                                                 #h4 输出结果
```

np.arange()函数的使用方法同 Python 的 range()函数，前者返回的是一个数组对象，后者返回 range 对象。

2. linspace()函数

在指定的范围内返回均匀步长的样本①数组。这个样本数量由第三个参数确定。

函数使用格式：linspace(start, stop, num=50, endpoint=True, retstep=False, dtype=None, axis=0)

参数使用说明：start 指定开始数字，stop 指定结束数字，这两个参数必须提供，其他可选。num 为产生的样本数，默认产生 50 个样本数。endpoint 为 True 表示指定 stop 本身也包括，False 则不包括。retstep 为 True 时，返回的数组里带步长数。dtype 可以指定产生数组元素的数值类型（见附录一）。

该函数的相邻数字之间步长的计算公式为(stop-start)/(num-1)。

```
i0=np.linspace(0,1,2)                                       #产生 2 个等分的样本数
print(i0)
```

① 样本，统计学术语。研究中，实际观测或调查的一部分个体称为样本(sample)，研究对象的全部称为总体。

```
i1=np.linspace(0,4,4)                              #产生 4 个等分的样本数
print(i1)
i2=np.linspace(0,4,10)                             #产生 10 个等分的样本数
print(i2)
[0. 1.]
[0.   1.33333333 2.66666667 4. ]                   #存在末尾小数四舍五入现象
[0.   0.44444444 0.88888889 1.33333333 1.77777778 2.22222222
 2.66666667 3.11111111 3.55555556 4. ]
```

i1 的步长为(4-0)/(4-1)=1.33333333（操作系统默认浮点数小数保留 8 位，最后一位四舍五入）。arrange()与 linspace()的区别如下。

（1）arrange()步长为指定标量[①]，linspace 的步长由步长公式计算。

（2）arange()元素个数由产生范围和步长共同决定，linspace()元素个数由 num 样本数确定。

3. zeros()函数

产生值为 0 的数组。

函数使用格式：zeros(shape, dtype=float, order='C')

参数使用说明：shape 为指定的整数或整数类型的元组，表示数组的形状；dtype 为可选参数，可以指定整数或浮点数类型（见附录一），默认为浮点型；order 指定存储格式是 C（C 语言风格）还是 F（Fortran 语言风格），默认为 C。

```
z1=np.zeros(5)                                     #建立 5 个值为 0 的一维数组
print(z1)
[0. 0. 0. 0. 0.]                                   #5 个值为 0 的一维数组
z2=np.zeros((3,3))                                 #建立 3 行 3 列的二维数组，值为 0
print(z2)
[[0. 0. 0.]
 [0. 0. 0.]
 [0. 0. 0.]]
```

4. ones()函数

产生值为 1 的数组。

函数使用格式：ones(shape, dtype=None, order='C')

参数使用说明：使用方法同 zeros()函数。

```
o1=np.ones((2,3))                                  #建立值都为 1 的 2 行 3 列的数组
print(o1)
[[1. 1. 1.]
 [1. 1. 1.]]
```

5. empty()函数

产生不指定值的数组，数组内的值不指定（根据内存情况随机产生）。

函数使用格式：empty(shape, dtype=float, order='C')

---

① 标量，又可以叫数值常量，标量是只有大小，没有方向的数值量。

参数使用说明：使用方法同 zeros()函数。

```
e10=np.empty(5)                                      #建立 5 个值不确定的一维数组
print(e10)
[0. 0. 0. 0. 0.]                                     #值为随机出现，不一定都是 0
e11=np.empty((4,4))                                  #建立 4 行 4 列值不确定的二维数组
print(e11)
[[4.67296746e-307 1.69121096e-306 9.45697982e-308 1.42418987e-306]
 [1.37961641e-306 1.60220528e-306 1.24611266e-306 9.34598925e-307]
 [1.24612081e-306 1.11260755e-306 1.60220393e-306 1.51320640e-306]
 [9.34609790e-307 1.86921279e-306 1.24610723e-306 0.00000000e+000]]
```

6. logspace()函数

返回在对数刻度上均匀间隔的数字。

函数使用格式：logspace(start, stop, num=50, endpoint=True, base=10.0, dtype=None, axis=0)

参数使用说明：base 参数为指定对数的底，默认值为 10；其他参数使用方法同 linspace()函数。

```
np.logspace(2.0, 3.0, num=4)
array([ 100.        ,  215.443469  ,  464.15888336, 1000.        ])
```

7. full()函数

返回指定值的数组。

函数使用格式：full(shape, fill_value, dtype=None, order='C')

参数使用说明：fill_value 指定需要填充的数值，其他参数使用方法同 zeros()函数。

```
f10=np.full(5,10)                                    #建立 5 个填充值为 10 的一维数组
print(f10)
[10 10 10 10 10]                                     #5 个填充值为 10 的一维数组
f11=np.full((3,3),8)                                 #建立 fill_value=8，3 行 3 列的二维数组
print(f11)
[[8 8 8]
 [8 8 8]
 [8 8 8]]
f12=np.full((3,3),np.inf)                            #inf 为正无穷，见附录二
print(f12)
[[inf inf inf]
 [inf inf inf]
 [inf inf inf]]
```

8. eye()函数

返回对角线为 1，其他都为 0 的一个二维数组。

函数使用格式：eye(N, M=None, k=0, dtype=<class 'float'>, order='C')

参数使用说明：N 指定返回数组的行数，M 指定返回数组的列数（默认情况下 M=N）；k 用于指定对角线位置，可选，0（默认值）指的是主对角线；正整数表示上对角线，负值表示下对角线。

```
np.eye(4)                                            #建立 4 行 4 列，主对角线值为 1 的数组
```

```
array([[1., 0., 0., 0.],
       [0., 1., 0., 0.],
       [0., 0., 1., 0.],
       [0., 0., 0., 1.]])
```

9．repeat()函数

建立每个元素重复 N 次的数组。

函数使用格式：repeat(a, repeats, axis=None)

参数使用说明：a 为集合对象，repeats 为指定元素重复次数，在多维数组的情况下，axis 可以指定重复维度的方向。

```
np.repeat([0,1,0],5)                                          #每个元素重复 5 次
array([0, 0, 0, 0, 0, 1, 1, 1, 1, 1, 0, 0, 0, 0, 0])
```

3.2.3　数组属性的使用

Numpy 的数组对象提供相关的属性功能。

```
import numpy as np
ar1=np.array([['a','b','c'],['d','e','f'],['g','h','i']]) #建立 3 行 3 列值为字符型的二维数组
print(ar1)
[['a' 'b' 'c']
 ['d' 'e' 'f']
 ['g' 'h' 'i']]
```

（1）ndim 属性，返回数组的维数。

```
ar1.ndim                                                      #求数组的维数
2                                                             #二维
```

（2）shape，返回数组的形状大小。

```
ar1.shape                                                     #求数组的形状大小
(3, 3)                                                        #3 行 3 列的二维数组
```

（3）size，返回数组元素个数。

```
ar1.size                                                      #求数组的元素个数
9                                                             #9 个元素
```

（4）dtype，返回数组元素类型。

```
ar1.dtype
dtype('<U1')                                                  #U1 为一个 Unicode 字符型
np.ones(9).dtype
dtype('float64')                                              #浮点型元素
```

（5）itemsize，返回数组元素字节大小。

```
ar1.itemsize
4                                                              #一个字符元素占 4 个字节
```

```
np.ones(1).itemsiz
8                                             #一个整数元素占 8 个字节
```

从以上可以看出，数组的不同类型的元素，所占的字节数是不同的。

3.2.4　数组方法的使用

Numpy 数组对象提供了相应方法来改变数组，这里先介绍一部分常用方法。方法与属性在形式上的主要区别是方法带小括号，属性不带小括号。

```
import numpy as np
t1=np.arange(9)                               #建立 0~8 的 9 个值的一维数组
print(t1)
[0 1 2 3 4 5 6 7 8]
```

（1）reshape 方法，改变数组形状。

```
t2=t1.reshape(3,3)                            #从一维数组改成 3 行 3 列的二维数组
print(t2)
[[0 1 2]
 [3 4 5]
 [6 7 8]]
```

注意：

数组 reshape 方法的参数元组(x,y)，x 乘以 y 必须等于数组元素个数，否则执行该方法报错。

（2）all 方法，判断指定的数组元素是否都是非 0，是则返回 True，否则返回 False。

```
m1=np.ones(9).all()                           #建立 9 个值为 1 的一维数组，并判断其所有值
print(m1)
True                                          #所有值都为非 0
np.array([1,0,2]).all()                       #建立一个含 0 值的数组，并判断
False                                         #判断结果存在 0 值，所以输出 False
np.array([[1,0,2],[1,2,3]]).all(axis=1)       #从行方向判断每行的值是否都为非 0
array([False,  True])                         #第 1 行存在 0 值，第 2 行都为非 0 值
```

参数 axis 指向维度方向，其值为 0 表示第二维，列方向；值为 1 表示第一维，行方向，以此类推。

注意：

all 方法只适用于可以进行逻辑运算的数字元素数组。如字符串数组，使用该方法将报错。

（3）any 方法，判断数组元素有非 0 值，有则返回 True，否则返回 False。

```
t1=np.array([[1,0,2],[0,0,2]])
t1.any(axis=0)                                #判断列方向是否存在非 0 值
array([ True, False,  True])                  #第 1 列存在非 0 值，第 2 列不存在，第 3 列存在
t1.any(axis=1)                                #判断行方向是否存在非 0 值
array([ True,  True])                         #第 1 行存在非 0 值，第 2 行存在非 0 值
```

注意：

any 方法只适用于可以进行逻辑运算的数字元素数组。如字符串数组，使用该方法将报错。

（4）copy 方法，复制数组副本。

```
ar2=ar1                     #直接把数组 ar1 赋值给 ar2
id(ar1)                     #获取 ar1 的内存地址
1979212404256
id(ar2)                     #获取 ar2 的内存地址
1979212404256               #在直接赋值的情况下 ar1、ar2 的内存地址是一样的，说明它们是映射关系
ar0=ar1.copy()              #用 copy 方法
id(ar0)                     #获取数组 ar0 的内存地址
1979216152816               #与 ar1 的内存地址不一样，说明生成了一个新的数组
```

在映射的情况下，运算速度快，因为无须开辟新的内存地址，但是改变一个数组的元素值，会影响另外一个数组（详见 3.3.1 节）。

使用 copy 方法，在计算机的内存生成一个新的数组副本，修改一个数组的元素，不会影响另外一个数组。

（5）astype 方法，改变数组元素类型。

```
a1=np.ones(9,dtype=int)                          #详细类型见附录一
print(a1)
print(a1.astype(float))
[1 1 1 1 1 1 1 1 1]                              #打印输出整型数组元素
[1. 1. 1. 1. 1. 1. 1. 1. 1.]                     #输出浮点型数组元素
```

3.2.5　数组对接、分割

扫一扫，看视频

在实际工作之中存在多个数组对接成一个数组，一个数组分割成多个数组的操作。如学校需要把不同班级的期末成绩单对接成一个大的全校成绩单。

1. 数组对接

（1）vstack()函数实现数组的垂直对接，这里的 v 是英文 vertical 的首字母。

```
import numpy as np
c1=np.array([[100,99,100],[98,99,97]])
print(c1)
c2=np.array([[88,88,87],[85,82,89]])
print(c2)
[[100  99 100]                                   #数组 c1 输出结果
 [ 98  99  97]]
[[88 88 87]                                      #数组 c2 输出结果
 [85 82 89]]
```

把 c1、c2 进行垂直对接。

```
np.vstack((c1,c2))                               #垂直对接 c1、c2 两数组
```

```
array([[100,  99, 100],                          #对接成一个大数组
       [ 98,  99,  97],
       [ 88,  88,  87],
       [ 85,  82,  89]])
```

注意：

（1）用 vstack()函数垂直对接时，要保证两对接数组的列数一致，否则提示出错。

（2）vstack()函数的数组参数必须以元组形式体现，否则报错。

（3）参数元组里的相同列数的数组可以是 2 个、3 个等。

（2）hstack()函数实现数组的水平对接，这里的 h 是英文 horizontal 的首字母。

```
r1=np.array(['1','Tom','China'])
r2=np.array(['man','10','13600000000'])
np.hstack((r1,r2))                               #水平对接 r1、r2 数组
array(['1', 'Tom', 'China', 'man', '10', '13600000000'], dtype='<U11')
```

注意同 vstack()函数相似，dtype='<U11'指数组元素维数小于等于 11 个字节的字符串。

```
r3=np.array([['1','Tom','China'],
            ['2','Alice','US']])
r4=np.array([['boy','10','13600000000'],
             ['girl','9','13911111111']])
np.hstack((r3,r4))                               #水平对接 r3、r4 数组
array([['1', 'Tom', 'China', 'boy', '10', '13600000000'],
       ['2', 'Alice', 'US', 'girl', '9', '13911111111']], dtype='<U11')
```

2．数组分割

（1）hsplit(ar,N)函数实现水平分割，ar 为需要分割的数组，N 为分割数。

```
r5=np.array([['1', 'Tom', 'China', 'boy', '10', '13600000000'],
       ['2', 'Alice', 'US', 'girl', '9', '13911111111']])
r6=np.hsplit(r5,2)                               #沿 r5 数组第一维度等分，垂直切割为 2 个数组
r6
[array([['1', 'Tom', 'China'],                   #输出两个数组元素的列表对象
       ['2', 'Alice', 'US']], dtype='<U11'),
 array([['boy', '10', '13600000000'],
       ['girl', '9', '13911111111']], dtype='<U11')]
```

（2）vsplit(ar,N)函数实现垂直分割，ar 为需要分割的数组，N 为分割数。

```
r7=np.vsplit(r5,2)                               #沿第二维度等分，横向切割为 2 个数组
r7
[array([['1', 'Tom', 'China', 'boy', '10', '13600000000']], dtype='<U11'),
 array([['2', 'Alice', 'US', 'girl', '9', '13911111111']], dtype='<U11')]
c0=r7[0]                                         #把第一个数组对象赋值给 c0
print(c0)                                        #输出第一个数组
type(c0)                                         #求 c0 对象的类型
[['1' 'Tom' 'China' 'boy' '10' '13600000000']]
numpy.ndarray                                    #c0 为数组型
```

注意：

（1）用 vsplit()函数沿第二维度等分分割，行数必须能被 N 整除，否则报错。
（2）用 hsplit()函数沿第一维度等分分割，列数必须能被 N 整除，否则报错。

3.2.6　案例 1 [建立学生成绩档案]

三酷猫开始做小学老师了，他手头有一份四年一班学生的基本信息表（见表 3.3），还有一份期末考试成绩单（见表 3.4），他想把这两份表合成一份，以建立完整的学生成绩档案。

表 3.3　学生基本信息

学　号	姓　名	性　别
1	加菲猫	男
2	Kitty 猫	女
3	波斯猫	男

表 3.4　期末考试成绩单

学　号	语文成绩	数学成绩	英语成绩
1	66	99	100
2	100	99	100
3	99	100	100

第一步：建立数组

```
import numpy as np
students=np.array([[1,'加菲猫','男'],[2,'Kitty 猫','女'],[3,'波斯猫','男']])
print(students)
score=np.array([[1,66,99,100],[2,100,99,100],[3,99,100,100]])
print(score)
[['1' '加菲猫' '男']                                    #建立学生基本信息数组
 ['2' 'Kitty 猫' '女']
 ['3' '波斯猫' '男']]
[[  1  66  99 100]                                      #建立期末考试成绩单
 [  2 100  99 100]
 [  3  99 100 100]]
```

第二步：对接数组

```
t11=np.hstack((students,score))                         #水平对接学生基本信息和成绩单
print(t11)
[['1' '加菲猫' '男' '1' '66' '99' '100']
 ['2' 'Kitty 猫' '女' '2' '100' '99' '100']
 ['3' '波斯猫' '男' '3' '99' '100' '100']]
```

通过上述两个步骤的处理，三酷猫初步建立起学生的成绩档案表。但是，该表存在一些问

题，如学号列重复出现，所有的元素内容都变成了字符串类型。这些问题将在后面章节一步步给予解决。

扫一扫，看视频

3.3 索引与切片

对建立的数组需要读、写指定的元素，这里可以通过索引、花式索引、切片、迭代来实现。

3.3.1 基本索引

Numpy 数组的基本索引使用方法同 Python 列表对象的使用方法，也采用方括号[]来索引数组值。

1. 一维数组单一元素的读、写

读取一维数组指定下标的元素。

```
import numpy as np
n1=np.arange(10)
print(n1)
[0 1 2 3 4 5 6 7 8 9]
n1[9]
9                                         #读取下标为 9 的元素，结果为 9
n1[-1]
9                                         #从右往左读取第一个下标的元素，结果为 9
```

对一维数组指定下标的元素进行赋值修改。

```
n1[0]=10
n1
array([10,  1,  2,  3,  4,  5,  6,  7,  8,  9])        #将一个元素从 0 改为了 10
```

2. 二维数组单一元素的读、写

读取二维数组指定下标的元素。

```
n2=n1.reshape(2,5)
print(n2)
[[10  1  2  3  4]
 [ 5  6  7  8  9]]
n2[1,0]                                   #读取第 2 行，第 1 列的元素 5
5                                         #执行结果，输出 5
```

把二维数组 n2 的第 2 行第 2 列的 6 改为-1。

```
n2[1,1]=-1                                #将第 2 行第 2 列的值修改为-1
n2[1,1]
-1
```

3. 三维数组单一元素的读、写

读取三维数组指定下标的元素。

```
n3=np.arange(12).reshape(2,2,3)
print(n3)
[[[ 0  1  2]
  [ 3  4  5]]
 [[ 6  7  8]
  [ 9 10 11]]]
n3[1,0,0]                #下标 1 为第三维的第 2 行，中间 0 为第二维的第 1 行，最右边 0 为第一维的第 1 列
6
n3[1,1,1]                #下标 1 为第三维的第 2 行，中间 1 为第二维的第 2 行，最右边 1 为第一维的第 2 列
10
```

第三维的第 2 行
第二维的第 1 行
第一维的第 1 列

修改三维数组 n3 元素 8 为-1。

```
n3[1,0,2]=-1                       #把三维的第 2 行，二维的第 1 行，一维的第 3 列值修改为-1
n3
array([[[ 0,  1,  2],
        [ 3,  4,  5]],
       [[ 6,  7, -1],
        [ 9, 10, 11]]])
```

4．索引省略用法

当确定不了维度时，可以通过下标右边“...”（省略号）或直接省略下标数来读取数组。

```
n3[1,...]                          #等同于 n3[1,]或 n3[1]，右边两个维度的下标省略
array([[ 6,  7, -1],
       [ 9, 10, 11]])
```

从下标左边开始省略，只能用“...”的形式，不能用 n3[,2]方式，否则将报错。

```
n3[...,2]                          #获取一维最右列元素，用 n3[,2]将报错
array([[ 2,  5],
       [-1, 11]])
```

从下标中间维度只能用“...”的形式，不能直接省略中间的下标数，否则将报错。

```
n3[1,...,2]                        #不能用 n3[1,,2]，否则将报错
array([-1, 11])
```

说明：

“...”代表某维度的内容。

5．生成数组索引

```
n4=np.arange(4).reshape(2,2)
print(n4)
[[0 1]
 [2 3]]
n4[1][1]                           #等价于 n4[1,1]，但是该方法效率低，建议多用 n4[1,1]方式
3
```

n4[1][1]方式先执行 n4[1]生成一个临时数组，再用第 2 个[1]索引临时数组的具体的元素。

3.3.2 切片

与基本索引相比，切片可以指定数组下标值的索引范围，以获取不同范围的数组元素，并可以做跨步处理，更具灵活性。其使用方法同 Python 语言里列表切片的使用方法。

下标切片的基本格式为[b:e:s]，b 为下标开始数字；e 为下标结束数字(但不包括该数字本身位置的下标，即对应数学上的右开区间)；s 为步长，默认值为 1。b、e、s 可以任意省略。

1．一维数组切片

```
import numpy as np
s1=np.arange(1,10)
print(s1)
[1 2 3 4 5 6 7 8 9]
s1[1:4]                                    #取一维数组下标 1~3 的元素
array([2, 3, 4])
s1[:5]                                     #取一维下标 0~4 的元素
array([1, 2, 3, 4, 5])
s1[5:]                                     #取一维下标 5 到最后的元素
array([6, 7, 8, 9])
s1[:-1]                                    #取一维下标倒数第二开始到数组下标 0 范围的元素
array([1, 2, 3, 4, 5, 6, 7, 8])
s1[:]                                      #取一维数组所有下标的元素
array([1, 2, 3, 4, 5, 6, 7, 8, 9])
s1[::2]                                    #步长为 2
array([1, 3, 5, 7, 9])
```

2．二维数组切片

```
s2=np.arange(9).reshape(3,3)
print(s2)
[[0 1 2]
 [3 4 5]
 [6 7 8]]
```

（1）二维数组行切片

```
s2[1:3]                                    #取 2、3 行子数组值，等价于 s2[1:3,]或 s2[1:3,:]★
array([[3, 4, 5],
       [6, 7, 8]])
s2[:2]                                     #取第 1、2 行的子数组
array([[0, 1, 2],
       [3, 4, 5]])
s2[2:]                                     #取第 3 行的子数组,这里等价于 s2[2]
array([[6, 7, 8]])
```

说明：

从★处读者要明白，对二维数组做任何下标操作，都是存在行下标、列下标的区分，即使省略了行下标或列下标索引。

行切片，列指定。

```
s2[:,2]                                 #截取所有行，第 3 列的子数组
array([2, 5, 8])
```

（2）二维数组列切片

```
s2[:,:2]                                #截取所有行，第 1 和 2 列的子数组
array([[0, 1],
       [3, 4],
       [6, 7]])
s2[1,2:]                                #指定第 2 行，截取第 3 列
array([5])                              #第 2 行，第 3 列为 5
```

（3）三维数组切片

```
s3=np.array([[['Tom',10,'boy'],['John',11,'girl']],[['Alice',12,'girl'],['Kite',11,
'boy']]])
print(s3)
[[['Tom' '10' 'boy']
  ['John' '11' 'girl']]
 [['Alice' '12' 'girl']
  ['Kite' '11' 'boy']]]
s3[1,1,:]                               #获取第三维的第 2 行，第二维的第 1 行，第一维的所有列的子数组
array(['Kite', '11', 'boy'], dtype='<U5')
s3[0,:,:2]                              #获取第三维的第 1 行，第二维的所有行，第一维 1 和 2 列的子数组
array([['Tom', '10'],
       ['John', '11']], dtype='<U5')
```

3.3.3　花式索引

花式索引（Fancy Indexing），利用整数数组的所有元素作为下标值进行索引，又叫数组索引。

1. 整数数组索引

（1）一维数组的数组索引

```
fi1=np.array(['Tom猫','加菲猫','波斯猫','黑猫','英国短脸猫','田园猫'])
f1=np.array([1,2,4,5])
fi1[f1]                                 #去掉不是猫品种分类的猫
array(['加菲猫', '波斯猫', '英国短脸猫', '田园猫'], dtype='<U5')
```

无须通过循环处理，就可以把不需要的猫通过指定数组索引过滤掉，体现了 Numpy 数组的强大功能，执行速度比循环处理要快。感兴趣的读者可以利用%%ime 魔法函数在 Notebook 上做测试。

📖 说明：

Tom 猫是《猫和老鼠》里的主角，黑猫是《黑猫警长》里的主角。其他都是猫的品种名称。

（2）二维数组的数组索引

用一维整数数组作为数组索引，生成指定行的子数组。

```
fi2=np.array([['Tom 猫',1,200],['加菲猫',10,1000],['波斯猫',5,2000],['黑猫',2,180],['英国短脸猫',8,1800],['田园猫',20,100]])
f2=np.array([1,2,3])                    #用一维数组指定第 2，3，4 行
fi2[f2]
array([['加菲猫', '10', '1000'],
       ['波斯猫', '5', '2000'],
       ['黑猫', '2', '180']], dtype='<U5')
```

指定 x,y 坐标的数组，求指定数组对应坐标的元素，形成子数组。

```
fi3=np.array([[0,-1,9],[8,1,10],[-2,8,3]])
print(fi3)
[[ 0 -1  9]
 [ 8  1 10]
 [-2  8  3]]
x=np.array([[0,1,2]])                   #以一维数组形式，指定所有 x 坐标值
y=np.array([0,1,2])                     #以一维数组形式，指定所有 y 坐标值
fi3[x,y]                                #求 x,y 坐标对应的所有元素
array([[0, 1, 3]])                      #元素 0 的坐标为[0,0],1 的坐标为[1,1],3 的坐标为[2,2]
```

2．布尔数组索引

```
s4=np.arange(9).reshape(3,3)
s4
array([[0, 1, 2],
       [3, 4, 5],
       [6, 7, 8]])
b1=np.array([[True,False,False],[False,True,False],[False,False,True]]) #布尔数组
b1
array([[True, False, False],
       [False,  True, False],
       [False, False,  True]])
s4[b1]                                                                  #布尔数组做索引
array([0, 4, 8])                                                        #过滤结果
```

布尔索引要求布尔数组与被索引数组保持一样的形状，索引结果生成新的一维数组。另外，也可以以行为单位进行布尔索引。

```
b2=np.array([True,False,False])
s4[b2]                                  #以行为单位进行过滤
array([[0, 1, 2]])                      #保留第一行。注意，这里结果是二维
```

3.3.4 迭代

数组作为元素集合，可以被迭代读取相应的元素。

一维数组的读取。

```
d1=np.arange(3)
for g in d1:
    print(g)
0
1
2
```

二维数组的读取。

```
d2=np.array([['Tom',1,10],['John',2,100],['Mike',3,200]])
for g1 in d2:
    print(g1)
['Tom' '1' '10']
['John' '2' '100']
['Mike' '3' '200']
```

3.3.5 案例 2 [完善学生成绩档案]

3.2.6 小节案例 1 里合并完成后的档案表存在学号列重复的问题，需要解决。另外需要给该表增加表头，内容为学号、姓名、语文、数学、英语。

```
t11=np.array([['1','加菲猫','男','1','66','99','100'],
 ['2','Kitty猫','女','2','100','99','100'],
 ['3','波斯猫','男','3','99','100','100']])
b10=np.array([[True,True,True,False,True,True,True],
          [True,True,True,False,True,True,True],
          [True,True,True,False,True,True,True]])
t12=t11[b10]                                              #过滤掉第 4 列元素
t12                                                       #生成一维数组
array(['1', '加菲猫', '男', '66', '99', '100', '2', 'Kitty猫', '女', '100',
    '99', '100', '3', '波斯猫', '男', '99', '100', '100'], dtype='<U6')
t12=t12.reshape(3,6)                                      #重新建立 3 行 6 列二维数组
print(t12)
[['1' '加菲猫' '男' '66' '99' '100']
 ['2' 'Kitty猫' '女' '100' '99' '100']
 ['3' '波斯猫' '男' '99' '100' '100']]
```

增加二维数组表头名。

```
title=np.array([['序号','姓名','性别','语文','数学','英语']])
np.vstack((title,t12))                                    #两数组垂直对接
```

```
array([['序号','姓名','性别','语文','数学','英语'],
       ['1', '加菲猫', '男', '66', '99', '100'],
       ['2', 'Kitty猫','女','100','99', '100'],
       ['3', '波斯猫', '男', '99', '100', '100']], dtype='<U6')
```

案例2的学生成绩档案表相对案例1比较完善，但是三酷猫还是不满意，感觉采用布尔数组索引去掉重复的学号列有点笨，要是两个班有100个学生，那么需要写100个布尔元素的内容，显然是有问题的。后续准备解决此问题。

扫一扫，看视频

3.4 基本数学计算

对于数值型元素的数组，读者可以把数组整体当作基本数字，参与各种数学计算，这是Numpy数组功能强大的地方之一。

3.4.1 加、减、乘、除

加（Add）、减（Subtract）、乘（Multiply）、除（Divide）是小学数学中的基本运算，这里通过Numpy数组来实现。

1. 数组加法（+）

数组与数组相加。

```
import numpy as np
one=np.ones(4).reshape(2,2)
print(one)
[[1. 1.]
 [1. 1.]]
two=np.arange(4).reshape(2,2)
print(two)
[[0 1]
 [2 3]]
one+two                                      #第一个数组加第二个数组
array([[1., 2.],                             #执行结果，对应的元素相加
       [3., 4.]])
```

数组与标量相加。

```
one+1                                        #数组与 1 相加
array([[2., 2.],
       [2., 2.]])
```

数组与标量相加，采用赋值运算方法。

```
one+=4                                       #把 4 累加赋值给 one 数组中的每个元素
one
```

```
array([[5., 5.],
       [5., 5.]])
```

📖 说明：

（1）采用赋值运算符号，可生成新的数组，读者可以用 id()比较 one 内存地址的变化情况。
（2）读者可以测试一下不同大小的数组之间的加法，除了可以广播数组外（详见 5.2.3 节），其他将报错。
（3）加法可以通过 np.add()函数替代+号。如 np.add(one,two)。

2．数组减法（-）

数组与数组相减。

```
one1=np.arange(1,10).reshape(3,3)
print(one1)
[[1 2 3]
 [4 5 6]
 [7 8 9]]
one1-np.full((3,3),5)                #第一个数组减去第二个数组
array([[-4, -3, -2],                 #两个数组对应位置的元素相减
       [-1,  0,  1],
       [ 2,  3,  4]])
```

数组与标量相减。

```
one1-5                               #可以用 np.subtract(one,5)函数方法代替
array([[-4, -3, -2],
       [-1,  0,  1],
       [ 2,  3,  4]])
```

数组与标量相减，采用赋值运算方法。

```
one1-=1
one1
array([[0, 1, 2],
       [3, 4, 5],
       [6, 7, 8]])
```

3．数组乘法（*）

数组与数组相乘。

```
one2=np.arange(1,5).reshape(2,2)
print(one2)
[[1 2]
 [3 4]]
Multi=np.full((2,2),2)
print(Multi)
[[2 2]
 [2 2]]
one2*Multi                           #one2 与 Multi 相乘，可以用 np.multiply(one2,Multi)代替
```

```
array([[2, 4],
       [6, 8]])
```

数组与标量相乘。

```
one2*2
array([[2, 4],
       [6, 8]])
```

数组与标量相乘，采用赋值运算方法。

```
one2*=3
one2
array([[ 3,  6],
       [ 9, 12]])
```

注意：

不能在 Notebook 反复执行同一单元的赋值运算，不然数组值会反复累计做乘法运算，也就是元素值越来越大（或越小）。

4．数组除法（/）

数组与数组相除。

```
one3=np.full((2,2),8)
print(one3)
[[8 8]
 [8 8]]
d1=np.array([[2,2],[2,2]])
one3/d1                                    #第一个数组除以第二个数组
array([[4., 4.],
       [4., 4.]])
```

数组与标量相除。

```
one3/2                                     #可以用 np.divide(one3,2)函数代替
array([[4., 4.],
       [4., 4.]])
```

数组与标量相除，采用赋值运算方法 one3/=2 不被支持，在 Notebook 里执行报错。

3.4.2 求余、求幂、取整、复数运算

1．求余（%）

数组与数组求余。

```
one4=np.arange(9).reshape(3,3)
print(one4)
[[0 1 2]
 [3 4 5]
```

```
 [6 7 8]]
m1=np.full((3,3),2)
print(m1)
[[2 2 2]
 [2 2 2]
 [2 2 2]]
one4%m1                                #数组与数组求余运算，可以用 np.mod(one4,m1)函数代替
array([[0, 1, 0],
       [1, 0, 1],
       [0, 1, 0]], dtype=int32)
```

数组与标量求余。

```
one4%2                                 #数组 one4 每个元素与 2 进行求余
array([[0, 1, 0],
       [1, 0, 1],
       [0, 1, 0]], dtype=int32)
```

数组与标量求余，采用赋值运算方法。

```
one4%=2
one4
array([[0, 1, 0],
       [1, 0, 1],
       [0, 1, 0]])
```

2．求幂（）**

数组与数组求幂。

```
one5=np.arange(9).reshape(3,3)
print(one5)
[[0 1 2]
 [3 4 5]
 [6 7 8]]
p1=np.full((3,3),2)
print(p1)
[[2 2 2]
 [2 2 2]
 [2 2 2]]
one5**p1                               #数组 one5 与 p1 求幂，可以用 np.power(one5,p1)函数代替
array([[ 0,  1,  4],
       [ 9, 16, 25],
       [36, 49, 64]], dtype=int32)
```

数组与标量求幂。

```
one5**2
array([[ 0,  1,  4],
```

```
       [ 9, 16, 25],
       [36, 49, 64]], dtype=int32)
```

数组与标量求幂，采用赋值运算方法。

```
one5**=2                                          #求平方可以用 np.square(one5)函数代替
one5
array([[ 0,  1,  4],
       [ 9, 16, 25],
       [36, 49, 64]])
```

3．取整（//）

数组与数组相除取整。

```
one6=np.arange(9).reshape(3,3)
print(one6)
[[0 1 2]
 [3 4 5]
 [6 7 8]]
t20=np.full((3,3),2)
t20
array([[2, 2, 2],
       [2, 2, 2],
       [2, 2, 2]])
one6//t20                                         #可以用 np.floor_divide(one6,t20)函数代替
array([[0, 0, 1],
       [1, 2, 2],
       [3, 3, 4]], dtype=int32)
```

数组与标量相除取整。

```
one6//2
array([[0, 0, 1],
       [1, 2, 2],
       [3, 3, 4]], dtype=int32)
```

数组与标量相除取整，采用赋值运算方法。

```
one6//=2
one6
array([[0, 0, 1],
       [1, 2, 2],
       [3, 3, 4]])
```

4．复数运算

```
one7=np.array([10+2j,-2-3J])                      #j、J 代表复数的虚部
ff1=np.array([3J,3+3j])
one7+ff1
array([10.+5.j,  1.+0.j])
```

3.4.3　数组比较运算

数组比较运算，使用方法同 Python 的比较运算，用于逻辑条件判断。

数组比较运算包括等于（==）、不等于（!=）、大于（>）、小于（<）、大于等于（>=）、小于等于（<=）。

1. 数组与数组比较

```
one8=np.arange(9).reshape(3,3)
one8
array([[0, 1, 2],
    [3, 4, 5],
    [6, 7, 8]])
c20=np.full((3,3),2)
c20
array([[2, 2, 2],
    [2, 2, 2],
    [2, 2, 2]])
```

等于（==）比较。

```
one8==c20                          #元素相等的为 True，不相等的为 False
array([[False, False,  True],
    [False, False, False],
    [False, False, False]])
```

不等于（!=）比较。

```
one8!=c20                          #元素不相等的为 True，相等的为 False
array([[ True,  True, False],
    [ True,  True,  True],
    [ True,  True,  True]]
```

大于（>）比较。

```
one8>c20                           #one8 元素大于 c20 对应下标位置的元素，为 True，否则为 False
array([[False, False, False],
    [ True,  True,  True],
    [ True,  True,  True]])
```

小于（<）比较。

```
one8<c20                           #one8 元素小于 c20 对应下标位置的元素，为 True，否则为 False
array([[ True,  True, False],
    [False, False, False],
    [False, False, False]])
```

大于等于（>=）比较。

```
one8>=c20                          #one8 元素大于等于 c20 对应下标位置的元素，为 True，否则为 False
```

```
array([[False, False,  True],
      [ True,  True,  True],
      [ True,  True,  True]])
```

小于等于（<=）比较。

```
one8<=c20                        #one8 元素小于等于 c20 对应下标位置的元素，为 True，否则为 False
array([[ True,  True,  True],
      [False, False, False],
      [False, False, False]])
```

2. 数组与标量比较

```
one8>2
array([[False, False, False],
      [ True,  True,  True],
      [ True,  True,  True]])
```

3.4.4 数组位运算

实现数组元素按二进制位进行与（&）、或（|）、非（~）、左移（<<）、右移（>>）运算。

1. 数组与数组位运算

```
one9=np.arange(9).reshape(3,3)
one9
array([[0, 1, 2],
      [3, 4, 5],
      [6, 7, 8]])
b10=np.array([[True,False,True],[True,False,True],[True,False,True]])
[[ True False  True]             #注意，在二进制里，True 为比特位 1，False 为比特位 0
 [ True False  True]
 [ True False  True]]
```

与（&）运算。

```
one9 & b10                       #数组 one9 与数组 b10 进行按位与运算
array([[0, 0, 0],
      [1, 0, 1],
      [0, 0, 0]], dtype=int32)
```

这里仅对 one9 左边第一列的二进制位与运算过程进行解释。

0 的二进制位都是 0bit 位，所以跟 True 与的结果都为 0；

3 的二进制位为 00000011，跟 True（可以看作 00000001）与的结果为 1；

6 的二进制位为 00000110，跟 True 与的结果为 0。

或（|）运算。

```
one9 | b10                       #数组 one9 与数组 b10 进行按位或运算
array([[1, 1, 3],
      [3, 4, 5],
```

```
     [7, 7, 9]], dtype=int32)
```

数组 one9 的 2（二进制为 00000010）元素与 True 或的结果为 3，其二进制位计算过程为：00000010|00000001=00000011，00000011 由二进制转为十进制为 3[①]。

非（~）运算。

```
~one9
array([[-1, -2, -3],
     [-4, -5, -6],
     [-7, -8, -9]], dtype=int32)
```

左移（<<）运算。

```
b21=np.full((3,3),2)
b21
array([[2, 2, 2],
     [2, 2, 2],
     [2, 2, 2]])
one9<<b21                                              #one9 数组所有元素向左位移 2 位
array([[ 0,  4,  8],
     [12, 16, 20],
     [24, 28, 32]], dtype=int32)
```

右移（>>）运算。

```
one9>>b21                                              #one9 数组所有元素向右位移 2 位
array([[0, 0, 0],
     [0, 1, 1],
     [1, 1, 2]], dtype=int32)
```

注意：

数组 one9 在连续做位运算后，并没有影响 one9 数组本身的值，只是在运算后生成了一个临时数组。

2．数组与标量位运算

```
b11=np.ones(9).reshape(3,3)
one9 & 2
array([[0, 0, 2],
     [2, 0, 0],
     [2, 2, 0]], dtype=int32)
```

3.4.5　案例 3 [三酷猫种树]

植树节到了，三酷猫发现学校边上有一块长 100 米、宽 5 米的荒地。于是他准备买一些树苗，在这块荒地上种植。种植要求每隔 5 米种一棵树苗。

---

① 二进制位计算及不同进制数之间的转换，可以参考微机原理等书，或参考作者的《Python 编程从零基础到项目实战》一书 p31 内容。

三酷猫在市场买的是桃树苗，一半是 5 元一棵的，一半是 10 元一棵的。

（1）用数组表示种植树苗的间隔点米数，以方便种树。

（2）在（1）的基础上记录树苗的单价，并且一棵是低价，一棵是高价，间隔依次种植。

（3）当天树苗全部涨价 2 倍，求每棵树苗的当前单价。

（4）对高单价树苗价格做 1 处理，对低单价树苗做 0 处理。

（5）实现树苗价格和间隔米数的对齐。

```
trees=np.linspace(0,100,21)             #100 米间隔 5 米，共可以种 21 棵
trees                                   #求 1 排树的间隔点米数
array([  0.,    5.,   10.,   15.,   20.,   25.,   30.,   35.,   40.,   45.,   50.,
        55.,   60.,   65.,   70.,   75.,   80.,   85.,   90.,   95.,  100.])
price=np.full((21),10)                  #确定每棵树的单价，先赋值为 10 元
price
array([10, 10, 10, 10, 10, 10, 10, 10, 10, 10, 10, 10, 10, 10, 10, 10, 10,10, 10, 10, 10])
i=0
while i<21:
   if i%2==0:
      price[i]=5                        #奇数的赋 5 元单价，偶数的赋 10 元单价，实现价格间隔种树
   i+=1
print(price)
[ 5 10  5 10  5 10  5 10  5 10  5 10  5 10  5 10  5 10  5 10  5]
price*2                                 #每棵树涨价 2 倍
array([10, 20, 10, 20, 10, 20, 10, 20, 10, 20, 10, 20, 10, 20, 10, 20, 10,20, 10, 20, 10])
p1[p1==20]=1                            #把高价的设置为 1
p1[p1==10]=0                            #把低价的设置为 0
p1
array([0, 1, 0, 1, 0, 1, 0, 1, 0, 1, 0, 1, 0, 1, 0, 1, 0, 1, 0, 1, 0])
trees1=np.vstack((price,trees))         #实现树苗价格和树间隔米数对齐
trees1.astype(int)
array([[5,10,5 ,10,5 ,10,5, 10,5 ,10,5 ,10,5 ,10,5 ,10,5 ,10,5 ,10,5],
       [0,5,10,15,20,25,30,35,40,45,50,55,60,65,70,75,80,85,90,95,100]])
```

扫一扫，看视频

3.5 通用函数

通用函数是 Numpy 库科学计算的两大基本功能之一，是后续数据分析、科学计算、机器学习的基础。

3.5.1 初等函数

这里的初等函数跟中学里的初等数学内容是对应的，包括幂函数、指数函数、对数函数、三角函数和反三角函数。

1．幂函数、指数函数

求 $y=x^n$，其中，x 为底数，n 为指数的函数。当 n 不变，x 为自变量时为幂函数；当 n 为自变量，x 不变时为指数函数。

在 3.4.2 小节中已经介绍了普通的求幂方法，这里再介绍一下以自然数 e[①]、2 为底的指数函数的用法。

```
import numpy as np
np.exp([1,2,3])                                    #底为 e,列表做对数
array([ 2.71828183,  7.3890561 , 20.08553692])
np.exp(1)                                          #标量做对数
2.718281828459045
n=np.arange(3)                                     #数组做对数
np.exp(n)
array([1.        , 2.71828183, 7.3890561 ])
```

exp()函数在指数是标量情况下，返回一个数值；在指数是集合[②]的情况下，返回的是数组。

```
np.exp2([1,2])                                     #求以 2 为底的指数函数
array([2., 4.])
```

2．对数函数

求 $\log_a N$，其中 a 为对数的底数（$a>0$，且 $a\neq1$），N 为真数。

```
np.log(np.e)                                       #求 e 为底，e 为真数的对数
1.0                                                #e¹=e
c11=[np.e,np.e]
np.log(c11)
array([1., 1.])
np.log(1)                                          #求以 e 为底，1 为真数的对数
0.0                                                #e⁰=1
np.log(10)                                         #求以 e 为底，10 为真数的对数
2.302585092994046                                  #e^2.302585092994046=10
np.log10(10)                                       #求以 10 为底，10 为真数的对数
1.0                                                #10¹=10
np.log2(4)                                         #求以 2 为底，以 4 为真数的对数
2.0                                                #2²=4
```

log1p(x)等价于数学里的 log(1+x)，用于解决特殊问题，当 x 很小时，如 0.00000000000000001，则 log(x+1)会忽略 x 的作用，结果是 0。而采用 log1p(x)函数，则可以体现出 x 的作用，也就是 log1p()函数提供了比 log(x+1)更高精度的计算能力。

```
n=0.00000000000000001
np.log1p(n)
1e-17                                              #执行结果为 17 位小数的精度
np.log(n+1)
```

---

① 常量 e 为 2.718281828459045。

② 这里的集合指元组、列表、数组等，后续函数参数凡是提到集合都是相似概念，个别的有细微区别。

```
0.0                                                    #执行结果为 0
```

3．三角函数

三角函数在航海学、测绘学、工程学等中，经常被使用。常见的三角函数包括正弦函数 sin()、余弦函数 cos()、正切函数 tan()。

（1）正弦函数 sin()

图 3.3 所示为 sin()函数的 2π 周期内的曲线变化情况。

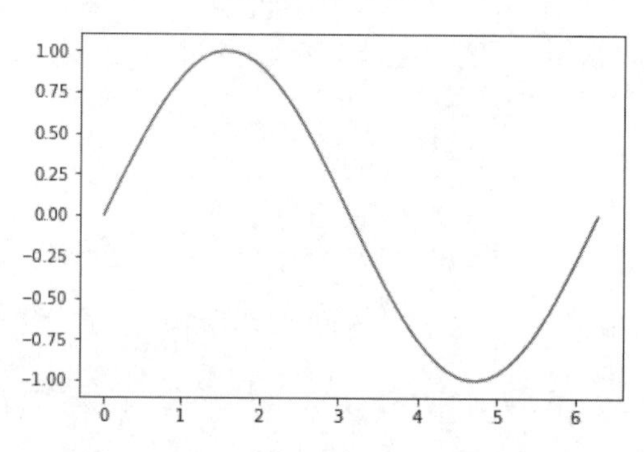

图 3.3　sin()函数 2π 周期内的曲线变化

```
x1=np.linspace(0,2*np.pi)          #默认 50 个样本，代表图 3.3 里 x 轴刻度数范围，pi 为数学里的π
y1=np.sin(x1)                      #通过 sin()函数计算 x1 刻度数对应的 y 轴的数范围，最后产生正弦波
print(x1)
print(y1)
[0.         0.12822827 0.25645654 0.38468481 0.51291309 0.64114136      #x1 数组值
 0.76936963 0.8975979  1.02582617 1.15405444 1.28228272 1.41051099
 1.53873926 1.66696753 1.7951958  1.92342407 2.05165235 2.17988062
 2.30810889 2.43633716 2.56456543 2.6927937  2.82102197 2.94925025
 3.07747852 3.20570679 3.33393506 3.46216333 3.5903916  3.71861988
 3.84684815 3.97507642 4.10330469 4.23153296 4.35976123 4.48798951
 4.61621778 4.74444605 4.87267432 5.00090259 5.12913086 5.25735913
 5.38558741 5.51381568 5.64204395 5.77027222 5.89850049 6.02672876
 6.15495704 6.28318531]
[ 0.00000000e+00  1.27877162e-01  2.53654584e-01  3.75267005e-01      #y1 数组值
  4.90717552e-01  5.98110530e-01  6.95682551e-01  7.81831482e-01
  8.55142763e-01  9.14412623e-01  9.58667853e-01  9.87181783e-01
  9.99486216e-01  9.95379113e-01  9.74927912e-01  9.38468422e-01
  8.86599306e-01  8.20172255e-01  7.40277997e-01  6.48228395e-01
  5.45534901e-01  4.33883739e-01  3.15108218e-01  1.91158629e-01
  6.40702200e-02 -6.40702200e-02 -1.91158629e-01 -3.15108218e-01
 -4.33883739e-01 -5.45534901e-01 -6.48228395e-01 -7.40277997e-01
 -8.20172255e-01 -8.86599306e-01 -9.38468422e-01 -9.74927912e-01
 -9.95379113e-01 -9.99486216e-01 -9.87181783e-01 -9.58667853e-01
 -9.14412623e-01 -8.55142763e-01 -7.81831482e-01 -6.95682551e-01
 -5.98110530e-01 -4.90717552e-01 -3.75267005e-01 -2.53654584e-01
 -1.27877162e-01 -2.44929360e-16]
```

正弦波的特殊值。

```
np.sin(0)                                              #坐标①x=0 时
0.0                                                    #坐标值 y=0
np.sin(np.pi/2)                                        #坐标 x=π/2（90°）
1.0                                                    #坐标值 y=1
```

（2）余弦函数 cos()

```
x2=[0,np.pi/2,np.pi,np.pi*3/2,2*np.pi]                 #x 坐标值
np.cos(x2)                                             #y 坐标值
array([1.0000000e+00,6.1232340e-17,-1.0000000e+00,-1.8369702e-16,1.0000000e+00])
```

（3）正切函数 tan()

```
np.tan(x2)                                             #根据 x2 坐标值，生成正切 y 坐标值
array([ 0.00000000e+00, 1.63312394e+16, -1.22464680e-16, 5.44374645e+15,
-2.44929360e-16])
```

4．反三角函数

主要根据三角函数的值，求对应的角度。

反三角函数包括反正弦函数 arcsin()、反余弦函数 arccos()和反正切函数 arctan()。

（1）反正弦函数 arcsin()

```
y1=np.sin(x2)
d0=np.arcsin(y1)                                       #反正弦函数
print(y1)                                              #正弦 y 值
print(d0)                                              #正弦对应的弧度值，即反正弦值
[0.0000000e+00 ,1.0000000e+00 ,1.2246468e-16 , -1.0000000e+00, -2.4492936e-16]
[0.00000000e+00,1.57079633e+00,1.22464680e-16,-1.57079633e+00,-2.44929360e-16]
```

（2）反余弦函数 arccos()

```
np.arccos(y1)
array([1.57079633, 0., 1.57079633, 3.14159265, 1.57079633])      #cos 对应的弧度值
```

（3）反正切函数 arctan()

```
np.arctan(y1)
array([ 0.00000000e+00, 7.85398163e-01, 1.22464680e-16, -7.85398163e-01,
    -2.44929360e-16])                                             #tan 对应的弧度值
```

5．双曲函数②

双曲函数由指数函数经有理运算可导出双曲函数。在数学中，双曲函数是一类与常见的三角函数类似的函数。双曲函数经常出现于某些重要的线性微分方程的解中，它们包括双曲正弦函数 sinh()、双曲余弦函数 cosh()、双曲正切函数 tanh()、反双曲正弦函数 arcsinh()、反双曲余弦函数

① 三角函数在二维图上的展现，通过确定的(x,y)坐标值对应的点来绘制，所有点连在一起就是线。

② 双曲函数，百度百科， https://baike.baidu.com/item/双曲函数。

arccosh()和反双曲正切函数 arctanh()。

（1）双曲正弦函数 sinh()

```
xx=np.arange(4)
np.sinh(xx)
array([ 0.        ,  1.17520119,  3.62686041, 10.01787493])
```

（2）双曲余弦函数 cosh()

```
np.cosh(xx)
array([ 1.        ,  1.54308063,  3.76219569, 10.067662  ])
```

（3）双曲正切函数 tanh()

```
np.tanh(xx)
array([0.        , 0.76159416, 0.96402758, 0.99505475])
```

6．角度弧度转换函数

三角函数有角度、弧度两种单位，因此需要经常转换。

（1）弧度转换为角度函数 degrees()、rad2deg()

```
radian=[0,np.pi/6,np.pi/4,np.pi/3,np.pi/2,np.pi]                    #弧度
np.degrees(radian)
array([0.,30.,45.,60.,90.,180.])                                     #角度
np.rad2deg(radian)              #在 Numpy 1.3 版本开始新出现的函数，基本用法同 degrees()
array([0.,30.,45.,60.,90.,180.])
```

（2）角度转换为弧度函数 radians()、deg2rad()

```
degrees=[  0.,  30.,  45.,  60.,  90., 180.]                          #角度
np.radians(degrees)/np.pi
array([0. , 0.16666667, 0.25      , 0.33333333, 0.5      ,1. ])      #弧度
```

（3）直角三角形求斜边函数 hypot()

```
np.hypot(3,4)                   #直角短边 3，长边 4
5.0                             #求出斜边 5
np.hypot([3,3,3],[4,4,4])
array([5., 5., 5.])
```

3.5.2　随机函数

随机函数在概率统计中经常被用来产生样本数，方便数据分析、科学计算、机器学习的模拟计算。本节所涉及函数的数学原理读者可以参考《概率论与数理统计》（盛骤、谢式千、潘承毅）一书。

1．基本随机数的产生

（1）random.rand(d0, d1, ..., dn)，产生[0,1）范围的浮点随机数，其中参数 dn 用于指定维度长度。

```
import numpy as np
np.random.rand()                                    #在参数省略情况下，参数单个随机数
0.7668913707153832
np.random.rand(2,6)                                 #二维数组参数情况下，产生二维数组的随机数
array([[0.27790259, 0.63220911, 0.86235268, 0.25572521, 0.34254065,0.95406471],
       [0.47591359, 0.64547026, 0.78444943, 0.2606099 , 0.32954903,0.98238747]])
```

（2）random.randn(d0, d1, ..., dn)，产生标准正态（normal）分布随机数，参数 dn 用于指定维数。

```
rn=np.random.randn(10)                              #产生 10 个标准正态分布的随机数
print(rn)
[-2.50442414  1.14740124 -0.65098403  0.28844013 -0.47395248  1.95178323
  0.41676075 -0.77624078 -0.47125482 -0.83832858]
```

标准正态分布随机数的数值范围是多少呢？这里采用粗略的方法做了一个测试。

```
rn=np.random.randn(200,300,20000)                   #在作者的新计算机上运行了将近 2 分钟
rn.max()                                            #获取随机产生的最大值
6.449947517185546
```

最小值可以用 rn.min()函数获取。

（3）random.randint(low, high=None, size=None, dtype='l')，产生指定范围的整型随机数。随机整数产生的范围为[low,high)，注意上限数 high 本身不包括。size 为产生数组的大小（含维数的控制）。

```
np.random.randint(4,size=8)                         #产生 0~3 范围的 8 个随机数
array([2, 3, 2, 2, 2, 0, 0, 3])
np.random.randint(0,4,size=(2,2))                   #产生 0~3 范围的二维数组随机数，4 个元素
array([[0, 3],
       [2, 1]])
np.random.randint(0,4)                              #产生 0~3 范围的一个随机数
1
```

2．常用分布随机数

（1）random.normal (loc=0.0, scale=1.0, size=None)，产生正态分布随机数。

参数 loc 对应数学里的期望[①] μ；scale 对应数学里的标准差σ；size 为产生数组的大小，没有，则产生一个随机数。μ 是正态分布的位置参数，正态分布以 X=μ 为对称轴，左右完全对称。σ 描述正态分布资料数据分布的离散程度，σ 越大，曲线越扁平；σ 越小，曲线越瘦高。

```
mu, sigma=0,10
rn1=np.random.normal(mu,sigma,10)
print(rn1)
[ 13.8310104   -4.91123517  -4.11152004  -0.36764812 -10.41419174
   8.18982935  -9.63620996  -5.46093121  31.76283971   5.08897123]
```

① 数学里又称均数、中位数、众数。

当 mu=0，sigma=1 时，normal()函数产生标准正态随机数。

（2）random.uniform (low=0.0, high=1.0, size=None)，在指定的[low,high)范围内，产生均匀分布的随机数。

```
np.random.uniform(0,4,size=(4,4))
array([[2.68610408, 3.13177413, 0.05959146, 0.34222142],
       [2.96182165, 2.25478403, 2.75287164, 0.93232764],
       [0.45786588, 2.95049694, 0.40843717, 2.55907431],
       [3.37396616, 2.46772407, 3.8386775 , 0.10998982]])
```

（3）random. poisson(lam=1.0, size=None)产生泊松分布随机数。参数 lam 为期望间隔，应 lam> = 0，期望间隔在请求的大小上播放；size 指定输出大小，可以用多维数组形式，如(x,y,z)。

```
np.random. poisson(2,size=10)
array([3, 3, 1, 2, 1, 2, 4, 2, 3, 0])
```

3．乱序和随机抽取

当需要对现有集合数据进行重新随机编号时，需要乱序函数 permutation()、shuffle()加以解决。另外需要通过随机抽取指定样本里的数，也需要通过 choice()来实现。这里读者可以想象一副 54 张的扑克牌如何洗牌、如何抽取牌的问题。

（1）random.permutation(x)，生成一个随机的乱序数组，当 x 设置为标量时，则返回指定范围值[0,n)的乱序数组；当 x 为可变集合（如数组、列表）时，则对集合里的值进行乱序排列。

```
np.random.permutation(10)                    #产生 0~9 的乱序
array([8, 6, 7, 4, 5, 0, 2, 9, 3, 1])
x3=[9,8,7,6,5,0,1,2,3,4]
np.random.permutation(x3)                    #指定列表对象
array([7, 1, 0, 5, 2, 6, 3, 4, 8, 9])        #对列表里的值进行乱序排列，生成临时数组
x3
[9, 8, 7, 6, 5, 0, 1, 2, 3, 4]               #x3 数组本身值顺序不变
```

（2）random.shuffle(x)，直接对 x 数组进行乱序处理。

```
x=np.arange(10)
print(x)                                     #乱序前的打印输出
x1=np.random.shuffle(x)
print(x)                                     #乱序后的打印输出
print(x1)
[0 1 2 3 4 5 6 7 8 9]                        #乱序前的 x 数组
[0 6 7 4 9 2 3 8 1 5]                        #乱序后的 x 数组
None                                         #shuffle()并不返回乱序后的数组
```

（3）random.choice(a, size=None, replace=True, p=None)，从指定的样本 a 中随机抽取 size 个元素；replace=False 时抽取的数不能重复，默认可以重复；p 列表值设置样本 a 的权重，列表元素为小数，加起来总权重为 1。

```
a=[100,99,88,77,66]
```

```
np.random.choice(a,3)                          #从 a 里随机抽取 3 个数，可以重复
array([100,  77, 100])
np.random.choice(a,3,replace=False)            #从 a 里随机抽取 3 个数，不可以重复
array([88, 99, 77])
np.random.choice(a,3,replace=False,p=[0.5,0.3,0.1,0.1,0])
                                               #从 a 里随机抽取 3 个数，不可以重复，对每个元素加权重
array([ 99, 100,  88])
np.random.choice(10,3,replace=False)           #从 0 到 9 里随机抽取 3 个数，不可以重复
array([2, 4, 8])
np.random.choice(['one','two','three','four','five'],3,replace=False)
                                               #从 a 里随机抽取 3 个数，不可以重复
array(['one', 'five', 'three'], dtype='<U5')
```

3.5.3　数组集合运算

数组集合运算包括唯一化、并集、交集、差集、异或集、判断一个数组的元素是否在另外一个数组中。

（1）unique()求集合唯一化元素（去除重复元素）。

```
cx=np.array(['Tom','Jack','Tom','Alice','Jack'])
np.unique(cx)
array(['Alice', 'Jack', 'Tom'], dtype='<U5')
```

（2）intersect1d()求两个数组元素的交集。

```
x1=np.array(['Tom','Jack','Tom','Alice','Jack'])
y1=np.array(['Tim','Jack','Tom','Mike'])
np.intersect1d(x1,y1)
array(['Jack', 'Tom'], dtype='<U5')      #x1 和 y1 的交集为 Jack,Tom
```

（3）union1d()返回两个数组的并集。

```
np.union1d(x1,y1)
array(['Alice', 'Jack', 'Mike', 'Tim', 'Tom'], dtype='<U5')
```

（4）setdiff1d()返回两个数组的差集。

```
np.setdiff1d(x1,y1)
array(['Alice'], dtype='<U5')
```

（5）setxor1d()返回两个数组的异或（去掉两个数组都有的元素）。

```
np.setxor1d(x1,y1)
array(['Alice', 'Mike', 'Tim'], dtype='<U5')
```

（6）in1d()判断一个数组的元素是否在另外一个数组内，是则为 True，否则为 False。

```
np.in1d(x1,y1)
array([ True,  True,  True, False,  True])
```

3.5.4 基础统计函数

有了数据，特别是有了数组或数据表，自然离不开数据的各种统计要求。在实际工作当中，从零售店的销售记录、单位的考勤表，到实验室的实验记录，再到机器学习的数值统计，都离不开统计函数。为此，Numpy 提供了强大的统计函数。这里介绍普通的、日常生活常用的统计函数。

说明：

为了方便介绍统计函数的使用，先对函数中经常要出现的 axis（轴）参数的使用做个说明。在多维数组统计时，axis=0 为按列进行统计，axis=1 为按行进行统计。

统计函数统计数组的建立。为了方便统计函数的介绍，先建立两个二维数组 a1 和 a2。

```
import numpy as np
a1=np.array([[10,0,9],[8,9,9],[9,10,9]])        #建立二维数组
a1
array([[10,  0,  9],
       [ 8,  9,  9],
       [ 9, 10,  9]])
```

建立带非数值内容的二维数组 a2。

```
a2=np.array([[np.nan,10,9],[np.NaN,10,9],[10,10,10]])
a2                                              #nan、NaN 代表非数值或缺失的数值（详见附录二）
array([[nan, 10.,  9.],
       [nan, 10.,  9.],
       [10., 10., 10.]])
```

这里的基础统计函数包括 sum()求和统计、prod()求乘积统计、max()求最大数统计、min()求最小数统计、cumsum()求累积和统计、cumprod()求累积乘积统计、平均数统计（mean()、average()、median()）、方差和标准差统计（var()、std()）、ptp()求轴最大值最小值统计。除了 average()、ptp()函数外，其他统计函数又包括了对 nan 值支持的 nan 开头的对应统计函数，如 nansum()。

1．和统计

函数 sum(a, axis=None, dtype=None)，其中，a 为需要统计的集合对象；dtype 指定返回数组的类型。

```
np.sum(a1)                                      #求数组所有元素的和。可以用 a1.sum()代替
73
np.sum(a1,axis=0)                               #按列进行求和统计
array([27, 19, 27])
np.sum(a1,axis=1)                               #按行进行求和统计
array([19, 26, 28])
```

函数 nansum(a, axis=None, dtype=None)，其中，a 为带 nan 元素需要统计的集合对象；dtype 指定返回数组的类型。与 sum()函数相比，nansum()函数对 nan 元素进行忽略处理，只统计相关数

字，sum()函数将返回 nan。

```
np.nansum(a2)
68.0
```

2．乘积统计

函数 prod(a, axis=None, dtype=None)，其中，a 为需要统计的集合对象；dtype 指定返回数组的类型。

```
np.prod(a1)                                  #对所有元素求乘积
0
np.prod(a1,axis=0)                           #以列为单位进行乘积统计
array([720,   0, 729])
```

函数 nanprod(a, axis=None, dtype=None)，其中，a 为带 nan 元素需要统计的集合对象；dtype 指定返回数组的类型。

```
np.nanprod(a2,axis=0)                        #以列为单位进行乘积统计，忽略 nan 值
array([  10., 1000.,  810.])
```

3．最大数统计

函数 max(a, axis=None)，其中，a 为需要统计的集合对象。等同于 amax()函数或数组 a.max()方法。

```
a1.max(axis=1)                               #以行为单位，求最大值
array([10,  9, 10])
```

函数 nanmax(a, axis=None)，其中，a 为带 nan 元素需要统计的集合对象。

```
np.nanmax(a2,axis=1)                         #以行为单位，求最大值，忽略 nan 值
array([10., 10., 10.])
```

4．最小数统计

函数 min(a, axis=None)，其中，a 为需要统计的集合对象。等同于 amin()函数或数组 a.min()方法。

```
np.min(a1,axis=1)                            #以行为单位，求最小值
array([0, 8, 9])
```

函数 nanmin(a, axis=None)，其中，a 为带 nan 元素需要统计的集合对象。

```
np.nanmin(a2,axis=1)                         #以行为单位，求最小值，忽略 nan 值
array([ 9.,  9., 10.])
```

5．累积和统计

函数 cumsum(a, axis=None)，其中，a 为需要统计的集合对象。等同于数组 a.cumsum()方法。

```
np.cumsum(a1,axis=1)       #以行为单位，累积和
array([[10, 10, 19],       #横向第一个元素加第二个元素得新的第二个元素，新的第二个元素与第三个元素
       [ 8, 17, 26],       #加，得新的第三个元素，即 10+0=10,10+9=19，依次类推
       [ 9, 19, 28]], dtype=int32)
```

函数 nancumsum (a, axis=None)，其中，a 为带 nan 元素需要统计的集合对象。

```
np.nancumsum(a2,axis=1)                          #以行为单位，求累积和，把 nan 当作 0 处理
array([[ 0., 10., 19.],
       [ 0., 10., 19.],
       [10., 20., 30.]])
```

6．累积乘积统计

函数 cumprod(a, axis=None, dtype=None)，其中，a 为需要统计的集合对象；dtype 指定返回数组的类型。

```
np.cumprod(a1,axis=1)                            #以行为单位，累积乘积
array([[ 10,   0,   0],
       [  8,  72, 648],
       [  9,  90, 810]], dtype=int32)
```

函数 nancumprod (a, axis=None)，其中，a 为带 nan 元素需要统计的集合对象。

```
np.nancumprod(a2,axis=1)                         #以行为单位，累积乘积，把 nan 当作 1 处理
array([[   1.,   10.,   90.],
       [   1.,   10.,   90.],
       [  10.,  100., 1000.]])
```

7．平均数统计

```
a1                                               #为了方便观察数据，这里重新执行 a1 数组
array([[10,  0,  9],
       [ 8,  9,  9],
       [ 9, 10,  9]])
```

（1）算术平均值统计

函数 mean(a, axis=None, dtype=None)，其中，a 为需要统计的集合对象；dtype 指定返回数组的类型。

```
np.mean(a1,axis=1)                               #以行为单位，求元素的算术平均值
array([6.33333333, 8.66666667, 9.33333333])      #可以用数组 a1.mean(axis=1)方法代替
```

函数 nanmean(a, axis=None, dtype=None)，其中，a 为带 nan 元素的需要统计的集合对象；dtype 指定返回数组的类型。

```
np.nanmean(a2,axis=0)                            #求带 nan 的 a2 数组的以列为单位的算术平均值
array([10.        , 10.        ,  9.33333333])
```

从上例可以看出 nanmean()函数对存在 nan 的元素进行忽略操作，a2 数组见本节开始处。

```
np.nanmean([np.nan,np.NaN,1,2,3])                #忽略前 2 个元素
2.0
```

（2）加权平均值统计

函数 average(a, axis=None, weights=None, returned=False)，其中，a 为需要统计的集合对象，为每个元素提供权重数（可以是一个标量，也可以是一个权重数集合）；returned=False，以数

组形式返回计算结果（或标量），returned=True，以元组形式返回计算结果。

```
np.average(a1,axis=1,weights=[0.8,0,0.2])          #以行为单位分配指定的 weights 权重
array([9.8, 8.2, 9. ])
```

第一行的加权平均值计算公式为 10*0.8+0*0+9*0.2=9.8。

```
np.average([10,10,10],weights=[0.6,0.3,0.1])       #10*0.6+10*0.3+10*0.1
10.000000000000002                                 #理想状态，三个 10 的加权平均值应该是 10
```

出现 0.000000000000002 现象，跟计算机处理小数位数的精度有关系，这一点需要读者重视，特别在应用到精度要求很高的计算过程时，必须考虑小数点精度问题。对小数点精度的处理，见下一节内容。

（3）中值统计

函数 median(a, axis=None)，其中，a 为需要统计的集合对象。

```
a3=np.arange(10)
a3
array([0, 1, 2, 3, 4, 5, 6, 7, 8, 9])
np.median(a3)                                 #求 0~9 的中值
4.5                                           #（1+9+2+8+3+7+4+6+5+0）/10=4.5
a4=a3.reshape(2,5)
a4
array([[0, 1, 2, 3, 4],
       [5, 6, 7, 8, 9]])
np.median(a4,axis=1)                          #以行为单位求中值
array([2., 7.])
```

函数 nanmedian(a, axis=None)，其中，a 为需要统计的集合对象。

```
np.nanmedian(a2,axis=1)                       #求 a2 的以行为单位的中值
array([ 9.5,  9.5, 10. ])                     #忽略 nan
```

8．方差和标准差统计

方差和标准差在统计数学里是基本的统计计算方法，在国民经济、金融、实验数据分析等方面都有着广泛的应用。

（1）求方差（Variance）

函数 var(a, axis=None, dtype=None)，其中，a 为需要统计的集合对象；dtype 指定返回数组的类型。

```
v1=np.var([3,2,1])                            #求数 3、2、1 的方差，可以用数组 a1.var()方法代替
v1
0.6666666666666666
```

要验证 var()的计算结果，需要清楚方差计算公式：

$$V=\frac{\sum_{i=1}^{N}(x_i-x)^2}{N} \tag{3.1}$$

式中，N 代表求方差的样本个数；x_i 为第 i 个元素；x 为所有元素的平均值；i 的取值范围为

[1,N]；V 为方差求值结果。在 Numpy 的 var()函数上可以是标量，也可以是数组。

上例的平均值 $x=(3+2+1)/3=2$，$V=((3-2)^2+(2-2)^2+(1-2)^2)/3=2/3=0.6666666666666666$。

```
b3=np.arange(9).reshape(3,3)
b3
array([[0, 1, 2],
       [3, 4, 5],
       [6, 7, 8]])
np.var(b3,axis=1)                                    #以行为单位进行方差计算
array([0.66666667, 0.66666667, 0.66666667])
```

对应的 nanvar()函数可以处理带 nan 的集合对象，在计算时忽略 nan 元素。

（2）求标准差

函数 std(a, axis=None, dtype=None)，其中，a 为需要统计的集合对象；dtype 指定返回数组的类型。

```
np.std([3,2,1])                                      #求列表元素的标准差，数组可以用 std 方法代替
0.816496580927726
```

标准方差的计算公式：

$$S=\sqrt{V} \tag{3.2}$$

式中的 V 是方差的计算公式[式（3.1）]，对方差开方就是求标准差 S。

上例求标准差的过程，可以用如下方式代替。

```
np.sqrt(v1)                                          #对方差 v1 求开方
0.816496580927726                                    #结果为标准差的值
```

对应的 nanstd()函数可以处理带 nan 的集合对象，在计算时忽略 nan 元素。

9．轴最大最小值差统计

函数 ptp(a, axis=None)，其中，a 为需要统计的集合对象。数组可以用 a1.ptp()方法。

```
np.ptp(a1,axis=0)                                    #以列为单位，统计列轴最大值与最小值的差
array([ 2, 10,  0])
```

3.5.5 高级统计函数

所谓高级函数，指在日常生活中很少使用的，但是在数据高级分析、机器学习、科学研究中所需要使用的一类统计函数。

（1）计算沿指定轴的元素个数的第 q 个百分位数，求观察值 N。

函数 percentile(a, q, axis=None)，其中，a 为需要统计的集合对象；q 为要计算的百分位数或百分位数序列（q 的取值区间为[0,100]）。返回 q%范围内的观察值。

```
a1
array([[10,  0,  9],
       [ 8,  9,  9],
       [ 9, 10,  9]])
```

```
np.percentile(a1,50,axis=0)                              #在每个列方向取 50%位置的数
array([9., 9., 9.])
```

在指定百分数 q 后，确定指定轴元素个数乘以 q%的一个观察值 N（或者最接近的）。如上例的第一列[10,8,9]是 3 个数，50%位置的那个数恰好是 9；第二列[0,9,10]中位数也是 9；第三列中位数是 9。

```
b2=np.arange(10)
b2
array([0, 1, 2, 3, 4, 5, 6, 7, 8, 9])                    #10 个自然整数
np.percentile(b2,10)            #求每个数的平均间隔，然后在 10%的数位上加该间隔值
0.9                             #10%处的一个观察值，0 为 10%范围内的元素，其他为 90%范围内的元素
b3=np.arange(1,11)
b3
array([ 1,  2,  3,  4,  5,  6,  7,  8,  9, 10])
np.percentile(b3,10)
1.9                             #10%的位置值在 1 和 2 之间，1+0.9（平均间隔），小于等于%10（观察
                                #值为 1.9）的元素是 1，其他元素都在 90%的范围内
```

该函数可以应用于某类统计样本中，占 q%范围数量的观察值是多少。如一个班级的学生一次考试成绩先给它们排序，然后想知道占 10%最差成绩的是少于多少分，就可以用 percentile()函数求观察分数。

对于存在 nan 值的数组求指定百分比的观察值，可以用 nanpercentile()函数。

（2）一阶差分，计算沿给定轴的 n 次迭代离散差。

函数 diff(a, n=1, axis=-1)，其中，a 为需要统计的集合对象；n 为迭代离散差次数，默认值 n=1。

```
a1=np.array([1,2,4,8,10])
np.diff(a1)                         #后一个元素减去前一个元素，生成新的元素
array([1, 2, 4, 2])                 # n=1 次计算结果
np.diff(a1,n=2)                     #连续两次迭代计算
array([ 1,  2, -2])                 #在 n=1 的结果基础上，继续进行一次差分计算
```

（3）数组的连续元素之间的差异。

函数 ediff1d(ary, to_end=None, to_begin=None)，其中，ary 为需要统计的集合对象；to_end 可选，在返回的差异结束时追加的数字（或集合元素）；to_begin，返回差异开头前的数字。

```
d1= np.array([1, 2, 4, 8, 3])
np.ediff1d(d1)                      #只有 ary 参数情况下，后一元素减去前一元素产生新元素
array([ 1,  2,  4, -5])
```

增加 to_end、to_begin 参数的情况。

```
np.ediff1d(d1,to_begin=[0,0],to_end=10)
array([ 0,  0,  1,  2,  4, -5, 10])    #把 to_begin 元素插入到开始位置，10 插入到结束位置
```

多维数组的情况下，先把多维数组展平为一维数组，然后做连续差异计算。

```
d2=np.arange(9).reshape(3,3)
np.ediff1d(d2,to_begin=[0,0],to_end=10)
array([ 0,  0,  1,  1,  1,  1,  1,  1,  1,  1, 10])
```

（4）梯度计算[①]。

函数 gradient(f)，其中，f 为需要计算的集合对象。

```
g1=np.array([1,3,5,7,10,15])
np.gradient(g1)                                    #对一维数组元素进行梯度计算
array([2. , 2. , 2. , 2.5, 4. , 5. ])
g2=np.arange(9).reshape(3,3)
np.gradient(g2)                                    #对二维数组的顺序元素进行梯度计算
[array([[3., 3., 3.],
       [3., 3., 3.],
       [3., 3., 3.]]), array([[1., 1., 1.],
       [1., 1., 1.],
       [1., 1., 1.]])]
```

（5）使用复合梯形规则沿给定轴积分。

函数 trapz(y, axis=-1)，其中，y 为需要计算的集合对象。

```
np.trapz([[1,2,3],[4,5,6]],axis=1)                 #以行为单位进行积分
array([ 4., 10.])
```

3.5.6 排序

在日常数据处理过程中，经常需要对数组、列表、元素等进行排序，方便数据的比较和统计。为此，Numpy 提供了专门的 sort()排序函数。

函数 sort(a, axis=-1)，其中，a 为需要统计的集合对象；axis=0 以列为单位进行排序，axis=1 以行为单位进行排序。

```
import numpy as np
a1=np.array([[100,0,45],[12,89,35],[50,40,60]])
a1
array([[100,   0,  45],
      [ 12,  89,  35],
      [ 50,  40,  60]])
np.sort(a1,axis=1)                  #按行为单位进行排序
array([[  0,  45, 100],             #用 sort()函数生成一个临时的排序数组（称原数组的视图）
      [ 12,  35,  89],
      [ 40,  50,  60]])
a1                                  #用视图方式排序，不改变原先数组的排序
array([[100,   0,  45],
      [ 12,  89,  35],
```

① 同济大学数学系，高等数学（第 7 版 下册），第七节 方向导数与梯度，P103。

```
      [ 50,  40,  60]])
a1.sort(axis=0)                  #用数组方法 sort()排序，改变原有数组的排序
a1
array([[ 12,   0,  35],
      [ 50,  40,  45],
      [100,  89,  60]])
a2=['Tom','John','Alice']        #可以对字符串值进行排序（根据 ASCII 码的大小）
np.sort(a2)
array(['Alice', 'John', 'Tom'], dtype='<U5')
```

3.5.7 将数值替换到数组指定位置

在指定位置替换数组的元素，可以用于视频、图片分析等操作。

（1）根据条件和输入值更改数组的元素。

函数 place(arr, mask, vals)，其中，arr 为数组对象；mask 为符合条件的逻辑表达式；vals 为需要插入的标量或集合对象。等价于 putmask()函数的用法和功能。

```
p1=np.array([[1,8,10],[2,7,9],[11,23,33]])
np.place(p1,p1>10,[0,1])         #对于数组里元素大于 10 的依次用 0、1 代替
p1                               #place()计算的结果直接改变了数组 p1 的元素值，而非临时产生新数组
array([[ 1,  8, 10],
      [ 2,  7,  9],
      [ 0,  1,  0]])             #当替换的数不够时，重复依次替代，这里的第二个 0 重复出现
```

（2）用给定值替换数组的指定元素。

函数 put(a, ind, v, mode='raise')，其中，a 为需要替换的数组对象；ind 为替换顺序下标位置；v 为提供可以替换数值的集合对象。

```
p2=np.ones(9).reshape(3,3)
p2
array([[1., 1., 1.],
      [1., 1., 1.],
      [1., 1., 1.]])
np.put(p2,[3,4,5],[0,0])         #ind 为 p2 的顺序下标 3，4，5，替换值为 0
p2
array([[1., 1., 1.],
      [0., 0., 0.],
      [1., 1., 1.]])
```

（3）通过指定 axis 和花式索引将值放入目标数组。

函数 put_along_axis(arr, indices, values, axis)，其中，arr 为需要替换的数组对象；indices 花式索引（见 3.3.3 小节）确定需要替换的下标范围；values 为提供的可以替换的数值或集合。上述四个参数为必选项。

```
p3=np.ones(9).reshape(3,3)
print(p3)
```

```
np.put_along_axis(p3,np.array([[1],[1],[1]]),0,axis=1)     #axis=1 为指向一维的行方向
p3
array([[1., 0., 1.],
       [1., 0., 1.],
       [1., 0., 1.]])
```

上例提供的 indices 花式索引数组为二维列下标。当 indices 为二维行下标时，替换效果如下。

```
p4=np.ones(9).reshape(3,3)
np.put_along_axis(p4,np.array([[0,1]]),0,axis=1)
p4
array([[0., 0., 1.],
       [0., 0., 1.],
       [0., 0., 1.]])
```

注意：

indices 花式索引数组维数必须跟 arr 数组维数相等，否则将报错。

（4）填充任何维度的给定数组的主对角线。

函数 fill_diagonal(a, val, wrap=False)，其中，a 至少是二维数组；val 为主对角线上需要填写的数值。

```
z1=np.zeros(9).reshape(3,3)
z1
array([[0., 0., 0.],
       [0., 0., 0.],
       [0., 0., 0.]])
np.fill_diagonal(z1,5)
z1
array([[5., 0., 0.],
       [0., 5., 0.],
       [0., 0., 5.]])
```

3.5.8 增加和删除行（列）

当需要对现有数组做增加、减少行（列）元素时，需要通过专门的函数进行操作。现有如下数组。

```
import numpy as np
d=np.arange(9).reshape(3,3)
d
array([[0, 1, 2],
       [3, 4, 5],
       [6, 7, 8]])
```

1．删除数组行（列）元素

函数 delete(arr, obj, axis=None)，其中，arr 为数组对象；obj 为下标切片、下标标量、下标列

表、下标整数数组；axis=None 默认值，删除后的新数组为一维数组，在 axis=1 的情况下，保留元素按照行方向形成新数组，而在 axis=0 的情况下，保留元素按照列方向形成新数组。

（1）下标切片删除

在原数组 d 指定的行方向上，删除指定列数。

```
np.delete(d,np.s_[:2],axis=1)          #在行方向上，删除 d 数组的 1、2 列
array([[2],
       [5],
       [8]])
```

在原数组 d 指定的列方向上，删除指定行数。

```
np.delete(d,np.s_[:2],axis=0)          #在列方向上，删除 d 数组的 1、2 行
array([[6, 7, 8]])                     #可以用 np.delete(d,slice(0,2,None),axis=0)代替
```

说明：

在使用切片指定需要删除数组下标范围时，建议用 np.s_[]函数，也可以用 slice()函数。

（2）指定下标数删除

```
np.delete(d,1,axis=1)                  #在行方向上，删除第 2 列
array([[0, 2],
       [3, 5],
       [6, 8]])
```

（3）指定下标数组删除

```
np.delete(d,np.arange(2),axis=0)       #在列方向上，删除第 1、2 行
array([[6, 7, 8]])
```

2．插入行（列）元素

函数 insert(arr, obj, values, axis=None)，其中，arr 为数组对象；obj 为需要插入值处的下标切片、下标标量、下标列表、下标整数数组；values 为需要插入的集合对象；axis 使用方法同 delete()函数中的参数。

（1）在指定列处，插入新列值。

```
b1=np.ones(9).reshape(3,3)
np.insert(b1,3,[2,2,2],axis=1)         #在 b1 数组行方向上，第 4 列处插入新列值
array([[1., 1., 1., 2.],
       [1., 1., 1., 2.],
       [1., 1., 1., 2.]])
```

（2）在指定行处，插入新行值。

```
np.insert(b1,3,[2,2,2],axis=0)         #在 b1 数组列方向上，第 4 行处插入新行值
array([[1., 1., 1.],
       [1., 1., 1.],
       [1., 1., 1.],
       [2., 2., 2.]])
```

3．将指定值附加到数组的末尾

函数 append(arr, values, axis=None)，其中，arr 为数组对象；values 为需要插入的集合对象，要求 values 和 arr 必须具有相同维数，否则报错。

```
z1=np.zeros(9).reshape(3,3)
z1
array([[0., 0., 0.],
       [0., 0., 0.],
       [0., 0., 0.]])
np.append(z1,[[1,1,1],[2,2,2],[3,3,3]],axis=1)     #在行方向的末尾加新值
array([[0., 0., 0., 1., 1., 1.],
       [0., 0., 0., 2., 2., 2.],
       [0., 0., 0., 3., 3., 3.]])
```

在列方向增加新值。

```
np.append(z1, [[1, 1, 1]], axis=0)                  #在列方向的末尾加新值，要求维数保持一致
array([[0., 0., 0.],
       [0., 0., 0.],
       [0., 0., 0.],
       [1., 1., 1.]])
```

4．修剪一维集合对象的前导或尾随为 0 的值

函数 trim_zeros(filt, trim='fb')，其中，filt 为集合对象。

```
np.trim_zeros([0,0,0,1,2,3,0,0])
[1, 2, 3]
```

3.5.9 数值修约等杂项函数

这里介绍常用的数值修约函数、条件比较函数和求绝对值函数。

1．数值修约函数

数值修约，又称数字修约，就是按照约定规则，决定小数的精度和位数。

```
f1=np.array([[0.0001,0.7,0.3],[10.1,10.3,10.7],[9.8,9.4,9.5]])
f1
array([[1.00e-04, 7.00e-01, 3.00e-01],     #e-04 表示小数点后 4 位
       [1.01e+01, 1.03e+01, 1.07e+01],     #e+01 表示小数点往整数方向移动了 1 位，1 位为 10
       [9.80e+00, 9.40e+00, 9.50e+00]])
```

（1）四舍五入函数。

函数 around(a, decimals=0)，其中，a 为需要计算的集合对象；decimals 为保留的数位，正整数指保留的小数位数，如 1 为保留一位小数，而负整数为保留的整数位数，如-1 四舍五入到十位数。

```
np.around(f1)
```

```
array([[ 0.,  1.,  0.],
      [10., 10., 11.],
      [10.,  9., 10.]])
```

（2）简单取最接近的整数。

函数 rint(x)，其中，x 为需要计算的集合对象。

```
np.rint([0.49,1.4,1.5,0.5,0.6,0.51]) #仔细观看舍去范围
array([0., 1., 2., 0., 1., 1.])
```

（3）向 0 方向舍入到最接近的整数。

函数 fix(x)，其中，x 为需要计算的集合对象。

```
np.fix([-2.1,-2.9,-0.9,0.1,0.9,1.1,1.9])
array([-2., -2., -0.,  0.,  0.,  1.,  1.])
```

（4）取浮点数的整数部分，舍去小数。

函数 floor(x)，其中，x 为需要计算的集合对象，等价于 trunc(x)函数。

```
f1=np.array([[0.0001,0.7,0.3],[10.1,10.3,10.7],[9.8,9.4,9.5]])
np.floor(f1)
array([[ 0.,  0.,  0.],
      [10., 10., 10.],
      [ 9.,  9.,  9.]]
```

（5）返回输入元素的上限整数。

函数 ceil(x)，其中，x 为需要计算的集合对象。

```
f1=np.array([[0.0001,0.7,0.3],[10.1,10.3,10.7],[9.8,9.4,9.5]])
np.ceil(f1)                          #求元素最靠近的整数上限，如 0.0001 最靠近的整数上限是 1
array([[ 1.,  1.,  1.],
      [11., 11., 11.],
      [10., 10., 10.]])
```

2．条件比较函数

函数 where(condition, [x, y])，根据 condition 条件，选择 x 数组或 y 数组里的元素，并以数组形式返回。condition 值为 True，则迭代返回符合条件的 x 数组内的元素；condition 值为 False，则返回符合条件的 y 数组内的元素。

```
a1=np.arange(9).reshape(3,3)
a1
array([[0, 1, 2],
      [3, 4, 5],
      [6, 7, 8]])
np.where(a1<=5,a1,10)                #a1 数组元素小于等于 5 的保留，大于 5 的都设置为 10
array([[ 0,  1,  2],                 #生成一个临时的新数组
      [ 3,  4,  5],
      [10, 10, 10]])
```

3．求绝对值函数

函数 abs(x)，x 为需要计算的集合对象。其全名函数为 absolute(x)。

```
np.abs([-10,9,0,-0.5])
array([10. ,  9. ,  0. ,  0.5])
```

3.5.10　案例 4 [班级成绩分析]

三酷猫是一名非常有责任心的教师，他想通过班级成绩分析，精准掌握学生的成绩特点。这里以一个班 40 名学生的一次期末考试成绩为例进行成绩分析。

（1）由于涉及 40 名学生的语文、数学、英语成绩，要求采用随机函数生成成绩单，为了保证分数符合实际要求，第一要求整数，第二所有的分数要求不能低于 55 分，第三所有的分数从低到高排序。

（2）对成绩最低的 20%确定分数线，并获取对应的成绩单。

（3）对全班的分数按照语文、数学、英语进行最高分、最低分、平均分统计，并统计总分的前三名学生。

第一步，生成 40 名学生的语文、数学、英语成绩。

```
score=np.random.randint(45,101,(3,40))            #生成随机函数，下限为 55 分，上限为 100 分
score.sort(axis=1)                                #按照分数从低到高排序
score
array([[ 55,  55,  57,  61,  65,  68,  68,  70,  73,  74,  75,  75,  77,         #语文
         78,  79,  80,  82,  84,  85,  86,  86,  86,  88,  88,  91,  92,
         93,  93,  94,  94,  94,  95,  95,  95,  95,  96,  96,  98,  99, 99],
       [ 57,  58,  58,  60,  60,  61,  61,  63,  64,  66,  67,  67,  69,         #数学
         70,  71,  71,  74,  74,  74,  75,  77,  77,  78,  79,  79,  83,
         83,  87,  90,  91,  91,  95,  97,  98,  98,  98,  99, 100, 100, 100],
       [ 55,  55,  56,  56,  57,  58,  59,  60,  60,  62,  62,  64,  64,         #英语
         64,  64,  65,  66,  68,  68,  68,  73,  74,  77,  78,  78,  80,
         83,  84,  85,  88,  90,  90,  92,  94,  95,  97,  98,  99,  99, 100]])
```

第二步，获取 20%个成绩最低的同学分数线，并生成成绩单。

```
p20=np.percentile(score,20,axis=1)                #以行为单位，求在 20%的最低分数线的人数
p20
array([72.4, 63.8, 60. ])                         #语文、数学、英语的分数线
s1=score[0]                                       #获取语文二维数组
y1=s1[s1<=p20[0]]                                 #获取语文最低分数线以下的成绩
print('语文 20%下的成绩',y1)
s2=score[1]                                       #获取数学二维数组
y2=s2[s2<=p20[1]]                                 #获取数学最低分数线以下的成绩
print('数学 20%下的成绩',y2)
s3=score[2]                                       #获取英语二维数组
y3=s3[s3<=p20[2]]                                 #获取英语最低分数线以下的成绩
print('英语 20%下的成绩',y3)
```

```
语文20%下的成绩 [55 55 57 61 65 68 68 70]
数学20%下的成绩 [57 58 58 60 60 61 61 63]
英语20%下的成绩 [55 55 56 56 57 58 59 60 60]
```

第三步，对语文、数学、英语进行最高分、最低分、平均分统计，并统计总分的前三名学生。

```
maxv=np.max(score,axis=1)                    #以行为单位，求最高分数
maxv
array([ 99, 100, 100])
minv=np.min(score,axis=1)                    #以行为单位，求最低分数
minv
array([55, 57, 55])
meanv=np.mean(score,axis=1)                  #以行为单位，求平均分
meanv
array([82.85 , 78.   , 74.625])
s1=score[0]+score[1]+score[2]                #对每个学生的三科成绩进行累加
s1.sort()
s1
array([167, 168, 171, 177, 182, 187, 188, 193, 197, 202, 204, 206, 210,
     212, 214, 216, 222, 226, 227, 229, 236, 237, 243, 245, 248, 255,
     259, 264, 269, 273, 275, 280, 284, 287, 288, 291, 293, 297, 298,299])
s1[-3:]
array([297, 298, 299])                       #三科总分前三名的分数
```

在Numpy里可以比较好地统计数值数组，对于字符串、数值混合数组，就显得力不从心了，这个问题将在Pandas里解决。

3.6 习题及实验

1．填空题

（1）Numpy核心环绕（　　）和（　　）两个类对象实现相关计算功能。

（2）在Numpy中标准的建立数组，通过（　　）函数来实现。

（3）两数值数组求余可以通过（　　）或（　　）函数来实现。

（4）np.exp2([1,2])求值结果为（　　）、（　　）。

（5）Numpy库里二维数组的函数参数axis=0代表（　　）方向，axis=1代表（　　）方向。

2．判断题

（1）Numpy 数组既可以用于表示多维度关系的数据，也可以用于多层级分类关系的数据。（　　）

（2）Nums[:]属于切片索引取数组值。（　　）

（3）可以直接利用+、-、*、\对两个数组做数学运算。（　　）

（4）对于多维数组，可以以X[2,…]形式取子数组。（　　）

（5）np.sort(a1,axis=0)改变了a1数组的排序方式。（　　）

3．实验题

实验一：三酷猫批发冰激凌

夏天到了，天气日趋炎热，三酷猫决定利用暑假期间做冰激凌批发生意，改善一下个人生活。他从冰激凌厂家一天进货 100 支冰激凌，每支成本价 1 元。三酷猫批发冰激凌采取浮动价策略。每天批发出 50%，批发价为每支 1.2 元，大于 50%的批发价为每支 1.3 元。这一天，批发的数量如表 3.5 所示。

表 3.5　冰激凌批发情况

批　　次	数　　量	批发价（元）	金额（元）
1	20		
2	18		
3	36		
4	26		

利用数组形式，求每批次的批发价、金额，并求总批发额、批发利润。

实验二：三酷猫图像处理

数字图像可以用0、1的二维数组表示，0表示空白，1表示数字形状，如下二维数组表示一个最简单的数字“4”。

0,0,0,0,0,0
0,0,1,0,1,0
0,1,0,1,0,0
0,1,1,1,1,0
0,0,0,1,0,0
0,0,0,1,0,0

把上述 0、1 用二维数组表示并统计每列数的和，再统计每行数的和。

第 4 章

Numpy 矩阵和线性代数

Numpy 为矩阵和线性代数的计算提供了一系列函数，而矩阵、线性代数可以用于视频跟踪、图片处理等机器学习应用场景，并且在工程领域、研究领域都有广泛的应用。

行列式、向量、矩阵都是工程数学《线性代数》的专有术语，对应 Numpy 库为基于多维数组的线性代数计算，Numpy 库为此提供了大量的计算函数，主要线性代数函数存放于 linalg 模块下。

学习内容

- 行列式建立及计算
- 矩阵计算
- 求线性方程组
- 向量、特征向量、特征值
- 案例 5 [三酷猫求三维空间面积]
- 习题及实验

扫一扫，看视频

4.1 行列式建立及计算

行列式（Determinant）是大学线性代数课程里的一个基本概念，写作 det(A)、$|A|$或 $D=|A|$，其中 A 为行数和列数都相等的数组。行列式可以看作有向面积或体积在一般的欧几里得空间[①]中的推广。

4.1.1 基本行列式

1. 建立行列式

实际使用行列式（二阶行列式）表示如下。

$$D=\begin{vmatrix}1 & 2\\3 & 4\end{vmatrix}$$

行列式要求行数与列数一致，如行列式 D 为两行、两列。

在 Numpy 库里 D 用数组表示如下：

```
import numpy as np
D=np.array([[1,2],[3,4]])      #就是建立数组的过程，只不过数组维度及元素行列个数要符合行列式要求
D
array([[1, 2],
       [3, 4]])
```

2. 行列式求值

建立行列式的目的是求行列式的值，在 Numpy 库里用 det()函数来实现。

函数 det(a)，其中，a 为需要计算的数组。

```
v1=np.linalg.det(D)            #1*4-2*3=-2
v1
-2.0000000000000004
```

由于 Numpy 库的 det()函数核心部分是用 Fortran 语言编写的，以浮点数形式返回计算结果，出现了不希望出现的 0000000000000004 问题，可以通过如下方式加以解决。

```
'%.2f'%(v1)                    #用格式控制符指定保留小数位数
'-2.00'
```

4.1.2 特殊值行列式建立及对角线获取

Numpy 库为特殊行列式建立及对角线值的获取提供了方便的专用函数。

[①] 欧几里得空间，百度百科，https://baike.baidu.com/item/欧几里得空间?fromtitle=欧几里得空间&fromid=785521。

1．建立范德蒙（Vandermonde）行列式

函数 vander(x, N=None, increasing=False)，其中，x 为一维集合；N 为将要产生的列数，N 不指定时，N=len(x)；increasing=False 为默认状态，从右往左扩展指数计算，为 True 时，从左往右扩展。

```
vm=np.vander([1,2,3])                #N 为默认，N=3
vm
array([[1, 1, 1],                    #increasing=False 从右往左进行指数计算，指数变化从 0 到 2
       [4, 2, 1],                    #计算时把[1,2,3]作为一列看待，然后在其上做指数运算
       [9, 3, 1]])
```

2．建立下三角（Triangular）行列式

主对角线上方的元素都为 0，叫下三角行列式。

函数 tril(m, k=0)，其中，m 为行列式集合对象；k 指定主对角线及上方 0 元素的位置。k=-1 时，0 元素从主对角线开始往右上方扩展；k=0（默认值）时，0 元素从主对角线往上一斜层开始；k=1 时，……依次类推，最终返回二维行列式。

```
t1=np.array([[1,2,3],[4,5,6],[7,8,9]])
np.tril(t1)                          #k=0 默认值，产生标准的下三角行列式
array([[1, 0, 0],
      [4, 5, 0],
      [7, 8, 9]])
```

设置 k=-1。

```
np.tril(t1,-1)                       #k=-1
array([[0, 0, 0],                    #主对角线元素都为 0
      [4, 0, 0],
      [7, 8, 0]])
```

设置 k=1。

```
np.tril(t1,1)                        #k=1，对角线为 0 的往右上方移 1 位
array([[1, 2, 0],
      [4, 5, 6],
      [7, 8, 9]])
```

提供主对角线元素。

```
np.tril([1,2,3])                     #为主对角线提供元素值
array([[1, 0, 0],                    #下三角其他元素以列为单位复制对应主对角元素值
      [1, 2, 0],
      [1, 2, 3]])
```

3．建立上三角行列式

主对角线以下的元素都为 0，叫上三角行列式。

函数 triu(m, k=0)，其中，m 为集合对象；k 参数使用方法同 tril()，区别是控制元素为 0 的对角线在左下角的位置并往左下角扩展。k 为负数时，为 0 的对角线往左下角移；k 为正数时，往右

上角移。

```
np.triu(t1)                                  #k 的默认值为 0，产生标准的上三角行列式
array([[1, 2, 3],
       [0, 5, 6],
       [0, 0, 9]])
```

设置 k=-1。

```
np.triu(t1,-1)                               #k=-1，对角线元素为 0 的往左下角移 1 位
array([[1, 2, 3],
       [4, 5, 6],
       [0, 8, 9]])
```

4. 建立基于 1、0 元素的三角行列式

函数 tri(N, M=None, k=0, dtype=<class 'float'>)，其中，N 确定需要生成数组的行数；M 为确定需要生成数组的列数；dtype 指定返回数组的元素类型（默认值为 float)；k 参数与使用方法同 triu()函数，往左下角移动用负数，往右上角移动用正数，0 指向主对角线。

只有 N=M，也就是行数和列数相等时，才符合行列式定义要求。

```
zo=np.tri(2,2,0,dtype=int)                   #指定 2 行、2 列，主对角线元素都为 1，返回值都为整型
zo
array([[1, 0],
       [1, 1]])
```

注意：

当 N 不等于 M 时，tri()也可以产生对应的 1、0 元素的数组，但是不符合行列式定义要求。

产生一个 N 不等于 M 的 0、1 三角形数组（非行列式）。

```
zo1=np.tri(2,3,-1,dtype=int)                 #指定 2 行、3 列，主对角线元素都为 0，返回值都为整型
zo1
array([[0, 0, 0],
        [1, 0, 0]])
```

5. 获取集合主对角线值

函数 diag(v, k=0)，其中，v 为集合对象；k 为确定对角线位置（使用方法同 tri()函数的 k 参数）。

```
one=np.arange(9).reshape(3,3)
print(one)
d=np.diag(one)                               #获取数组对角线元素
d
[[0 1 2]
 [3 4 5]
 [6 7 8]]
array([0, 4, 8])                             #获取 one 数组主对角线元素的结果
```

注意：

v 集合对象可以是非行列式形状的，也能返回对应对角线的元素。

6．指定对角线元素并产生其他元素都为 0 的行列式

函数 diagflat(v, k=0)，其中，v 为集合对象（可以展开为 1 维）；k 为确定对角线位置（使用方法同 tri()函数的 k 参数）。

```
np.diagflat([[1,2], [3,4]])                              #指定对角线元素的列表
array([[1, 0, 0, 0],
       [0, 2, 0, 0],
       [0, 0, 3, 0],
       [0, 0, 0, 4]])
```

用 k 指定对角线。

```
np.diagflat([1,2,3],1)                                   #k=1，对角线元素为 1，2，3
array([[0, 1, 0, 0],
       [0, 0, 2, 0],
       [0, 0, 0, 3],
       [0, 0, 0, 0]])
```

4.2 矩 阵 计 算

扫一扫，看视频

在数学中，矩阵（Matrix）是一个按照长方阵列排列的复数或实数集合①。矩阵在图像处理、几何光学处理、电子学、量子学等方面有着广泛的应用。

4.2.1　构建矩阵

在数学里，矩阵用斜体、加粗、大写字母表示，如 $\boldsymbol{A}$、$\boldsymbol{B}$、$\boldsymbol{C}$，具体示例如下。

$$\boldsymbol{A}=\begin{pmatrix}1 & 2 & 3\\4 & 5 & 6\\7 & 8 & 9\end{pmatrix}$$

1．集合形式建立矩阵

函数 matrix(data, dtype=None, copy=True)，其中，data 为数值类型的集合对象；dtype 指定输出矩阵的类型；copy=True 进行深度复制建立全新的矩阵对象，copy=False 仅建立基于集合对象的视图（深度复制、视图的原理见 5.2 节内容）。功能类似于 mat()函数、asmatrix()函数。

（1）数组形式建立矩阵

```
a=np.array([[1,2,3],[4,5,6],[7,8,9]])                    #建立数组
a
array([[1, 2, 3],
       [4, 5, 6],
       [7, 8, 9]])
```

① 张贤达，矩阵分析与应用，清华大学出版社，2014 年。

```
A=np.matrix(a)                                  #建立矩阵
A
matrix([[1, 2, 3],                              #注意前面名称的变化
        [4, 5, 6],
        [7, 8, 9]])
type(A)
numpy.matrix                                    #显示矩阵类型
```

（2）列表形式建立矩阵

```
B=np.matrix([[1,2],[3,4],[5,6]])
B
matrix([[1, 2],
        [3, 4],
        [5, 6]])
```

（3）元组形式建立矩阵

```
C=np.matrix(((1,2),(3,4),(5,6)))
C
matrix([[1, 2],
        [3, 4],
        [5, 6]])
```

（4）字符串形式建立矩阵

```
D=np.matrix('1 2;3 4')                          #注意格式控制要求，独立字符之间有空格
D
matrix([[1, 2],
        [3, 4]])
```

2．构建嵌套矩阵

函数 bmat(obj)，其中，obj 为集合对象，这里的集合主要指数组、矩阵。

```
A1=np.matrix([1,2,3])                           #构建二维矩阵 A1，函数 matrix()会把一维列表自动转为二维
B1=np.matrix([4,5,6])                           #构建二维矩阵 B1
print(A1)
print(B1)
np.bmat([[A1],[B1]])                            #矩阵嵌套，这里要求 A1、B1 的长度一致，否则出错
[[1 2 3]]                                       #输出 A2 二维矩阵
[[4 5 6]]                                       #输出 B1 二维矩阵
matrix([[1, 2, 3],                              #矩阵嵌套产生新的二维矩阵
        [4, 5, 6]])
```

3．构建坐标（网格）矩阵

函数 meshgrid(*xi, **kwargs)，其中，*xi 代表一维坐标数组对象，如 x，y，z 分别代表(x,y,z)坐标值的一维数组对象；**kwargs 接受键值对参数，如 sparsel=True 返回稀疏矩阵，copy=False 返回原始数组的视图。

```
x=np.arange(3)
```

```
y=np.arange(4)
X,Y=np.meshgrid(x,y)
print('x 数组：',x)
print('y 数组：',y)
print('X 矩阵：',X)
print('Y 矩阵：',Y)
x 数组：  [0. 1. 2.]
y 数组：  [0 1 2 3]
X 矩阵：  [[0. 1. 2.]                         #x 数组在 X 矩阵按行复制，复制数量由 len(y)=4 决定
           [0. 1. 2.]
           [0. 1. 2.]
           [0. 1. 2.]]
Y 矩阵：  [[0 0 0]                            #y 数组在 Y 矩阵按列复制，复制数量由 len(x)=3 决定
           [1 1 1]
           [2 2 2]
           [3 3 3]]
```

最后，X、Y 的行列大小一致，可以对对应的元素构建二维网格(x,y)坐标（见图 4.1）。当为 X、Y、Z 时，则产生三维网格坐标。

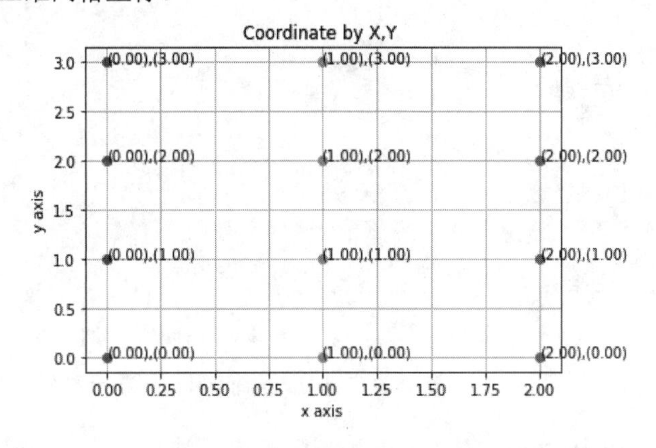

图 4.1　构建二维网格(x,y)坐标

4．返回网格矩阵的索引

函数 indices(dimensions, dtype=<class 'int'>)，其中，dimensions 为传递矩阵的维数，如(3,4)、(3,3,4)，该参数必须以集合形式传递，如元组、列表；dtype 指定数值类型（默认值为 int）。返回数组主要用于构成二维、三维的坐标值，在 Matplotlib 图形显示等方面有应用。输入多少个维度值，返回多少个数组。

```
import numpy as np
x,y=np.indices((3,3))
print('x 坐标值:\n',x)
print('y 坐标值:\n',y)
x 坐标值:                                      #生成值竖向从 0 到 2，然后横向扩展复制 3 次
 [[0 0 0]
```

```
 [1 1 1]
 [2 2 2]]
y 坐标值:                                    #生成值横向从 0 到 2，然后竖向扩展复制 3 次
 [[0 1 2]
 [0 1 2]
 [0 1 2]]
```

可以把上述 x、y 坐标数组，取对应位置数值，组建二维坐标，如第一行可以组建三个二维坐标点(0,0)，(0,1)，(0,2)。

```
x,y,z=np.indices((2,2,2))
print('x 坐标值:\n',x)
print('y 坐标值:\n',y)
print('z 坐标值:\n',z)
x 坐标值:
 [[[0 0]
  [0 0]]
 [[1 1]
  [1 1]]]
y 坐标值:
 [[[0 0]
  [1 1]]
 [[0 0]
  [1 1]]]
z 坐标值:
 [[[0 1]
  [0 1]]
 [[0 1]
  [0 1]]]
```

取 x、y、z 轴标的第一行第一个元素，可以构成三维坐标的第一对坐标值(0,0,0)。

4.2.2 矩阵转置及维数调整

建立需要转置的原矩阵 **D**。

```
d=np.arange(9).reshape(3,3)
D=np.matrix(d)
D
matrix([[0, 1, 2],
        [3, 4, 5],
        [6, 7, 8]])
```

1. 转置矩阵

用矩阵属性 T 把矩阵的每列转为每行（逆时针转 90°）。

```
D.T                                          #转置一次
```

```
matrix([[0, 3, 6],
        [1, 4, 7],
        [2, 5, 8]])
```

2．移动轴位置到新位置

函数 moveaxis(a, source, destination)，其中，a 为集合对象；source 为轴开始移动位置；destination 为轴移入位置；从 0 到-1 表示从左到右移动，从-1 到 0 表示从右到左移动。

```
m1=np.arange(24).reshape(2,3,4)                #三维为 2，二维为 3，一维为 4
m1
array([[[ 0,  1,  2,  3],
        [ 4,  5,  6,  7],
        [ 8,  9, 10, 11]],
       [[12, 13, 14, 15],
        [16, 17, 18, 19],
        [20, 21, 22, 23]]])
```

把三维值移到一维位置，把二维值移到三维位置，把一维值移到二维位置，依次从左往右移动。

```
md=np.moveaxis(m1, 0, -1)                      #0 为 m1 的第三维值下标，-1 指向 m1 的第一维位置
md
array([[[ 0, 12],
        [ 1, 13],
        [ 2, 14],
        [ 3, 15]],
       [[ 4, 16],
        [ 5, 17],
        [ 6, 18],
        [ 7, 19]],
       [[ 8, 20],
        [ 9, 21],
        [10, 22],
        [11, 23]]])
md.shape
(3, 4, 2)             #m1 数组轴 3 左移到下标 0 的位置，4 左移到下标 1 的位置，2 右移到下标 2 的位置
```

该例轴值移动过程如图 4.2 所示。

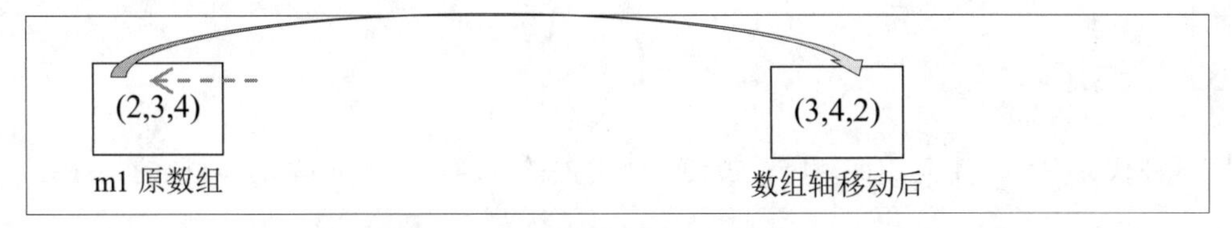

图 4.2　数组轴值从左移到右的过程

```
np.moveaxis(m1,-1,0).shape                     #从第一维移到第三维，数值从右到左移动
(4, 2, 3)
```

3．向后滚动指定轴到结束位置

函数 rollaxis(a, axis, start=0)，其中，a 为数组或矩阵对象；axis 为滚动结束的位置；start 为开始后滚的轴。

```
m2=np.arange(24).reshape(2,3,4)
np.rollaxis(m2,1,0).shape
(3, 2, 4)                         #把轴值 3 从下标 1 滚到下标 0，轴值 2 从左往右滚动到下标 1 处
```

4．交换两轴位置

函数 swapaxes(a, axis1, axis2)，其中，a 为数组或矩阵对象；axis1 为交换的第一个轴维数；axis2 为交换的第二个轴维数。

```
m3=np.arange(8).reshape(2,2,2)
m3
array([[[0, 1],
        [2, 3]],
       [[4, 5],
        [6, 7]]])
np.swapaxes(m3,0,2)               #第一维的值与第三维的值对换
array([[[0, 4],
        [2, 6]],
       [[1, 5],
        [3, 7]]])
```

5．转置数组的维度

函数 transpose(a, axes=None)，其中，a 为数组或矩阵对象；axes 为转置的维度列表或元组（None 为默认值，整体转置，同 T 属性）。

```
t1=np.array([[1,2],[3,4]])
np.transpose(t1)                                 #数组转置
array([[1, 3],
       [2, 4]])
```

指定维度转置。

```
t2=np.arange(24).reshape(2,3,4)                  #一维长度是 4，二维长度是 3，三维长度是 2
np.transpose(t2,(0,2,1)).shape                   #二维和三维进行了转置
(2, 4, 3)
```

4.2.3 求逆矩阵

在线性代数中会求矩阵的逆矩阵，方便矩阵之间的计算。一个矩阵 $\boldsymbol{A}$ 可逆的充分必要条件是，行列式 $|\boldsymbol{A}| \neq 0$。

（1）**函数 inv(a)**求方阵的逆矩阵，a 为矩阵或数组对象。

```
import numpy as np
```

```
a=np.array([[1,2],[3,4]])                          #必须是方阵
m1=np.matrix(a)
mv=np.linalg.inv(m1)                               #求矩阵的逆矩阵
mv
array([[-2. ,  1. ],
      [ 1.5, -0.5]])
```

检查逆矩阵计算结果是否正确的方法为原矩阵和逆矩阵的积为单位矩阵。

```
m1*mv
matrix([[1.0000000e+00, 0.0000000e+00],           #单位矩阵
       [8.8817842e-16, 1.0000000e+00]])           #e-16 为数值保留小数点后 16 位，可以近似看作 0
```

注意：

在求逆矩阵时，矩阵必须是方阵，且满足可逆条件，否则提示 LinAlgError 出错。

求行列式值是否为 0 的示例如下。

```
np.linalg.det(m1)                                  #/m1/不等于 0
-2.0000000000000004
```

（2）广义逆矩阵（伪逆矩阵）。

除了求方阵的逆矩阵外，Numpy 为一般矩阵提供了求伪逆矩阵的函数 pinv(a, rcond=1e-15)，其中，a 为任意矩阵或数组；rcond 为误差值（小奇异值）。

```
a=np.arange(9).reshape(3,3)
np.linalg.pinv(a)                                  #求伪逆矩阵
array([[-5.55555556e-01, -1.66666667e-01,  2.22222222e-01],
      [-5.55555556e-02,  2.02264713e-16,  5.55555556e-02],
      [ 4.44444444e-01,  1.66666667e-01, -1.11111111e-01]])
```

4.2.4　矩阵积

1．两个矩阵（数组）的乘积

函数 dot(a, b)，其中，a、b 都为数组（矩阵）对象，如果 a、b 都是一维数组，该函数计算就是向量（向量见 4.4.1 小节）的内积；a、b 都是二维数组，就是矩阵乘法，等价于 a@b；a、b 都是标量，则为两个数的数字乘积；如果 a 是多维数组，b 是一维数组，则结果是元素乘积的和；如果 a 是 N*M 二维数组，b 是 M*N 二维数组，则是多维数组相乘。

（1）二维数组与二维数组相乘

```
a=np.ones(8).reshape(2,4)
a
array([[1., 1., 1., 1.],
      [1., 1., 1., 1.]])
b=np.array([[0,1],[0,2],[0,3],[0,4]])
b
array([[0, 1],
```

```
       [0, 2],
       [0, 3],
       [0, 4]])
np.dot(a,b)                                  #可以看作二维矩阵与二维矩阵相乘
array([[ 0., 10.],
       [ 0., 10.]])
```

注意：

二维矩阵相乘一定要符合行、列数的要求，详细要求见线性代数相关内容。

（2）二维数组与一维数组相乘

```
c=np.arange(4)                               #要求 a、c 的一维长度一样，否则报错，这里都是 4
np.dot(a,c)
array([6., 6.])
```

（3）一维数组与一维数组相乘

```
d=np.ones(4)
np.dot(c,d)                                  #两个向量内积
6.0
```

（4）两个标量乘积

```
np.dot(10,10)
100
```

2．两个数组（矩阵）的内积

函数 inner(a, b)，其中，a、b 都为数组（矩阵）对象，实现同一维度的元素的乘积。

```
d1=np.arange(9).reshape(3,3)
d1
array([[0, 1, 2],
       [3, 4, 5],
       [6, 7, 8]])
d2=np.ones(3)
np.inner(d1,d2)
array([ 3., 12., 21.])
```

注意：

内积时，要求同一维度方向的大小一致，否则报错。

3．两个矩阵积

函数 matmul(x1, x2)，其中，x1、x2 都为矩阵（数组）。与 dot()函数的区别是 x1、x2 不允许用标量。

```
m1=np.array([[1,2],[3,4]])
m2=np.array([[0,1],[0,1]])
print('矩阵 m1',m1)
print('矩阵 m2',m2)
```

```
np.matmul(m1,m2)
矩阵 m1 [[1 2]
        [3 4]]
矩阵 m2 [[0 1]
        [0 1]]
array([[0, 3],
       [0, 7]])
```

扫一扫，看视频

4.3　求线性方程组

利用 Numpy 库的 solve()、lstsq()、tensorsolve()函数可以实现线程方程组的求值。

4.3.1　求线性方程组解

Numpy 为求解线性方程组提供了 solve()函数。

函数 solve(a, b)，其中，a 为系数矩阵；b 为常数项矩阵，返回求解结果 x 未知数矩阵。

对应线性代数的数学公式为 $ax=b$。求线性方程组示例如下。

$$\begin{cases} x_1 & -x_2 & -x_3 & = & 2 \\ 2x_1 & -x_2 & -3x_3 & = & 1 \\ 3x_1 & -2x_2 & -5x_3 & = & 0 \end{cases}$$

方程组的系数矩阵为 $\boldsymbol{A}=\begin{bmatrix} 1 & -1 & -1 \\ 2 & -1 & -3 \\ 3 & 2 & -5 \end{bmatrix}$，常数项矩阵为 $\boldsymbol{b}=\begin{bmatrix} 2 \\ 1 \\ 0 \end{bmatrix}$，求 $\boldsymbol{x}=\begin{bmatrix} x_1 \\ x_2 \\ x_3 \end{bmatrix}$。

用如下代码实现。

```
A=np.matrix([[1,-1,-1],[2,-1,-3],[3,2,-5]])        #A 为系数矩阵
A
matrix([[ 1, -1, -1],
        [ 2, -1, -3],
        [ 3,  2, -5]])
b=[2,1,0]                                          #b 代表常数项（这里用列表，没有用矩阵表示）
b
[2, 1, 0]
x=np.linalg.solve(A,b)                             #求方程组解
x
array([ 5.00000000e+00, -4.28228881e-16,  3.00000000e+00])
```

忽略小数情况下，准确答案为 $x_1=5$，$x_2=0$，$x_3=3$。读者可以自行代入方程组验算。

注意：

这里要求系数矩阵的行列式值不为 0，这是求线性方程组唯一解的必要条件。

4.3.2 求最小二乘解

求线性方程组的最小二乘解，通过计算最小化欧几里得 2 范数||的向量 $\boldsymbol{X}$ 来求解方程 $a\boldsymbol{X}=b$，$b-a\boldsymbol{X}\|$^2。其矩阵数学公式为 $a'(b-a\boldsymbol{X})=0$。最小二乘法通过最小化误差的平方和寻找距离最近的数的匹配过程，所得是近似值，这意味着任何线性方程都可以求近似值[①]。

函数 lstsq(a, b, rcond='warn')，其中，a 为系数矩阵（数组）；b 为常数项矩阵或纵坐标；rcond（可选参数）为 a 的小奇异值的截止比，如果奇异值小于 a 的最大奇异值的 rcond 倍，则将奇异值视为 0，其默认值为 rcond=None。

```
a=np.array([[3,1],[2,1],[1,1],[0,1]])
a
array([[3, 1],
       [2, 1],
       [1, 1],
       [0, 1]])
b=np.array([-1,0.5,2,0.3])
x1,x2=np.linalg.lstsq(a,b, rcond=None)[0]
print('x1=%.2f,x2=%.2f'%(x1,x2))
x1=-0.54,x2=1.26
```

最小二乘解法求线性方程组在机器学习等方面有专题应用。

4.3.3 求张量方程

1. 求张量

张量（tensor）来源于力学，在力学、物理学里有相关应用，是数学的一个分支科学。

函数 tensorsolve(a, b, axes=None)，其中，a 为系数张量数组，形状为 b.shape+Q[Q 为一个元组，Q=prod(b.shape)]；b 为右手张量，可以是任何形状；axes 为可选项，a 的轴向重新排序。

```
a = np.eye(1*2*3)                     #建立对角线值为 1 的其他元素为 0 的二维矩阵
a
array([[1., 0., 0., 0., 0., 0.],
       [0., 1., 0., 0., 0., 0.],
       [0., 0., 1., 0., 0., 0.],
       [0., 0., 0., 1., 0., 0.],
       [0., 0., 0., 0., 1., 0.],
       [0., 0., 0., 0., 0., 1.]])
a.shape = (1*2,3, 1, 2, 3)
b = np.random.randn(1*2, 3)
x = np.linalg.tensorsolve(a, b)
x.shape
(1, 2, 3)
```

① 百度百科，最小二乘解，https://baike.baidu.com/item/最小二乘解。

2. 求张量点积

函数 tensordot(a, b, axes=2)，其中，a、b 都为具有相同大小的张量；axes 可以是标量 N，也可以是具有形状 [2,k] 的整型列表。

```
a = np.arange(12.).reshape(3,4)
b = np.arange(12.).reshape(4,3)
c = np.tensordot(a,b, axes=([1,0],[0,1]))
c
array(440.)
```

4.4　向量、特征向量、特征值

扫一扫，看视频

在解析几何中把既有大小又有方向的量叫向量（Vector）。两个坐标值(x,y)的叫二维平面向量，三个坐标值(x,y,z)的叫三维向量。

4.4.1　向量

在 Numpy 里可以把只有一行或一列的矩阵（或数字数组）看作向量[①]。如下代码为一维行向量、一维列向量。

```
import numpy as np
v1=np.arange(3)
v1                                          #在线性代数里，可以把这个叫一维行向量
array([0, 1, 2])
v2=np.ones(3).reshape(3,1)                  #在线性代数里，可以把这个叫一维列向量
v2
array([[1.],
      [1.],
      [1.]])
```

向量与向量积分为内积和外积。内积结果为数值，外积结果为矩阵。内积又叫数量积、点积。

1. 求向量外积

函数 outer(a, b)，其中，a、b 都为一维数组（向量），生成 N*M 大小的新的数组（矩阵），如 a 是长度为 N 的一维列向量，b 是长度为 M 的一维行向量。注意，这里不管 a 是一维行向量还是列向量都当作一维列向量处理。

```
v2=np.linspace(1,3,3).reshape(3,1)
v2
array([[1.],
      [2.],
      [3.]])
```

[①] 也称欧几里得向量、几何向量、矢量，指具有大小和方向的量。

```
np.outer(v2,v1)                             #求 v2，v1 的外积，生成一个 3*3 大小的新的数组（矩阵）
array([[0., 1., 2.],
      [0., 2., 4.],
      [0., 3., 6.]])
```

说明：

outer()跟 kron()使用功能类似，都求向量外积，唯一区别是 kron()要求一个向量为行，另外一个向量为列，而 outer()没有要求。

2. 求向量内积

```
np.inner([1,2,3],[1,1,1])                                              #内积
6
```

3. 返回数组向量内积，支持复数

函数 vdot(a, b)，其中，a、b 都为集合对象。

```
np.vdot(np.array([1+5j,2+2j]),np.array([0-2j,1+1j]))                   #复数内积
(-6-2j)
```

4. 求向量的叉积

两向量的叉积又叫向量积、外积、叉乘，两个向量的叉积与这两个向量组成的坐标平面垂直，计算结果返回一个向量。叉积在物理学光学和计算机图形学中，被用于求物体光照相关问题。叉积的数学计算公式如式（4.1）所示：

$$\boldsymbol{a}=(x_1,y_1,z_1)\text{，}\ \boldsymbol{b}=(x_2,y_2,z_2)$$

$$\boldsymbol{a}\times\boldsymbol{b}=\begin{vmatrix} i & j & k \\ x_1 & y_1 & z_1 \\ x_2 & y_2 & z_2 \end{vmatrix}=(y_1z_2-y_2z_1)i-(x_1z_2-x_2z_1)j+(x_1y_2-x_2y_1)k \tag{4.1}$$

其中，$i=(1,0,0)$，$j=(0,1,0)$，$k=(0,0,1)$。

函数 cross(a, b, axisa=-1, axisb=-1, axisc=-1, axis=None)，返回两个（数组）向量的叉积 c。其中，a、b 为向量对象（或对应数组）；axisa=-1，axisb=-1 分别指定 a、b 的轴，默认值都为最后一个轴；axisc 指定叉积向量的轴，默认情况下为最后一个轴；axis 指定向量 a、b、c 的轴。

```
a=np.array([1,2,3])
b=np.array([4,5,6])
np.cross(a, b)                         # (2*6-5*3)i-(1*6-4*3)j+(1*5-4*2)z
array([-3,  6, -3])                    #叉积的计算结果 c 向量
```

4.4.2 特征值、特征向量

特征值（eigenvalues）、特征向量（eigenvectors）是方阵中比较重要的概念，在计算机、物理、化学、数学等领域都有着广泛的应用，如三维空间的旋转变换、琴弦的振动变换、量子力学中运动粒子的变换、人脸图像中的特征脸处理等。

方阵的特征方程数学公式为：

$$Ax = \lambda x \text{或} (A - \lambda E)x = 0 \tag{4.2}$$

式（4.2）有非 0 值的充分必要条件是系数行列式 $|A - \lambda E| = 0$。A 为线性代数系数方阵，λ 为特征值，x 为特征向量，E 为单位矩阵。

1．求方阵的特征值、特征向量

函数 eig(a)，其中，a 为方阵对象。该函数计算返回值：w 为特征值，v 为特征向量。

示例：求方阵 A 的特征值、特征向量。

$$A = \begin{pmatrix} 3 & -1 \\ -1 & 3 \end{pmatrix}$$

```
A=np.matrix([[3,-1],[-1,3]])
A
matrix([[ 3, -1],
        [-1,  3]])
w,v=np.linalg.eig(A)
print('特征值',w)
print('特征向量',v)
特征值 [4. 2.]
特征向量 [[ 0.70710678  0.70710678]                    #λ=2,这里可以取绝对值相等的任意数值
         [-0.70710678  0.70710678]]                    #λ=4,这里可以取绝对值相等的任意数值
```

2．求厄密特矩阵[1]（Hermitian Matrix）或实对称矩阵的特征值、特征向量

函数 eigh(a, UPLO='L')，其中，a 为 Hermitian 或实对称矩阵；UPLO='L'为默认值，L 代表下三角，U 代表上三角。该函数计算返回值：w 为特征值，v 为特征向量。

```
A1=np.matrix([[1,1j],[-1j,1]])
A1
matrix([[ 1.+0.j,  0.+1.j],
        [-0.-1.j,  1.+0.j]])
w,v=np.linalg.eigh(A1)
print('特征值',w)
print('特征向量',v)
特征值 [0. 2.]
特征向量 [[-0.70710678+0.j  0.70710678+0.j]
         [ 0.-0.70710678j   0.-0.70710678j]]
```

3．求方阵的特征值

函数 eigvals(a)，其中，a 为复数或实数的方阵。该函数计算返回特征值 w。

```
A2=np.array([[1,0,0],[0,1,0],[0,0,1]])
A2
array([[1, 0, 0],
       [0, 1, 0],
       [0, 0, 1]])
```

[1] 指的是自共轭矩阵。矩阵中每一个第 i 行、第 j 列的元素都与第 j 行、第 i 列的元素的共轭相等。

```
np.linalg.eigvals(A2)                                    #秩=n(n 为方阵对应最大行或列数)
array([1., 1., 1.])
A3=np.array([[2,3],[2,3]])
A3
array([[2, 3],
       [2, 3]])
np.linalg.eigvals(A3)                                    #秩<n(n 为方阵对应最大行或列数)
array([0., 5.])
```

4．计算 Hermitian 或实对称矩阵的特征值

函数 eigvalsh(a, UPLO='L')，其中，a 为复数或实数的对称矩阵。该函数计算返回特征值 w。

```
A4= np.array([[1, -2j], [2j, 2]])
np.linalg.eigvalsh(A4)
array([-0.56155281,  3.56155281])
```

利用矩阵求线性变换的特征值、特征向量只适合矩阵规模有限的情况下[①]。大型矩阵需要采用数值计算方法（QR 算法，详见 4.4.3 小节内容）。

4.4.3　特征值分解

特征值分解包括 LU 分解[②]、QR 分解和 SVD 分解等。

1．cholesky 分解法（平方根法）

函数 cholesky(a)，其中，a 为 Hermitian 的正定方阵，返回 L（下三角）。

```
A = np.array([[1,-2j],[2j,5]])
L = np.linalg.cholesky(A)
L
array([[1.+0.j, 0.+0.j],                                 #0+0.j=0 该矩阵就是下三角矩阵
       [0.+2.j, 1.+0.j]])
```

2．QR 分解

QR 分解是将矩阵分解为一个正交矩阵与上三角矩阵的乘积。QR 分解经常被用于解线性最小二乘问题。

函数 qr(a, mode='reduced')，其中，a 为矩阵；mode 参数用于确定返回矩阵及大小。

mode= 'reduced '：返回 q，r，大小为（M，K），（K，N）（默认值）；

mode= 'complete '：返回 q，r，大小为（M，M），（M，N）；

mode= 'r '：仅返回大小为（K，N）的 r；

mode= 'raw '：返回 h，tau，大小为（N，M），（K，）。

3．奇异值分解(Singular Value Decomposition，SVD)

SVD 解决了特征值分解中只能针对方阵而没法对一般矩阵进行分解的问题，在机器学习中有

---

① 阿贝尔-鲁费尼定理显示高次（5 次或更高）多项式的根无法用 n 次方根来简单表达。

② L 代表下三角，U 代表上三角。LU 分解是将一个矩阵分解为一个下三角矩阵与一个上三角矩阵的乘积。

广泛的应用，如降维处理、自然语言处理等。

函数 svd(a, full_matrices=True, compute_uv=True)，其中，a（...,M,N）为二维或以上的实数或复数数组；full_matrices 用于确定返回矩阵 u、vh 的大小。默认值为 True，则返回（...,M,M）和（...,N,N），为 False 则返回（...,M,K）和（...,K,N），其中 K=min(M,N)。计算结果返回左奇异值 u、奇异值 s、右奇异值 vh 矩阵。u 大小为(M,M)，s 大小为(K)，vh 大小为（N,N）。

```
a = np.random.randn(9, 6) + 1j*np.random.randn(9, 6)          #9 行，6 列复数矩阵（数组）
u, s, vh = np.linalg.svd(a, full_matrices=True)
print(u.shape,s.shape,vh.shape)
(9, 9) (6,) (6, 6)
```

4.5　案例 5 [三酷猫求三维空间面积]

通过本章内容的学习，三酷猫明白了可以借助矩阵实现二维空间、三维空间的点坐标的表示。这在空间位置标定、图片处理等方面有很多应用。于是三酷猫环视了一下他的办公室，觉得自己办公室空间是一个长方体的三维空间，可以用三维坐标（x,y,z）表示这个空间中的任意一个点，如果把空间中的某三个点用线连接在一起，就构成了一个任意三角形。三酷猫想利用矩阵求三维空间中的任意三角形的面积。

1．标识三个任意空间坐标点

假设这个办公室房间长 X=6m、高 Y=2.5m、宽 Z=3m。在这个三维空间里取 A 点坐标为（1,1,1）、B 点坐标为（3,1.5,1.5）、C 点坐标为（4,2,2）。用三维直角坐标系表示，如图 4.3 所示。

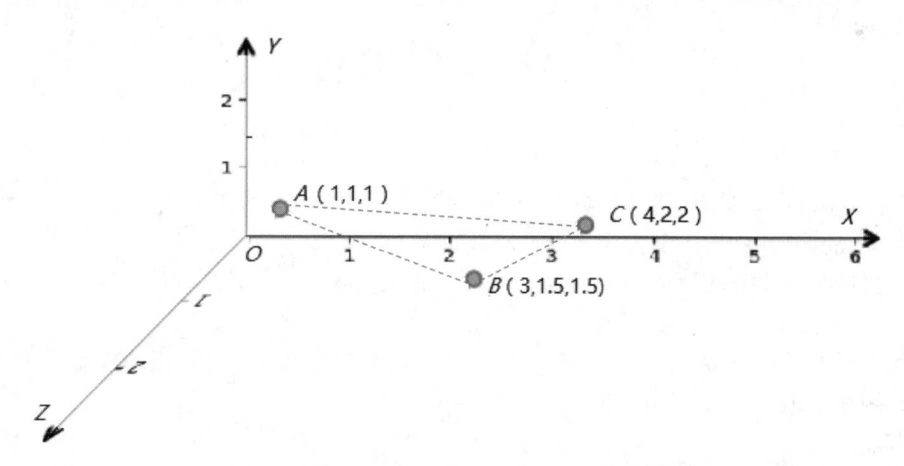

图 4.3　三维空间内的指定坐标三角形

2．利用欧氏距离（欧几里得度量，Euclidean Distance）公式求两点间的距离

三维两点间（A（x_1,y_1,z_1），B（x_2,y_2,z_2））的欧式距离公式如下：

$$d=\sqrt{(x_1-x_2)^2+(y_1-y_2)^2+(z_1-z_2)^2} \tag{4.3}$$

由式（4.3）可计算图 4.2 中 *AB*、*BC*、*AC* 间的距离，用代码实现如下：

```
A=np.array([1,1,1])
B=np.array([3,1.5,1.5])
C=np.array([4,2,2])
Dab=np.sqrt(np.sum(np.square(A-B)))                    #square()函数为求数组元素的平方
Dac=np.sqrt(np.sum(np.square(A-C)))                    #square()函数为求数组元素的平方
Dbc=np.sqrt(np.sum(np.square(B-C)))                    #square()函数为求数组元素的平方
print('AB 的长度为',Dab)
print('AC 的长度为',Dac)
print('BC 的长度为',Dbc)
AB 的长度为 2.1213203435596424
AC 的长度为 3.3166247903554
BC 的长度为 1.224744871391589
```

3．根据海伦公式求任意三角形的面积

设置 *a*、*b*、*c* 为任意三角形的三条边长，其半周长为 $s=(a+b+c)\div 2$，则海伦公式为：

$$\text{area}=\sqrt{s\times(s-a)\times(s-b)\times(s-c)} \tag{4.4}$$

根据式（4.4），继续求 *AB*、*AC*、*BC* 构成的三角形的面积。

```
s=(Dab+Dac+Dbc)/2
area =np.sqrt(s*(s-Dab)*(s-Dac)*(s-Dbc))
print('该任意三角形的面积为%.2f 平方米'%(area))
该任意三角形的面积为 0.35 平方米
```

4.6　习题及实验

1．填空题

（1）Numpy 库提供了（　　）函数用于计算行列式，行列式数组要求（　　）、（　　）相等。

（2）Numpy 库中矩阵对象由（　　）函数建立。

（3）向量与向量积分为（　　）、（　　）。内积结果为（　　），外积结果为（　　）。内积又叫数量积、点积。

（4）利用 Numpy 库的（　　）、（　　）、（　　）可以实现线程方程组的求值。

（5）函数 eig(a)用于计算方阵的（　　）和（　　）。

2．判断题

（1）m 为行列式，tril(m, k=0)，该函数计算结果主对角线值都为 0。（　　）

（2）函数 dot()与 matmul()函数计算内积方法一样。（　　）

（3）solve(a, b)函数可以求任意方程组的解。（　　）

（4）在 Numpy 里可以把只有一行或一列的矩阵（或数字数组）看作向量。（　　）

（5）特征值分解包括 LU 分解、QR 分解、SVD 分解等。（　　）

3．实验题

实验一：求方阵 ***A***

$$\boldsymbol{A}=\begin{pmatrix}1 & 0 & 0\\0 & 2 & 0\\0 & 0 & 4\end{pmatrix}$$

的特征值、特征向量。要求先判断是否有值，再决定是否求特征值、特征向量。

实验二：三酷猫想绘制围棋格子，已知围棋共有 18*18=324 个格子，请用函数计算所有格子的(x,y)坐标。并以二维数组形式输出元素为(x,y)的棋盘格式坐标。

第 5 章

Numpy 高级技术

在实际工作中，数据必须被存储，以方便随时调用和处理，因此需要介绍一下数据文件的处理。另外，对于数组的性能问题，在实战中往往需要认真对待，这就需要读者了解数组的基本构成原理。同时，本章为字符串处理提供了相关的操作函数。

学习内容

- 处理数据文件
- 数组原理
- 字符串处理
- 案例 6 [三酷猫制订减肥计划]
- 习题及实验

5.1　处理数据文件

计算机文件可以存储文字、数字、图片、视频、声音等信息，也可以以永久形式记录计算机的数据处理及计算结果。计算机文件以一定格式存放于硬盘介质上，供用户使用时调用。计算机文件主要分文本文件和二进制文件。

5.1.1　文本文件

文本文件指以 ASCII 码方式存储的文件，具体内容包括英文、数字、特殊符号，也包括 Unicode 码（主要是 UTF-8、UTF-16L）方式下的中文、日文等双字节和多字节语言内容。常见的文本文件格式及扩展名包括 txt、doc、docx、wps、pdf、chm、rtf、xml、csv 等。

Numpy 为此提供了对应读写文本文件的各种函数。

1. 将数组保存到文本文件

函数 savetxt(fname, X, fmt='%.18e', delimiter=' ', newline='\n', header='',footer='', comments ='#', encoding=None)，参数说明如下。

（1）fname：指定文件名或文件句柄，如果文件名以".gz"结尾，则文件会自动保存为压缩 gzip 格式。

（2）X：集合对象，为需要保存的数据。

（3）fmt：为指定存储格式，字符串型，可选。如'%.2f'要求保留的浮点数为两位小数，这种情况下忽略分隔符。'%.4e'为复数格式。

（4）delimiter：可选，分隔列的字符串或字符，如','。

（5）newline：数据行之间的分隔符，字符串或字符分隔线，可选，默认值为'\n'。

（6）header：可选，在文件开头写入的字符串。

（7）footer：可选，在文件末尾写入的字符串。

（8）comments：可选，将被添加到文件头或尾的标记信息，默认值为'#'。

（9）encoding：可选，用于编码输出文件的编码，默认编码为'latin1'。

该函数示例如下：

```
import numpy as np
data=np.arange(12).reshape(3,4)
np.savetxt(r'/A1.txt',data,delimiter=',')        #在Windows下如np.savetxt(r'E:/A1.txt',
                                                  data,delimiter=',')
```

在 Jupyter Notebook 的工作路径同一层级路径下，生成 A.txt 文件。用文本编辑器打开后的效果如图 5.1 所示。

文件(F) 编辑(E) 格式(O) 查看(V) 帮助(H)

```
0.000000000000000000e+00,1.000000000000000000e+00,2.000000000000000000e+00,3.000000000000000000e+00
4.000000000000000000e+00,5.000000000000000000e+00,6.000000000000000000e+00,7.000000000000000000e+00
8.000000000000000000e+00,9.000000000000000000e+00,1.000000000000000000e+01,1.100000000000000000e+01
```

图 5.1 A1.txt 打开后生成的数据及格式

2．从文本文件加载数据

函数 loadtxt(fname, dtype=<class 'float'>, comments='#', delimiter=None,converters=None, skiprows=0, usecols=None, unpack=False, ndmin=0,encoding='bytes', max_rows=None)，参数说明如下。

（1）fname：指定要读取的文件、文件名或生成器。如果文件扩展名为.gz 或.bz2，则首先解压该文件。请注意，生成器支持返回 Python 3 版本的字节字符串。

（2）dtype（数据类型）：可选，结果数组的数据类型；默认值为浮点数。

（3）comments（注释）：str 或 str 的序列，可选。

（4）delimiter（分隔符）：str，可选，指定要读取文件里用于分隔值的字符串，默认值为空格。

（5）converters（转换器）：dict，可选，将列号映射到将列字符串解析为所需值函数的字典。例如，如果第 0 列是日期字符串，converters = {0：datestr2num}。默认值为无。

（6）skiprows（跳行）：跳过前几行读取，必须是整型，可选，默认值为 0。

（7）usecols：指定需要读取的列（必须是整数），0 为第一列，例如，usecols =(1,2,4)将提取第 2 列、第 3 列和第 5 列。默认值 None 为读取所有列。

（8）unpack（解包）：布尔值，可选，如果为 True，则返回的数组被转置，因此可以使用 x，y，z = loadtxt（...）解压参数。与结构化数据类型一起使用时，将为每个字段返回数组。默认值为 False。

（9）ndmin（指定返回数组的维度）：整型，可选，返回的数组至少具有 ndmin 维度，否则将以一维数组形式返回。合法值为 0（默认值）、1 或 2。

（10）encoding：str，可选，用于解码输入文件的编码，不适用于输入流。特殊值'bytes'启用向后兼容性解决方法，尽可能接收字节数组作为结果，并将'latin1'编码字符串传递给转换器。重写此值以接收 unicode 数组并将字符串作为输入传递给转换器。如果设置为“无”，则使用系统默认值。默认值为'bytes'。

（11）max_rows：读取指定范围的行内容，整型，可选，在跳过指定行后，读取 max_rows 行内容。默认是读取所有行。

该函数读取文件上例生成的数据文件 A1.txt 使用方式如下：

```
data1=np.loadtxt(r'/A1.txt',delimiter=',')      #这里必须设置 delimiter 参数为逗号，否则报错
data1
array([[ 0.,  1.,  2.,  3.],
       [ 4.,  5.,  6.,  7.],
       [ 8.,  9., 10., 11.]])
```

3．带缺失数据文件读取

函数 genfromtxt(fname, dtype=<class 'float'>, comments='#', delimiter=None, skip_header=0, skip_footer=0, converters=None, missing_values=None, filling_values=None, usecols=None, names=

None, excludelist=None, deletechars=None, replace_space='_', autostrip=False, case_sensitive=True, defaultfmt='f%i', unpack=None, usemask=False, loose=True, invalid_raise=True, max_rows=None, encoding='bytes')，参数说明如下。

（1）fname：该函数唯一必填参数，指定要读取的文件路径、文件名、列表或生成器。如果文件名扩展名是'.gz'或'.bz2'，文件首先被解压缩。该参数也可以用于指定远程文件的 URL，读取时，文件将自动下载到当前目录并打开。

（2）dtype：可选，确定要生成数组的元素数据类型，默认为 float。如果为 None，则 dtypes 将由每列的内容单独确定。

（3）comments：用于定义标记注释开始的字符串，默认值为#。

（4）delimiter：指定读取文件使用的分隔符，默认值为 None（指定任何连续空格充当分隔符），也可以通过指定整数或整数序列（如元素、列表）来读取固定宽度的列。

（5）skip_header：指定要在文件头跳过的行数。当 skip_header=0 时，表示不跳过任何行。

（6）skip_footer：指定要在文件末尾跳过的行数。当 skip_footer =0 时，表示不跳过任何行。

（7）converters：将列数据转换为值的函数集，如将 YYYY/MM/DD 格式的字段转为 datetime 对象，或者把百分比数字（如 89%）转为浮点小数（如 0.89）。当读取数据存在缺失值时，该参数还可以提供默认替代值。如 converters = {3：lambda s：float（s 或 0）}。

（8）missing_values：与缺失数据相对应的字符串集。在默认值 None 情况下，任何空字符串都标记为缺失值。但也可以指定更复杂的缺失值，如'N/A'、'???'等。

（9）filling_values：缺少数据时要用作默认值的值集，也就是 missing_values 的值将由该参数提供的值进行补全。此参数可以接受常数、元组、列表、字典类型的值。

```
from io import BytesIO
data = "N/A, 20, A\n4, ,???"
fill= dict(delimiter=",",
           dtype=int,
           names="f0,f3,f4",
           missing_values={0:"N/A", 'b':" ", 2:"???"},
           filling_values={0:0, 'b':0, 2:100})
np.genfromtxt(BytesIO(data.encode()), **fill)            #encode()用于把字符转为字节流
array([(0, 20, 100), (4, -1, 100)],
    dtype=[('f0', '<i4'), ('f3', '<i4'), ('f4', '<i4')])
```

说明：

（1）通过 BytesIO()可以实现 genfromtxt()对字节流内容的读取，而字节流是用 8 位二进制的字节码表示。
（2）encode()用于把字符串转为字节流，decode()用于把字节流转为字符串，即编码、解码过程。

（10）usecols：指定需要读取的列（必须是整数），0 为第一列，例如，usecols =（1,2,4）将提取第 2 列、第 3 列和第 5 列。默认值 None 为读取所有列。

（11）names：当定义结构化（如上例的字典）中的字段名称时，则通过集合或逗号分割名称的单字符串来指定。当 names 值为 True 时，则为 skip_header 指定行后的第一行读取对应的字段名。

（12）excludelist：以列表形式指定要排除的名称。此列表将附加到默认列表['return','file','print']。排除的名称附加下划线。例如，'file'将成为'file_'。

（13）deletechars：指定需要从 names 中删除的无效字符串组合。

（14）replace_space：用于替换变量名称中空格的字符。默认情况下，使用"_"。

（15）autostrip：是否从变量中自动剥离空格。

（16）case_sensitive：其设置值包括 True、False、'upper'和'lower'，可选。如果为 True，则字段名称区分大小写。如果为 False 或'upper'，则字段名称将转换为大写。如果为"lower"，则字段名称将转换为小写。

（17）defaultfmt：用于定义默认字段名称的格式，例如"f%I"或"f_%02i"。

（18）unpack：布尔，可选。如果值为 True，则返回的数组被转置，因此可以使用"x，y，z = loadtxt（...）"来解压缩参数。

（19）usemask：布尔，可选。如果值为 True，则返回一个掩码数组；如果值为 False，则返回常规数组。

（20）loose：布尔，可选。如果为 True，当有无效值时不引发错误。

（21）invalid_raise：布尔，可选。如果值为 True（默认值），则在列数中检测到不一致时会引发异常；如果值为 False，则发出警告并跳过违规行。

（22）max_rows：要读取的最大行数。不能与 skip_footer 同时使用。如果给定，则值必须至少为 1，默认值是读取整个文件。

（23）encoding：用于解码输入文件的编码。当'fname'是文件对象时不适用。默认值为'bytes'。

该函数示例如下。

```
from io import StringIO
s = StringIO(u"1,1.3,abcde")
data = np.genfromtxt(s, dtype=[('myint','i8'),('myfloat','f8'),('mystring','S5')],
delimiter=",")
data
array((1, 1.3, b'abcde'),
      dtype=[('myint', '<i8'), ('myfloat', '<f8'), ('mystring', 'S5')])
```

4. 使用正则表达式解析从文本文件构造数组

函数 fromregex(file, regexp, dtype, encoding=None)，参数说明如下。

（1）file：要读取的文件名或文件对象。

（2）regexp：用于解析文件的正则表达式，正则表达式中的组对应于 dtype 中的字段。

（3）dtype：指定生成数组的数据类型，可以指定类型值，也可以是集合类型。

（4）encoding：字符串，可选。用于解码输入文本文件的编码。

示例代码如下：

```
with open('test.dat', 'w') as f:
   f.write("2000 Tom\n3000  Go\n3333   John")
regexp = r"(\d+)\s+(...)"  #匹配数字(\d+)，空白\s+，任何东西(...)
output = np.fromregex('test.dat', regexp,[('Number', np.int64), ('key', 'S3')])
output
```

```
array([(2000, b'Tom'), (3000, b' Go'), (3333, b'Joh')],
      dtype=[('Number', '<i8'), ('key', 'S3')])
```

执行上述代码，将在 Jupyter Notebook 工作路径下生成 test.dat 文件。用文本编辑器打开，其内容如图 5.2 所示。

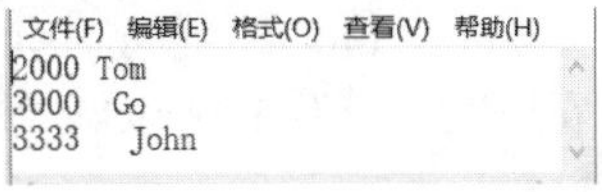

```
文件(F) 编辑(E) 格式(O) 查看(V) 帮助(H)
2000 Tom
3000  Go
3333   John
```

图 5.2　生成 test.dat 文件

5.1.2　二进制文件

以二进制数据形式存储数据的文件，用专业工具（如 Debug、WinHex、U_Edit）打开时往往显示的是十六进制（相比二进制，十六进制更方便读写）。图形文件、可执行程序、后缀名为 bin 的驱动程序都属于二进制文件。

1. 将数组保存为 Numpy（扩展名为.npy）格式的二进制文件

函数 save(file, arr, allow_pickle=True, fix_imports=True)，参数说明如下。

（1）file：指定需要保存的 Numpy 格式的二进制格式的文件名。

（2）arr：类似数组的需要存储的数据对象。

（3）allow_pickle：在默认值 True 情况下允许使用 Python pickles 保存对象数组；若值为 False，则禁止使用 pickle 方式。

（4）fix_imports：默认值为 True，则 pickle 将尝试将新的 Python 3 名称映射到 Python 2 中使用的旧模块名称，以便使用 Python 2 可读取 pickle 数据流。

示例代码如下：

```
A1=np.arange(9).reshape(3,3)
np.save(r'/testB',A1)                          #保存到默认工作路径下，Linux、Windows 通用
```

在 Jupyter Notebook 对应的同级目录下生成 testB.npy 文件，用 WinHex 编辑器打开，如图 5.3 所示。

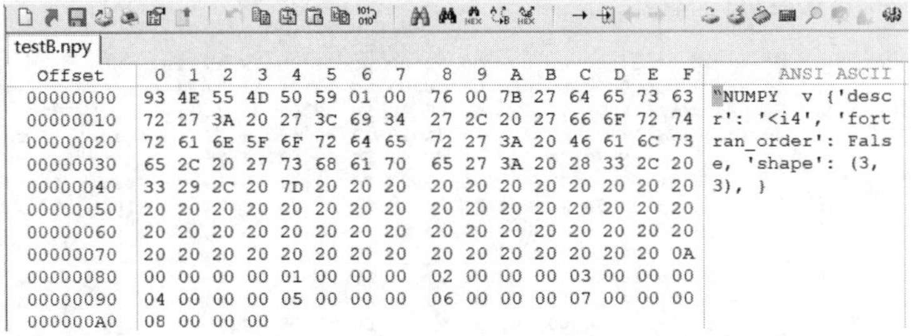

```
testB.npy
Offset     0  1  2  3  4  5  6  7   8  9  A  B  C  D  E  F    ANSI ASCII
00000000  93 4E 55 4D 50 59 01 00  76 00 7B 27 64 65 73 63  "NUMPY  v {'desc
00000010  72 27 3A 20 27 3C 69 34  27 2C 20 27 66 6F 72 74  r': '<i4', 'fort
00000020  72 61 6E 5F 6F 72 64 65  72 27 3A 20 46 61 6C 73  ran_order': Fals
00000030  65 2C 20 27 73 68 61 70  65 27 3A 20 28 33 2C 20  e, 'shape': (3,
00000040  33 29 2C 20 7D 20 20 20  20 20 20 20 20 20 20 20  3), }
00000050  20 20 20 20 20 20 20 20  20 20 20 20 20 20 20 20
00000060  20 20 20 20 20 20 20 20  20 20 20 20 20 20 20 20
00000070  20 20 20 20 20 20 20 20  20 20 20 20 20 20 20 0A
00000080  00 00 00 00 01 00 00 00  02 00 00 00 03 00 00 00
00000090  04 00 00 00 05 00 00 00  06 00 00 00 07 00 00 00
000000A0  08 00 00 00
```

图 5.3　生成的 testB.npy 文件内容

2. 从.npy、.npz 或 pickled 文件加载数组或 pickle 对象

函数 load(file, mmap_mode=None, allow_pickle=True, fix_imports=True,encoding='ASCII')，参数说明如下。

（1）file：指定需要读取的二进制文件名。

（2）mmap_mode：读写模式，可选参数值包括 None、'r+'、'w+'、'c'。如果不是 None，则使

用给定模式对文件进行内存映射，可以像任何 ndarray 一样访问和切片，内存映射对于访问大型文件的小片段而不将整个文件读入内存特别有用。

（3）allow_pickle：布尔，允许加载存储在 npy 文件中的 pickled 对象数组。禁止 pickle 的原因包括安全性，因为加载 pickle 数据可以执行任意代码。如果不允许使用 pickle，则加载对象数组将失败。默认值 True。

（4）fix_imports：布尔，仅在 Python 3 上加载 Python 2 生成的 pickle 文件时才有用，其中包括包含对象数组的 npy / npz 文件。

（5）encoding：读取 Python 2 字符串时要使用的编码。仅在 Python 3 中加载 Python 2 生成的 pickle 文件时才有用，其中包括包含对象数组的 npy/npz 文件。不允许使用"latin1"、"ASCII"和"bytes"以外的值，因为它们可能会破坏数值数据。默认值为'ASCII'。

该函数调用示例代码如下：

```
B1=np.load(r'/testB.npy')                                  #读取上例生成的二进制文件
B1
array([[0, 1, 2],
       [3, 4, 5],
       [6, 7, 8]])
```

3. 多个数组以未压缩.npz 格式保存到单个文件中

函数 savez(file, *args, **kwds)，其中，file 为需要保存的文件名；args 为需要保存的数组对象（一般为多个）；kwds 为采用关键字方式需要保存的数组。

该函数的使用示例如下：

```
X1=np.linspace(1,10,10)
Y1=np.sin(X1)
np.savez(r'/Z1',X1,Y1)
```

在 Jupyter Notebook 对应的同级目录下生成 Z1.npz 文件，用文本编辑器打开，如图 5.4 所示。

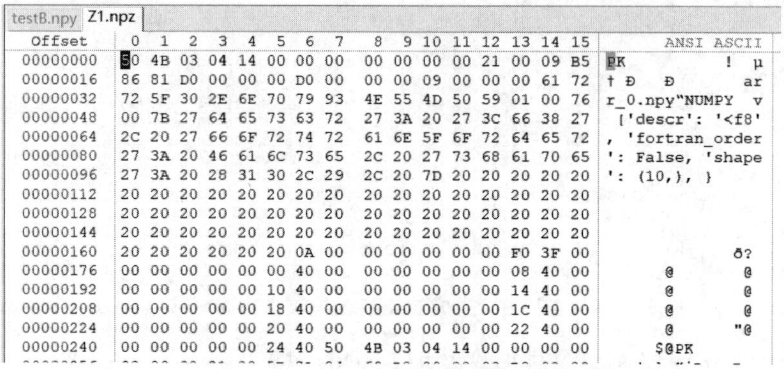

```
testB.npy  Z1.npz
Offset     0  1  2  3  4  5  6  7   8  9 10 11 12 13 14 15    ANSI ASCII
00000000  50 4B 03 04 14 00 00 00  00 00 00 00 21 00 09 B5  PK          !  µ
00000016  86 81 D0 00 00 00 D0 00  00 00 09 00 00 00 61 72  † Đ   Đ        ar
00000032  72 5F 30 2E 6E 70 79 93  4E 55 4D 50 59 01 00 76  r_0.npy"NUMPY  v
00000048  00 7B 27 64 65 73 63 72  27 3A 20 27 3C 66 38 27   {'descr': '<f8'
00000064  2C 20 27 66 6F 72 74 72  61 6E 5F 6F 72 64 65 72  , 'fortran_order
00000080  27 3A 20 46 61 6C 73 65  2C 20 27 73 68 61 70 65  ': False, 'shape
00000096  27 3A 20 28 31 30 2C 29  2C 20 7D 20 20 20 20 20  ': (10,), }
00000112  20 20 20 20 20 20 20 20  20 20 20 20 20 20 20 20
00000128  20 20 20 20 20 20 20 20  20 20 20 20 20 20 20 20
00000144  20 20 20 20 20 20 20 20  20 20 20 20 20 20 20 20
00000160  20 20 20 20 20 20 0A 00  00 00 00 00 00 F0 3F 00              ð?
00000176  00 00 00 00 00 00 40 00  00 00 00 00 00 08 40 00        @       @
00000192  00 00 00 00 00 10 40 00  00 00 00 00 00 14 40 00        @       @
00000208  00 00 00 00 00 18 40 00  00 00 00 00 00 1C 40 00        @       @
00000224  00 00 00 00 00 20 40 00  00 00 00 00 00 22 40 00        @      "@
00000240  00 00 00 00 00 24 40 50  4B 03 04 14 00 00 00 00       $@PK
```

图 5.4　多数组文件 Z1.npz 在 WinHex 的显示效果（部分）

📖 **说明：**

可以利用 savez_compressed(file, *args, **kwds)函数实现将多个数组以压缩.npz 格式保存到单个文件中，使用方法同 savez()。

读取上述 Z1.npz 文件内容，代码实现如下：

```
Z1=np.load(r'/Z1.npz')
for get in Z1.items():
    print(get)
    print(type(get))
('arr_0', array([ 1.,  2.,  3.,  4.,  5.,  6.,  7.,  8.,  9., 10.]))
<class 'tuple'>
('arr_1', array([ 0.84147098,  0.90929743,  0.14112001, -0.7568025, -0.95892427,
-0.2794155, 0.6569866, 0.98935825, 0.41211849, -0.54402111]))<class 'tuple'>
```

4. 根据文本或二进制文件中的数据构造数组

一种使用已知数据类型读取二进制数据的高效方法，以及解析简单格式化的文本文件。使用此函数可以读取使用'tofile'方法写入的数据。

函数 fromfile(file, dtype=float, count=-1, sep='')，其中，file 为文件名或文件对象；dtype 为需要生成的数组类型；count 为要读取的项目数，"-1"表示所有项目（即完整文件）。如果文件是文本文件，则 sep 为项目之间的分隔符，空（“”）分隔符表示该文件应被视为二进制文件。分隔符中的空格（“”）匹配零个或多个空白字符。仅由空格组成的分隔符必须至少匹配一个空格。

```
Z1=np.fromfile(r'G:\MyFourBookBy201811go\image\digit.jpg') #读者可以自行替换指定的图片路径
Z1
```

上述代码执行结果如图 5.5 所示。

```
Out[31]: array([ 4.12977010e+030,  1.05684803e+270,  5.93185986e+014,
                 5.07812980e-299,  3.52448725e-294,  2.82337807e-289,
                 8.31379949e-275,  5.92546039e-270,  2.95105942e-260,
                 3.57379255e-265,  1.22399862e-250,  5.37707035e-299,
                 1.04736369e-279,  1.22416777e-250,  1.22416778e-250,
                 1.22416778e-250,  1.22416778e-250,  1.22416778e-250,
                 1.22416778e-250, -1.27168753e+005,  2.75591689e-292,
                 1.00277173e-226,  7.29133759e-304,  1.39612477e-309,
                 7.29112202e-304,  3.72581469e-265,  2.32340029e-308,
                 1.59847339e-284,  1.69176816e-301,  2.20197258e-149,
                 9.36179795e-145,  6.46362719e-140,  9.47736107e-131,
                 1.84271779e-197,  2.00863649e-110,  3.18316009e-028,
                 7.39003555e+049,  1.71566266e+127,  3.98303947e+204,
```

图 5.5　图片以数组形式显示数值（部分）

5.1.3　其他方式处理文件

其他方式处理文件主要包括对内存映射文件、数据源文件的处理。

1. 内存映射文件

内存映射文件用于访问磁盘上的大段文件，而无须将整个文件读入内存。Numpy 的 memmap 是类似数组的对象。这与 Python 的 mmap 模块不同，后者使用类似文件的对象。

注意：

利用 memmap 在内存中建立的数组对象，需要通过 del（Python 自带保留关键字）删除，以释放内存资源。

函数 memmap(filename, dtype='uint8',mode='r+',offset,shape,order='C')，为存储在磁盘上的二进制文件中的数组创建内存映射。

（1）filename：文件名或 pathlib.Path，主要指定数组数据缓冲区的文件名或文件对象。

（2）dtype：用于指定文件内容的数据类型，默认值为'uint8'。

（3）mode：可选参数值为'r+'、'r'、'w+'、'c'。'r+'以只读方式打开已经存在的文件；'r'以可读写方式打开已存在的文件；'w+'创建或覆盖现有文件以进行读写；'c'写时复制，分配会影响内存中的数据，但更改不会保存到磁盘，磁盘上的文件是只读的。

（4）offset：整数，指定文件开始读取偏移量。因为'offset'是以字节为单位测量的，所以它通常应该是'dtype'的字节大小的倍数。

（5）shape：元组，指定所需的数组形状。如果"mode =='r'"并且'offset'之后的剩余字节数不是'dtype'的字节大小的倍数，则必须指定'shape'。默认情况下，返回的数组将是 1-D，元素数由文件大小和数据类型确定。

（6）order：指定数组在内存中的布局顺序，其值'C'代表 C 语言风格，'F'代表 Fortran 语言风格。

该函数使用代码示例：

```
from tempfile import mkdtemp
import os.path as path
filename = path.join(mkdtemp(), 'newfile.dat') #建立带临时路径的临时文件
fp = np.memmap(filename, dtype='float32', mode='w+', shape=(3,4))
print(fp)
data = np.arange(12).reshape(3,4)
fp[:]=data[:]                                   #把 data 值写入 fp 数组，可以实现在指定位置写入
print(fp)
del fp                                          #删除内存中的 fp 对象
 [[0. 0. 0. 0.]
 [0. 0. 0. 0.]
 [0. 0. 0. 0.]]
[[ 0.  1.  2.  3.]                              #fp 写入后的，打印结果
 [ 4.  5.  6.  7.]
 [ 8.  9. 10. 11.]]
```

2. 通用数据源文件

DataSource(destpath='.')：DataSource 对象的方法支持可以是本地文件或远程文件 URL 的操作。文件也可以是压缩的或未压缩的。DataSource 对象隐藏了下载文件的一些低级细节，允许简单地设置有效的文件路径（或 URL）并获取文件对象。参数 destpath 指定下载源文件的目录的路径，当 destpath 值为 None 时，将创建一个临时目录，默认路径是当前目录。

```
ds=np.DataSource(path.abspath(path.curdir))
if ds.exists(r'https://docs.scipy.org/doc/numpy/numpy-user-1.16.1.pdf'):
    ds.open(r'https://docs.scipy.org/doc/numpy/numpy-user-1.16.1.pdf')
else:
    print('没有文件下载')
```

注意：

该程序由执行状态*转为执行完状态很快，就几秒钟，实际下载一个文件需要几分钟，请过几分钟后去工作路径下确认已经下载的文件。

5.2　数组原理

扫一扫，看视频

读者已经接触了不少 Numpy 数组的使用，数组都是通过<class 'numpy.ndarray'>类来实例化。由此，我们需要了解 ndarray 的组成原理，以进步掌握数组的使用特点。

5.2.1　数组结构

Numpy 提供了一个 N 维数组类型对象 ndarray，它描述了相同类型元素的集合。每个元素都占用相同大小的内存块，元素除了基本类型（整数、浮点数、字符串、布尔等）之外，数据类型对象还可以表示数据结构。

图 5.6 所示为 Numpy 官网提供的数据内部结构组成。

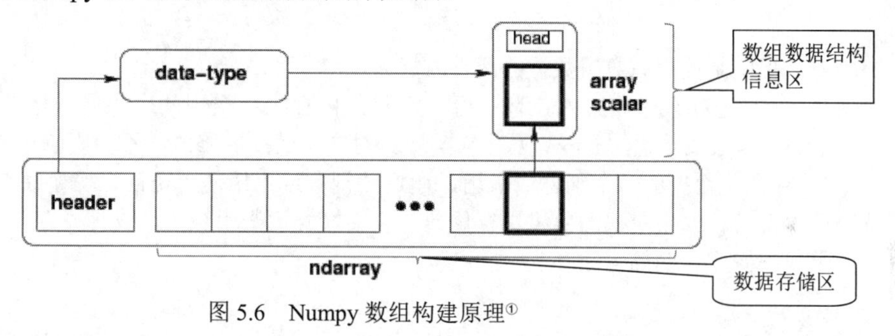

图 5.6　Numpy 数组构建原理[①]

（1）一个指向数据存储区（内存或内存映射文件中的一块数据）的指针。在数组数据结构信息区，用数组的 data 属性记录指针地址。

（2）数据类型（data-type），描述在数组中的固定大小元素类型。在数组数据结构信息区，用数组的 dtype 属性记录。

（3）一个表示数组形状（shape）的元组，表示各维度大小的元组。在数组数据结构信息区，用数组的 shape 属性记录。

（4）一个跨度元组（stride），其中的整数指的是为了前进到当前维度下一个元素需要“跨过”的字节数。在数组数据结构信息区，用数组的 strides 属性记录。

数组数据结构信息代码实现示例如下：

```
import numpy as np
a=np.arange(9).reshape(3,3)
```

[①] https://docs.scipy.org/doc/numpy/reference/arrays.html。

```
a
array([[0, 1, 2],
       [3, 4, 5],
       [6, 7, 8]])
print('数组 a 的类型：',a.dtype)
print('数组 a 形状：',a.shape)
print('数组 a 指向数据存储区的地址：',a.data)
print('数组 a 元素地址间的跨度字节数：',a.strides)
数组 a 的类型： int32
数组 a 形状： (3, 3)
数组 a 指向数据存储区的地址： <memory at 0x000001CD755F7EA0>
数组 a 元素地址间的跨度字节数： (12, 4)
```

可以直接通过修改数组属性值，改变数组数据结构。

```
a.shape=9
a
array([0, 1, 2, 3, 4, 5, 6, 7, 8])
```

5.2.2 副本与视图

副本与视图是使用原数组数据的两种方式。

（1）副本是对原有数据的完整备份，也就是内存上将出现两个不同地址的相同元素集的数组。用 copy()函数或数组的 copy()方法来实现。对副本数组的修改，不会影响原数组的数据。

（2）视图是数据的一个别称或引用，通过该别称或引用便可访问、操作原有数据，但原有数据不会产生备份。如果对视图数组进行修改，它会影响原数组数据，物理内存在同一地址。

数组视图操作示例如下：

```
b=np.linspace(1,10,10).reshape(2,5)
b
array([[ 1.,  2.,  3.,  4.,  5.],
       [ 6.,  7.,  8.,  9., 10.]])
c=b                              #把一个数组赋值给另外一个数组变量，是视图操作
print(id(c))
print(id(b))
1981950588128                    #视图原数组和引用数组之间内存地址一样
1981950588128
c[0]=-10                         #把二维数组 c 的第一行所有的元素改为-10，操作等同于 c[0,:]=-10
b                                #发现二维数组 b 的第一行的元素同步都改为了-10
array([[-10., -10., -10., -10., -10.],
       [  6.,   7.,   8.,   9.,  10.]])
```

数组副本操作示例如下：

```
c[0,:]=0                         #把数组 c 的第一行值都改为 0
c
array([[ 0.,  0.,  0.,  0.,  0.],
```

```
      [ 6.,  7.,  8.,  9., 10.]])
d=c.copy()                          #用 c 数组的 copy()方法建立副本，也可以用 d=copy(c)建立副本
print('d 的内存地址为：',id(d))
print('c 的内存地址为：',id(c))
d 的内存地址为： 1981950657040       #可以看出 d 与 c 的内存地址不一样
c 的内存地址为： 1981950588128
d[0,4]=5                            #修改 d 数组第 1 行第 5 个元素为 5
d
array([[ 0.,  0.,  0.,  0.,  5.],
      [ 6.,  7.,  8.,  9., 10.]])
c
array([[ 0.,  0.,  0.,  0.,  0.],   #d 数组的第 1 行第 5 个元素改为了 5，而 c 对应的元素没有改变
      [ 6.,  7.,  8.,  9., 10.]])   #进一步证明了备份产生的新数组与原数组没有关系，相对独立
```

5.2.3　广播原理

广播（Broadcasting）指处理不同形状数组之间的算术运算方法。广播的目的是提高数组的计算速度。广播提供了一种矢量化数组操作的方法，以便在 C 语言中而不是 Python 语言中进行循环，要知道 C 语言的运行速度相对是很快的。

要实现从小数组（或标量）向大数组的“广播”过程，必须遵循如下广播原则（Broadcasting Rules）。

- 广播原则一：两个数组其中一个（行或列向）的长度为 1，则可以广播。
- 广播原则二：两个数组的后缘维度（Trailing Dimension，即从末尾开始算起的维度）的长度相符，则可以广播。

1. 广播原则一实例分析

```
import numpy as np
data=np.array([[0,0,0],[1,1,1],[2,2,2]])
data
array([[0, 0, 0],
      [1, 1, 1],
      [2, 2, 2]])
h=np.array([1,2,3])                 #行长跟 data 的行长一致，而且相对 data 列，h 的列长度为 1
data+h                              #在列方向，进行所有行+[1,2,3]的广播计算过程
array([[1, 2, 3],
      [2, 3, 4],
      [3, 4, 5]])
```

该广播过程如图 5.7 所示，在行长度都一致的情况下，h 一行数组在 data 列方向上进行对应元素相加广播过程。

0	0	0
1	1	1
2	2	2

\+

1	2	3

=

1	2	3
2	3	4
3	4	5

图 5.7　一行数组在 data 数组列方向上向下进行对应元素相加广播过程

```
v=h.reshape(3,1)
v                                          #v 列长度跟 data 一致，而行长度为 1
array([[1],
       [2],
       [3]])
data+v                                     #在行方向上进行对应元素相加广播过程
array([[1, 1, 1],
       [3, 3, 3],
       [5, 5, 5]])
```

在一维行方向上进行广播过程如图 5.8 所示。

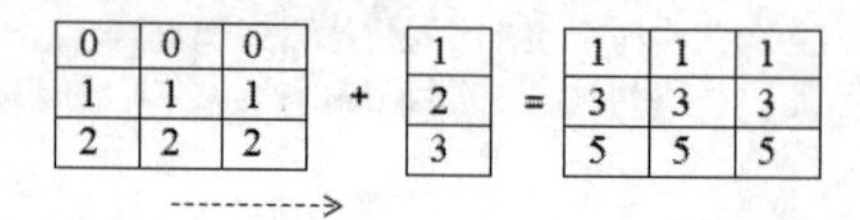

图 5.8　一列数组在行方向上进行广播过程

广播原则一的广播结果为二维数组。

2. 广播原则二实例分析

```
data3=np.arange(12).reshape(2,2,3)
data3
array([[[ 0,  1,  2],
        [ 3,  4,  5]],
       [[ 6,  7,  8],
        [ 9, 10, 11]]])
h2=np.ones((2,3))                          #要求 h2 第一维、第二维长度与 data3 的第一、第二维一致，h2 少第三维
h2
array([[1., 1., 1.],
       [1., 1., 1.]])
data3+h2                                   #在第三维上进行广播
array([[[ 1.,  2.,  3.],
        [ 4.,  5.,  6.]],
       [[ 7.,  8.,  9.],
        [10., 11., 12.]]])
```

上述三维与二维数组进行后缘维度广播过程如图 5.9 所示。

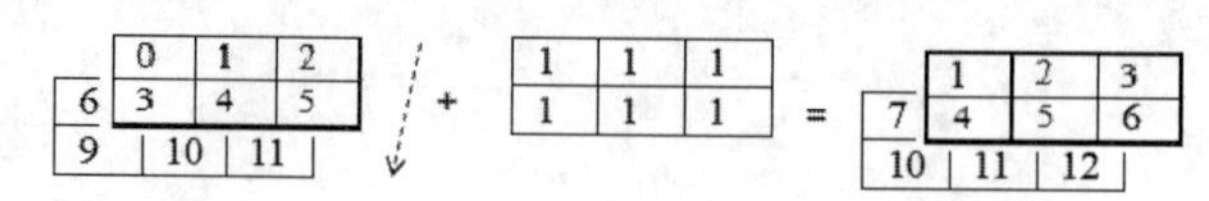

图 5.9　三维和二维数组进行后缘维度广播

说明：

后缘维度指大数组的前几个维度的大小和小数组的维度大小一致，就可以进行广播计算。如三维数组(2,2,3)的第一维、第二维与二维数组(2,3)的第一维、第二维大小一致，则可以进行广播计算；又如四维数组(2,2,2,3)的第一维、第二维与二维数组(2,3)的第一维、第二维大小一致，则也可以进行广播计算，依次类推。

5.3　字符串处理

在实际工作过程中，有一类数据是字符串数据，如中文姓名、英文姓名、联系电话、家庭地址、所学专业等，对该方面内容的处理，Numpy 进一步提供了相应的处理方法。

5.3.1　字符串操作方法

这里选择一些常用的字符串操作方法进行介绍。

（1）把大写字母都转为小写。

```
str1='ABCabc'
str1.lower()                                    #调用字母转为小写的方法
'abcabc'                                        #大写字母都转为了小写
str2='Tom is from USA'
str2.lower()                                    #忽略非字母元素
'tom is from usa'
```

（2）把小写字母都转为大写。

```
str1.upper()                                    #调用字母转为大写的方法
'ABCABC'                                        #小写字母都转为了大写
```

（3）把小写字母转为大写，把大写字母转为小写。

```
str1.swapcase()                                 #对原始字母大写转为小写，小写的转为大写
'abcABC'                                        #大小写翻转的结果
```

（4）用新字符串替换字符串中的子串。

```
s1='Tome is a boy.'
s1.replace('Tome','Tom')                        #用 Tom 替换 Tome
'Tom is a boy.'                                 #替换结果
```

（5）字符串居中，指定新字符串长度，不足部分用指定字符填充。

```
s2='Title'
s2.center(11,"-")                               #指定新字符串长度为 11
'---Title---'                                   #不足部分用-填充
```

（6）指定分割符，对字符串进行分割，返回数组。

```
s3='tom is from china'
s3.split()                                      #默认分割符为空格
['tom', 'is', 'from', 'china']                  #分割为四个元素的数组
s4='china.shanghai.pudong'
s4.split(sep='.')                               #用点号分割
['china', 'shanghai', 'pudong']
```

（7）移除字符串头、尾的特定字符。

```
s5='  Great Wall  '
s5.strip(' ')                                         #移除头尾为空格的字符
'Great Wall'
```

5.3.2 字符串信息查找及判断

这里提供一些常用的字符串信息查找及判断的方法。

（1）统计子串出现数量。

```
str3='china 中国 123abc'
str3.count('a')                                       #统计 a 在字符串里出现的次数
2                                                     #a 出现 2 次
```

（2）查找指定的最左边的子串，并返回对应的下标。

```
str3.find('a')                                        #在字符串里查找子串'a'
4                                                     #返回字符串里最左边的'a'的下标值
str3.find('M')                                        #查找不存在的子串
-1                                                    #找不到，返回-1
```

（3）判断字符串是否都是字母。

```
str4='abc'
str4.isalpha()                                        #判断字符串的元素是否都是字母
True                                                  #都是字母，返回 True
str5='Abc3333'
str5.isalpha()
False                                                 #字符串里含有数字，返回 False
```

（4）判断字符串中每个元素是否是十进制数，包括全角。

```
str6='10.2'
str6.isdecimal()                                      #判断字符串中每个元素是否都是十进制数
False                                                 #小数点不是，返回 False
str7='102303030'
str7.isdecimal()
True                                                  #都是十进制数，返回 True
str8_1='9'                                            #9 为全角
str8_1.isdecimal()
True
```

（5）判断是否是 Unicode 数字、byte 数字（单字节）、全角数字（双字节）。

```
str8='0223'
str8.isdigit()                                        #判断是否是数字
True
```

```
str8_2=b'10'                                        #byte 数字
str8_1.isdigit()
True
str8_1='9'                                          #9 为全角
str8_1.isdigit()
True
```

（6）判断字符串里每个字母是否都为小写。

```
str10='china shanghai pudong'
str10.islower()                                     #判断每个字母是否都为小写
True                                                #每个字母都为小写，返回 True
str11='Tom is a cat.'
str11.islower()
False                                               #存在大写字母，返回 False
str12='abc233.'
str12.islower()                                     #注意，该方法自动忽略非字母元素
True                                                #字母都为小写，返回 True
```

（7）判断字符串里每个字母是否都为大写。

```
str13='ABC33'
str13.isupper()                                     #注意，该方法自动忽略非字母元素
True                                                #字符串里每个字母都为大写，返回 True
```

（8）判断是否是 Unicode 数字、全角数字（双字节）、汉字数字。

```
str14='-19'
str14.isnumeric()
False
str15='03302'
str15.isnumeric()
True
str9='三'                                           #汉字数字
str9.isnumeric()
True
```

5.4　案例 6 [三酷猫制订减肥计划]

三酷猫最近生活太安逸，吃得太多，身体有点发胖，他决心控制一下自己的饮食。通过了解，三酷猫发现了一份剑桥大学 Alan H.Howard 博士团队研究的减肥食谱（称剑桥食谱）。其主要内容为精准控制食物中碳水化合物、高质量的蛋白质、脂肪，并配合维生素、矿物质、微量元素、电解质来实现低热量科学的摄入，最终达到科学、有效减肥的目的。

这里以食谱中脱脂牛奶、大豆面粉、乳清三种食物为例，各取 100 克，分析了其所含的碳水

化合物、蛋白质、脂肪，如表 5.1 所示。

表 5.1　每 100 克脱脂牛奶、大豆面粉、乳清所含主要营养成分

营 养 成 分	100 克脱脂牛奶	100 克大豆面粉	100 克乳清	减肥营养要求
碳水化合物	52	34	74	45
蛋白质	36	51	13	33
脂肪	0	7	1.1	3

假设三酷猫每天需要食用上述三种食物，而且营养摄入量要符合表 5.1，求一天摄入这三种食物的数量。

这里可以把表 5.1 内的数字看作是增广矩阵（即非齐次线性方程组）。

用 Numpy 求解要求如下：

（1）把表格内容保存到 csv 文件，并读取到多维数组。

（2）求解可以摄入这三种食物的数量。

```
import numpy as np
data=np.array([['营养成分','100 克脱脂牛奶','100 克大豆面粉','100 克乳清','减肥营养要求'],
               ['碳水化合物','52','34','74','45'],
               ['蛋白质','36','51','13','33'],['脂肪','0','7','1.1','3']])
np.savetxt(r'/food.csv',data,delimiter=',',fmt='%s')
```

在 Jupyter Notebook 的工作路径同路径下将发现 food.csv 文件。然后，把文件内容读入数组。

```
data1=np.loadtxt(r'/food.csv',delimiter=',',dtype=np.str)
data1
array([['营养成分', '100 克脱脂牛奶', '100 克大豆面粉', '100 克乳清', '减肥营养要求'],
      ['碳水化合物', '52', '34', '74', '45'],
      ['蛋白质', '36', '51', '13', '33'],
      ['脂肪', '0', '7', '1.1', '3']], dtype='<U8')
```

由于数组内都是字符型元素，而且存在无法计算的字段，需先进行数据处理。

```
data2=data1[1:,1:]
data2
array([['52', '34', '74', '45'],
      ['36', '51', '13', '33'],
      ['0', '7', '1.1', '3']], dtype='<U8')
```

继续把数组元素都转为浮点型。

```
data3=data2.astype(np.float)
data3
array([[52. , 34. , 74. , 45. ],
      [36. , 51. , 13. , 33. ],
      [ 0. ,  7. ,  1.1,  3. ]])
```

用函数 solve(a, b)求解。

```
r=np.linalg.solve(data3[0:3,0:3],data3[:,3])
r
array([0.27722318, 0.39192086, 0.23323088])
```

用所求的三种食物的数量乘以表 5.1 碳水化合物成分克数，以验证所得碳水化合物是否符合减肥营养要求。

```
sum(r*data3[0,0:3])
45.0                                             #跟表 5.1 碳水化合物减肥要求 45 克一致
```

5.5　习题及实验

1. 填空题

（1）文本文件主要指以（　　）码方式存储的文件，具体内容包括英文、数字、特殊符号，也包括（　　）码。

（2）基本的读写文本文件的函数为（　　）、（　　），基本的读写二进制文件的函数为（　　）、（　　）。

（3）Numpy 数据结构包括（　　）区和（　　）区两大部分。

（4）广播原理通过（　　）语言的快速处理机制，实现不同（　　）的数组之间的算术运算。

（5）（　　）方法实现字符串里英文字母的小写化，（　　）方法实现字符串里英文字母的大写化。

2. 判断题

（1）文本文件、二进制文件读写函数都可以实现对内存数据对象的读写。（　　）

（2）memmap()实现对在线数据源资源的读取，DataSource()对象实现对大型磁盘文件内容的读写。（　）

（3）Numpy 的同一个数组对象可提供不同类型数据对象的存储与处理。（　　）

（4）副本与视图是使用原数组数据的两种方式。副本产生的数据在内存单独开辟新空间，视图指向的数据与原数组对象属于一个内存空间。（　　）

（5）isdecimal()方法仅用于判断字符串中的单个字符是否是十进制数，isdigit()判断十进制、二进制、全角数字是否是数字，isnumeric()判断十进制、全角数字、汉字数字是否是数字。（　　）

3. 实验题

实验一：广播计算

$$\boldsymbol{A}=\begin{pmatrix}1 & 2 & 3\\ 4 & 5 & 6\\ 7 & 8 & 9\end{pmatrix}\qquad \boldsymbol{B}=\begin{pmatrix}1\\ 1\end{pmatrix}$$

对 $\boldsymbol{B}$ 进行改造，以符合广播计算规则，然后建立数组，进行 $\boldsymbol{A}-\boldsymbol{B}$ 运算。

实验二：三酷猫文字处理

I am from China. My name is Tom.Alias is “Three cool cat”

I like Programming.

Lift is short ,I select Python.

（1）把上述文字保存到文本文件。

（2）把文件内容读入数组。

（3）统计所有的 a 的个数。

第 6 章

Matplotlib 基础

数据分析、科学计算、机器学习都需要通过数字图像化来直观地判断运算结果，如股票的涨跌趋势，科学家仿真计算结果的演示，机器学习结果的分类展示等。又如人脸识别、物体动态跟踪、图片变形处理、地图等高线分布、人口的迁移图绘制等方面都需要应用图形可视化。而 Matplotlib 是基于 Python 语言的可视化标配开源库，它为我们提供了强大的二维、三维及动画展示功能。而且，Matplotlib 可以很方便地被 Numpy、Scipy、Pandas、Scikit-learn 等第三方库调用。

学习内容

- 开始绘图
- 绘制图形
- 处理图像
- 案例 7 [三酷猫戴皇冠]
- 习题及实验

扫一扫，看视频

6.1 开 始 绘 图

Matplotlib 库提供了 matplotlib.pyplot 模块用于对图形的处理。对该模块的引用，统一使用的格式为 import matplotlib.pyplot as plt，如果在代码中发现 plt，都是指向 pyplot 模块。

6.1.1 绘制第一张图

Matplotlib 库可以在 Jupyter Notebook 界面（Web 界面）上被调用，也可以在 IDLE 类似的图形界面（GUI）被调用。

1. 在 Jupyter Notebook 中调用

在 Jupyter Notebook 新建一个基于 Python 内核的代码编辑界面，在单元里依次输入如下代码：

```
import numpy as np
import matplotlib.pyplot as plt #导入 pyplot 模块
x= np.linspace(-np.pi, np.pi,100) #从-π到π在 x 轴等分 100 个数字
yc,ys = np.cos(x), np.sin(x)      #把 x 坐标数值传入 cos()、sin()函数，产生对应的 y 轴坐标点 y 值
plt.plot(x,yc)             #输入 x，y 轴坐标数，在图上画连接相邻点的线，所有点连在一起形成 cos 曲线
plt.plot(x,ys)             #输入 x，y 轴坐标数，在图上画连接相邻点的线，所有点连在一起形成 sin 曲线
plt.show()                 #在画图容器里显示绘制结果(带 x,y 坐标轴的双曲线)
```

代码执行结果如图 6.1 所示。

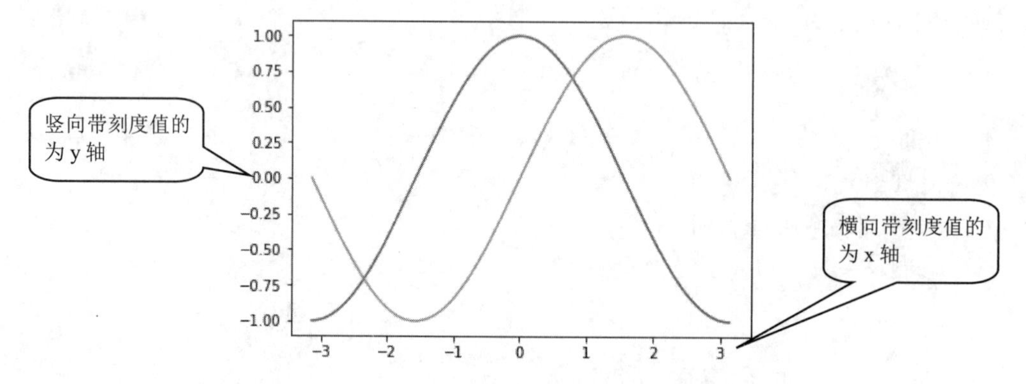

图 6.1　在 Jupyter Notebook 上绘制的正弦、余弦曲线

从代码上可以知道，要绘制图形必须提供基于坐标的 x，y 坐标值，这对值可以是一对标量，如(2,10)，表示 x 轴上值为 2，y 轴上值为 10 的一个点；也可以是数组对（X,Y），X、Y 都是一维数值数组，而且要求 X、Y 数组的长度一致。

对于所画的曲线，要保证足够的平滑（至少符合眼睛观看要求），x 轴所提供的数值个数建议在 50 个或 50 个以上。因为曲线都是由一个个点连接起来的，近似平滑。假设上例的 linspace()等

分取值为 10，其执行效果如图 6.2 所示。由于 x 轴上只有 10 个固定的值，该图在坐标点上体现出折线折角现象（图中虚线圆圈处为折角），也证明了 Matplotlib 在绘制各种线时，是采用点连接线的方式实现的。

```
np.linspace(-np.pi, np.pi,10)                          #x 轴只提供了 10 个固定值
array([-3.14159265, -2.44346095, -1.74532925, -1.04719755, -0.34906585,
        0.34906585,  1.04719755,  1.74532925,  2.44346095,  3.14159265])
```

📖 说明：

（1）在画线时，x 轴提供的数值个数并不是越多越好，因为数值过大会增加绘图的计算量。

（2）在 Matplotlib 里 x、y 轴坐标的概念跟数学里的概念是一致的。

（3）从第一个绘图案例中，读者应该意识到很多数学内容都可以通过 Matplotlib 来绘制。

2. 在 IDLE 上调用

把图 6.1 对应的代码复制到 IDLE 脚本文件里，执行结果如图 6.3 所示，是一个独立的桌面端图形界面，其左下方还有一排按钮功能，提供对图像内容的操作功能。

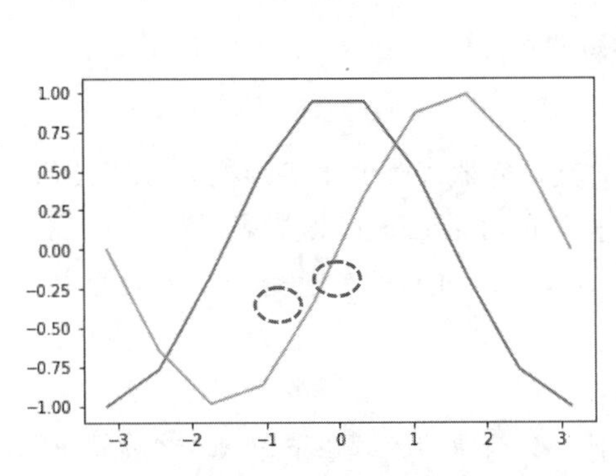

图 6.2 正弦、余弦曲线表现为折线现象

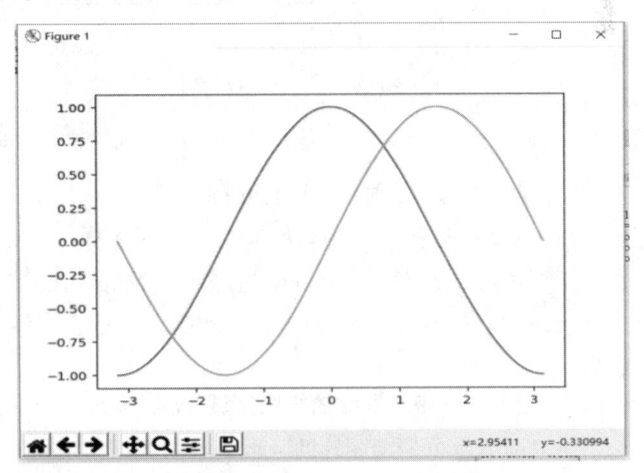

图 6.3 GUI 风格的绘图效果

6.1.2 画家眼中的绘图

其实在 6.1.1 小节已经初步介绍了 Matplotlib 绘图方法，并介绍了 x、y 轴及二维坐标等基本内容，本小节对该库的绘图要素及相关概念进行系统介绍。为此，先提供一张能代表绘图组成要素的示例图，如图 6.4 所示。为了体现 Matplotlib 绘图的细节，通过 Python 的 IDLE 脚本来实现，而在 Jupyter Notebook 下，部分细节没有展现。

一张完整的二维图主要由七部分构成，Figure❶、axes❷、axis（x 轴❸、y 轴❹）、data❺、title❻、axis 附带的（Tick、Tick Label、Label❼）。为了形象介绍上述七部分内容，这里用画家的画板举例说明。

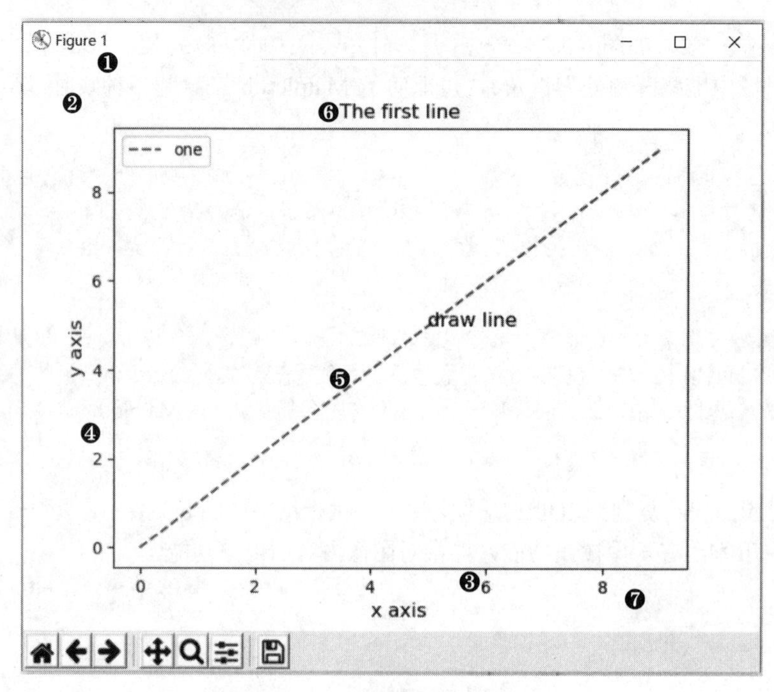

图 6.4　一张完整的二维图示例

1. 架子上的木头画板——Figure

Matplotlib 要绘制各种各样的画，必须要有一个大的支持容器（类似木头画板），承载所有“画纸”，这个容器就是 Figure 区域，在 Matplotlib 库里用 pyplot.figure()来实现。图 6.4❶说明了 Figure 是这个图的最大范围，其实是一个独立窗体，从画家的角度来看就是一个大大的木头画板。

2. 画纸——带坐标线的绘图区域 axes+data

该“画纸”分为绘图辅助区域、绘图数据区域，其中，绘图辅助区域包括图 6.4❷带刻度的 x、y 坐标❸❹，图标题标签、坐标标签等内容；绘图数据区域包括带坐标矩形线内所绘制的任何内容。该“画纸”在 Matplotlib 库里可以用 plt.subplot()或 plt.plot()来实现（如图 6.5 所示），其中刻度坐标用 axes 实现。

3. 画纸上绘画 plot

在画纸上绘画，得有笔，这支笔就是 plt.plot()，它可以根据提供的坐标值，在绘图数据区域❺里一个点一个点地画，然后把所有点连接起来，形成不同的图形，如图 6.6 所示。

4. 给画纸加个标题 title

如图 6.4❻所示的标题用 plt.title()实现。

5. 改造坐标刻度、标签

图 6.4❼用 plt.xlabel()、plt.ylabel()、plt.axis()、plt.xticks()、plt.yticks()实现。

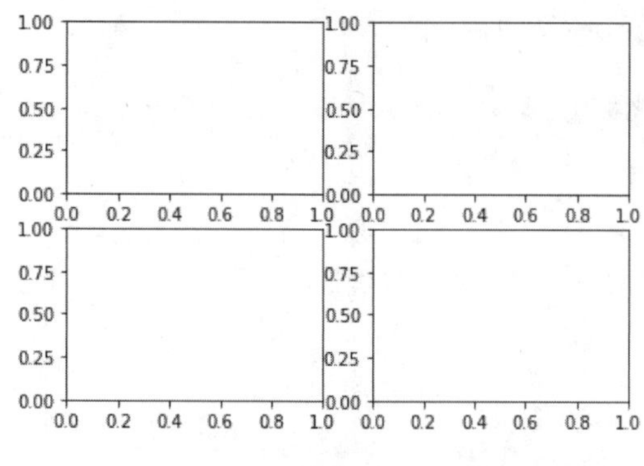

图 6.5　绘制了四个 axes 对象

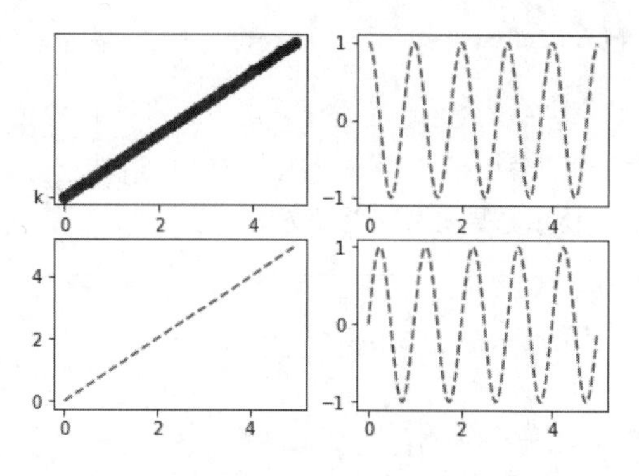

图 6.6　在 data 区域绘制不同的图形

6.1.3　图上的那支笔——plot()

在绘图区域要绘制各种各样的图形，Matplotlib 提供了 plot()函数，就是绘图用的笔。

1. plot()，绘制基于坐标值（x,y）的点、线

函数 plot(*args, fmt, data=None, **kwargs)，参数说明如下。

（1）*args：主要接受(x,y)坐标值，坐标可以是标量，x、y 也可以是元组、列表、数组的值对。可以省略 y 值，则该函数默认坐标值 x=y。

（2）fmt：字符串'[color][marker][line]'，用于指定线的颜色、标记图标、线型。如'ro—'代表线是红色（r 表示），坐标对应点上是 o 图标（o 表示），线是虚线（--表示）。线色、图标、线型清单详见附录三。

注意：

fmt 的三个子参数顺序不能颠倒，但是可以部分省略或都省略。

（3）data：带有标记数据的对象。如果给定，需要提供标签名称，并通过指定 x,y 坐标绘制。

（4）**kwargs：用键值对形式指定线的一些属性，如 linewidth=2 用以指定线宽，color='green'代替 fmt 里的颜色指定方式，marker='o'指定图标，linestyle='dashed'指定线的风格，markersize=12 指定图标大小。

2. 绘制指定坐标的点和线

（1）用标量坐标绘制一个点。

```
import matplotlib.pyplot as plt   #导入 pyplot 模块
plt.plot(10,10,'o')               #为了直观查看(10,10)处的点，用 o 图标在该点上做了标注
plt.show()                        #显示绘图
```

显示结果见图 6.7。在没有指定 figure()、subplot()的情况下，plot()默认第一个画板里的第一个绘图区域，代码无须显式调用它们，多画板多绘图区域实现见 6.1.9 小节。

（2）用数组坐标绘制若干个点。

```
import numpy as np
import matplotlib.pyplot as plt
```

```
X=np.array([0,10,5,5])                #这里 X、Y 对应的坐标对包括(0,5)、(10,5)、(5,0)、(5,10)
Y=np.array([5,5,0,10])
plt.plot(X,Y,'o')                     #这里必须用 o 图标，否则将产生线
plt.show()
```

显示结果如图 6.8 所示。

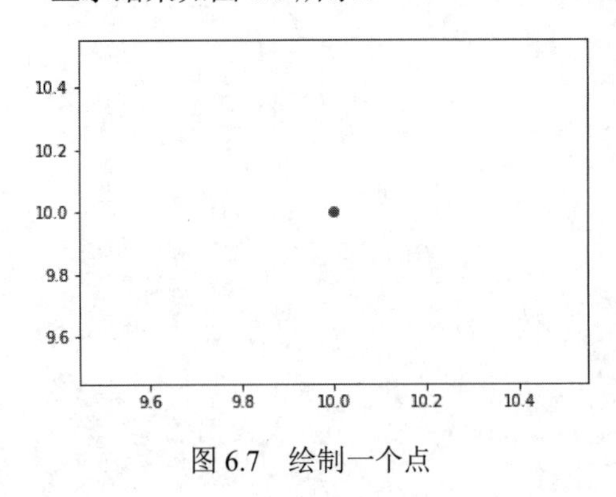

图 6.7　绘制一个点

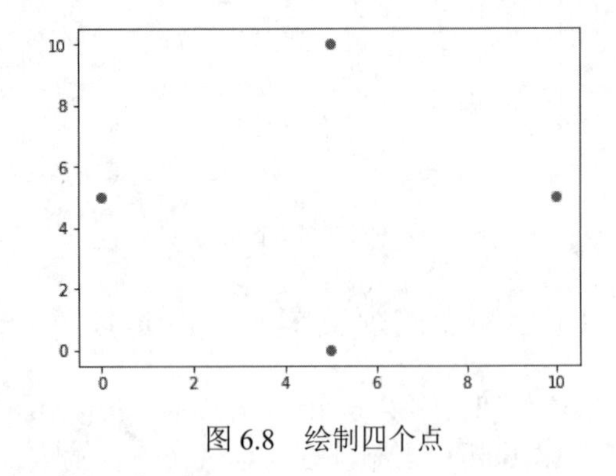

图 6.8　绘制四个点

（3）用数组坐标绘制若干个点连接的线。

```
import numpy as np
import matplotlib.pyplot as plt
X=np.array([0,10,5,5])
Y=np.array([5,5,0,10])
plt.plot(X,Y)                         #这里没有提供图标，就默认以线形式连接所有点
plt.show()
```

显示结果如图 6.9 所示。

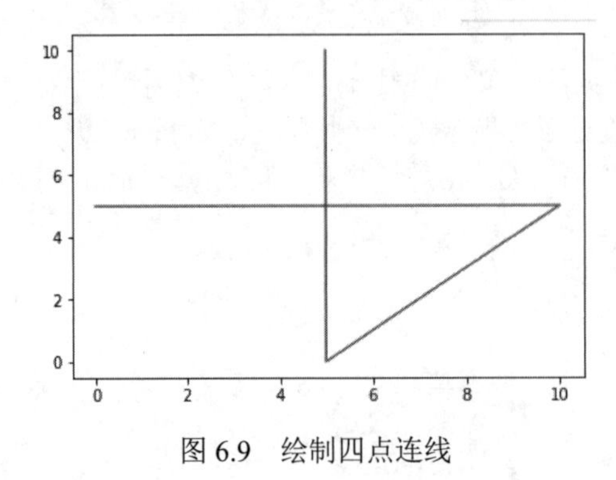

图 6.9　绘制四点连线

6.1.4　颜色、图标和线型

用于绘图的 plot()为点、线的颜色、图标标记、线型提供了丰富的功能，这里进一步介绍这些功能的用法。在 plot()参数里，颜色、图标、线型的设置主要有两种方法，一种是传递字符串参数，如'ro—'代表画红色的、o 图标的、虚线的图形；另一种采用键值对形式显式指定它们。

1．字符串设置

```
import matplotlib.pyplot as plt
t1 =np.arange(0.0, 5.0, 0.02)                        #x 轴数的间隔为 0.02
plt.plot(t1, np.sin(2*np.pi*t1), 'go--')             #g 为 green 绿色，o 为图标，--为虚线
plt.show()
```

显示效果如图 6.10 所示。

2．键值对设置

```
import matplotlib.pyplot as plt
t1 =np.arange(0.0, 5.0, 0.02)                        #x 轴数的间隔为 0.02
plt.plot(t1, np.sin(2*np.pi*t1),color='r',marker='v',linestyle='-')
                                                     #r 为红色，v 为下三角图标，-为实线
plt.show()
```

显示效果如图 6.11 所示。

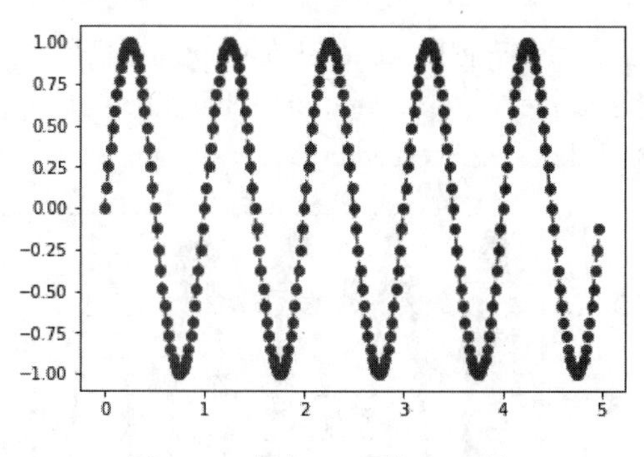

图 6.10　绿色、o 图标、虚线

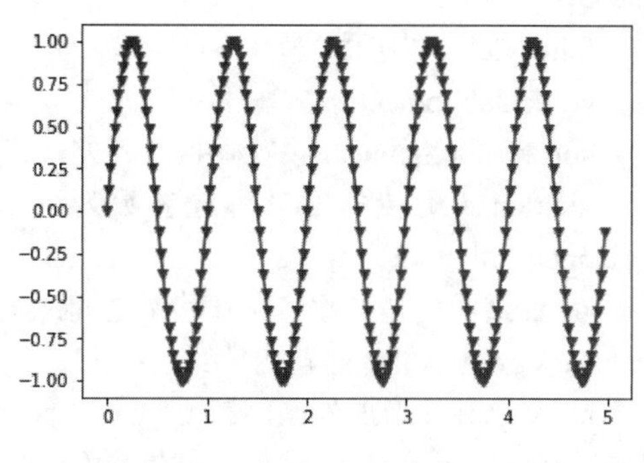

图 6.11　红色，下三角图标、实线

说明：

（1）颜色效果，见书附赠的代码执行结果。

（2）颜色、图标、线型详细内容见附录三。

6.1.5　注释

在绘图区域进行各类文本标注，是二维坐标图里经常需要用到的一个功能需求。这里介绍 text、arrow、annotate 三种标注方法。

1．text()文本标题标注

函数 plt.text(x, y, s, fontdict=None, withdash=False, **kwargs)，参数说明如下。

（1）x，y 设置文本标注在绘图区域里的位置。

（2）s 设置文本内容。

（3）fontdict 用于覆盖默认文本属性的字典。如果 fontdict 为 None，则默认值由 rc 参数确定（参数设置详见 7.4 节）。

字体内容包括字体类型、颜色、粗细、大小等。示例代码如下：

```
font = {'family': 'serif',                    #字体类型，如宋体、Times New Roman 等
        'color':  'darkred',                  #字体颜色，green、red、blue、darkred 等
        'weight': 'normal',                   #字体粗细为正常 normal，也可以加粗 heavy
        'size': 16,                           #字号大小为 16
        }
```

（4）withdash 值为 True 时，创建 matplotlib.text.TextWithDash 实例；为 False 时，text 实例不变。

（5）**kwargs：用键值对形式替代 fontdict 参数，如 fontsize=12，替代'size': 16。

该参数支持的键值对包括如下内容：

fontsize 设置字体大小，默认 12，可选参数为['xx-small', 'x-small', 'small', 'medium', 'large', 'x-large', 'xx-large']；

fontweight 设置字体粗细，可选参数为['light', 'normal', 'medium', 'semibold', 'bold', 'heavy', 'black']；

fontstyle 设置字体类型，可选参数为['normal' | 'italic' | 'oblique']，italic 斜体，oblique 倾斜；

verticalalignment 设置水平对齐方式 ，可选参数为 'center'、'top'、'bottom'、'baseline'；

horizontalalignment 设置垂直对齐方式，可选参数为 left、right、center；

rotation（旋转角度）可选参数为 vertical、horizontal，也可以为数字；

alpha 透明度，参数值在 0 和 1 之间；

backgroundcolor 标题背景颜色；

bbox 给标题增加外框，常用参数为 boxstyle，方框外形；facecolor（简写 fc），背景颜色；edgecolor（简写 ec），边框线条颜色；edgewidth，边框线条大小。

绘制指定文本标注内容，执行结果如图 6.12 所示。

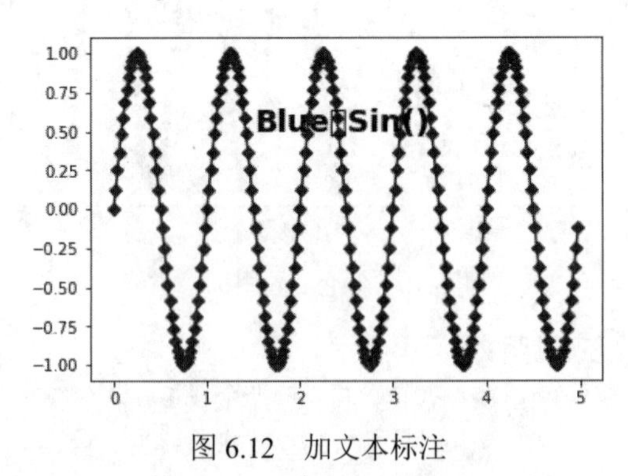

图 6.12　加文本标注

```
import matplotlib.pyplot as plt
plt.text(1.5, 0.5, r'Blue  Sin()', fontsize=20,fontweight='heavy')
t1 =np.arange(0.0, 5.0, 0.02)                          #x 轴数的间隔为 0.02
plt.plot(t1, np.sin(2*np.pi*t1),color='b',marker='D',linestyle='-')
                                                       #b 为蓝色，D 为实心菱形图标，-为实线
plt.show()
```

2．arrow()箭头标注

函数 plt. arrow(x, y, dx, dy, **kwargs)，参数说明如下。

（1）x，y 为箭头基座（尾部）的坐标。

（2）dx，dy 为箭头沿 x,y 的长度，箭头头部坐标为 x+dx，y+dy。

（3）**kwargs：可选项，控制箭头结构和属性。如 Width=0.001，设置箭尾宽度；head_width=

3*width 完整箭头的总宽度；head_length=1.5 * head_width 箭头的长度等于箭头宽度乘以 1.5 等内容。

在图 6.12 的基础上，增加箭头，其代码如下。执行结果如图 6.13 所示。

```
import matplotlib.pyplot as plt
plt.text(1.5, 0.5, r'Blue  Sin()', fontsize=20,fontweight='heavy')
plt.arrow(1.55,0.63,-0.12,0.2,width=0.05,fc ='r')        #增加红色箭头
t1 =np.arange(0.0, 5.0, 0.02)                             #x 轴数的间隔为 0.02
plt.plot(t1, np.sin(2*np.pi*t1),color='b',marker='D',linestyle='-')
                                                          #b 为蓝色，D 为实心菱形图标，-为实线
plt.show()
```

3．annotate()复杂标注

annotate()提供了最为复杂，功能也最为强大的标注功能。

函数 plt.annotate(s, xy, *args, **kwargs)，参数说明如下。

（1）s 为需要提供的注释信息，字符串型。

（2）xy：(x,y)为注释箭头开始坐标。

（3）*args：xytext=(x,y)，为注释文本左边坐标。

（4）**kwargs：主要指 arrowprops 参数，字典类型，包括如下键值对：

width=箭头宽度（以点为单位）、frac=箭头头部所占据的比例、headwidth=箭头底部的宽度（以点为单位）、shrink=从箭尾到标注内容开始两端空隙长度、**kwargs（matplotlib.patches.Polygon 的任何键值对，如 facecolor='r'）。

用 annotate()绘制箭头加注释内容代码示例如下，执行结果如图 6.14 所示。

```
import matplotlib.pyplot as plt
plt.annotate('Top max', xy=(4.3,1), xytext=(4.6, 0.25),     #带 Top max 内容的品红箭头注释
  arrowprops=dict(facecolor='m', shrink=0.01),fontsize=10)  #m 代表品红
t1 =np.arange(0.0, 5.0, 0.02)                               #x 轴数的间隔为 0.02
plt.plot(t1, np.sin(2*np.pi*t1),color='g',marker='+',linestyle='-.')
                                                            #g 为绿色，+为加号图标，-.为线点
plt.show()
```

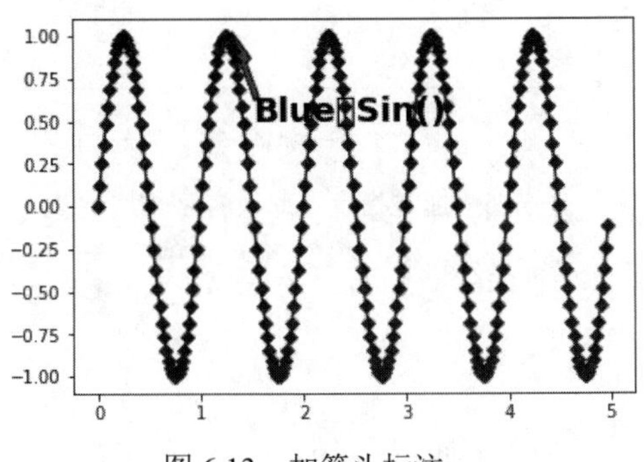

图 6.13　加箭头标注

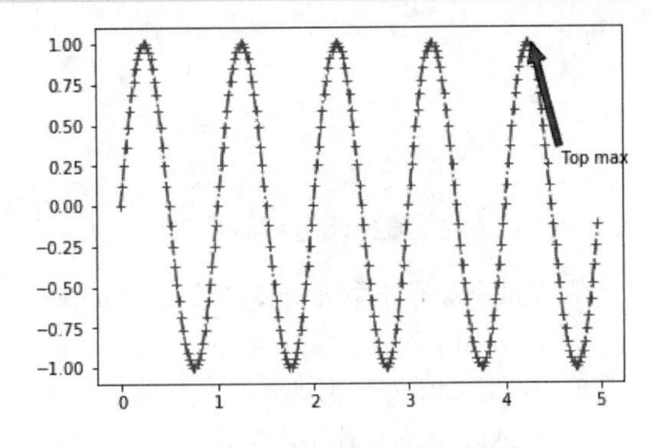

图 6.14　带文本内容的箭头注释

6.1.6 在绘图中显示中文

到目前为止，所有Matplotlib所提供的图形都是英文提示，没有体现中文。这是因为默认情况下，Figure 不支持中文显示。若需要显示中文，则需要设置 fontproperties（字体属性）。这里提供四种设置方式。

（1）直接设置属性值，这种方式相对简单。

```
import matplotlib.pyplot as plt
plt.xlabel("设置 x 轴中文显示",fontproperties="STCAIYUN",fontsize=20)        #华文彩云
plt.ylabel("设置 y 轴中文显示", fontproperties="STCAIYUN",fontsize=20)
plt.plot(np.arange(9))
plt.show()                                                  #执行结果如图 6.15 所示
```

（2）指定字库路径。

在 Windows 下可以通过指定字库的绝对路径显示需要的中文字体，执行结果如图 6.16 所示。

```
import matplotlib.pyplot as plt
from matplotlib.font_manager import FontProperties              #导入字体属性设置函数
font = FontProperties(fname=r"c:\windows\fonts\simsun.ttc", size=14)     #宋体
plt.xlabel("x 轴，宋体", fontproperties=font)                    #设置字体属性参数
plt.ylabel("y 轴，宋体", fontproperties=font)
plt.title("标题，宋体", fontproperties=font)
plt.plot(np.arange(9))
plt.show()
```

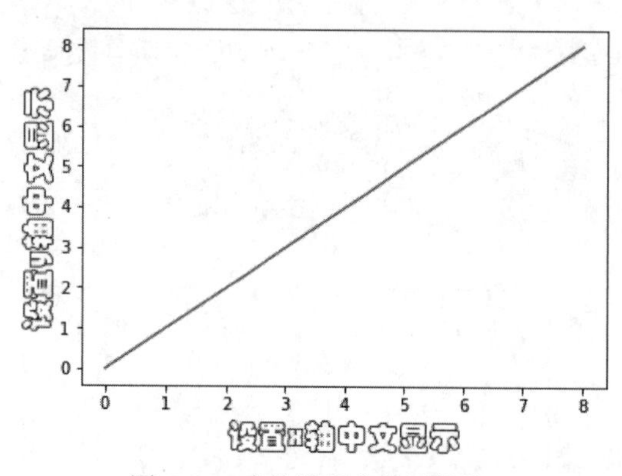

图 6.15　直接设置字体属性值

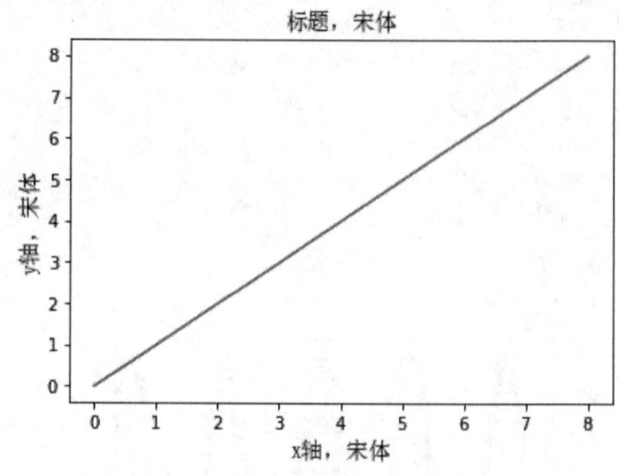

图 6.16　通过指定字库设置字体属性

在 Windows 操作系统安装目录 C:\windows\fonts 下有不少类型的中文字库。

① simhei.ttf 为黑体字库文件。

② FZYTK.ttf 为方正姚体字库文件。

③ Simkai.fft 为楷体字库文件。

④ STCAIYUN.fft 为华文彩云字库文件。

📖 说明：

Linux 下字体的安装路径为/usr/share/fonts。

（3）字典方式设置复杂的中文字体。

```
import matplotlib.pyplot as plt
font = {'family' : 'SimHei',                           #黑体
   'weight' : 'bold',
   'size'  : '20'}
plt.rc('font', **font)                                 #对 subplot 范围内的字体进行统一设置
plt.rc('axes', unicode_minus=False)                    #该参数解决负号显示的问题
plt.xlabel("x 轴，黑体")
plt.ylabel("y 轴，黑体")
plt.title("标题，黑体")
plt.plot(np.arange(-3,3,1),np.arange(-3,3,1))
plt.show()
```

执行结果如图 6.17 所示。

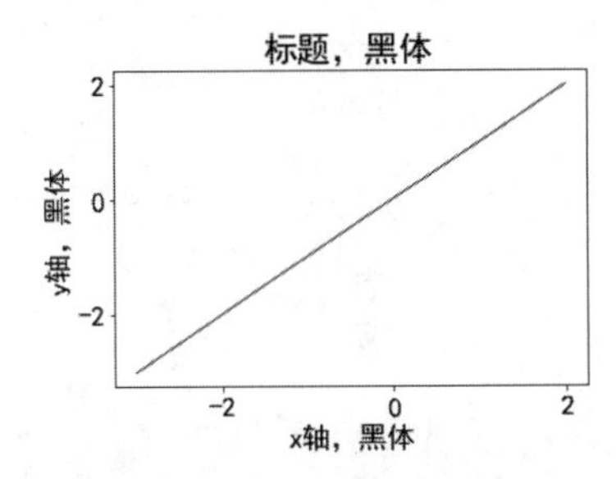

图 6.17　字典方式设置中文字体

（4）通过修改配置参数，设置字体，详见 7.4.2 小节内容。

6.1.7　移动刻度线

到目前为止，所绘制的绘图区域都是左边、底部位置的x、y坐标刻度线。这里想把x、y刻度线移到(0,0)为中心的数据区域。x、y坐标刻度线由 spines()方法进行管理，它提供(top、bottom、left、right）四个刻度线及对应位置的设置功能。要把左、底刻度线移动到数据的中心区域，需要把右、顶两个刻度线通过设置颜色为 none 隐藏。下列代码实现了上述功能。

```
import numpy as np
import matplotlib.pyplot as plt
X = np.linspace(-np.pi, np.pi, 200)    #提供 x 轴坐标值
C,S = np.cos(X), np.sin(X)             #提供 y 轴坐标值
plt.plot(X,C)                          #绘制 cos 曲线
plt.plot(X,S)                          #绘制 sin 曲线
ax= plt.gca()                          #获取当前 axes 类实例，gca 英文全称 get current axes
ax.spines['right'].set_color('none')   #用 spines 设置颜色值为 none，把右刻度线隐藏
ax.spines['top'].set_color('none')     #用 spines 设置颜色值为 none，把顶刻度线隐藏掉
```

```
ax.xaxis.set_ticks_position('bottom')          #把 x 轴刻度线位置设置为 bottom
ax.spines['bottom'].set_position(('data',0))   #把底部的刻度线设置到数据区域的 0 位置
ax.yaxis.set_ticks_position('left')            #把 y 轴刻度线位置设置为 left
ax.spines['left'].set_position(('data',0))     #把左部的刻度线设置到数据区域的 0 位置
plt.show()                                     #显示执行结果，界面如图 6.18 所示
```

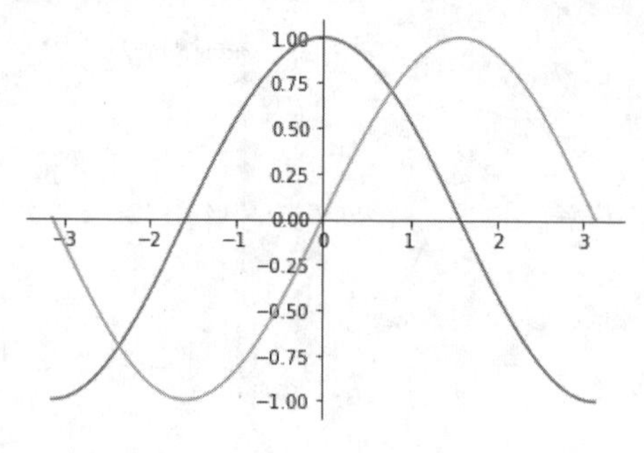

图 6.18　坐标位置在数据区域中间

6.1.8　无坐标绘图

有些情况下，需要二维坐标辅助图形，可以通过 axis('off')关闭坐标（参数'on'为打开）。

```
import numpy as np
import matplotlib.pyplot as plt
x, y = np.indices((100, 100))
sig = np.sin(2*np.pi*x/50.) * np.sin(2*np.pi*y/50.) * (1+x*y/50.**2)**2
plt.axis('off')                                #关闭坐标
plt.title('sig')
plt.imshow(sig)                                #执行结果如图 6.19 所示
```

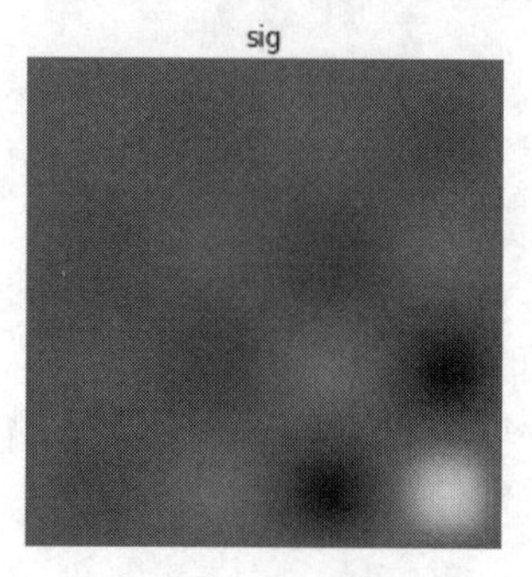

图 6.19　无坐标绘图

6.1.9　多画板多绘图区域

Matplotlib 支持多图框、多绘图区域的绘制和显示方式。所谓的多图框，可以理解为一个画家允许同时拥有几个画板；多绘图区域，就是一个画板上允许贴上几张画纸，一起绘画。

1．显示多画板 Figure 界面

为了用 figure()对象显示多独立界面的画板，这里先需要详细了解一下该对象的使用方法。

函数 figure(num=None, figsize=None, dpi=None, facecolor=None, edgecolor=None, frameon=True, FigureClass=<class 'matplotlib.figure.Figure'>, clear=False, **kwargs)，参数说明如下。

（1）num：整数或字符串，可选，默认值 None。如果没有指定该参数，第一次建立 figure()时，初始值为 1，后续再次建立时依次增 1，可以通过该实例对象的 number 属性查看 num 数值。如果该 num 设置为字符串时，则在 Figure 界面标题上显示。

```
import matplotlib.pyplot as plt
s1=plt.figure()
print('显示第一个 Figure 的 ID 号',s1.number)
s2=plt.figure('My Second Figure')
print('显示第二个 Figure 的 ID 号',s2.number)
plt.show()
```

在 Jupyter Notebook 下，显示结果如下：

```
显示第一个 Figure 的 ID 号 1
显示第二个 Figure 的 ID 号 2
<Figure size 432x288 with 0 Axes>
<Figure size 432x288 with 0 Axes>
```

注意：

在 Jupyter Notebook 里并不显示空白的 Figure 界面对象。

为了显示执行效果，这里在 IDLE 执行上述代码，显示结果如图 6.20 所示。

图 6.20　显示两个 Figure 独立窗体（左边默认标题 Figure1，右边显示设置的标题）

（2）figsize：(float，float)，可选，指定 Figure 的宽度、高度（英寸），默认值为[6.4, 4.8]。

（3）dpi：整数，可选，默认值 None，指定 Figure 的分辨率，默认值为 100。

（4）facecolor：指定 Figure 窗体的背景颜色，默认值为'w'（白色）。

（5）edgecolor：指定 Figure 窗体边框的颜色，默认值为'w'（白色）。

（6）frameon：设置是否显示边框，False 表示禁止显示，True 表示显示（默认值）。

（7）FigureClass：可以通过该参数指定自定义 Figure 实例。

（8）clear：默认值为 False，如果设置为 True 而且该对象存在，则在内存里清除该对象。

```
import matplotlib.pyplot as plt
s1=plt.figure('OK',figsize=(7,5),facecolor='g',edgecolor='r')   #设置边框背景颜色为绿色
plt.plot([1,2,3,4])        #绘图 plot()在没有指定 subplot 的情况下，默认上面代码的 figure 上绘图
s2=plt.figure(figsize=(7,5),facecolor='g',edgecolor='r',frameon=False)
plt.plot([1,2,3,4])
plt.show()
```

执行结果显示如图 6.21 所示。

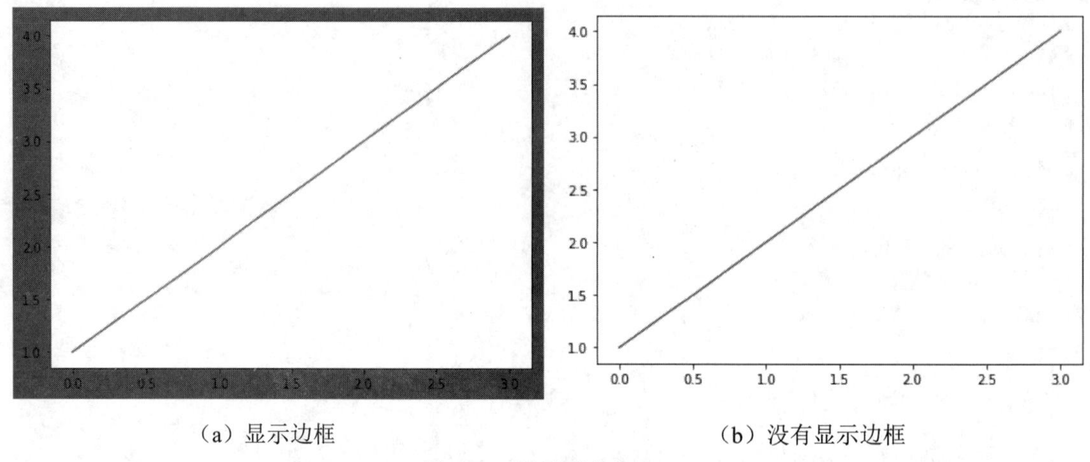

（a）显示边框　　　　（b）没有显示边框

图 6.21　显示两个 Figure

2．显示多绘图子界面

在一个画板（Figure）上显示多绘图子界面也是允许的，主要通过 subplot()函数来实现。

plt.subplot(*args, **kwargs)，参数说明如下。

（1）*args：指定（nrows,ncols,index），提供 subplot 在 Figure 上的位置，nrows 指定行数，ncols 指定列数，index 指定一张 subplot 的具体顺序位置。如（2,2,1）表示在 Figure 上指定 2 行、2 列的绘图区域（可以依次显示 4 个绘图子界面），并在第一顺序位置显示一张绘图子界面。上述三个数值都不能大于 10。

（2）**kwargs：接受键值对参数。如 facecolor='r'设置绘图区域的背景颜色，title='cos line'指定绘图区域的标题，projection='polar'指定极坐标，frameon=False 设置绘图边框。

```
import numpy as np
import matplotlib.pyplot as plt
t1 = np.arange(0.0, 5.0, 0.1)
t2 = np.arange(0.0, 5.0, 0.02)
plt.figure(1)
plt.subplot(221,facecolor='m')                   #指定第一绘图区域，并加背景色
plt.plot(t1, t1, 'bo', 'k')                      #绘制蓝色圆点图标的斜线
plt.subplot(222,title='cos line')                #指定第二绘图区域，并加标题
```

```
plt.plot(t2, np.cos(2*np.pi*t2), 'r--')            #绘制红色 cos 虚线
plt.subplot(2,2,3,projection='polar')              #加极坐标，(2,2,3) 和 223 指定坐标是等价的
plt.plot(t2,t2, 'g--')                             #第三绘图区域极坐标下绘制绿色虚线
plt.subplot(224,frameon=False)                     #指定第四绘图区域，并关掉绘图边框
plt.plot(t2, np.sin(2*np.pi*t2), 'g--')            #绘制去掉绘图边框，绿色的 sin 虚线
plt.show()
```

执行结果如图 6.22 所示。

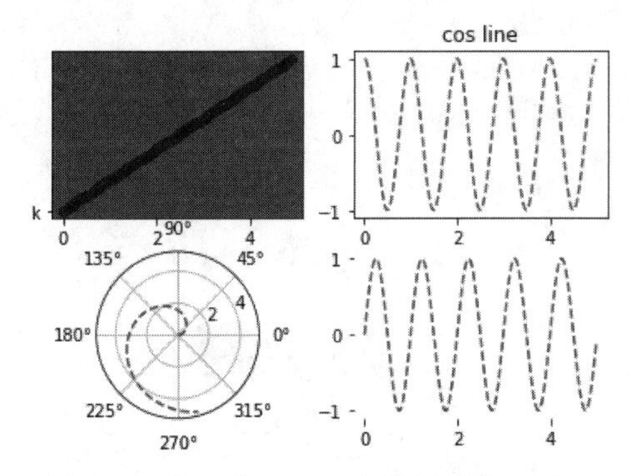

图 6.22　在一个 Figure 上绘制四个 subplot

6.2　绘 制 图 形

扫一扫，看视频

Matplotlib 除了提供 plot()用于绘制点、线外，还提供了其他专用工具，用于绘制专业的二维图形。这里涉及三角形、椭圆、矩形、直方图、折线图、饼状图、散点图、极坐标图、极等高图等。

6.2.1　绘制不同形状的图形

在简单几何数学中，经常会碰到矩形（含正方形）、圆（含椭圆）、三角形、平行四边形、梯形等图形，可以通过 Matplotlib 的专业工具进行绘制。

1. 绘制矩形（含正方形）

函数 Rectangle(xy, width, height, angle=0.0, **kwargs)，参数说明如下。

（1）xy：指定左侧、底部的矩形绘制坐标，用元组表示(x,y)，浮点型。

（2）width：指定矩形的宽度，浮点型。

（3）height：指定矩形的高度，浮点型。

（4）angle：以 xy 坐标为基点逆时针旋转指定的角度（默认为 0.0），单位符号为（°）。

（5）** kwargs：接受键值对参数，如 alpha=0.8 设置矩形背景色的透明度，linestyle=' –'设置矩形边线风格。

```
import numpy as np
import matplotlib.pyplot as plt
fig=plt.figure(figsize=(3,3))  #为了确保正方形的长宽在屏幕显示一致，这里设置 figure 宽、高相等
```

```
axes=fig.add_subplot(1,1,1)
square=plt.Rectangle((0.2,0.2),0.2,0.2,color='g',alpha=0.8)
                                              #设置长、宽为 0.2 的绿色正方形
square1=plt.Rectangle((0.5,0.5),0.2,0.4,color='c',alpha=0.8,angle=60)
                                              #c 为青色逆时针旋转 60° 长方形
rectangle=plt.Rectangle((0.5,0.2),0.4,0.2,color='b',alpha=0.8,linestyle='--')
                                              #蓝色带虚线边的长方形
axes.add_patch(square)          #必须用 add_patch()函数把绘制的图形加载到绘制区域，否则无法显示
axes.add_patch(square1)
axes.add_patch(rectangle)
plt.show()                                    #执行结果如图 6.23 所示
```

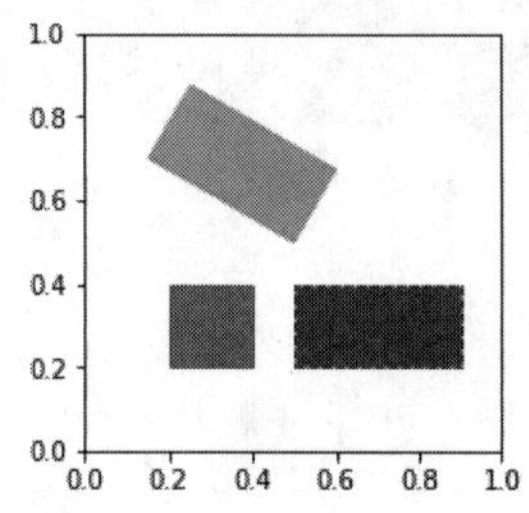

图 6.23　绘制一个绿色的正方形、一个蓝色的横矩形、一个逆转 60° 青色的矩形

2. 绘制圆

绘制圆函数 Circle(xy, radius=5, **kwargs)，参数说明如下。

（1）xy：圆心坐标。

（2）radius：半径长度。

（3）**kwargs：指可以接受键值对参数。如 alpha=0.5 指定透明度，facecolor='g'指定圆背景颜色，edgecolor='r'指定圆边线颜色，linestyle='-.'指定边线风格等。

3. 绘制椭圆

绘制椭圆函数 Ellipse(xy, width, height, angle=0, **kwargs)，参数说明如下。

（1）xy：设置椭圆圆心坐标(x,y)，浮点型。

（2）width：设置椭圆的 x 轴向的直径。

（3）height：设置椭圆的 y 轴向的直径。

（4）angle：以 xy 坐标为基点逆时针方向旋转指定的角度（默认为 0.0），单位符号为（° ）。

（5）** kwargs：接受键值对参数，使用方法同 Rectangle()。

```
from matplotlib.patches import Ellipse, Circle    #绘制圆、椭圆函数只能在 patches 模块获取
fig=plt.figure()
axes=fig.add_subplot(1,1,1)
E1=Ellipse(xy = (0.6,0.6), width =0.5, height =0.2, angle = 30.0, facecolor= 'yellow',
alpha=0.9)                                              #椭圆
C1=Circle(xy = (0.2, 0.2), radius=.2, alpha=0.5)        #绘制一个圆
axes.add_patch(E1)
axes.add_patch(C1)
plt.show()
```

上述代码执行结果如图 6.24 所示。

4. 绘制多边形（三角形、平行四边形、梯形）

绘制多边形函数 Polygon(xy, closed=True, **kwargs)，参数说明如下。

（1）xy：指定一个形状为 N×2 的 numpy 数组，N 指坐标数量，如三角形需要三对(x,y)坐标。

（2）closed：指定是否关闭多边形，值为 False 时关闭，则起点和终点相同。

（3）**kwargs：接受键值对参数，使用方法同 Rectangle()。

```
import matplotlib.pyplot as plt
fig=plt.figure()
axes=fig.add_subplot(1,1,1)                                    #提供一个绘图子区域
p3=plt.Polygon([[0.15,0.15],[0.15,0.7],[0.4,0.15]],color='k',alpha=0.5)     #三角形
p4=plt.Polygon([[0.45,0.15],[0.2,0.7],[0.55,0.7],[0.8,0.15]],color='g',alpha=0.9)
                                                               #平行四边形
p5=plt.Polygon([[0.69,0.45],[0.58,0.7],[0.9,0.7],[0.9,0.45]],color='b',alpha=0.9)
                                                               #梯形
axes.add_patch(p3)
axes.add_patch(p4)
axes.add_patch(p5)
plt.show()
```

执行结果如图 6.25 所示。当然，使用 Polygon()函数还可以绘制其他多边形。

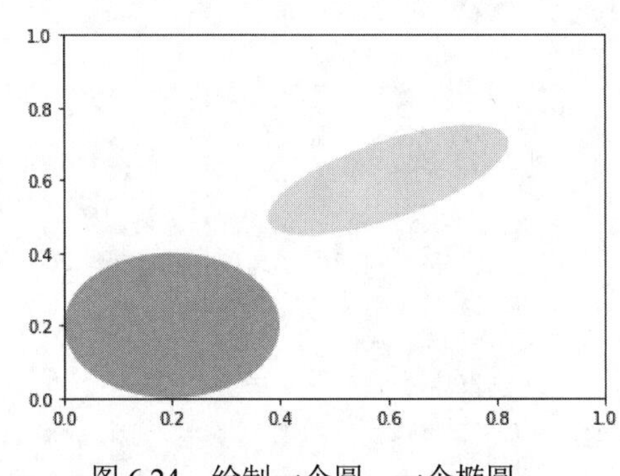

图 6.24　绘制一个圆、一个椭圆

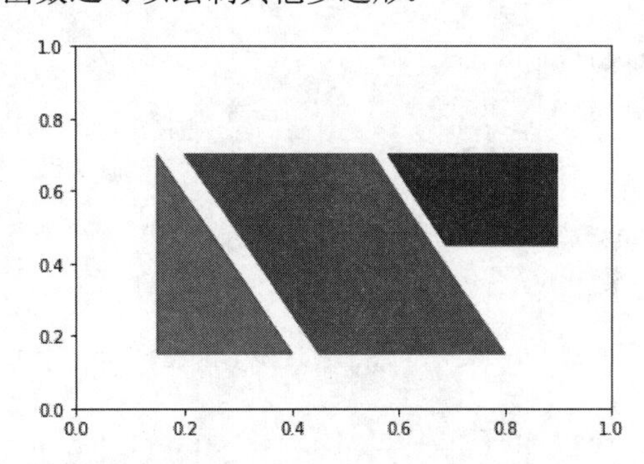

图 6.25　绘制三角形、平行四边形和梯形

6.2.2　绘制条形图

三酷猫作为老师教了三届学生，他们的人数构成如表 6.1 所示。

表 6.1　每届人数构成

年级 性别（人数）	四年级	五年级	六年级
男生	20	18	21
女生	19	19	22
合计	39	37	43

他希望用条形图直观显示表 6.1 的内容。

1. 条形图函数

函数 bar(x, height, width=0.8, bottom=None, *, align='center', data=None, **kwargs)，参数说明如下。

（1）x：条形的 x 坐标，包括元组、列表、数组等。

（2）height：指定条形的高度。

（3）width：设置条形的宽度（默认值 0.8）。

（4）bottom：设置条形基座的 y 坐标（默认值 0）。

（5）align：设置条形基座位置，'center'将基座置于 x 位置，'edge'将基座左边缘置于 x 位置，通过设置负 width 和'edge'使基座右边缘与 x 对齐。

（6）**kwargs：接受键值对参数，如 color='g'设置条形的颜色，edgecolor='k'设置条形边线的颜色，linewidth=0.5 设置条形边线的宽度，tick_label='数量条形图'顶端的标签，log=True 设置 y 轴为对数刻度，orientation= 'horizontal'设置为水平条形图（'vertical'垂直条形图，默认值），alpha=0.9 设置透明度，label='男'设置条形图图列标签，left=1.5 设置条形图基座左对齐位置。

2. 绘制条形图

对三酷猫提供的表 6.1 的主要内容用条形图显示，代码实现如下：

```
import matplotlib.pyplot as plt
import numpy as np
import matplotlib
plt.rc('font', family='simhei', size=15)          #设置中文显示、字体大小❶
plt.rc('axes', unicode_minus=False)               #该参数解决负号显示的问题
c=['四年级','五年级','六年级']                       #x 轴刻度中文标签
x=np.arange(len(c))*0.8                           #x 轴刻度数，条形基座中间 x 位置数
girl=[19,19,22]                                   #女生数量，对应条形高度
boy=[20,18,21]                                    #男生数量，对应条形高度
b1=plt.bar(x, height=girl, width=0.2, alpha=0.8, color='red', label="女生")
                                                  #绘制女生数量红色条形
b2=plt.bar([x1+0.2 for x1 in x], height=boy, width=0.2, alpha=0.8, color='green',
label="男生")                                      #男生
plt.title('三酷猫老师班级人数统计')
plt.legend()                                      #显示图例（女生、男生）
plt.ylim(0, 40)
plt.ylabel("人数")                                 #设置 y 轴左边的标签
plt.xticks([index + 0.2 for index in x],c)        #设置 x 轴条形下面标签
plt.xlabel("班级")                                 #设置 x 轴下面的标签
for r1 in b1:                                     #获取条形对象
    height = r1.get_height()                      #得到条形高度数
    plt.text(r1.get_x()+r1.get_width() /2, height+1,str(height), ha="center",
va="bottom")                                      #设置条顶值❷
for r2 in b2:
    height = r2.get_height()
```

```
    plt.text(r2.get_x() + r2.get_width() / 2, height+1, str(height), ha="center",
va="bottom")
plt.show()
```

注意：

❶ 在Jupyter Notebook单元里设置中文，经过测试存在一些异常现象。6.1.6小节有些设置方式下，无法正常显示中文，在IDLE里则显示正常。

❷ 从plt.text()可以看出plt.bar()本身并没有提供条形顶端标签功能，是通过plt.text()设置坐标定位和标签内容实现的。该代码执行结果如图6.26所示。

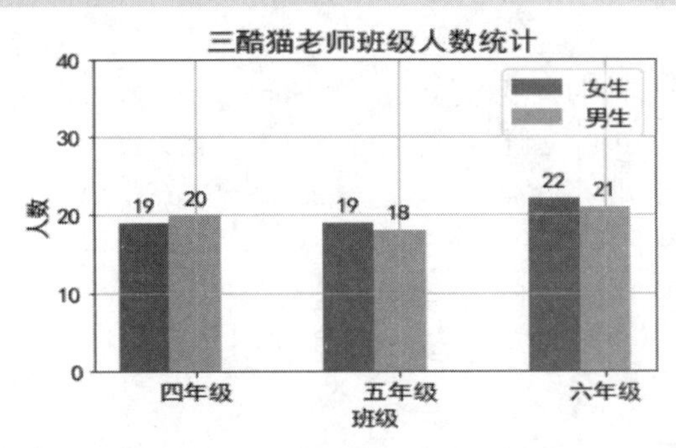

图6.26　三酷猫班级人数统计条形图

6.2.3　绘制直方图

直方图（Histogram）[①]，又称质量分布图，是一种统计报告图，由一系列高度不等的纵向条纹或线段表示数据分布的情况。一般用横轴表示数据类型，纵轴表示分布情况。直方图是一种特殊的条形图。它统计的是连续变量的概率分布，条形之间是连续的，没有空隙。

1. 直方图函数

函数 hist(x, bins=None, range=None, density=None, weights=None, cumulative=False, bottom=None, histtype='bar', align='mid', orientation='vertical', rwidth=None, log=False, color=None, label=None, stacked=False, normed=None, *, data=None, **kwargs)，参数说明如下。

（1）x：数值集合，包括元组、列表、数组等，提供概率样本数。

（2）bins：条形数量，就是把所有样本数分成bins指定的条形数量范围进行分类数量统计，也可以指定条形的区间范围，如bins=[1,2,3,4]第一个条形统计数量范围为[1,2)之间（左闭，右开），第二个条形为[2,3)之间。

（3）range：可选，指概率分布范围的上、下限值（对应x轴的最小值、最大值），如果没有提供，则默认值为（x.min()、x.max()）。

（4）density：值设为True，则返回元组的第一个元素将被归一化以形成概率密度的计数，即直方图下的面积（或积分）将总和为1。注意，normed和density参数同时只能有一个被使用。

（5）weights：给x所有值赋权重，在normed或density设置为True的情况下，该参数自动

[①] 直方图，百度百科，https://baike.baidu.com/item/直方图/1103834。

做归一化处理。

（6）cumulative：设为 True 时，样本数从小到大累积统计条形里的数量（最右边条形将最高）；为 False 时，从大到小累积统计（最右边条形将最小）。

（7）bottom：指定每个条形基座在 x 轴上的基线位置。

（8）histtype：指定直方图的类型，可选值包括'bar'、'barstacked'、'step'、'stepfilled'。

（9）align：指定条形基座在 x 轴上相对基线的位置，可选值包括'left'、'mid'、'right'，默认值为'mid'。

（10）orientation：设置条形图水平或垂直的显示方式，可选值包括'horizontal'、'vertical'，默认值为'vertical'。

（11）rwidth：指定条形图的宽度，默认值为 None，则自动计算宽度。

（12）log：如果值为"True"，则直方图轴将设置为对数刻度。

（13）color：设置条形图的颜色。等同于 facecolor="blue"。

（14）label：设置图例的字符串信息。

（15）stacked：设置为 True，则多个条形堆叠在一起。

（16）normed：不推荐使用，请改用 density 关键字参数。

2. 绘制直方图

```
import matplotlib.pyplot as plt
import numpy as np
plt.rc('font', family='simhei', size=15)
plt.rc('axes', unicode_minus=False)                    #该参数解决负号显示的问题
d1= np.random.randn(1000)
plt.hist(d1,bins=40,facecolor="blue",edgecolor="black",alpha=0.9)
                                                       #设置 40 个条形数量的直方图
plt.xlabel("概率分布区间")
plt.ylabel("频数/频率")
plt.title("频数/频率分布直方图")
plt.show()
```

代码执行结果如图 6.27 所示。

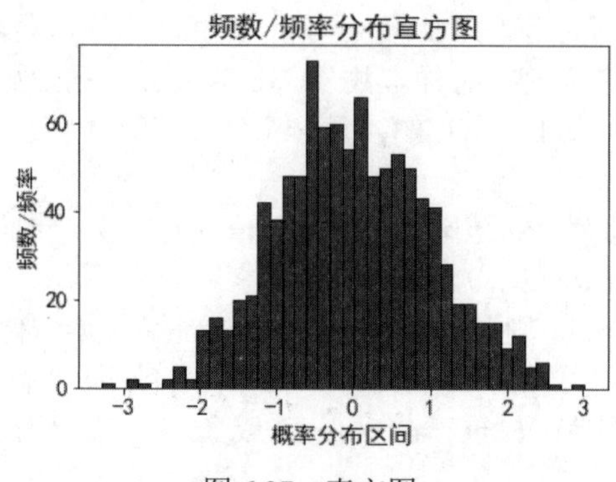

图 6.27　直方图

6.2.4　绘制饼状图

饼状图可以直观地对一些信息进行分类比较。饼状图可以分为若干个饼切片，并判断每个饼切片数值分占总数的百分比。

1. 饼状图函数

函数 pie(x, explode=None, labels=None, colors=None, autopct=None, pctdistance=0.6, shadow=False, labeldistance=1.1, startangle=None, radius=None, counterclock=True, wedgeprops=None, textprops=None, center=(0, 0), frame=False, rotatelabels=False, *, data=None)，参数说明如下。

（1）x：设置各类所占比例的数值集合，元素值范围在(0,100)，所有元素值加起来等于 100。

（2）explode：接收小数的集合，表示每一块饼切片与圆心的距离，具有移动饼切片离开圆心作用，默认值 None 表示所有饼切片到圆心的距离为 0。

（3）labels：为每个饼切片提供标签内容，字符串元素的集合。

（4）colors：为每个饼切片提供颜色值，默认值为 None（自动产生颜色）。

（5）autopct：以字符串格式或函数方式指定每块饼切片上标签的显示内容。以字符串形式的格式为'fmt%pct'，如 autopct= '%1.1f%%'。

（6）pctdistance：每个饼切片的中心与 autopct 生成的文本的开头之间的比率，默认值为 0.6。

（7）shadow：当值为 True 时，在饼状图下画一个阴影。默认值为 False。

（8）labeldistance：绘制饼图标签的径向距离，默认值为 1.1。

（9）startangle：浮点型，如果值非 None，则将饼图的起点从 x 轴逆时针旋转指定的角度。

（10）radius：浮点型，设置饼状图的半径，若值为 None，则默认为 1。

（11）counterclock：指定分数方向，顺时针或逆时针，默认值为 True。

（12）wedgeprops：以字典方式传递参数给指定的饼切片，如 wedgeprops = {'linewidth': 3}指设置饼切片的线宽度。

（13）textprops：以字典方式设置文本属性，如字体风格、大小等。

（14）center：设置饼状图的中心位置。取值（0,0）或是 2 个标量的集合。

（15）frame：如果设置值为 True，则绘制轴与饼状图的框架。默认值为 False。

（16）rotatelabels：如果值为 True，则将每个标签旋转到相应切片的角度。

2. 绘制饼状图

三酷猫发现到了春天，班级里学生生病请假现象趋多。主要生病原因如表 6.2 所示。

表 6.2　生病人数及原因统计

生 病 原 因	感冒（%）	肠胃不适（%）	过敏（%）	其他疾病（%）
生 病 比 例	48	21	18	13

用饼状图绘制代码如下：

```
import matplotlib.pyplot as plt
plt.rc('font', family='simhei', size=15)
```

```
label =('感冒','肠胃不适','过敏','其他疾病')                                    #指定标签内容
color =('red', 'orange', 'yellow', 'green')                                     #指定饼切片的颜色
size = [48, 21, 18, 13]                                                         #指定各类病因占比数
explode = (0.1, 0, 0, 0)                                                        #指定感冒饼切片突出显示
pie=plt.pie(size,colors=color,explode=explode,labels=label,shadow=True,autopct=
'%1.1f%%')                                                                      #绘饼状图
plt.title(u'班级春季生病原因比较')
plt.axis('equal')                                                               #设置绘图区域 x，y 刻度轴相等
plt.legend()                                                                    #产生图例
plt.show()
```

执行结果如图 6.28 所示。

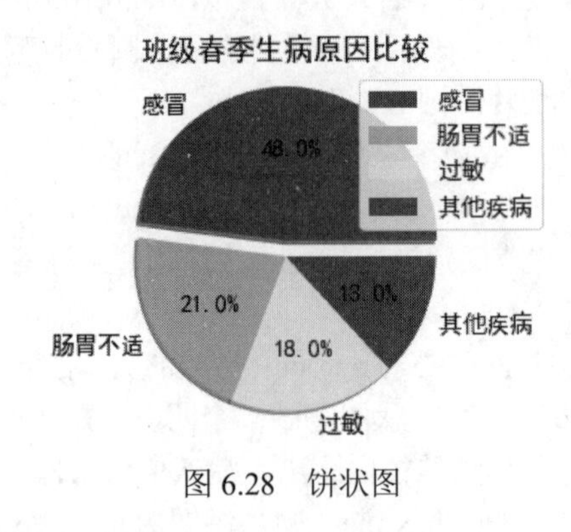

图 6.28　饼状图

6.2.5　绘制散点图

散点图（Scatter Plot）[①]是指在回归分析中，数据点在直角坐标系平面上的分布图，散点图表示因变量随自变量而变化的大致趋势，据此可以选择合适的函数对数据点进行拟合。散点图通常用于比较跨类别的聚合数据。

1. 散点图函数

函数 scatter(x, y, s=None, c=None, marker=None, cmap=None, norm=None, vmin=None, vmax=None, alpha=None, linewidths=None, verts=None, edgecolors=None, *, data=None, **kwargs)，参数说明如下。

（1）x, y：指定直角坐标绘图区域的坐标点，都为一维集合数值对象，而且它们的长度相等。

（2）s：设置点的大小，默认值为 20。

（3）c：设置点的颜色，字符串。

（4）marker：设置点标记的形状，如'o'（默认）、'.'、','、'v'、'^'、'1'、'2'、's'、'p'、'*'、'h'、'H'、'+'等。

（5）cmap：设置颜色条模式，默认为 rc'image.cmap'，值设置如 cmap='hot'。cmap 取值范围

① 散点图，百度百科，https://baike.baidu.com/item/散点图/10065276?fr=aladdin。

可以参考如下地址内容：https://matplotlib.org/examples/color/colormaps_reference.html。

（6）norm：设置颜色归一化数据范围[0,1]。

（7）vmin, vmax：设置颜色的最小值、最大值。

（8）alpha：设置颜色的透明度，数值范围在[0,1]之间的浮点数，0 为透明，1 为不透明。

（9）linewidths：设置点标记边缘线宽度。

（10）edgecolors：设置点标记边缘线颜色。

（11）**kwargs：以键值对形式设置参数，如 marker='v'。

2. 绘制散点图

```
import numpy as np
import matplotlib.pyplot as plt
N = 1000
x = np.random.randn(N)                         #产生正态分布的随机数 1000 个，确定 x 轴上的数
y = np.random.randn(N)                         #产生正态分布的随机数 1000 个，确定 y 轴上的数
color = ['r','y','k','g','m']*int(N/5)         #颜色数必须与 N 相等，或只能指定一种颜色
plt.scatter(x, y,c=color,marker='v',alpha=0.8)                 #绘制散点图
plt.title('Draw scatter chart')                                #设置图标题
plt.show()
```

代码执行结果如图 6.29 所示。

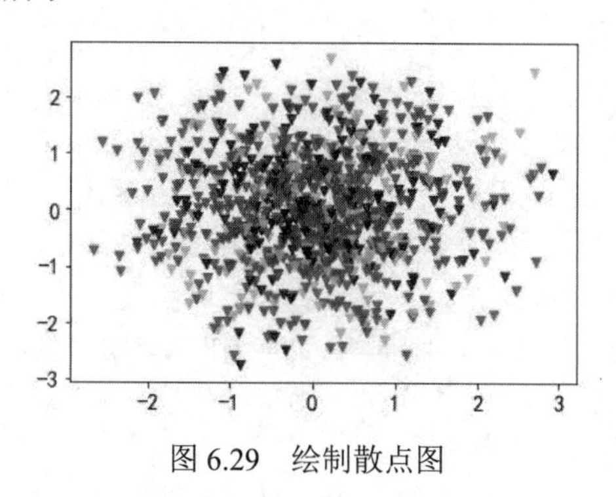

图 6.29　绘制散点图

6.2.6　绘制极坐标图

在平面内取一个定点 O，叫极点，引一条射线 OX，叫作极轴，再选定一个长度单位和角度的正方向（通常取逆时针方向）。对于平面内任何一点 M，用 ρ 表示线段 OM 的长度（有时也用 r 表示），θ 表示从 OX 到 OM 的角度，ρ 叫作点 M 的极径，θ 叫作点 M 的极角，有序数对(ρ,θ)就叫点 M 的极坐标，这样建立的坐标系叫作极坐标系。通常情况下，M 的极径坐标单位为 1（长度单位），极角坐标单位为 rad（或（°））。[①]

plt.subplot()默认情况下建立的是直角坐标系，在调用 subplot()创建绘图区域时，通过设置其

[①] 极坐标，百度百科，https://baike.baidu.com/item/极坐标/7607962?fr=aladdin。

参数 projection='polar'，就可以创建一个极坐标，然后在其上绘制图形。

```
import matplotlib.pyplot as plt
t=np.arange(0,2*np.pi,0.02)                          #360° 旋转线
ax1 = plt.subplot(121, projection='polar')           #设置极坐标
ax1.plot(t,t/6,'--',lw=2)                            #绘制旋转虚线
plt.show()
```

代码执行结果如图 6.30 所示。

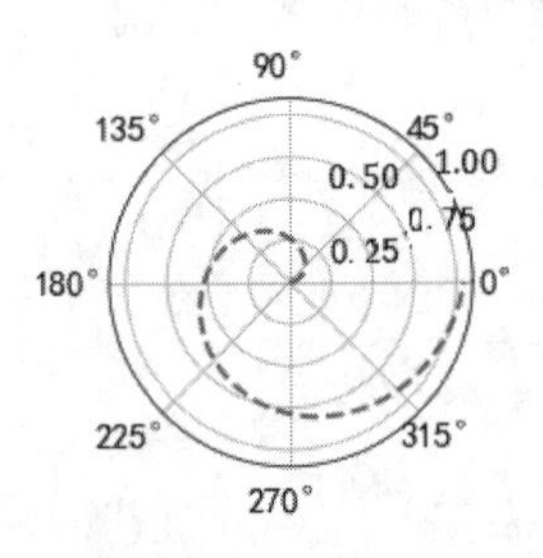

图 6.30　绘制极坐标图

6.2.7　绘制极等高图

只要上过地理课，就知道地表山坡、山谷、海洋有不同的等高线。把地表相同高度的点连成的闭环线直接投影到平面形成的水平曲线叫等高线。

1. 等高线函数

函数 plt. contour(*args, data=None, **kwargs)，参数说明如下。

（1）*args：接受元组、列表、数组类似的集合参数。X、Y、Z 提供坐标(x,y,z)值的集合对象，X、Y、Z 要么都是长度相等的一维数值集合，要么都是二维数值集合（len(X)=Z 的列数，len(Y)=Z 的行数）。学过地理的读者，可以把 X、Y 当作地球的经度、纬度数值，把 Z 当作高程数（海拔高度）来理解。Z 参数可选，若不提供，则自动生成等级值。levels=n 指定等高线或区域的数量为 n+1。

（2）**kwargs：接受键值对参数，如 colors='black'设置线的颜色，alpha=0.7 设置透明度，cmap='jet' 设置填充色，norm=0.3 在[0, 1]范围设置彩色值，vmin、vmax 设置颜色范围，origin='lower'指定 Z 的方向和精确位置，linewidths=0.2 设置等高线的宽度，linestyles= 'dotted'设置等高线的风格。

2. 等高轮廓函数（不带等高线）

函数 plt. contourf(*args, data=None, **kwargs)，参数说明同 plt.contour()。

3. 绘制等高线

```
import numpy as np
import matplotlib.pyplot as plt
axes=plt.figure(figsize=(10,3))
axes.add_subplot(131)                                #左边第一个绘图区域
```

```
def f(x, y):
    return x**2+y**2-1                                       #r=1 的圆形公式
n = 256
x = np.linspace(-3, 3, n)
y = np.linspace(-3, 3, n)
X, Y = np.meshgrid(x, y)
plt.contourf(X, Y, f(X, Y), 8, alpha=.75, cmap='jet')          #用颜色绘制等高轮廓区域
axes.add_subplot(132)                                          #中间第二个绘图区域
C = plt.contour(X, Y, f(X, Y), 8, colors='black', linewidth=0.5) #绘制等高线，不进行填充
axes.add_subplot(133)                                          #右边第三个绘图区域
plt.contourf(X, Y, f(X, Y), 8, alpha=.75, cmap='jet')          #用颜色绘制等高轮廓区域
C = plt.contour(X, Y, f(X, Y), 8, colors='black', linewidth=0.5)#绘制等高线，不进行填充
plt.clabel(C, inline=True, fontsize=12)                        #设置等高线数值标签
plt.show()
```

代码执行结果如图 6.31 所示。

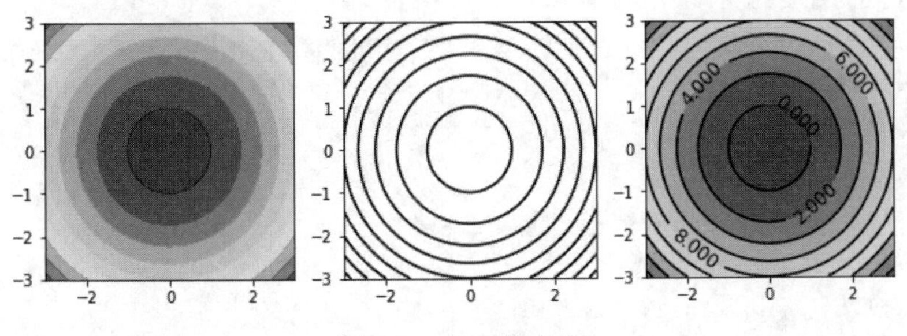

图 6.31　绘制等高线

6.2.8　图形填充

这里提供绘制的二维平面图指定范围进行颜色、标签填充的函数。

1. 填充多边形

函数 plt.fill(*args, data=None, **kwargs)，参数说明如下。

（1）*args：提供 x、y、color 三个集合对象，x、y 为多边形的(x,y)坐标，color 为填充颜色。

（2）**kwargs：接受键值对参数，如 color="g", alpha=0.3。

2. 函数区间填充

函数 plt.fill_between(x, y1, y2=0, where=None, interpolate=False, step=None, *, data=None, **kwargs)，参数说明如下。

（1）x：指定填充曲线的 x 轴坐标值。

（2）y1、y2：分别指定第一条曲线节点的 y 坐标值，第二条曲线节点的 y 坐标值。

（3）where：指定从填充中排除某些水平区域的位置，如 x>2，从 x 轴方向大于 2 的区域开始。

（4）interpolate：当 y1、y2 曲线封闭成一些区域时，同时 where 设置 x 区间，则该参数设置为 True，可以把 y1、y2 相交部分的区域都进行填充；默认值为 False，存在部分相交区域不能填充

的情况。

（5）step：如果填充函数是阶梯函数，则设置该参数。可选值 step ='pre'，y 值一直持续到左边；step = 'post'，y 值不断向右移动；step ='mid'，步骤发生在*x 位置的中间位置。

（6）**kwargs：接受键值对参数，如 alpha=0.9 设置透明度，animated=True 设置动画，color='r'设置填充色，hatch='o'填充区域加不同形状的标签{'/', '\\', '|', '-', '+', 'x', 'o', 'O', '.', '*'}，linestyle= '--'设置线的风格（参考附录三），linewidth=0.5 设置线的宽度，edgecolor='b'设置边线的颜色。

```
import matplotlib.pyplot as plt
fig=plt.figure(figsize=(10,5))
ax=fig.add_subplot(121)
x0= np.linspace(0,2*np.pi,100)
y11= np.sin(x0)
y12= np.sin(2*x0)
plt.fill(x0, y11,facecolor="g", alpha=0.7)                  #填充绿色正弦波区间
plt.fill(x0, y12,facecolor="b", alpha=0.7)                  #填充蓝色正弦波区间
plt.title('fill sin1,sin2 area')
#===========================================================================
ax1=fig.add_subplot(122)
x=[1,1,2,2,3,3,4,4]                                          #x 轴坐标
y=[1,2,2,1,1,2,2,1]                                          #y 轴坐标，设置矩形线
y1=[1,1,1,1,1,1,1,1]                                         #y 轴坐标，设置横线
plt.plot(x,y)                                                #绘制矩形线
plt.plot(x,y1)                                               #绘制横线
plt.title('fill_between line1,line2 area')
cmap = plt.cm.get_cmap("winter")                             #设置冬天的颜色
plt.fill_between(x,y,y1, alpha=0.7,hatch='/',cmap=cmap)     #填充矩形线和横线范围之内的
                                                             闭合区域
plt.show()
```

代码执行结果分别如图 6.32 所示，用 fill()填充效果，图 6.33 所示为 plt.fill_between()填充效果。

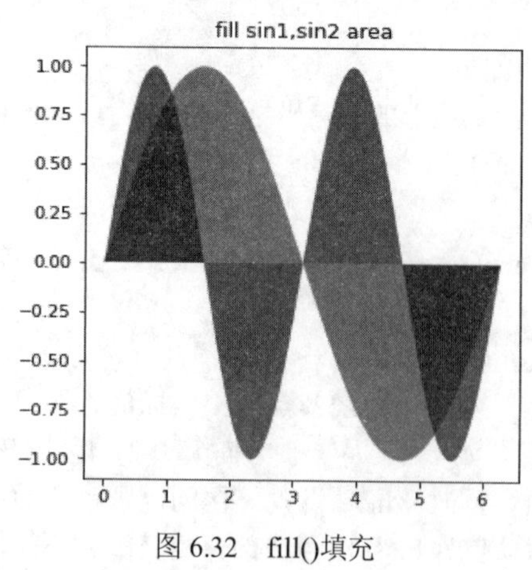

图 6.32　fill()填充

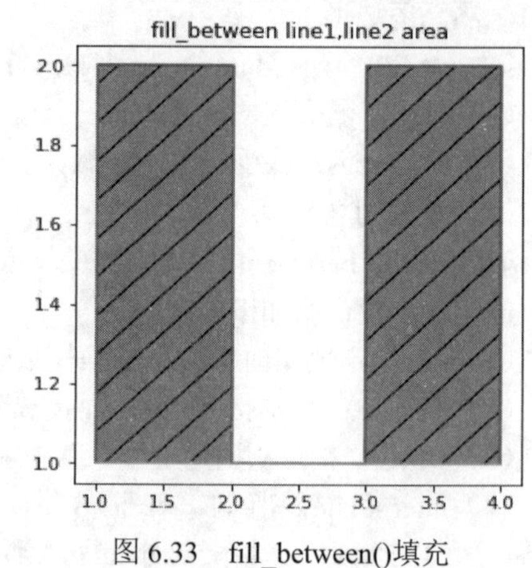

图 6.33　fill_between()填充

6.3 处 理 图 像

图像相对于图形，主要区别是指照片、图片等资料。Matplotlib 只支持 PNG 图像的处理，并提供基础的图像处理能力。若需要深入处理其他格式的图像图片，可以用 pip install 安装 Opencv、PIL、skimage 等专业库或 Scipy 库的相关功能。

6.3.1 读写图像文件

Matplotlib 为读写 PNG 格式的图像提供了 imread()和 savefig()函数。

1. 读 PNG 图片到指定的数组对象

函数 plt.imread(fname, format=None)，参数说明如下。

（1）fname：指定读取图片的文件名（含文件路径）。

（2）format：指定文件扩展名，如果没有指定，则默认值为 PNG。

返回值为数组，返回数组形状为(M, N)，则是灰度图片；如是(M, N, 3)，则是 RGB 图片；如是(M, N, 4)，则是 RGBA 图片。

2. RGBA 组成

在计算机上图片的最小表示单位是像素，RGBA 格式图片的像素由红（Red）、绿（Green）、蓝（Blue）、透明度（Alpha）四个通道组成，每个通道占 8 bit，一个像素长度为 32 bit，其结构如图 6.34 所示。前三个通道颜色的取值范围为 0 到 255 之间的整数或者 0%到 100%之间的百分数，这些值描述了红绿蓝三原色在预期色彩中的量。如 100%红、0%绿和 0%蓝，设置为纯红色。Alpha 通道确定彩色的透明度，值范围在[0,1]，0 为全透明（就是看不见），1 为不透明。

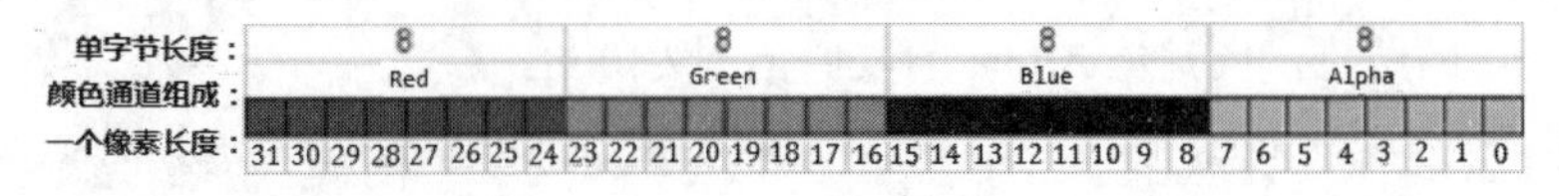

图 6.34 RGBA 组成

3. 把组数对象以图片格式存放

函数 plt.imsave(fname, arr, **kwargs)，参数说明如下。

（1）fname：指定需要存储为图片的文件名（含文件路径）。

（2）arr：图片数据的数组，数组形状可以是(M, N)、(M, N, 3)、(M, N, 4)。

（3）vmin, vmax：设置颜色范围。

（4）cmap：设置图片颜色，仅适用于灰度图片。

（5）format：指定文件的扩展名，如'png'、'pdf'、'svg'等。

（6）origin：可选值'upper'、'lower'，指定图片索引坐标（0,0）从顶、左角开始，还是从底、左角开始。

（7）dpi：表示图像分辨率，指每英寸长度上的点数。

4. 读写图片

```
import matplotlib.pyplot as plt
img=plt.imread(r'G:\MyFourBookBy201811go\image\Cat1.png')         #读取指定路径下的 PNG 图片
plt.imshow(img)                                                     #显示图片
print(img)                                                          #打印 img 数组
img.shape                                                           #输出图片大小
[[[0.23921569 0.28235295 0.27058825 1.        ]
  [0.19607843 0.2509804  0.23921569 1.        ]
  [0.4117647  0.49803922 0.46666667 1.        ]
  ...
  [0.56078434 0.5411765  0.4392157  1.        ]
  [0.6156863  0.6        0.5019608  1.        ]
  [0.49411765 0.4627451  0.4        1.        ]]
 [[0.68235296 0.7294118  0.72156864 1.        ]
  [0.74509805 0.8        0.7921569  1.        ]
  [0.6666667  0.70980394 0.69803923 1.        ]
  ...
[[0.15686275 0.16078432 0.10980392 1.        ]
  [0.14509805 0.14509805 0.10196079 1.        ]
  [0.27058825 0.2784314  0.2        1.        ]
  ...
  [0.7607843  0.72156864 0.7294118  1.        ]
  [0.75686276 0.70980394 0.7176471  1.        ]
  [0.7137255  0.6745098  0.6745098  1.        ]]]
```

上述为读取图片的数组显示数值，每一行为四个值，分别对应 RGBA 四个通道的值，这里所有的透明度为 1。当一个像素的值为 (255, 255, 255, 0)，则表示完全透明的白色，为(0, 0, 0,1)，则表示完全不透明度的黑色，也就是 Alpha 的取值范围为[0,1]。

```
(199, 149, 4)                    #图片数组第一维为 4，第二维为 149，第三维为 199
```

从图 6.35 所示的坐标值可以看出 199 对应 y 轴值（图片的高），149 对应 x 轴值（图片的宽），4 为一个像素的 RGBA。

```
fig=plt.figure(2,figsize=(1.5,1))
small=img[:50,:40,:]                                                #获取猫图高[0:50)、宽
                                                                    [0,40)的左上角部分
plt.imshow(small)                                                   #显示获取图片内容
plt.imsave(r'G:\MyFourBookBy201811go\image\small.png',small)        #保存获取的图片部分
```

截取部分图片并保存到新文件中，执行结果如图 6.35 中右侧小图所示。

说明：

从这里读者可以得到启发，借助数组的各种操作，实现对图像的各种处理，如图像旋转、图像大小的改变、图像透明度的改变、图像的切割、图像识别、图像叠加及图像特定部分移动等操作。

图 6.35　读取的猫图片截取

6.3.2　图像伪彩色、灰度处理

把彩色图像进行伪彩色、灰度处理，有利于深入研究图像的特征，并加以利用。在 6.3.1 小节的基础上继续执行如下代码。执行结果如图 6.36 所示。

```
plt.figure(2,figsize=(6.5,6.5))
plt.subplot(2,2,1)                                    #第一绘制区域
plt.title('Yellow Cat!')
plt.imshow(img)                                       #显示第一张原图
plt.subplot(2,2,2)                                    #第二绘制区域
plt.title('Pseudo color Cat!')
img_r = img[:,:,0]                                    #取单通道-r 通道，伪彩色
plt.imshow(img_r)                                     #显示第二张伪彩色图
plt.subplot(2,2,3)                                    #第三绘制区域
plt.title('Pseudo color Cat!')
img_r1 = img[:,:,1]                                   #取单通道-g 通道，伪彩色
plt.imshow(img_r1)                                    #显示第三张伪彩色图
plt.subplot(2,2,4)                                    #第四绘制区域
plt.title('Gray2 Cat!')
img_r2 = img[:,:,2]                                   #取单通道-b 通道，并指定灰度色
plt.imshow(img_r2,plt.cm.gray)                        #显示第四张灰度图，gray 为灰度颜色
img_r1
array([[0.28235295, 0.2509804 , 0.49803922, ..., 0.5411765 , 0.6 ,0.4627451 ],
      [0.7294118 , 0.8  , 0.70980394, ..., 0.28627452, 0.4392157 ,0.48235294],
      [0.5176471,0.5137255 ,0.42745098, ...,0.10196079,0.05098039,0.03529412],
      ...,
      [0.3019608 , 0.3254902 , 0.3254902 , ...,0.5411765 ,0.5568628,0.4745098],
      [0.37254903,0.52156866,0.4745098 , ...,0.5568628 ,0.53333336,0.5764706],
      [0.16078432,0.14509805,0.2784314 , ...,0.72156864,0.70980394,0.6745098]],
dtype=float32)
img_r1.shape                                          #获取伪彩色图片数组大小
(199, 149)                                            #少了像素维度
```

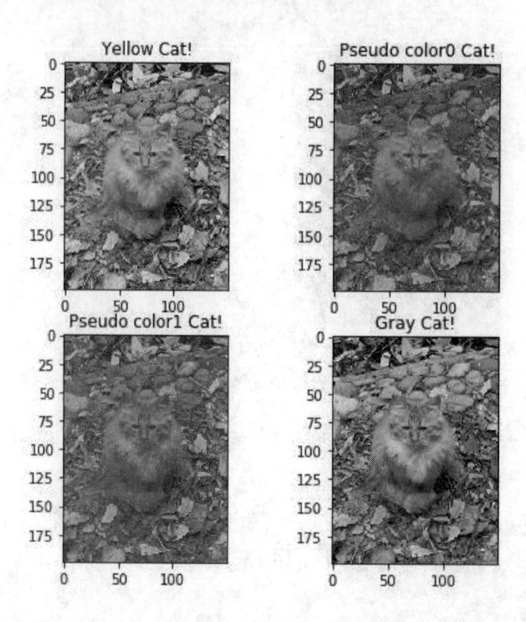

图 6.36　第一张原图、第二和第三张伪彩色、第四张灰度

6.3.3　给伪彩色加背景色

为伪彩色加上不同的背景颜色，在 6.3.2 小节的基础上继续执行如下代码，执行结果如图 6.37 所示。

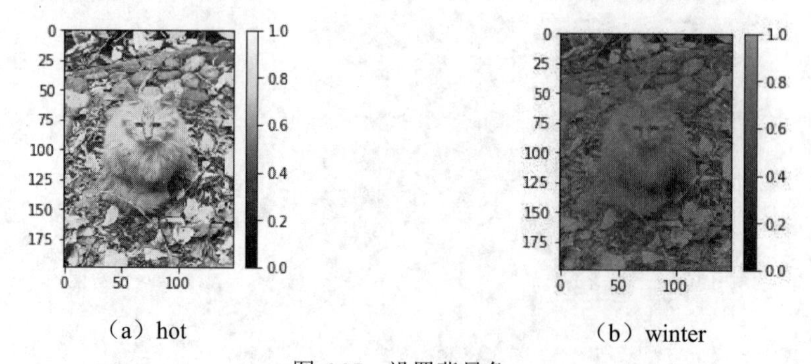

（a）hot　　（b）winter

图 6.37　设置背景色

Matplotlib 专门为颜色提供了名称清单，详细内容见 https://matplotlib.org/users/colormaps.html。

```
plt.figure(3,(7,3))
plt.subplot(1,2,1)
plt.imshow(img_r, cmap="hot")                               #加背景色，火热色
plt.colorbar()                                              #加颜色条
plt.subplot(1,2,2)
plt.imshow(img_r, cmap="winter")                            #加背景色，冬天色
plt.colorbar()                                              #加颜色条，显示结果如图 6.37 所示
```

6.3.4　根据特征取值

根据图像不同特征取值范围（不同的像素值范围），可以获取不同的图像显示效果。

```
plt.figure(3,figsize=(10,4))
plt.subplot(1,3,1)
plt.hist(img_r.ravel(), bins=256, range=(0.1, 1.0), facecolor='k', edgecolor='k')
                                   #概率值范围 0.1 到 1 之间数直方图统计，如图 6.38（a）所示
plt.subplot(1,3,2)
plt.imshow(img_r, clim=(0.1, 0.7)) #在 x 轴方向上获取 0.1 到 0.7 范围的特征值内容，见图 6.38（b）
plt.subplot(1,3,3)
plt.imshow(img_r, clim=(0.7,1))    #在 x 轴方向上获取 0.7 到 1 范围的特征值内容，见图 6.38（c）
```

执行结果如图 6.38 所示。这里也体现了 x 取值越靠近 1，图像越黑的规律。ravel()方法返回一个扁平的一维数组对象。

（a）　　（b）　　（c）

图 6.38　不同特征范围的显示结果

6.3.5　利用矩阵技术处理图像

既然图像的透明度由灰度通道 Alpha=[0,1]控制，那么改变其值就可以灵活控制图像的亮度。

```
import matplotlib.pyplot as plt
plt.figure(3,figsize=(10,4))
plt.subplot(1,3,1)
img=plt.imread(r'G:\MyFourBookBy201811go\image\Cat1.png')
plt.imshow(img)                       #显示图片见图 6.39（a）
#===========================================================================
img_a=img.copy()                      #由于涉及透明度值的设置，需要复制副本，避免对原图造成改变
line_length=img_a.shape[0]*img_a.shape[1] #获取图片像素个数，每个像素都要修改透明度
aline_value=np.linspace(0,2*np.pi,line_length,dtype='float32')
                                      #要把透明度数值改为 float32，以适应图片数据类型要求
```

```
aling_sin_y=np.sin(aline_value)                  #求 sin 值
np.place(img_a,img_a==1,aling_sin_y)             #把默认透明度为 1 的值，都替换为新生成的透明度值
plt.subplot(1,3,2)
plt.imshow(img_a)                                #显示图片见图 6.39（b）
#=================================================================================
plt.subplot(1,3,3)
aling_cos_y=np.abs(np.cos(aline_value))          #对 cos 产生的 y 值求绝对值，去掉负数
y_normed =aling_cos_y/ aling_cos_y.max()         #做归一化处理，限制值在[0,1]范围
img_a1=img.copy()
np.place(img_a1,img_a1==1,y_normed)              #把默认透明度值为 1 的值都替换为新生成的透明度值
plt.imshow(img_a1)                               #显示图片见图 6.39（c）
```

执行结果如图 6.39 所示。

图 6.39　利用矩阵计算调整透明度

这里利用矩阵改变图像的透明度，主要用了 np.place()函数。图 6.39（b）由于所提供的透明度值存在负数问题，所以下半幅图片无法显示。报错信息如下：

```
Clipping input data to the valid range for imshow with RGB data ([0..1] for floats or
[0..255] for integers).
```

6.3.6　剪切图像

根据提供的不同形状的剪切图形，剪切图形、图像，可以获取不同的剪切效果。

函数 set_clip_path(path, transform=None)，参数说明如下。

（1）path：指定需要剪辑的图像对象（matplotlib.patches.Patch 类实例），相当于带切割形状的剪刀。

（2）transform：当 path 为 patch 实例时，采用默认值 None，根据 path 提供的剪切形状剪切图片；若 path 指定的是 path 实例，则指定 matplotlib.transforms.Transform 实列对象，如 r.get_transform()用于剪切的形状。

```
import matplotlib.pyplot as plt
```

```
import matplotlib.patches as patches
fig=plt.figure(4)
ax=fig.add_subplot(121)
im = plt.imshow(img)
patch = patches.Circle((75, 90), radius=70, transform=ax.transData)
                                                    #提供剪切图形，这里是圆形
im.set_clip_path(patch)                             #用圆剪切 im 图像
ax.axis('off')                                      #关闭坐标
#==================================================================
ax1=fig.add_subplot(122)
im1 = plt.imshow(img)
patch1=patches.Rectangle((10, 25),126,132,transform=ax1.transData)
                                                    #提供剪切图形，这里是矩形
im1.set_clip_path(patch1)                           #用矩形截切 im1 图像
ax1.axis('off')                                     #关闭坐标
plt.show()
```

代码执行结果如图 6.40 所示。

（a）圆形

（b）矩形

图 6.40　剪切图像

6.4　案例 7 [三酷猫戴皇冠]

三酷猫学了用 Matplotlib 处理图形、图像技术后，想让书上那只可爱的小黄猫戴上皇冠，变成一只酷酷的猫王！制作时，要求皇冠中间镶嵌一颗大大的红色宝石，帽子前面有黄色的垂带，就像中国古代皇帝所戴的帽子一样。

```
import matplotlib.pyplot as plt
from matplotlib.patches import Ellipse, Circle
import numpy as np
img=plt.imread(r'G:\MyFourBookBy201811go\image\Cat1.png')      #加载原始猫图片
img1=img.copy()
fig=plt.figure()
```

```
x=np.linspace(50,np.pi*30,1000)                          #帽子垂带的 x 坐标值
y=np.sin(5+x)*15+40                                      #用 sin()绘制垂带曲线 y 值
ax=fig.add_subplot(111,aspect='equal')
ax.plot(x,y,lw=2,color='y')                              #帽子前面黄色的垂带
C1=Circle(xy = (72,50), radius=10, alpha=1,edgecolor='m',facecolor='r')
                                                         #用红色实心圆代表宝石
ax.add_patch(C1)
plt.imshow(img1)                                         #显示红色实心圆
ax.plot([50,94],[26,26],lw=3,color='k')                  #帽子顶部的黑线
#ax.axis('off')
ax.set_xlim(0,150)
ax.set_ylim(200,0)
plt.title('Cool King!')
plt.show()
```

代码执行结果如图 6.41 所示。

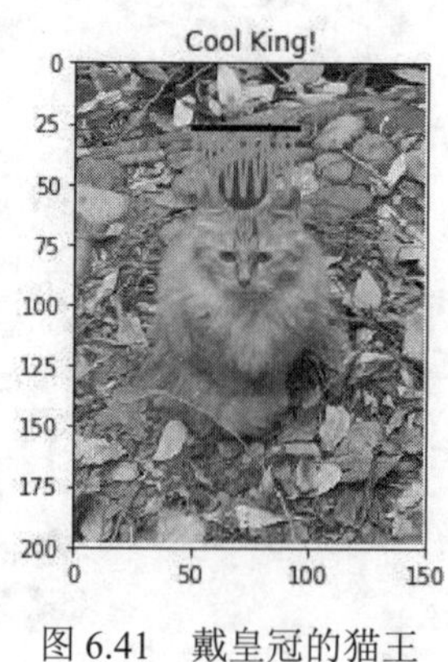

图 6.41　戴皇冠的猫王

6.5　习题及实验

1．填空题

（1）（　　）是绘图框架——画板，（　　）是绘图区域——画纸，（　　）是画笔。

（2）Matplotlib 支持（　　）坐标系、（　　）坐标系。

（3）Matplotlib 提供了（　　）、（　　）、（　　）三种常见的标注方法。

（4）（　　）可以指定多绘图框架，（　　）可以指定多绘图区域。

（5）RGBA 格式图片的像素由（　　）、（　　）、（　　）、（　　）四个通道组成，每个通道占（　　），一个像素长度为（　　）位。

2．判断题

（1）Matplotlib 绘制的图都是由二维坐标、三维坐标点构成。（　　）

（2）默认情况下 Figure 不支持中文显示。（　　）

（3）Rectangle()、Circle()、Ellipse()等函数提供了 plot()相似的绘图参数设置功能，如颜色、线形、图标等。（　　）

（4）plt.imread()的参数 format，指定文件扩展名，这意味着 Matplotlib 支持很多格式的图片读取。（　　）

（5）带灰度值处理的图片，就是俗称的黑白照片，有利于图像的进一步处理。（　　）

3．实验题

实验一：在猫图片上加一个数字 5，采用两种方法添加。

（1）通过标记文本方法，并且要求数字逆向旋转 90°。

（2）通过数组填补值的方法。

实验二：把实验一的图片进行灰度处理，切割数字，保存数字图片。

第 7 章 Matplotlib 高级应用

Matplotlib 库在二维图片、图像处理的基础上，进一步提供了三维图形、三维动画处理功能，并具有工程化及参数灵活配置功能，方便终端用户的实际操作。

学习内容

- 绘制三维图形
- 动画
- 工程化
- 参数配置
- 案例 8 [三酷猫设计机械零配件]
- 习题及实验

7.1　绘制三维图形

现实世界物理空间是三维的，一辆汽车、一座房子、一朵鲜花、一个人、一条河流都是三维的。数学上的立体几何，如正方体、球体、锥体等都是三维的。Matplotlib 的 mpl_toolkits 是专门用来绘制三维图的工具包。

7.1.1　建立三维坐标

在 Python 中，主要通过 mpl_toolkits.mplot3d 代码实现调用三维坐标的绘图区域，创建三维坐标有两种调用方式。

1. 建立默认的三维坐标

方式一，提供关键字支持环境，利用 plt.axes(projection='3d')，plt.subplot(111,projection='3d')来实现。示例如下：

```
from matplotlib import pyplot as plt
from mpl_toolkits.mplot3d import Axes3D                   #导入三维坐标模块 Axes3D
fig = plt.figure()
ax1 = plt.axes(projection='3d')                           #为 axes 坐标对象提供三维坐标关键字
plt.subplot(111,projection='3d')                          #开辟三维绘图区域
```

方式二，导入 Axes3D 实例对象 import mpl_toolkits.mplot3d as p3d。

```
from matplotlib import pyplot as plt
import mpl_toolkits.mplot3d as p3d                        #以别名方式导入三维坐标模块
fig=plt.figure()
ax2 = p3d .Axes3D(fig)                                    #在当前 Figure 上建立三维坐标
```

方式一和方式二代码执行结果如图 7.1 所示。向右横向为 X 轴，竖向为 Z 轴，向左与 X 轴、Z 轴互为垂直的为 Y 轴。Axes3D()默认三维坐标轴原点（0,0,0）在 Y 轴的最左边。从这里读者可以想象到三维空间是由无数密密麻麻(x,y,z)坐标点构成的，是可以用数值精确描述的数字世界，这个世界是可以数字化的。

2. 建立指定的三维坐标

通过固定坐标刻度值，确定新的三维坐标系内容。这里通过 Axes3D 实例的三个方法来实现 set_xlim()、set_ylim()、set_zlim()。它们的参数都一致，使用方法如下。

（1）left（bottom）：指定轴的开始值。

（2）right（top）：指定轴的结束值。

（3）emit：默认值为 True，当坐标范围发生变化时，提醒操作者；为 False 时忽略变化。

（4）auto：用于控制轴是否具有缩放功能，默认值为 False。

（5）xmin（ymin、zmin），xmax（ymax、zmax）：设置轴的开始结束值（等价于 left、right 功能，但是不能同时使用）。

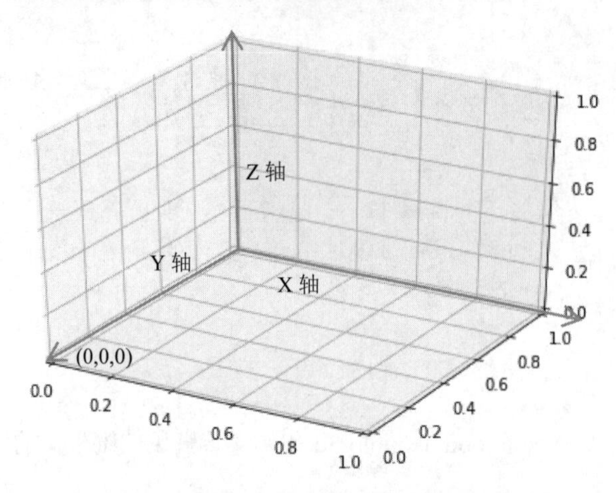

图 7.1　建立三维坐标（默认坐标系）

3. 建立指定的三维坐标示例

```
from matplotlib import pyplot as plt
import mpl_toolkits.mplot3d as p3d                    #以别名方式导入三维坐标模块
fig=plt.figure()
ax2 = p3d .Axes3D(fig)                                #在当前 Figure 上建立三维坐标
ax2.set_xlim(0,6)                                     #X 轴，横向向右方向
ax2.set_ylim(7,0)                                     #Y 轴，左向与 X、Z 轴互为垂直
ax2.set_zlim(0,8)                                     #竖向为 Z 轴
```

执行结果如图 7.2 所示。

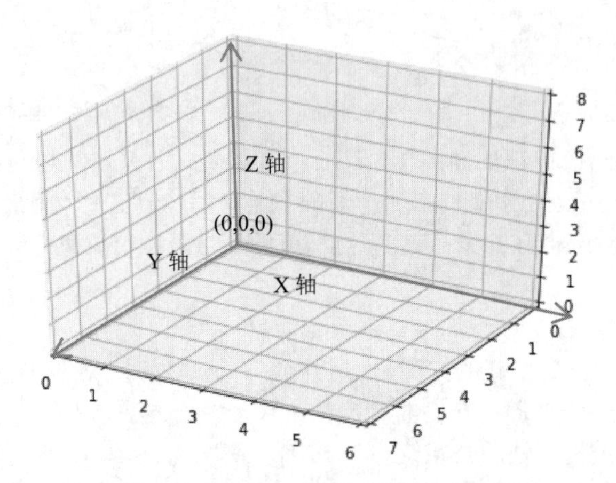

图 7.2　建立指定刻度轴的三维坐标系

7.1.2　绘制点、线、面

在三维坐标空间绘制点、线、面。

1．绘制点

用 scatter()散点函数绘制三维坐标点。

```
from matplotlib import pyplot as plt
from mpl_toolkits.mplot3d import Axes3D
dot1= [[0,0,0],[1,1,1],[2,2,2],[2,2,3],[2,2,4]]                #五个(x,y,z)点
plt.figure()                                                    #得到画面
ax1 = plt.axes(projection='3d')
ax1.set_xlim(0,5)                                               #X 轴，横向向右方向
ax1.set_ylim(5,0)                                               #Y 轴，左向与 X、Z 轴互为垂直
ax1.set_zlim(0,5)                                               #竖向为 Z 轴
color1=['r','g','b','k','m']
marker1=['o','v','1','s','H']
i=0
for x in dot1:
   ax1.scatter(x[0],x[1],x[2],c=color1[i],marker=marker1[i],linewidths=4)
                                                                #用散点函数画点
   i+=1
plt.show()
```

代码执行效果如图 7.3 所示。ax1.scatter()除了多了一个 Z 轴坐标值外，其他使用方法同二维。

2．绘制线

函数 plot3D(xs, ys, zdir='z', *args, **kwargs)，用于绘制三维坐标的线，其参数使用说明如下。

（1）xs, ys, zdir='z'：设置（x,y,z）坐标值，为集合对象，是该函数与 plot()的唯一区别。

（2）**kwargs：接受键值对参数，使用方法同 plot()。

```
from matplotlib import pyplot as plt
from mpl_toolkits.mplot3d import Axes3D
plt.figure()
ax= plt.subplot(111, projection='3d')
ax.set_xlim(0,20)                                               #X 轴，横向向右方向
ax.set_ylim(20,0)                                               #Y 轴，左向与 X、Z 轴互为垂直
ax.set_zlim(0,20)                                               #竖向为 Z 轴
z = np.linspace(0,4*np.pi,500)
x =10*np.sin(z)
y =10*np.cos(z)
ax.plot3D(x,y,z,'black')                                        #绘制黑色空间曲线
#==========================================================================
z1 = np.linspace(0,4*np.pi,500)
x1 =5*np.sin(z)
y1 =5*np.cos(z)
ax.plot3D(x1,y1,z1,'g--')                                       #绘制绿色空间虚曲线
#==========================================================================
ax.plot3D([0,18,0],[5,18,10],[0,5,0],'om-')                     #绘制带 o 折线
plt.show()
```

代码执行结果如图 7.4 所示，依次绘制外面的黑曲线、内部绿色虚线曲线、底部的折线。

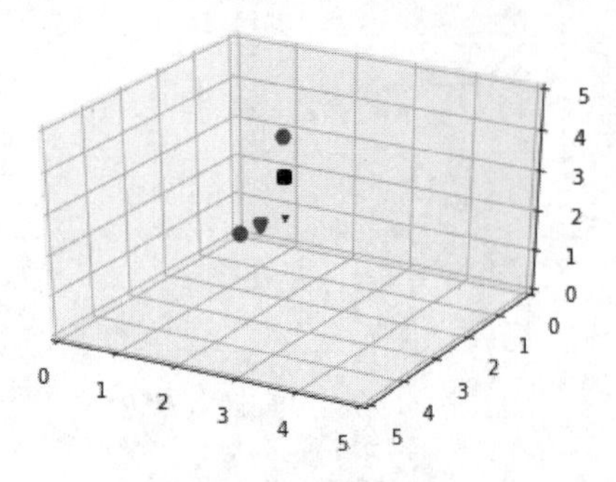

图 7.3　建立三维点

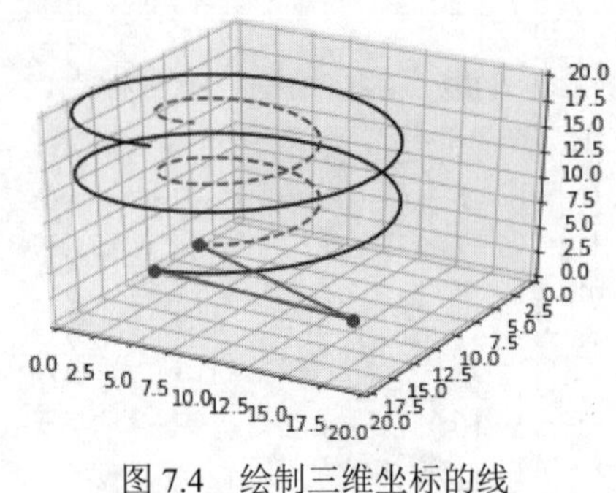

图 7.4　绘制三维坐标的线

3．绘制面

函数 plot_surface(X, Y, Z, *args, norm=None, vmin=None, vmax=None, lightsource=None, **kwargs)，参数说明如下。

（1）X, Y, Z：三维坐标值，为集合对象，其中 X、Y 各为二维 x、y 平面坐标，Z 为一维（或二维）z 坐标（当一维时，采用广播扩展）。

（2）rcount、ccount：前者指定行的跨度，后者指定列的跨度，每个方向使用的最大样本数。如果输入数据较大，则将对这些点数进行下采样（通过切片）。默认为 50。

（3）rstride、cstride：类似 rcount、ccount 的作用，默认值为 10，不能与（2）同时用。

（4）color：设置面的单一颜色。

（5）cmap：设置面的颜色条。

（6）facecolors：每个切片的颜色。

（7）norm：标准化颜色映射。

（8）vmin, vmax：分别设置颜色上限和下限。

（9）shade：是否覆盖颜色。

（10）lightsource：设置光源。需要通过 from matplotlib.colors import LightSource 导入 LightSource()函数。

（11）**kwargs：接受键值对参数，如 color='r'。

用 ax.plot_surface()在三维坐标系里绘制三个表面图，执行结果如图 7.5 所示。

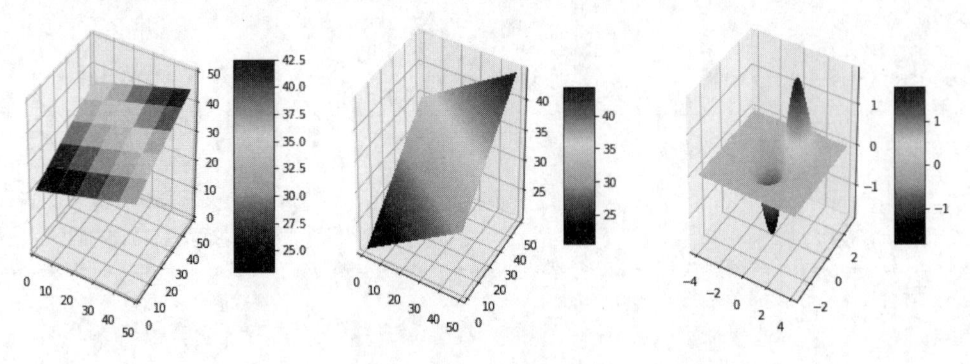

图 7.5　绘制三维表面图

```
from matplotlib import pyplot as plt
from mpl_toolkits.mplot3d import Axes3D
from matplotlib import cm
fig = plt.figure(figsize=(15,5))
ax = fig.add_subplot(1,3,1,projection='3d')                #第一个绘图区
x = np.arange(1, 50, 1)
y= np.arange(1, 50, 1)
X,Y = np.meshgrid(x, y)                                    #将坐标向量(x,y)变为坐标矩阵(X,Y)
def Z(X,Y):                                                #自定义求 Z 向量的函数
   return X*0.2+Y*0.3+20
s1=ax.plot_surface(X,Y,Z(X,Y),rstride=10,cstride=10,cmap=cm.jet,linewidth=1,antiali
ased=True)                                                 #绘面
ax.set_xlim3d(0, 50)                                       #指定 x 轴坐标值范围
ax.set_ylim3d(0, 50)                                       #指定 y 轴坐标值范围
ax.set_zlim3d(0, 50)                                       #指定 z 轴坐标值范围
fig.colorbar(s1, shrink=1, aspect=5)
#==================================================================================
ax1 = fig.add_subplot(1,3,2,projection='3d')               #第二个绘图区
s2=ax1.plot_surface(X,Y,Z(X,Y),rstride=1,cstride=1,cmap=cm.jet,linewidth=1,antialia
sed=False)                                                 #绘面
fig.colorbar(s2, shrink=0.5, aspect=5)
#==================================================================================
d= 0.05
x1 = np.arange(-4.0, 4.0, d)
y1 = np.arange(-3.0, 3.0, d)
X1,Y1=np.meshgrid(x1,y1)
def Z1(X,Y):                                               #自定义求 Z 向量的函数
   z1= np.exp(-X**2-Y**2)
   z2= np.exp(-(X-1)**2 - (Y-1)**2)
   return (z2-z1)*2                                        #返回 Z 坐标值
ax2=fig.add_subplot(1,3,3,projection='3d')                 #第三个绘图区
s3=ax2.plot_surface(X1,Y1,Z1(X1,Y1),rstride=1,cstride=1,cmap=cm.jet,linewidth=1,ant
ialiased=False) fig.colorbar(s3, shrink=0.5, aspect=5)
plt.show()
```

7.1.3　给面打光源

给三维表面打不同的光源，可以表现光亮变化的效果。

1．设置光亮函数

创建来自指定方位角和高程的光源。

函数 LightSource(azdeg=315, altdeg=45, hsv_min_val=0, hsv_max_val=1, hsv_min_sat=1, hsv_max_sat=0)，参数说明如下。

（1）azdeg：光源的方位角（0°~360°，从北向顺时针方向）。默认为 315°（来自西北）。

（2）altdeg：光源的高度（0°~90°，水平方向上）。默认为水平 45°。

（3）hsv_min_val、hsv_max_val、hsv_max_sat、hsv_min_sat：控制光照强度、饱和度值。

若需要把光照强度和颜色混合，则需要设置 LightSource()实例的 shade 方法。

函数 shade(data, cmap, norm=None, blend_mode='overlay', vmin=None, vmax=None, vert_exag=1, dx=1, dy=1, fraction=1, **kwargs)，将色彩映射的数据值与照明强度图组合，参数说明如下：

（1）data：用于生成着色贴图的高度值的二维数组（或等效数组）。

（2）cmap：设置着色色彩，如 cmap='gist_earth'。

（3）norm：用于在颜色映射之前缩放值的规范化。如果为 None，则输入将在其 min 和 max 之间线性缩放。

（4）blend_mode：用于将颜色映射数据值与照明强度组合的混合类型。可选值{'hsv', 'overlay', 'soft'}，请注意，对于大多数地形表面，"overlay"或"soft"看起来更逼真。

2．给三维实体打光源示例

在三维坐标系里，给指定三维实体打光源，执行结果如图 7.6 所示。

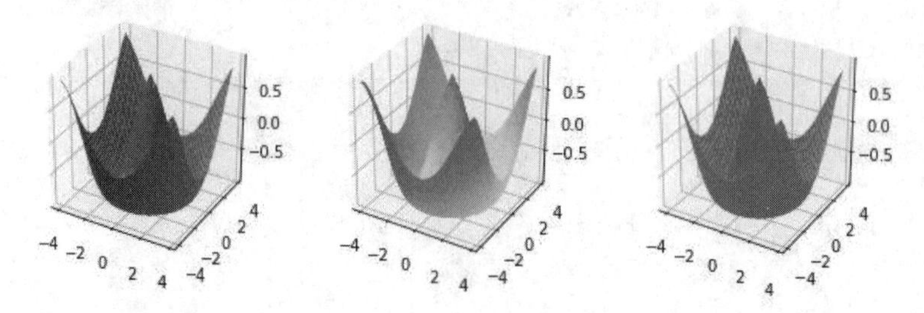

图 7.6　三维实体打光源效果（左边原体，中间补混合光，右边纯光强度）

```
from matplotlib import pyplot as plt
import numpy as np
from mpl_toolkits.mplot3d import Axes3D
from matplotlib import cm
fig = plt.figure(figsize=(10,3))
ax=plt.subplot(1,3,1,projection='3d')                          #第一绘图区域，绘制原体
X = np.arange(-4, 4, 0.25)
Y = np.arange(-4, 4, 0.25)
X, Y = np.meshgrid(X, Y)
R = np.sqrt(X**2 + Y**2)
Z = np.sin(2+R)
ax.plot_surface(X, Y, Z, rstride=1, cstride=1, facecolor='green')
#==============================================================================
ax1=plt.subplot(1,3,2,projection='3d')                         #第二绘图区域，补混合光
from matplotlib.colors import LightSource
ls = LightSource(90,45)                                        #设置光源
rgb = ls.shade(Z, cmap=cm.Wistia, vert_exag=0.1, blend_mode='soft') #混合光
ax1.plot_surface(X, Y, Z, rstride=1, cstride=1,facecolors=rgb)     #绘制混合光的实体
#==============================================================================
ax2=plt.subplot(1,3,3,projection='3d')                         #第三绘图区域，补纯强光
ax2.plot_surface(X,Y,Z,rstride=1,cstride=1,lightsource=(180,35,0,0.2,0.1,0),facecol
or='green',shade=False)
plt.show()
```

7.1.4　设置标签、标题、图例

对于三维坐标系里的一些辅助功能，如设置 X、Y、Z 坐标的标签信息、标题信息、图例信息，与二维坐标下的操作相似。代码执行结果如图 7.7 所示。

```
from mpl_toolkits.mplot3d import Axes3D
import matplotlib.pyplot as plt
import numpy as np
fig = plt.figure(figsize=(10,8))
ax=plt.subplot(111, projection='3d')
u= np.linspace(0, 2*np.pi, 100)
v= np.linspace(0, np.pi, 100)
x= 10*np.outer(np.cos(u), np.sin(v))      #outer()求外积，outer()用法详见 4.4.1 小节内容
y= 10*np.outer(np.sin(u), np.sin(v))
z= 10*np.outer(np.ones(np.size(u)), np.cos(v))
ax.plot_surface(x,y,z,color='m',cmap=plt.cm.winter,lightsource=(180,35,0,0.2,0.1,0)
,alpha=0.7)                                           #带光照
ax.set_xlabel('x axis',fontsize=15)                   #在 x 轴设置标签
ax.set_ylabel('y axis',fontsize=15)                   #在 y 轴设置标签
ax.set_zlabel('z axis',fontsize=15)                   #在 z 轴设置标签
ax.text(0,0,0,'Ball',color='r',fontsize=17)           #在球心位置设置标签信息
z1 = np.linspace(0,4*np.pi,500)
x1 =10*np.sin(z1)
y1 =10*np.cos(z1)
ax.plot3D(x1,y1,z1,'black',label='Show me')           #绘制黑色空间曲线
ax.legend()
plt.title('A magenta ball!',fontsize=20)              #设置图的标题
plt.show()
```

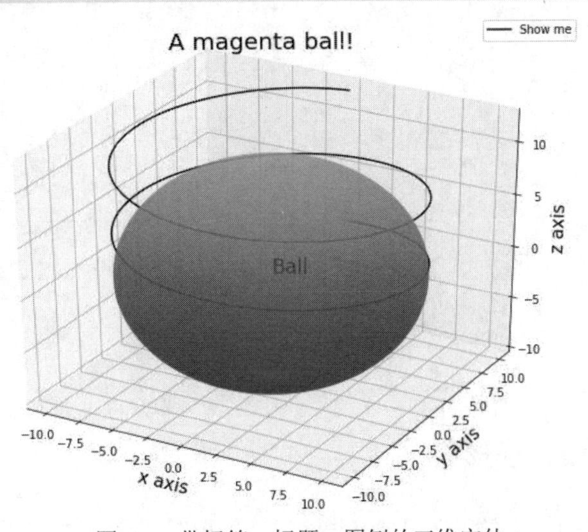

图 7.7　带标签、标题、图例的三维实体

7.1.5 旋转三维坐标系

有时想从三维坐标系的不同角度观察三维实体情况，这里可以通过 subplot()的 elev、azim 参数来实现。

（1）elev：指定 Z 轴平面中的仰角值，值范围从 0° 开始到 360° ，从后到前旋转 360° 。

（2）azim：指定 X 轴、Y 轴平面中的方位角，值范围从 0° 开始到 360° ，从左到右旋转 360° 。

注意：

elev、azim 以 360° 为周期进行旋转，其值可以超过 360° ，如 400° 、500° 。

三维实体代码示例如下，代码执行结果显示如图 7.8 所示。

```
from matplotlib import pyplot as plt
from mpl_toolkits.mplot3d import Axes3D
import numpy as np
fig = plt.figure(figsize=(10,3))
ax=plt.subplot(1,4,1,projection='3d',elev=0, azim=0)    #第一绘图区域
z = np.linspace(0,13,1000)
x = 5*np.sin(z)
y = 5*np.cos(z)
ax.plot3D(x,y,z,'gray')                                   #绘制空间曲线，原三维图
ax1=plt.subplot(1,4,2,projection='3d',elev=0, azim=10)  #第二绘图区域沿 X、Y 轴左右转动 10°
ax1.plot3D(x,y,z,'gray')                                  #绘制空间曲线
ax2=plt.subplot(1,4,3,projection='3d',elev=30, azim=30) #第三绘图区域沿 Z 轴从后往前转动 30°
ax2.plot3D(x,y,z,'gray')                                  #绘制空间曲线
ax3=plt.subplot(1,4,4,projection='3d',elev=180, azim=100)    #第四绘图区域沿 Z 轴从后往
                                                              前转动 180°
ax3.plot3D(x,y,z,'gray')                                  #绘制空间曲线
plt.show()
```

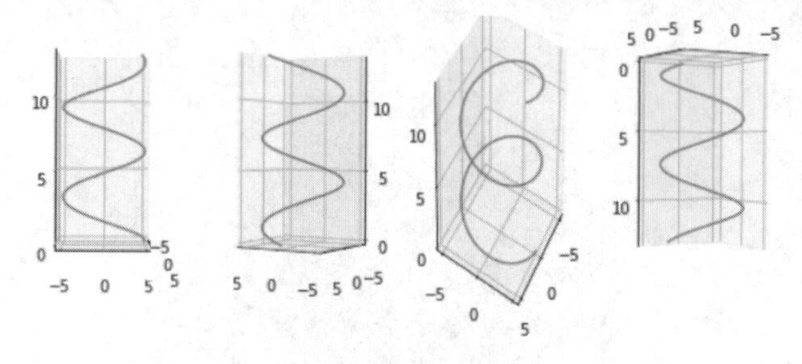

图 7.8　三维实体左右、前后 360° 旋转

7.1.6 绘制三维网线、条形

在三维空间，Matplotlib 提供了专用的三维网线、条形图的绘制函数。

1．绘制三维网线图

函数 plot_wireframe(X, Y, Z, *args, **kwargs)，参数说明如下。

（1）X, Y, Z：提供三维坐标数值，二维数组型。

（2）rcount、ccount：rcount 指定行方向上的跨度数量；ccount 指定列方向上的跨度数量，默认值都为 50。

（3）rstride、cstride：作用同 rcount、ccount，默认值都为 10，不能与 rcount、ccount 一起使用。

（4）**kwargs：接受键值对方式的参数，如 color='r'。

绘制指定三维坐标的网线，代码如下，执行结果如图 7.9 所示。

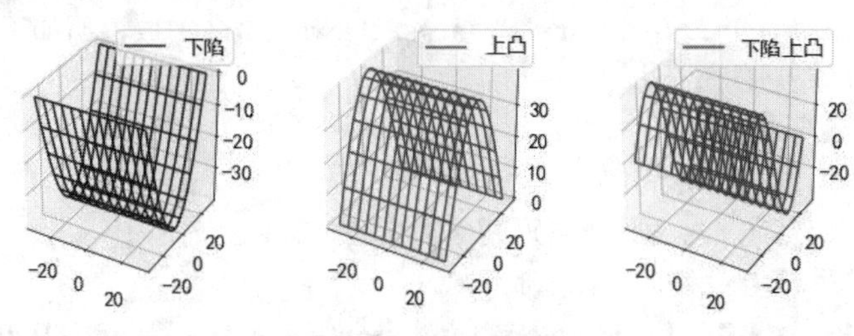

图 7.9　三维网线绘制

```
from mpl_toolkits.mplot3d import axes3d
import matplotlib.pyplot as plt
font = {'family' : 'SimHei',                        #黑体
    'weight' : 'bold',
    'size'  : '15'}
plt.rc('font', **font)                              #对 subplot 范围内的字体进行统一设置
plt.rc('axes', unicode_minus=False)                 #该参数解决负号显示的问题
fig = plt.figure(figsize=(11,3.5))
x=np.linspace(-30,30,60)
y=np.linspace(-30,30,60)
ax=fig.add_subplot(131, projection='3d') #第一绘图区域
z=np.linspace(0,-1*np.pi,60)                        #x,y,z 等分数必须相等，这里都为 60
z=np.sin(z)*40                                      #在[-40,40]范围
x,y=np.meshgrid(x,y)                                #建立二维矩阵
z0=z[:,np.newaxis]                                  #建立二维矩阵，要求跟 x,y 矩阵保持一样的维数，单列
                                                     矩阵可以广播
ax.plot_wireframe(x,y, z0, rstride=5, cstride=5,label='下陷',color='b')  #绘制线框
ax.legend(loc='best')
#============================================================================
ax1 = fig.add_subplot(132, projection='3d')                           #第二绘图区域
z1=np.linspace(0,np.pi,60)
z1=np.sin(z1)*40
z01=z1[:,np.newaxis]
ax1.plot_wireframe(x,y,z01, rstride=5, cstride=5,label='上凸',color='g')
```

```
ax1.legend(loc='best')
#=========================================================================
ax2 = fig.add_subplot(133, projection='3d')                         #第三绘图区域
z2=np.linspace(0,2*np.pi,60)
z2=np.sin(z2)*40
z02=z2[:,np.newaxis]
ax2.plot_wireframe(x,y,z02, rstride=5, cstride=5,label='下陷上突',color='r')
ax2.legend(loc='best')
plt.show()
```

2．绘制三维条形图

（1）**函数 bar(left, height, zs=0, zdir='z', *args, **kwargs)**，参数说明如下。

① left：设置条形左边的 x 坐标值。

② height：设置条形的高度。

③ zs=0：设置条形的 z 坐标值。

④ zdir：指定条形绘制方向，默认条形朝 z 轴方向上升。

⑤ **kwargs：接受键值对参数，如 color='r'。

（2）**函数 bar3d(x, y, z, dx, dy, dz, color=None, zsort='average', shade=True, *args, **kwargs)**，参数说明如下。

① x，y，z：指定三维条形驻点（条形底部）的绘制坐标值。

② dx，dy，dz：指定条形的宽度（width）、深度（depth）和高度（height）。

③ color：设置条形的颜色。

④ zsort：设置条形的排序，可选值包括'average'、'min'和'max'。

⑤ shade：布尔值，如果为 True，则会遮挡条形的暗边（相对于绘图的光源）。

⑥ **kwargs：接受键值对参数，如 color='r'。

（3）绘制二维、三维条形图示例

在三维坐标系里绘制二维条形图、三维条形图。代码如下，执行结果分别如图 7.10 和图 7.11 所示。

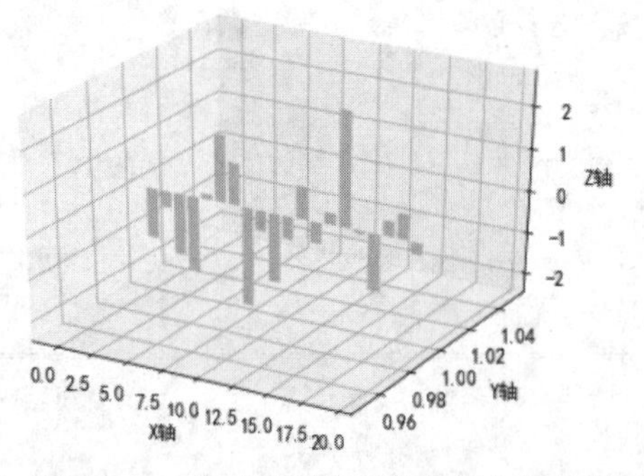

图 7.10　二维条形图在三维坐标上的绘制

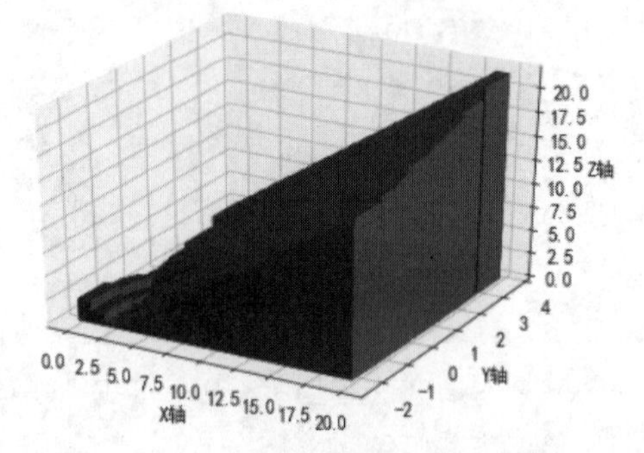

图 7.11　三维条形图在三维坐标上的绘制

```
from mpl_toolkits.mplot3d import Axes3D
import matplotlib.pyplot as plt
```

```
import numpy as np
font = {'family' : 'SimHei',                    #黑体
    'weight' : 'bold',
    'size'  : '15'}
plt.rc('font', **font)                          #对 subplot 范围内的字体进行统一设置
plt.rc('axes', unicode_minus=False)             #该参数解决负号显示的问题
np.random.seed(1010)                            #指定随机数种子，可以确保后续产生的随机数是一样的
fig = plt.figure(figsize=(16,5))                        #指定 Figure 的宽度和高度，单位英寸
ax = fig.add_subplot(121, projection='3d')              #建立第一个绘图区域
x1= np.arange(20)                                       #设置 X 轴坐标值
y1= np.random.randn(20)                                 #用正态随机数设置 Y 轴坐标值，产生正负数值
print(y1)                                               #打印随机数值
ax.bar(x1,y1,zs=1,zdir='y',color='y',alpha=0.8)         #绘制二维条形图
ax.set_xlabel('X 轴')
ax.set_ylabel('Y 轴')
ax.set_zlabel('Z 轴')
#===============================================================================
ax1=fig.add_subplot(122, projection='3d')
x2,y2=np.meshgrid(x1,y1)
x2,y2=x2.ravel(),y2.ravel()                     #返回扁平的一维数组对象
z2=np.abs(x2+y2)                                #计算 Z 坐标的数值，用 abs()去掉负号
ax1.bar3d(x2,y2,0,dx=1,dy=1,dz=z2,shade=True,color='g')
                                                #建立三维条形图，0 为条形 Z 轴底坐标，z2 为条形高度
ax1.set_xlabel('X 轴')
ax1.set_ylabel('Y 轴')
ax1.set_zlabel('Z 轴')
plt.show()
[-1.1754479  -0.38314768 -1.47136618 -1.80056852  0.13010042  1.59561863    #打印 y1 值
  0.99316068 -2.3637072  -0.47959227 -1.65038194 -0.54348966  0.77961145
 -0.50260878  0.28588951  2.70323738 -0.07451682 -1.37010266  0.35858722
  0.59804988 -0.30679919]
```

7.1.7 三维像素体

三维像素体指在三维空间中指定三维坐标的情况下，用固定三维体连续叠加绘制组合形状。一般常见的是正方体，也可以是其他形状的三维体，由三维像素体四个角的坐标值决定。

1. 三维像素体函数

绘制一组填充的三维像素体，所有像素体在轴上绘制为 1×1×1 的形状。

函数 voxels(*args, facecolors=None, edgecolors=None, **kwargs)，参数说明如下。

（1）filled：指定一个三维值数组，其中包含要填充哪些三维像素体的值。

（2）x, y, z：指定每个三维像素体左底角落的 x、y、z 坐标值，三维值数组。

（3）facecolors、edgecolors：指定表面、边线的颜色。

（4）**kwargs：接受键值对参数，如 facecolors ='r'。

2．从正方体到魔方示例

图 7.12 所示的代码实现如下：

```
import matplotlib.pyplot as plt
import numpy as np
from mpl_toolkits.mplot3d import Axes3D
fig = plt.figure(figsize=(10,4))
ax = plt.subplot(121,projection='3d')
x=np.linspace(0,4,5)
y=np.linspace(0,4,5)
z=np.linspace(0,4,5)
f_one=np.zeros((4,4,4),dtype=bool)
f_one[0,0,0]=True                  #对(0,0,0)处设置 True，意味着在那里绘制一个像素体(小正方形)
x,y,z=np.meshgrid(x,y,z)
ax.voxels(x, y, z,f_one, facecolors='g', edgecolors='k')
y[:,:,:]+=0.2                      #所有的 y 坐标向 y 正方向移动了 0.2
f1_one=np.zeros((4,4,4),dtype=bool)
f1_one[0,1,0]=True                 #向右绘制第二个像素体（小正方形）
ax.voxels(x, y, z,f1_one, facecolors='r', edgecolors='k')
x[:,:,:]+=0.2                      #所有的 x 坐标向 x 正方向移动了 0.2
f2_one=np.zeros((4,4,4),dtype=bool)
f2_one[0,2,0]=True                 #向右绘制第三个像素体（小正方形）
ax.voxels(x, y, z,f2_one, facecolors='y', edgecolors='k')
f3_one=np.zeros((4,4,4),dtype=bool)
f3_one[0,1,2]=True                 #在 x 轴第二个正方形上方 z=2 处，悬空绘制一个冬天色正方形
f3_one[0,2,3]=True                 #在 x 轴第三个正方形上方 z=3 处，悬空绘制一个冬天色正方形
ax.voxels(x, y, z,f3_one, edgecolors='k',cmap=plt.cm.winter)
#============================================================右边绘制魔方
ax1 =plt.subplot(122,projection='3d')
x, y, z = np.indices((5,5,5),dtype=float)                        #返回网格坐标数组 x,y,z
n=len(x)
f4_one=np.ones((n-1,n-1,n-1),dtype=bool)
ax1.voxels(x, y, z,f4_one, edgecolors='k', facecolors='m')
plt.show()
```

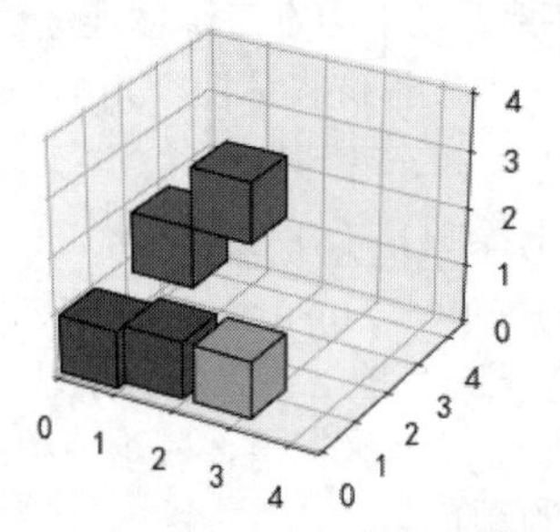

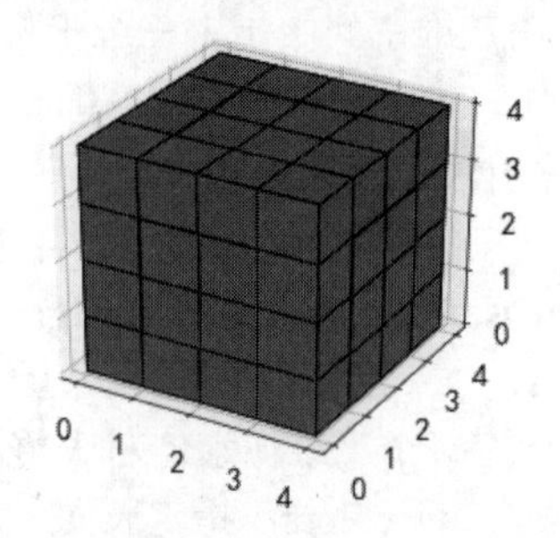

图 7.12　从正方体到魔方

7.2 动　　画

有了二维、三维实体，再让它们动起来，就可以实现动画效果。在正式学习三维动画前，先做个简单声明，在 Jupyter Notebook 下实现三维效果，存在一些固有问题。本节内容虽然都在 Jupyter Notebook 实现了，但是要观看更好的演示效果，可以借助 IDLE、PyCharm、Spyder、VSCode 等代码编辑工具。

7.2.1 原始动画绘制（二维）

在绘制图形、图像过程，可以借助绘制时间的控制，逐步显示绘制内容，进而达到图形、图像动态显示的效果。

用 plot()和 scatter()绘制正弦波和散点图，其中散点图是动态沿着正弦波绘制。实现代码如下，实现效果如图 7.13 所示。

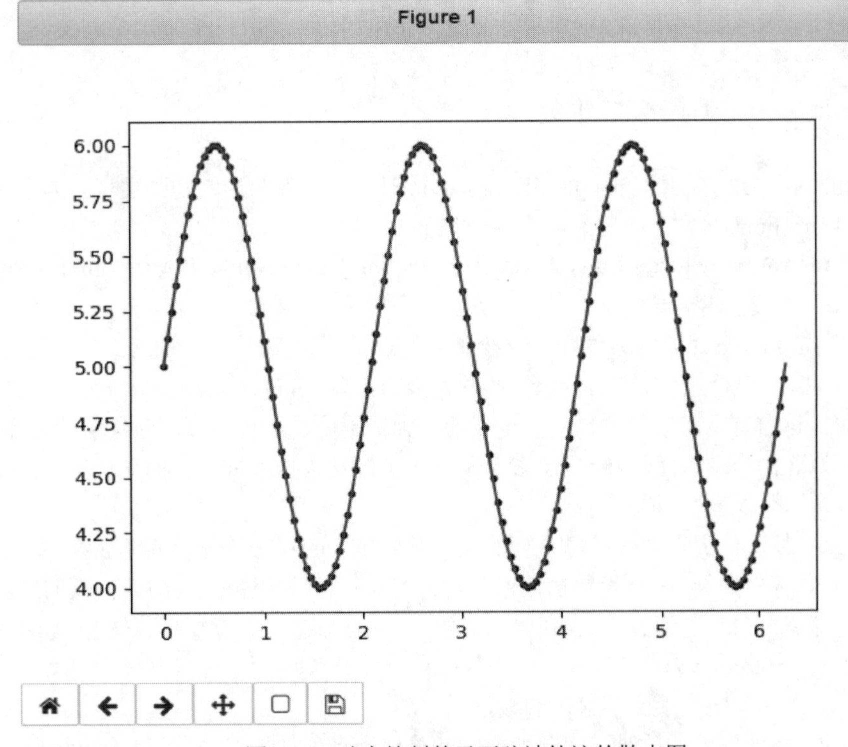

图 7.13　动态绘制基于正弦波轨迹的散点图

```
%matplotlib notebook
from IPython import display
#为了在 Jupyter Notebook 上正常显示动画效果，必须先增加上面两行代码的使用；在 IDLE 等环境下无须调用
```

```
import matplotlib.pyplot as plt
import numpy as np
fig=plt.figure()
ax=fig.add_subplot(1,1,1)
x=np.linspace(0,2*np.pi,300)                      #正弦 x 轴上的一个周期 360° 的弧度值
y=np.sin(3*x)+5                                   #一个周期内振荡频率为 3，在 y 轴上向上移 5
plt.plot(x,y,color='r')                           #绘制正弦波图形
x1=x[::2]                                         #绘制散点图时，点与点之间有间隔
y1=y[::2]
i=0
for pos in x1:                                    #弹出一个 x 轴值，然后获取对应的 y 轴值，绘制散点图
    ax.scatter(pos,y1[i],c='b',marker='.')#按照正弦波方向绘制散点图
    i+=1
    plt.pause(0.008)                              #循环一次暂停 0.008 秒一下
plt.show
```

注意：

由于 Jupyter Notebook 本身的原因，上述代码执行过程，动态展现不是很明显，可以把代码粘贴到 IDLE 的脚本文件里执行，动画效果会很明显。

7.2.2 用 animation 工具（二维）

在 Matplotlib 库里专门提供了 matplotlib.animation 对象来实现图形的动画展现。其主要实现方法为调用 FuncAnimation()函数。

1. 函数 FuncAnimation(fig, func, frames=None, init_func=None, fargs=None, save_count=None, **kwargs)，参数使用说明如下。

（1）fig：指定 Figure 对象，方便在其上绘制动画。

（2）func：指定需要绘制对象的自定义函数，要求返回 plot()、scatter()、hist()、Rectangle()等绘制函数对象。该自定义函数要求自带一个表示 X 轴范围值的形式参数，即决定动画播放帧数[①]的形式参数，其真正的值由下面的 frames 参数从下限范围迭代传入。所谓的迭代第一次传递 0，第二次传递 1，第三次传递 2，依次类推。

（3）frames：为 func 提供动画的每个帧的数据源，即 func 第一个形式参数的值的范围。

（4）init_func：在播放帧之前设置初始值，若为 None，则使用帧序列中第一项的绘制结果。

（5）fargs：若 func 自定义函数还存在第二、第三……形式参数，则由该参数传递给每个 func 调用的附加参数。如 fargs=(y,z)。

（6）save_count：指定从帧到缓存值的数量。

（7）interval：帧之间的播放时间间隔数，时间单位为毫秒（ms），默认值为 200 毫秒。

（8）repeat_delay：如果动画重复，则在重复动画之前添加延迟时间间隔数（以毫秒为单位）。

[①] 帧数，动画专业术语，即每秒播放的画面数，1“帧”就是一个画面。Frames Per Second（每秒帧数，fps）。

默认为 None。

（9）repeat：布尔类型，指定是否重复播放动画，值为 True 则重复播放。

（10）blit：指定是否使用“blitting”来优化绘图。blitting 是一种图帧某一部分更新的算法。

（11）**kwargs：接受键值对参数。

2. 动态绘制带三角的正弦曲线

```
%matplotlib notebook
from IPython import display
import numpy as np
import matplotlib.pyplot as plt
from matplotlib.animation import FuncAnimation      #导入动画播放函数
fig, ax = plt.subplots()
def init():                                          #在播放动画前，设置 x、y 轴的坐标范围值
    ax.set_xlim(0, 2*np.pi)
    ax.set_ylim(-1, 1)
    return ln
def update1(frame):
    ln=plt.plot(frame,np.sin(frame), 'r^')       #用 plot()绘制带三角的正弦曲线
    return ln                                    #返回绘制对象
ani=FuncAnimation(fig,update1,frames=np.linspace(0,2*np.pi,100),
init_func=init, blit=True,interval=100)          #间隔 100 毫秒播放下一幅帧
plt.show()                                       #上述代码 ani 实体变量必须提供，否则播放不正常
```

代码执行结果如图 7.14 所示。

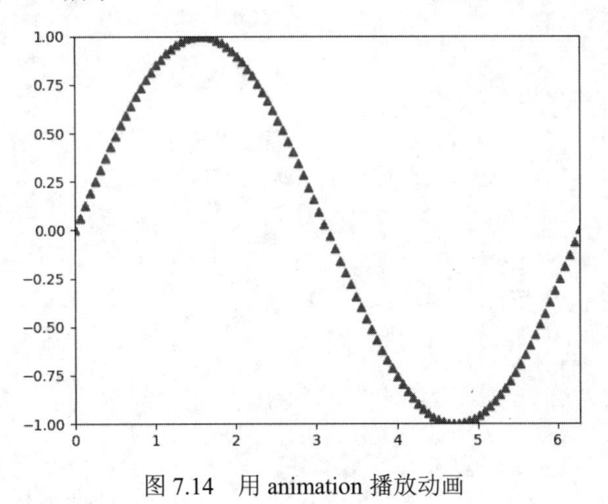

图 7.14　用 animation 播放动画

7.2.3　draw()方法（二维）

plt.draw()可以根据提供的新数据，重新在数据区域绘制相应的新图形。

要改变图形，需要通过类似 plt.plot()、plt.scatter()绘制工具返回的实例 ax 所附带的 ax.set_ xdata(x)、ax.set_ydata(y)改变原先图形的 x、y 坐标范围，以达到改变图形的目的。至于动画效果，则是通过时间间隔的控制，让 plt.draw 有规律地反复重新绘制图帧，实现帧的动态替换。

1. 简单重画控制

这里采用 plt.draw()函数，根据 plt.plot()绘图工具 x、y 坐标的变化，而重新动态绘制。代码如下，执行结果如图 7.15 所示。

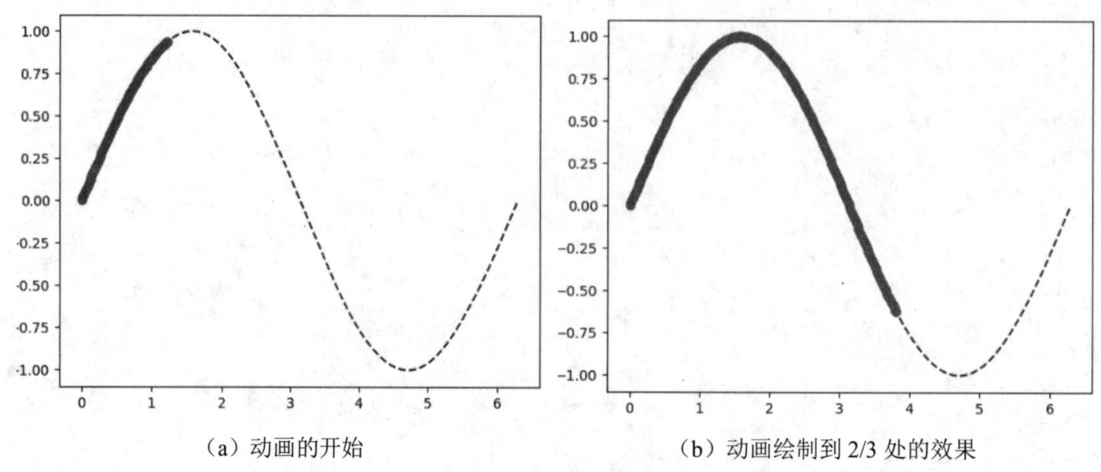

（a）动画的开始　　　（b）动画绘制到 2/3 处的效果

图 7.15　动画的开始与动画绘制到 2/3 处的效果

```
%matplotlib notebook
from IPython import display
import numpy as np
import math
import matplotlib.pyplot as plt
from time import sleep                          #导入 sleep()函数
plt.subplots()
xMax=500
x =np.linspace(0, 2*np.pi,xMax)
y =np.sin(x)
plt.plot(x, y,'b--')                            #设置轨迹虚线
sleep(0.5)                                      #暂停 0.5 秒
ax,=plt.plot(x, y,'ro')
i=0
while i<=xMax:
    plt.pause(0.002)                            #暂停 0.002 秒，功能同 sleep()
    y1=np.sin(x[:i])                            #这里采用逐步增加 y 轴值范围的方法
    ax.set_xdata(x[:i])                         #这里采用逐步增加 x 轴值范围的方法
    ax.set_ydata(y1)
    plt.draw()                                  #重画已经修改的图形
    i+=2                                        #获取范围控制，兼循环控制
plt.show()
```

2. 带按钮控制动画

下列代码采用 draw()方法重新绘制新给予值的图形，实质上也是通过 sleep()来控制绘制进度，实现动态绘制的效果。代码执行结果如图 7.16 所示。

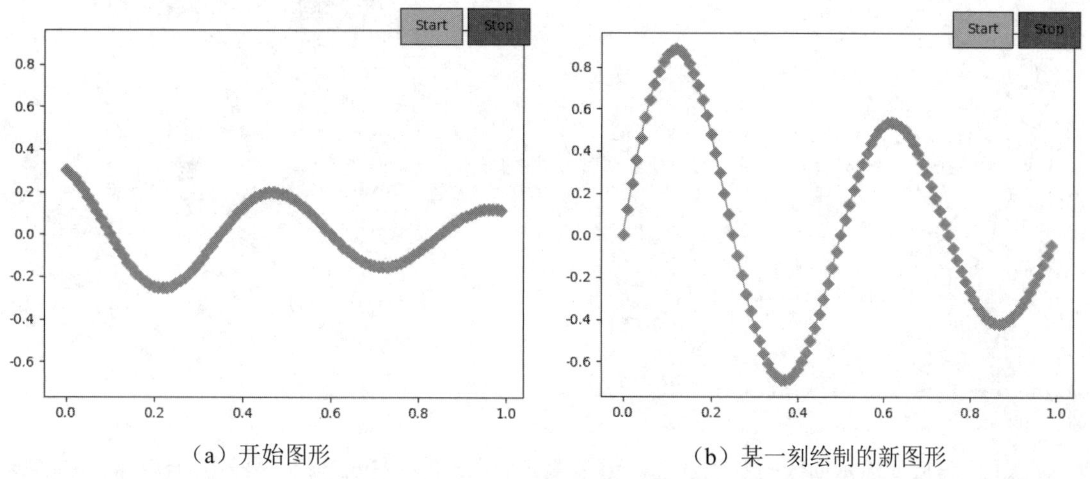

（a）开始图形　　（b）某一刻绘制的新图形

图 7.16　用 draw()重新绘制 subplot 区域的图形

```
%matplotlib notebook
from IPython import display
from time import sleep                         #导入 sleep()函数
from threading import Thread                   #导入线程模块
import numpy as np
import matplotlib.pyplot as plt
from matplotlib.widgets import Button          #导入按钮对象
fig, ax = plt.subplots()
#实验数据
x= np.arange(0,1, 0.01)
y= np.sin(4*np.pi*x)*np.exp(-x)
ax,=plt.plot(x,y,lw=1,marker='D',color='c')
class ButtonHandler:                           #自定义按钮事件类，封装了单击事件开始方法和停止方法
    def __init__(self):
        self.flag =True                        #是否启动线程，动态处理绘制过程
        self.x_s, self.x_e, self.x_step =0,1,0.01
    def threadStart(self):                     #线程开始函数，用来更新数据并重新绘制图形
        while self.flag:
            sleep(0.02)
            self.x_s += self.x_step                               #开始位置一次加 0.01
            self.x_e += self.x_step                               #结束位置一次加 0.01
            x1= np.arange(self.x_s, self.x_e, self.x_step)
            y1= np.sin(4*np.pi*x1)*np.exp(-x1)                    #输出 y 轴范围值
            #重新设置新绘制区域 x,y 轴数据
            ax.set_xdata(x1-x1[0])
```

```
            ax.set_ydata(y1)
            plt.draw()                                        #重新绘制图形
    def Start(self, event):
        self.flag =True
        t1=Thread(target=self.threadStart)                    #创建并启动新线程
        t1.start()
    def Stop(self,event):
        self.flag =False
callback=ButtonHandler()
#利用两个新的 axes 区域，创建按钮并设置单击事件处理函数
y1=0.8
ax1= plt.axes([0.81,0.05+y1,0.1,0.075])
bs=Button(ax1,'Stop',color='m')
bs.on_clicked(callback.Stop)
ax2= plt.axes([0.7,0.05+y1,0.1,0.075])
bp=Button(ax2,'Start',color='y')
bp.on_clicked(callback.Start)
plt.show()
```

上述代码持续演示曲线的变化过程，但是存在一个缺陷，'Stop'只起暂停键的作用，不能实现反复从头开始绘制。

7.2.4　随机散点漫步（三维）

在三维空间要动态绘制图形，需要为图形建立三维坐标，这里包括 X、Y、Z 三个轴的一维数组（矩阵）值。三个一维矩阵构建了一个三维坐标矩阵，建立起 len(X)*len(Y)个坐标点(x,y,z)。

利用三维坐标系、随机函数、散点图函数 scatter()和动画播放函数 animation.FuncAnimation()，实现三维空间圆点的随机分布。代码执行结果如图 7.17 所示。

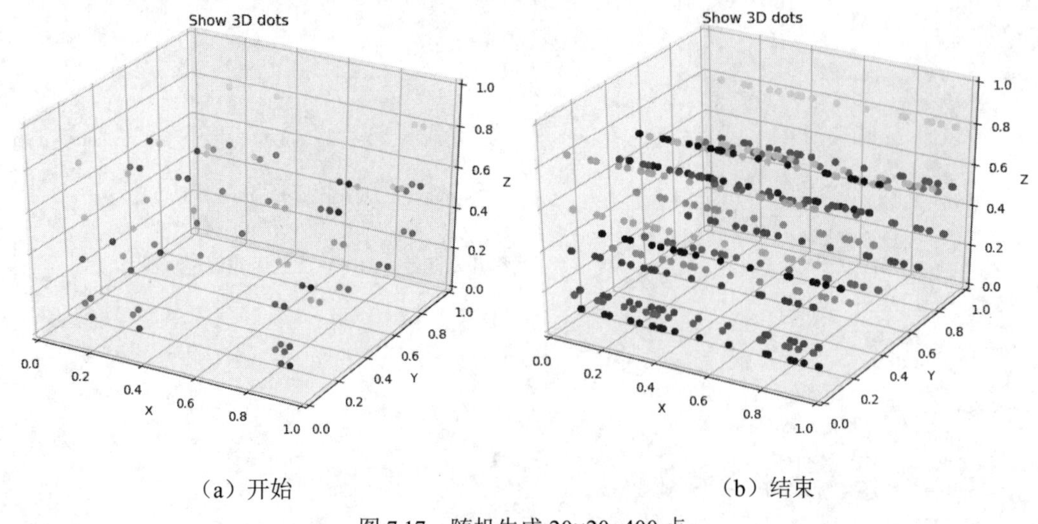

（a）开始　　（b）结束

图 7.17　随机生成 20×20=400 点

```
%matplotlib notebook
from IPython import display
import numpy as np
import matplotlib.pyplot as plt
import mpl_toolkits.mplot3d.axes3d as p3
import matplotlib.animation as animation
import random
fig = plt.figure()
ax = p3.Axes3D(fig)
dots=20
x=np.random.random(dots)                          #随机产生一个 x 坐标数组，值范围在[0,1)
y=np.random.random(dots)                          #随机产生一个 y 坐标数组，值范围在[0,1)
z=np.random.random(dots)                          #随机产生一个 z 坐标数组，值范围在[0,1)
color = np.random.random(dots)
def update_lines(x1,y1,z1):
   ln=ax.scatter(x1,y1,z1,s=20, c=color, marker='o',alpha=0.7)
   #自 x1,y1,z1 都是一维数组的情况下，产生 x1*y1*z1 矩阵积，有 dots*dots 个坐标点(x,y,z)
   return ln

ax.set_xlim3d([0.0, 1.0])
ax.set_xlabel('X')
ax.set_ylim3d([0.0, 1.0])
ax.set_ylabel('Y')
ax.set_zlim3d([0.0, 1.0])
ax.set_zlabel('Z')
ax.set_title('Show 3D dots')
dot1=animation.FuncAnimation(fig,update_lines,frames=x,fargs=(y,z),interval=50,
blit=False)
plt.show()
```

7.2.5　旋转三维空间

让三维实体 360° 旋转，可以让人们从不同角度观察三维实体。

1．旋转三维空间函数

函数 Ax3D.view_init(elev=None, azim=None)，参数说明如下。

（1）elev：指定沿 y、z 轴构成的平面上下旋转的角度。

（2）azim：指定沿 z 轴左右旋转的角度。

2．从左到右旋转三维空间代码示例

代码示例如下，执行结果如图 7.18 所示。

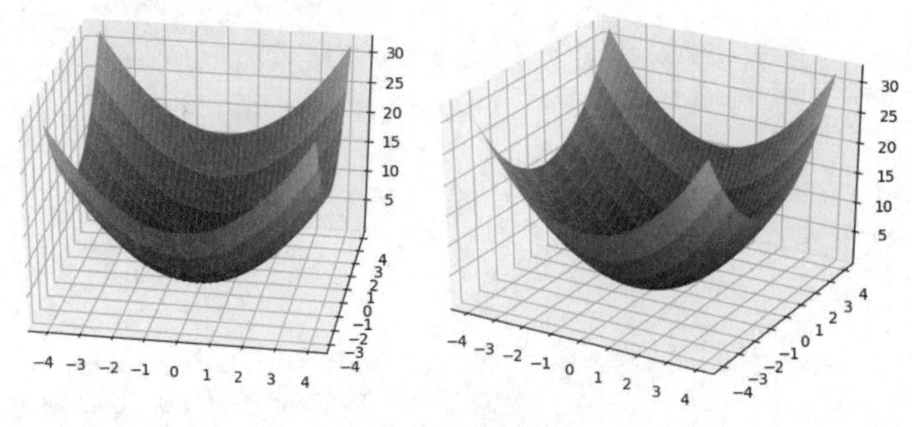

图 7.18　从左到右旋转

```
import numpy as np
import matplotlib.pyplot as plt
from mpl_toolkits.mplot3d import Axes3D
fig=plt.figure()
ax = fig.add_subplot(111,projection ='3d' )
x=np.linspace(-4,4,400)
y=x
X,Y= np.meshgrid(x,y)                                   #建立二维矩阵坐标值
Z=X*X+Y*Y                                               #建立 Z 轴坐标矩阵
ax.plot_surface(X,Y,Z,rcount=10, ccount=40,cmap = 'winter')
i=0
az=0
while i<100:                                            #沿 Z 轴旋转
    az+=20                                              #一次转 20°
    ax.view_init(30,az)                                 #沿 Z 轴旋转三维坐标空间
    #ax.view_init(az,30)                                #沿 X，Y 轴构成的平面垂直旋转三维坐标空间
    plt.pause(0.018)                                    #每转一次暂停 0.018 秒
    i+=1
plt.show()
```

注意：

由于 Jupyter Notebook 本身的原因，上述代码执行过程中动态展现不是很明显，可以把代码粘贴到 IDLE 的脚本文件里执行，动画效果会很明显。

7.3　工　程　化

到目前为止，都是通过 Jupyter Notebook 交互式调用 Matplotlib 库处理图形、图像。若在实际项目中，则需要借助 Web 或 GUI 技术，实现 Matplotlib 的自动处理和应用。

7.3.1　Web 项目

为了方便介绍，这里选择 flask 作为 web 服务器来执行 web 代码。由此，读者的计算机上必须要具备 Python（这里推荐 3.X 版本）、flask 库、Matplotlib 库的安装及使用环境。

这里假设读者已经安装了 Python、Matplotlib，仅需要安装 flask 库（先安装虚拟环境库）。

1. flask 库安装

（1）在线安装 virtualenv 虚拟环境库。

在命令提示符里执行命令，pip install virtualenv（Linux 下用$ sudo pip install virtualenv），执行结果如图 7.19 所示。

```
命令提示符
Microsoft Windows [版本 10.0.15063]
(c) 2017 Microsoft Corporation。保留所有权利。

C:\Users\111>pip install virtualenv
Collecting virtualenv
  Downloading https://files.pythonhosted.org/packages/33/5d/314c760d4204f64e4a968275182b7751b
d5c3249094757b39ba987dcfb5a/virtualenv-16.4.3-py2.py3-none-any.whl (2.0MB)
    100% |████████████████████████████████| 2.0MB 636kB/s
Installing collected packages: virtualenv
Successfully installed virtualenv-16.4.3

C:\Users\111>
```

图 7.19　安装 virtualenv 库

（2）建立独立运行 web 代码的虚拟路径。

在 Windows 下的指定盘符下建立一个文件夹，如"F:\web1"。

（3）在已建虚拟路径下，用 virtualenv TestE1 命令建立虚拟盒子（一个独立的运行环境），如图 7.20 所示。

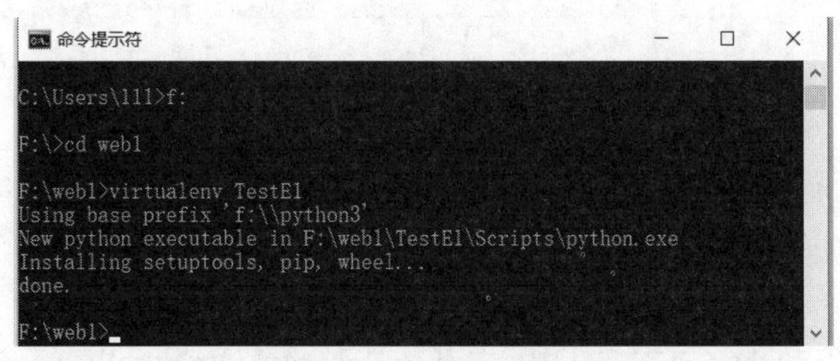

图 7.20　建立虚拟环境

（4）激活虚拟目录。

进入已经安装虚拟环境的 Script 子目录下，用 activate 命令激活虚拟环境，如图 7.21 所示。

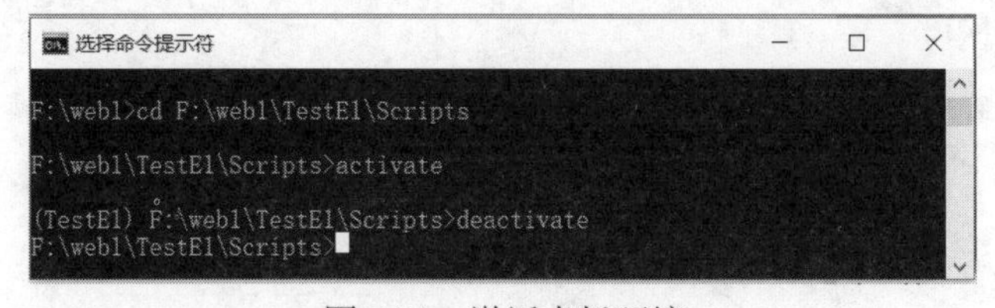

图 7.21　激活虚拟环境

然后，用 deactivate 命令退出虚拟环境。

（5）安装 flask 库。

在虚拟路径下用 pip install flask 命令直接安装 flask 库。如图 7.22 所示，安装成功后，就可以在 Python 的 IDLE 环境下导入 import flask 作为验证，验证成功（见图 7.23），则说明 flask 库可以正常使用。

注意：

一定要在虚拟路径下，如图 7.22 的 TestE1 下安装 flask 库，否则安装后不能正常使用。

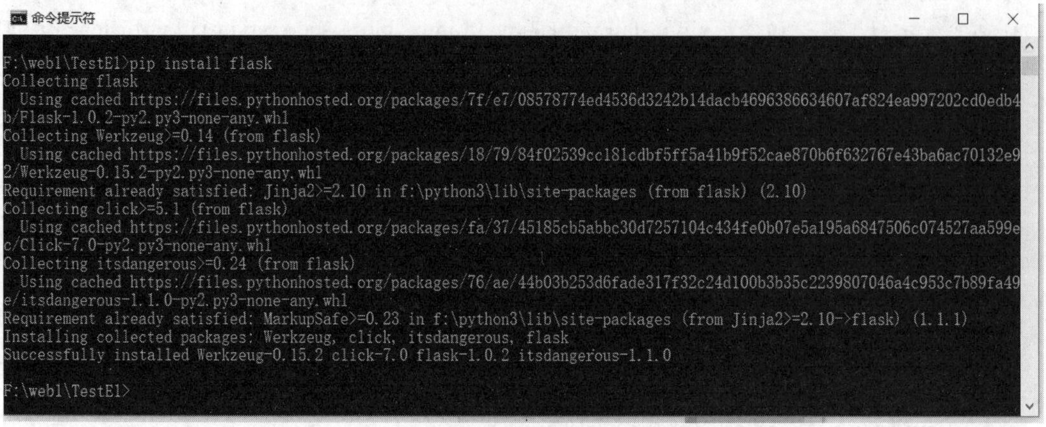

```
命令提示符
F:\web1\TestE1>pip install flask
Collecting flask
  Using cached https://files.pythonhosted.org/packages/7f/e7/08578774ed4536d3242b14dacb4696386634607af824ea997202cd0edb4
b/Flask-1.0.2-py2.py3-none-any.whl
Collecting Werkzeug>=0.14 (from flask)
  Using cached https://files.pythonhosted.org/packages/18/79/84f02539cc181cdbf5ff5a41b9f52cae870b6f632767e43ba6ac70132e9
2/Werkzeug-0.15.2-py2.py3-none-any.whl
Requirement already satisfied: Jinja2>=2.10 in f:\python3\lib\site-packages (from flask) (2.10)
Collecting click>=5.1 (from flask)
  Using cached https://files.pythonhosted.org/packages/fa/37/45185cb5abbc30d7257104c434fe0b07e5a195a6847506c074527aa599e
c/Click-7.0-py2.py3-none-any.whl
Collecting itsdangerous>=0.24 (from flask)
  Using cached https://files.pythonhosted.org/packages/76/ae/44b03b253d6fade317f32c24d100b3b35c2239807046a4c953c7b89fa49
e/itsdangerous-1.1.0-py2.py3-none-any.whl
Requirement already satisfied: MarkupSafe>=0.23 in f:\python3\lib\site-packages (from Jinja2>=2.10->flask) (1.1.1)
Installing collected packages: Werkzeug, click, itsdangerous, flask
Successfully installed Werkzeug-0.15.2 click-7.0 flask-1.0.2 itsdangerous-1.1.0

F:\web1\TestE1>
```

图 7.22　安装 flask 库

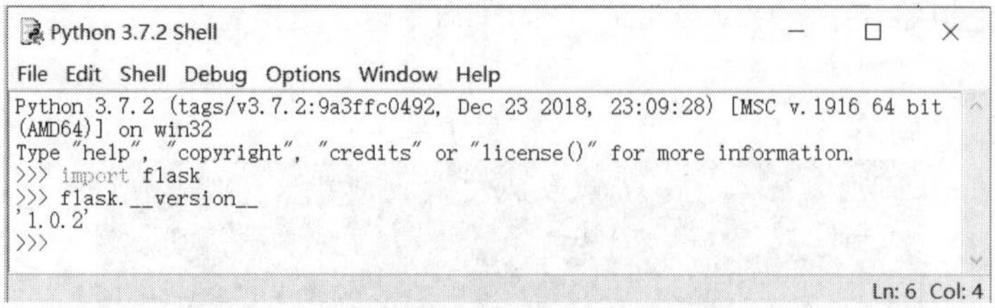

```
Python 3.7.2 Shell
File Edit Shell Debug Options Window Help
Python 3.7.2 (tags/v3.7.2:9a3ffc0492, Dec 23 2018, 23:09:28) [MSC v.1916 64 bit
(AMD64)] on win32
Type "help", "copyright", "credits" or "license()" for more information.
>>> import flask
>>> flask.__version__
'1.0.2'
>>>
Ln: 6 Col: 4
```

图 7.23　验证 flask 库安装成功

（6）编程显示最简单 Web 页。

把下列代码保存到 Python 脚本文件中（本书是 showMyMatplotlibWeb.py），然后把文件复制到虚拟目录下（本书为 TestE1 下）。

```
from flask import Flask
app = Flask(__name__)
@app.route('/')
def hello_world():
    return 'Hello World!'

if __name__ == '__main__':                #注意 if 后面及等号两边空格，下划线由两个_组成
    app.run()
```

在命令提示符下，进入 TestE1 虚拟路径下，执行 python showMyMatplotlibWeb.py 命令，如图 7.24 所示（要退出该命令执行状态，按 Ctrl+C 组合键退出即可），显示本地网址 http://127.0.0.1:5000/，在浏览器里输入该网址，按 Enter 键，就可以显示第一个网站内容，如图 7.25 所示。

图 7.24　执行第一个 web 代码

图 7.25　第一个网站网页内容

2．执行带 Matplotlib 库内容的 Web 网站

网站环境准备完成后，就可以考虑如何调用 Matplotlib 内容，被网站直接所使用。

这里我们仔细观察一下 showMyMatplotlibWeb.py 的代码，把 def hello_world():函数里的内容，改成需要调用 Matplotlib 的代码即可。按照这个设计思路，继续编写自定义函数，其修改后的完整代码如下所示。

```
from flask import Flask
app = Flask(__name__)
@app.route('/')
#def hello_world():
#   return 'Hello World!'
def Drawlines():
    import matplotlib
    matplotlib.use('Agg')                         #隐藏画图的边框
    import matplotlib.pyplot as plt
    from io import BytesIO
    import base64
                                                  #绘制折线图
    plt.axis([0, 5, 0, 10])                       #设置 X，Y 轴的刻度线值范围
    plt.title('First line')                       #图标题
    plt.plot([1,2,3,4],[1,4,4,8],'r--')           #绘制折线
        s1=BytesIO()                              #在内存中读写字节流
    plt.savefig(s1, format='png')                 #在内存中以二进制形式存储图片，扩展名为 png
    data=base64.encodebytes(s1.getvalue()).decode()       #利用 base64 做内容加密解密处理
    print(data)
    html = '''
```

```
        <html>
            <body>
                <img src="data:image/png;base64,{}" />
            </body>
         <html>
    '''
    plt.close()                                                    #绘制结束，关闭绘图对象
    return html.format(data)                                       #将绘图内容写入 html 脚本中
if __name__ == '__main__':
    app.run()
```

在 showMyMatplotlibWeb.py 修改完成代码，并保存后，再次在虚拟路径下执行图 7.25 的命令，然后在浏览器里刷新 http://127.0.0.1:5000/地址页面，显示结果如图 7.26 所示。

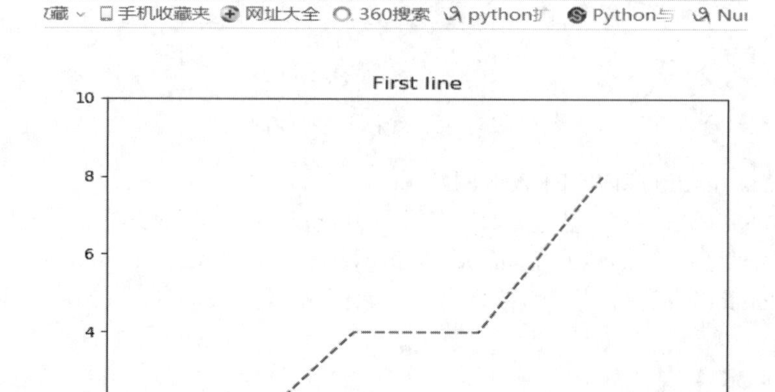

图 7.26　显示带 Matplotlib 内容的网页

7.3.2　GUI 项目

图形用户界面（Graphical User Interface，GUI）系统下，也能自动调用 Matplotlib 库的执行结果。

要实现 Matplotlib 库被 tkinter（Python 自带）、PyQt 等图形用户界面库所调用，主要分两个步骤实现。第一步，用 Matplotlib 的 figure()建立对象，并绘制图形；第二步把 figure()实例传递给 GUI 库的 Canvas 对象，然后在图形界面上显示。

下面代码通过 tkinter 库实现了 Matplotlib 图形在 GUI 界面上的显示，执行结果如图 7.27 所示。

```
import numpy as np
import matplotlib.pyplot as plt
from matplotlib.patches import Ellipse                             #导入椭圆绘制函数
```

```
from matplotlib.backends.backend_tkagg import FigureCanvasTkAgg,NavigationToolbar2Tk
                                               #用于显示导航栏
import tkinter as tk                           #导入 tk 图形界面(GUI)库

class My_From:
    def __init__(self):
        self.root=tk.Tk()                      #建立主窗体对象
        self.canvas=tk.Canvas()                #建立显示图形的画布
        self.figure=self.create_figure()       #返回 Matplotlib 所绘制图形的 figure 对象
        self.show_form(self.figure)            #将 figure 显示在 tk 主窗体上
        self.root.mainloop()

    def create_figure(self):                   #绘制图形，并返回 figure 对象
        delta = 45.0                           #控制绘图的角度
        fig=plt.figure(1,figsize=(10,5),edgecolor='green',frameon=True)
                                               #建立画板 figure
        plt.rcParams['font.sans-serif'] = ['SimHei']                        #中文黑体
        plt.rcParams['axes.unicode_minus']=False                            #负号显示
        axes= plt.subplot(111, aspect='equal')
        axes.text(-0.35,2.5,'在 tk 图形界面调用 Matplotlib 绘制功能',color='m')  #标注标题
        angles = np.arange(0,delta*4, delta)                    #设置 4 个角度值
        ells =[Ellipse((1,1),4,2,axes) for axes in angles]      #建立 4 个椭圆对象
        for e in ells:
            e.set_clip_box(axes.bbox)                           #往绘图区域剪贴椭圆图形
            e.set_alpha(0.3)                                    #设置椭圆图形的透明度
            axes.add_artist(e)                                  #在指定的绘制区域绘制图形
        axes.set_xlim(-2, 4)
        axes.set_ylim(-1, 3)
        axes.set_xlabel('X 坐标')
        axes.set_ylabel("Y 坐标")

        return fig

    def show_form(self,figure):
        self.canvas=FigureCanvasTkAgg(figure,self.root)
                                               #把 figure 对象图形绘制到 tk.Canvas 里
        self.canvas.draw()                     #正式绘制并显示在主界面上
        toolbar =NavigationToolbar2Tk(self.canvas, self.root)
                                               #把 Matplotlib 的导航工具栏在 tk 主窗口上显示
        toolbar.update()
        self.canvas._tkcanvas.pack(side=tk.TOP, fill=tk.BOTH, expand=1)#在 tk 界面上定位

if __name__=="__main__":
    M1=My_From()                               #调用 My_form()类，并实例化运行
```

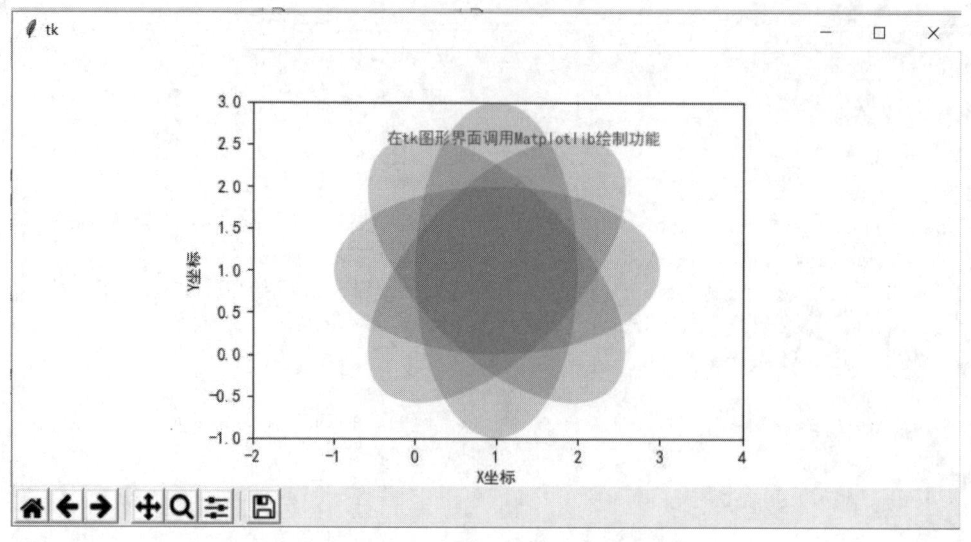

图 7.27　在 GUI 上调用 Matplotlib 并显示图形

7.4　参 数 配 置

Matplotlib 里的绘制对象需要提供一些常用的参数，如颜色、字体、透明度、图标风格等，而这些参数内容除了在函数里直接指定值外，还可以通过统一的参数配置文件来设置，方便代码页（Jupyter Notebook）的使用。

7.4.1　参数配置文件的配置

Matplotlib 的参数配置文件 matplotlibrc 是一个文本文件，存放于 Matplotlib 库的安装路径下。这里介绍对配置文件存放路径的查看、配置文件内容的查看、配置参数值的修改。

1．查看参数配置文件存放路径

在 Jupyter Notebook 里可以用如下命令查看该文件的具体存放路径。

```
import matplotlib as mpl
mpl.matplotlib_fname()                          #查看参数配置文件存放路径
'C:\\Users\\111\\AppData\\Roaming\\Python\\Python37\\site-packages\\matplotlib\\mpl
-data\\matplotlibrc' ★
```

上述参数文件是全局性的，也就是一台计算机里的不同路径下的软件项目都可以使用该公共参数配置文件。当然，这里也可以为不同项目路径存放各自的局部参数配置文件。

```
%pwd                                            #Jupyter Notebook 查看工作路径的魔法命令
'F:\\books2019V1'                               #Jupyter Notebook 当前执行代码文件的工作路径
```

把★路径下的公共 matplotlibrc 参数配置文件复制到 F:\books2019V1 工作路径下，然后，在

Jupyter Notebook 里读写参数值时，优先在当前工作路径下操作。若找不到局部参数配置文件，才去公共路径下找全局参数配置文件。

2．修改并查看参数配置文件的内容

对 Matplotlib 的参数配置文件有以下几种常见的修改、查看方法。

（1）手动修改配置文件，整体读取配置文件内容。

为了演示时查看当前工作路径下的局部参数配置文件内容，先到 F:\books2019V1 路径下，用文本文件编辑器打开 matplotlibrc 文件，并通过查找，找到 axes.grid，然后去掉#，并设置 axes.grid=True（其默认值为 False），保存该配置文件。接着在 Jupyter Notebook 里，可以通过如下方法，查看参数配置文件里的详细内容。

```
import matplotlib.pyplot as plt
plt.rcParams                        #有局部参数配置文件时，优先读取局部参数配置文件的内容
```

上述代码执行结果如图 7.28 所示。细心的读者可以发现熟悉的设置颜色等参数内容。并且发现 axes.grid=True（图标记显示），初步证明了当前工作目录下的局部参数文件起作用了。

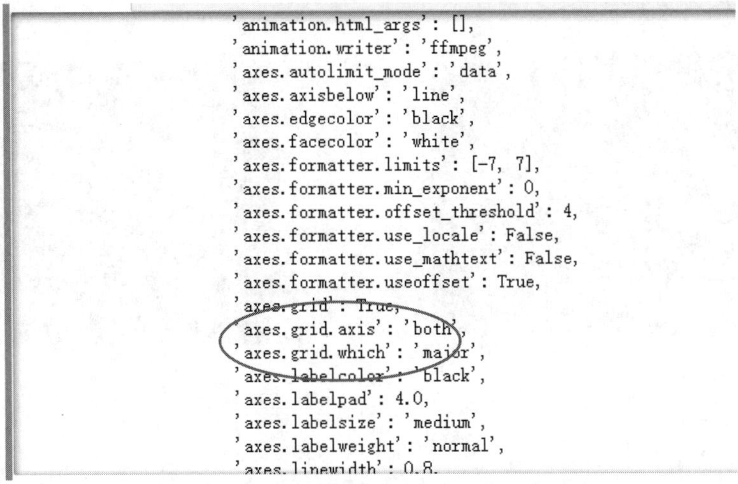

```
'animation.html_args': [],
'animation.writer': 'ffmpeg',
'axes.autolimit_mode': 'data',
'axes.axisbelow': 'line',
'axes.edgecolor': 'black',
'axes.facecolor': 'white',
'axes.formatter.limits': [-7, 7],
'axes.formatter.min_exponent': 0,
'axes.formatter.offset_threshold': 4,
'axes.formatter.use_locale': False,
'axes.formatter.use_mathtext': False,
'axes.formatter.useoffset': True,
'axes.grid': True,
'axes.grid.axis': 'both',
'axes.grid.which': 'major',
'axes.labelcolor': 'black',
'axes.labelpad': 4.0,
'axes.labelsize': 'medium',
'axes.labelweight': 'normal',
'axes.linewidth': 0.8,
```

图 7.28 Matplotlib 参数配置文件内容（部分）

（2）在 Jupyter Notebook 里动态设置参数配置文件，并逐条读取配置参数。

用 rcParams 设置参数值。

```
import matplotlib as mpl
mpl.rcParams['axes.facecolor'] = 'green'        #采用键值对形式，把绘图区域白色背景改为绿色
```

为了验证设置成功，在 figure 调用一个绘图区域，查看是否有所变化。

```
import matplotlib.pyplot as plt
plt.figure()
plt.subplot(111)
```

上述代码执行显示结果如图 7.29 所示。首先，绘图区域的颜色由默认的白色变成了绿色，其次，绘图区域加上了网格(这是手动设置参数配置文件内参数值的结果，也说明了通过参数文件设

置，不同代码块都受设置影响）。对当前工作路径下的局部参数配置文件设置成功。

读取一条参数的值。

```
import matplotlib.pyplot as plt
plt.rcParams['axes.facecolor']        #等价于上一例代码下的 mpl.rcParams['axes.facecolor']
'green'
```

（3）指定一个对象名称，连续设置参数。

rc(group, **kwargs)可以通过指定一个绘图对象，实现对该对象相关属性参数的连续设置。参数说明如下。

① group：指定绘制对象名称，如'lines'、'axes'、' animation'、'figure'、'font.family'、'patch'等。

② **kwargs：接受键值对参数，如 linewidth=2，color='r'等。

```
import matplotlib.pyplot as plt
plt.rc('axes', linewidth=4, edgecolor='m')                    #设置洋红的边框线，线宽度 4
plt.subplot(111)
```

执行结果如图 7.30 所示。

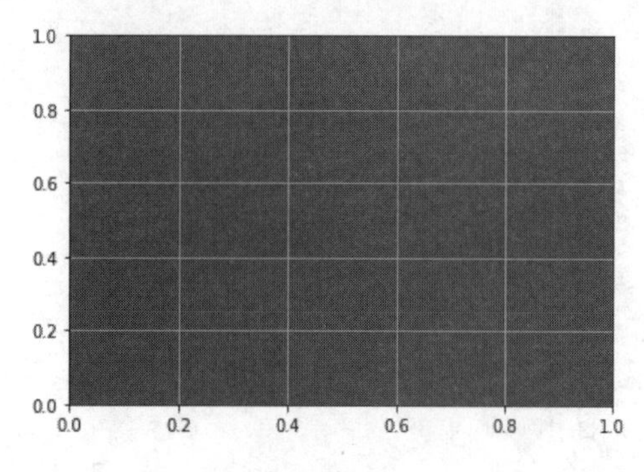

图 7.29　设置参数后的绘图区域

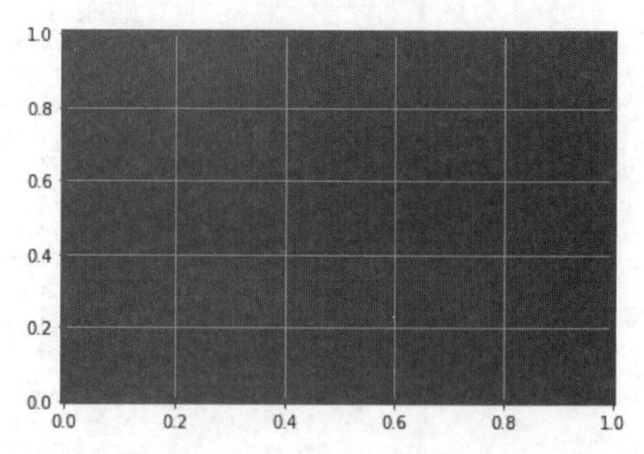

图 7.30　带宽度为 4 的洋红边框线的绘图区域

7.4.2　常用参数配置示例

利用参数配置文件统一设置参数值，在实际项目开发中比较有用。比如需要开发一个软件，想统一设置开发界面的字体、字号、颜色等，以保证不同界面、不同显示区域风格一致。

（1）参数文件设置方式解决中文显示问题。

```
import matplotlib.pyplot as plt
import numpy as np
plt.rc('font', family='SimHei', size=7)                       #设置黑体，大小为 7
plt.rcParams['axes.unicode_minus'] = False                    #解决坐标轴负数的负号显示问题
plt.xlabel("X 轴")
plt.ylabel("Y 轴")
plt.title("参数文件方式设置中文显示参数")
plt.plot(np.random.randn(1000).cumsum(),color='b',alpha=0.7)
plt.show()
```

参数文件设置中文参数，显示执行结果如图 7.31 所示。

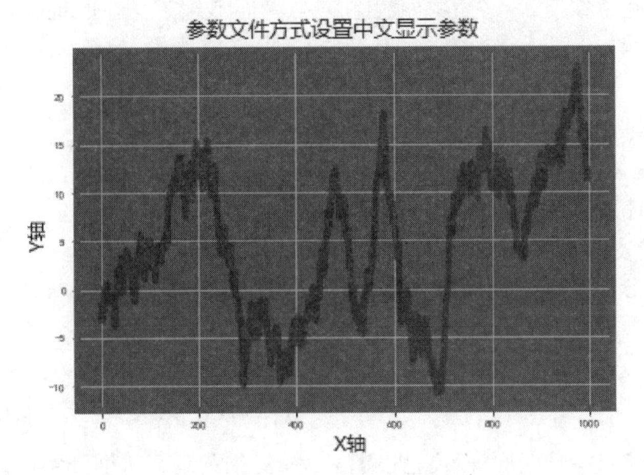

图 7.31　中文显示

（2）设置 axes 对象的属性，改变边框颜色为黑色。

```
import matplotlib.pyplot as plt
import numpy as np
plt.rc('axes', linewidth=4, edgecolor='k')
x=np.arange(1,10,1)
y=x
S=np.arange(1,10,1)*20
C = np.ones((9,4)) * (0,0,0,1)
plt.scatter(x,y, s=S, lw = 0.5,edgecolors =C, facecolors='y')      #s 为点的大小，C 为点边线颜色
plt.show()
```

参数设置 axes 对象的属性，边框颜色为黑色，执行结果如图 7.32 所示。

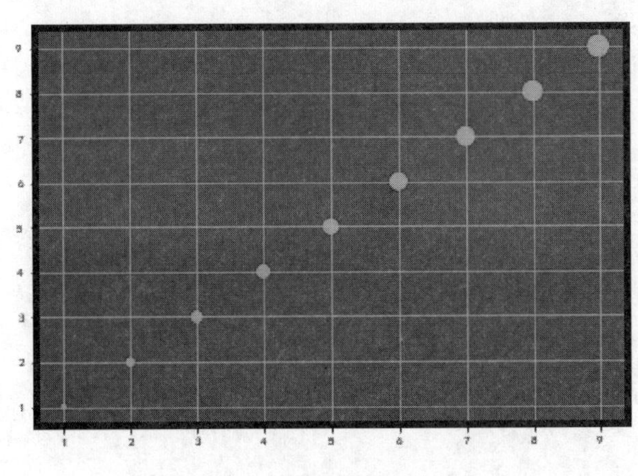

图 7.32　改变边框颜色为黑色

注意：

在当前项目路径下通过参数文件设置的参数值，影响范围仅限于当前 Notebook 代码页。若在 Jupyter Notebook 上新开一代码页（不在一个路径下），执行相关绘图功能，不受原先设置影响。

7.4.3 配置文件其他相关操作

恢复默认配置文件、查看当前参数配置文件路径。

1. 恢复默认配置文件内容

其实有时不喜欢参数配置文件新设置的值对后续开发内容的影响，这时，可以考虑恢复默认值状态。

```
import matplotlib as mpl
mpl.rcdefaults()                                    #恢复参数配置文件默认设置
```

然后执行下面代码，将发现原先设置的网格、绿颜色背景、边框都将不复存在。

```
import matplotlib.pyplot as plt
plt.figure()
plt.subplot(111)
```

2. 查看当前参数配置文件路径

```
import matplotlib
matplotlib.matplotlib_fname()                       #查看当前工作路径下的参数配置文件路径
'F:\\books2019V1\\matplotlibrc'
```

7.5 案例 8 [三酷猫设计机械零配件]

三酷猫学习了二维、三维图形绘制功能后，它决定绘制一个圆柱体、一个双圆柱体、一个圆锥体，作为机械工厂零配件建模使用。

1. 绘制一个圆柱体

```
import matplotlib.pyplot as plt
import matplotlib.colors
import numpy as np
from mpl_toolkits.mplot3d import Axes3D
r=3
length=np.linspace(0,2*np.pi,20)                    #建立 20 个圆弧度值，一维数组
x =r*np.sin(length)                                 #建立 20 个 sin 值，一维数组，范围[0,3]
y =r*np.cos(length)                                 #建立 20 个 cos 值，一维数组，范围[0,3]
z=np.outer(np.arange(0,20),np.ones(20))             #建立 20 行，每行值范围为[0,20]的二维数组
print(x.shape,y.shape,z.shape)                      #打印各数组大小，方便观察和理解
n=len(x)                                            #n=20
```

```
s=np.ones((n-1,n-1,n-1),dtype=bool)              #除去一个边界值，建立三维值为 1 的数组
fig = plt.figure()
ax = fig.gca(projection='3d')
ax.voxels(x, y, z,s,                              #用像素体函数建立三维柱体
        facecolors='y',
        edgecolors='m')
plt.show()
(20,) (20,) (20, 20)
```

上述代码绘制结果如图 7.33 所示。

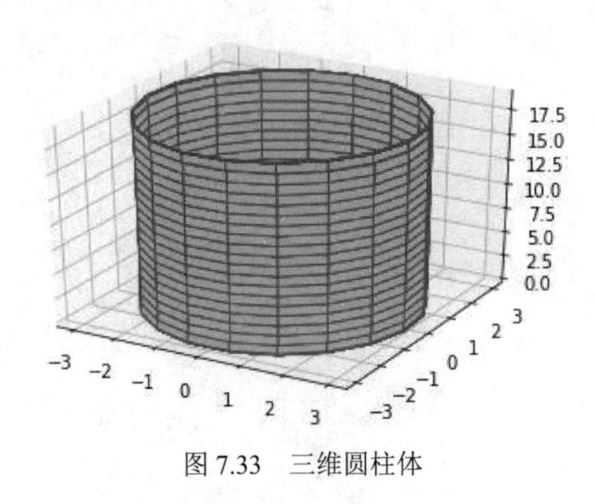

图 7.33　三维圆柱体

2．绘制双圆柱体

```
import matplotlib.pyplot as plt
import numpy as np
from mpl_toolkits.mplot3d import Axes3D
plt.rcdefaults()                                   #参数配置文件恢复默认状态
plt.rc('font', family='simhei', size=15)
plt.rcParams['axes.unicode_minus'] = False         #解决坐标轴负数的负号显示问题
fig1 = plt.figure(figsize=(8,8))
axes1 =plt.subplot(111,projection='3d')
axes1.text(0,0,22,'立柱体')
angle1=np.linspace(0,2*np.pi,50)                   #产生 0 到 2π 弧度范围的均等分 50 个值
high1=np.linspace(0,19,20)                         #产生 0 到 19 范围的 20 个均等分值
#============================================================画外圆桶
x1=np.outer(np.sin(angle1)*2,np.ones(len(high1)))  #产生(50,20)二维矩阵，把 50 个 sin()
                                                   单列值，在行方向上重复 20 次
y1=np.outer(np.cos(angle1)*2,np.ones(len(high1)))  #产生(50,20)二维矩阵，把 50 个 cos()
                                                   单列值，在行方向上重复 20 次
z1=np.outer(np.ones(len(angle1)),high1)            #产生(50,20)二维矩阵，把 20 个[0,19]
                                                   均值一维矩阵，在列方向上重复 50 次
axes1.plot_surface(x1,y1,z1,cmap=plt.get_cmap('ocean'),alpha=0.7)
                                                   #设置颜色映射在一定范围的颜色条
```

```
#=============================================================画内圆桶
x2=np.outer(np.sin(angle1)*1.5,np.ones(len(high1)))   #产生(50,20)二维矩阵,把50个sin()
                                                        单列值，在行方向上重复20次
y2=np.outer(np.cos(angle1)*1.5,np.ones(len(high1)))   #产生(50,20)二维矩阵,把50个cos()
                                                        单列值，在行方向上重复20次
axes1.plot_surface(x2,y2,z1,cmap=plt.get_cmap('jet')) #设置颜色映射，在一定范围的颜色条
max1=z1.max()
#=============================================================黄色底座
z10=np.ones((50,50))
X,Y = np.meshgrid(np.sin(angle1)*3,np.cos(angle1)*3)
print(X.shape,Y.shape,z10.shape)
axes1.plot_surface(X,Y,z10, color='yellow', linewidth=1.0)         #绘制黄色底座平面

axes1.set_xlim3d(-5,5)
axes1.set_ylim3d(-5,5)
plt.show()
    (50, 50) (50, 50) (50, 50)
```

代码执行结果如图 7.34 所示。

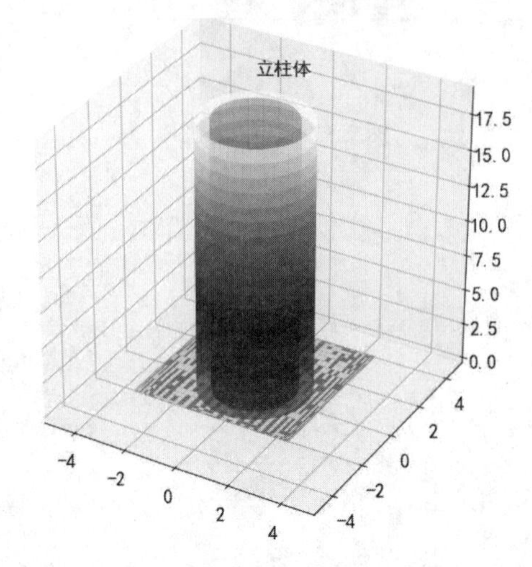

图 7.34　带底座的双圆柱体

3．绘制圆锥体

图 7.35 对应的代码实现如下：

```
import matplotlib.pyplot as plt
import numpy as np
from mpl_toolkits.mplot3d import Axes3D
fig = plt.figure(figsize=(10,3))
ax = fig.add_subplot(131, projection='3d')                  #第一个三维绘图区域，底口朝上
u = np.linspace(0, 2 * np.pi, 50)                           #提供50个等分2π弧度值
v = np.linspace(0, np.pi, 50)                               #提供50个等分π弧度值
```

```
x = np.outer(np.cos(u), np.sin(v)) #利用 outer(a,b)外积函数求二维空间 x 值的分布，值范围[-1,1]
y = np.outer(np.sin(u), np.sin(v) #利用 outer(a,b)外积函数求二维空间 y 值的分布，值范围[-1,1]
z = np.sqrt(x**2+y**2)            #控制圆锥体高度的一维数组，底朝上圆锥体，值范围[0,1]
ax.plot_surface(x, y, z, cmap=plt.get_cmap('cool'))
ax1 = fig.add_subplot(132, projection='3d')         #第二个三维绘图区域，底口朝下
z1=1-z                                               #控制圆锥体高度的一维数组，底朝下圆锥体
ax1.plot_surface(x, y, z1, cmap=plt.get_cmap('cool'))
ax2 = fig.add_subplot(133, projection='3d')         #第三个三维绘图区域，花式圆锥
z2 = np.sqrt(np.abs(x)**0.5+np.abs(y)**0.5)         #花式圆锥
ax2.plot_surface(x, y, z2, cmap=plt.get_cmap('spring'))
plt.show()
```

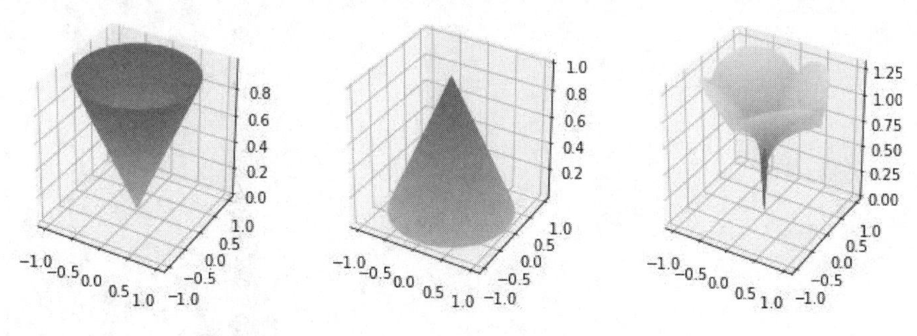

图 7.35　三维圆锥体（左边底口朝上，中间底口朝下，右边花式圆锥）

7.6　习题及实验

1. 填空题

（1）通过 Matplotlib 库建立三维坐标，可以通过设置 plt.axes 的参数（　　）来实现，也可以通过导入（　　）实例对象来实现。

（2）从二维坐标系到三维坐标系最大的区别是增加了（　　）坐标。

（3）在三维空间可以用（　　）绘制散点，用（　　）绘制线，用（　　）绘制三维上的一个平面。

（4）Matplotlib 库工程化主体通过（　　）项目、（　　）项目两种方式的结合来实现。

（5）在工作路径下配置文件参数的设置，可以影响工作路径下的（　　）页内的代码。

2. 判断题

（1）理论上可以通过三维坐标构建数字地球。（　　）

（2）在三维模型上，可以通过 LightSource()对象实现不同角度的打光的功能。（　　）

（3）若要从不同角度观看三维实体，可以通过设置 axes 对象的参数来实现。（　　）

（4）三维像素体指在三维空间指定三维坐标的情况下，用固定三维体连续叠加绘制组合形状，像素体为小立方体。（　　）

（5）因 Jupyter Notebook 本身的缺陷，用代码演示三维动画，建议用 GUI 界面的代码调试工具。（　　）

3. 实验题

实验一：用两种方法各建立一个立方体。

实验二：旋转立方体。

第 8 章 Scipy 基础

Scipy 是在 Numpy 库基础上拓展开发的更加专业的科学计算库，对读者的知识结构要求更高，有些内容甚至涉及物理学家、数学家的研究范畴。Scipy 库所提供的计算功能更加强大，但是需要读者掌握非常专业的数学知识和不同领域的专业知识，才能有针对性地进行学习和掌握。读者视自身的能力可以选择性地学习，也可以先运行相关的代码，观察运行结果，再体会相关的知识。

学习内容

- 接触 Scipy
- 特殊数学函数（special）
- 读写数据文件（io）
- 线性代数（linalg）
- 统计（stats）
- 积分（integrate）
- 空间算法和数据结构（spatial）
- 稀疏矩阵（sparse）
- 案例 9 [三酷猫统计岛屿面积]
- 习题及实验

8.1 接触 Scipy

Scipy是Python环境下一款著名的高级科学计算库，被广泛应用于科学计算、工程计算、数学计算等。该库基于 Python、Numpy 的基础上进行扩建，提供了更加高级的处理数据的函数和类。

8.1.1 Scipy 库组成

Scipy 库内容包括从 Numpy 导入的所有函数，并增加针对特殊任务的子模块包，如表 8.1 所示。

表 8.1 Scipy 库的主要子模块包名称[①]

序　　号	子 模 块 包	中 文 名 称
1	special	特殊数学函数
2	io	数据输入输出
3	linalg	线性代数
4	stats	统计
5	integrate	积分
6	spatial	空间算法和数据结构
7	sparse	稀疏矩阵
8	signal	信号处理
9	interpolate	插值
10	optimize	优化
11	odr	正交距离回归
12	ndimage	多维图像处理
13	cluster	聚类
14	fftpack	傅里叶变换

这里假定读者已经安装了 Python、Numpy、Matplotlib、Scipy（安装过程见 1.2 节），在代码编辑器里，采用子模块包，导入子模块包的方式进行使用，尽量避免 import scipy 方式导入，因为该库全导入内容量非常大，有耐心的读者可以通过 help(scipy)试一下。

```
from scipy import special                    #导入特殊数学函数子模块
import scipy
scipy.                                       #在 Jupyter Notebook 里按 Tab 键
```

[①] Scipy 库完整的内容地址为 https://docs.scipy.org/doc/scipy/reference/py-modindex.html。

显示结果如图 8.1 所示。如 abs()求绝对值函数，与 np.abs()函数是一样的。

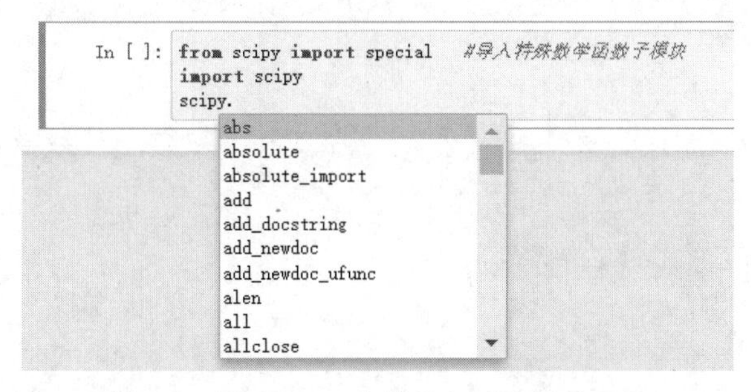

图 8.1　显示 Scipy 库模块包下大量的函数

8.1.2　常量使用

Scipy 在 scipy.constants 子模块里提供了数学、物理的常量对象[①]，其中部分常量跟 Numpy 里的常量是重复的（详见附录二），这里仅介绍没有重复的部分常用常量的使用。

1. 黄金比例

```
import scipy.constants as cn
cn.golden                                    #等价于 cn.golden_ratio
1.618033988749895
```

2. 真空中的光速

```
cn.c                                         #等价于 cn.speed_of_light
299792458.0                                  #单位为 m/s
```

3. 摩尔气体常数

```
cn.R                                         #等价于 cn. gas_constant
8.3144598
```

4. 精细结构常数

```
cn.alpha                                     #等价于 cn. fine_structure
0.0072973525664
```

5. 玻尔兹曼常数

```
cn.k                                         #等价于 cn. Boltzmann
1.38064852e-23
```

6. 1 角度圆对应的弧度

```
cn.degree
0.017453292519943295
```

[①] 完整的常量清单参考 https://docs.scipy.org/doc/scipy/reference/constants.html#scipy.constants。

```
cn.degree*360/cn.pi
2.0
```

7. 时间

```
cn.minute                                             #一分钟的秒数
60.0
cn.hour                                               #一小时的秒数
3600.0
cn.day                                                #一天的秒数
86400.0
cn.year                                               #正常年份 365 天的秒数
31536000.0
cn.Julian_year                                        #一个朱利安年（365.25 天）的秒数
31557600.0
```

8. 长度

```
cn.inch                                               #一英寸的米数
0.0254
cn.mile                                               #一英里的米数
1609.3439999999998                                    #米/英里
cn.light_year                                         #一光年的米数
9460730472580800.0                                    #米/光年
```

8.2 特殊数学函数（special）

special 模块从名称上是指特殊数学函数，是相对于 Numpy 库的现有函数而言的，是对 Numpy 库函数内容的大幅扩展。

8.2.1 special 分类

到本书出版为止，special 模块下的特殊函数分类包括错误处理（Error handling）、艾里函数（Airy functions）、椭圆函数和积分（Elliptic Functions and Integrals）、贝塞尔函数（Bessel Functions）、结构函数（Struve Functions）、原始统计函数（Raw Statistical Functions）、信息论（Information Theory Functions）、伽玛及相关函数（Gamma and Related Functions）、误差函数和菲涅耳积分（Error Function and Fresnel Integrals）、勒让德函数（Legendre Functions）、椭球函数（Ellipsoidal Harmonics）、正交多项式（Orthogonal polynomials）、超几何函数（Hypergeometric Functions）、抛物柱形函数（Parabolic Cylinder Functions）、马蒂厄及相关函数（Mathieu and Related Functions）、球形波函数（Spheroidal Wave Functions）、开尔文函数（Kelvin Functions）、组合学（Combinatorics）、Lambert W 及相关函数（Lambert W and Related Functions）、便利函数（Convenience Functions）以及其他特殊函数（Other Special Functions）。

这里作者耐心地把 special 模块的函数分类（内含几百个函数）进行了罗列，不是为了吓倒读者，也不是为了炫耀，而是想告诉读者 Scipy 库的专业性和功能的强大性。当然，不能要求读者去掌握所有函数。在这里读者应明白，自己想要哪些函数，怎么去找，就可以了。所以本书在 Scipy 的相关内容安排时，只选择典型的具有代表性的内容进行介绍。

后续 Scipy 库章节内容也存在同样问题，如果读者对本书未介绍的内容感兴趣，具体可以查阅官网相关内容（https://docs.scipy.org/doc/scipy/reference/py-modindex.html）。

8.2.2　逻辑回归模型

Logit 逻辑回归模型是离散选择法模型之一，在生物、医学、社会、市场营销、统计等领域都有着非常广泛的应用。该模型的数学公式为：

$$\operatorname{logit}(p)=\log\frac{p}{1-p} \tag{8.1}$$

当 $p>1$ 或 $p<0$ 时，logit(p)返回 nan；当 $p=0$ 时，返回-inf；当 $p=1$ 时，返回 inf。所以，logit(p)参数 p 的正常使用范围为在(0,1)之间的小数。

```
from scipy.special import logit
print('p为-2值为%f,p为0值为%f,p为1值为%f'%(logit(-2),logit(0),logit(1)))
print('p为0.1值为%f,p为0.5值为%f,p为0.9值为%f'%(logit(0.1),logit(0.5),logit(0.9)))
p为-2值为nan,p为0值为-inf,p为1值为inf
p为0.1值为-2.197225,p为0.5值为0.000000,p为0.9值为2.197225
```

绘制 p 范围在(0,1)之间的 log 轨迹点。

```
import matplotlib.pyplot as plt
from scipy.special import logit                    #导入logit()函数
import numpy as np
x=np.linspace(0,1,40)
y=logit(x)                                         #求x在(0,1)范围40个值的log值
print(y)                                           #打印y值
plt.plot(x, y,'mo')                                #画log轨迹的洋红点
plt.grid()
plt.title('Show logit(x) lines')
plt.show()
[ -inf -3.63758616 -2.91777073 -2.48490665 -2.1690537  -1.91692261
 -1.70474809 -1.51982575 -1.35454566 -1.2039728  -1.06471074 -0.93430924
 -0.81093022 -0.69314718 -0.5798185  -0.47000363 -0.36290549 -0.25782911
 -0.15415068 -0.05129329  0.05129329  0.15415068  0.25782911  0.36290549
  0.47000363  0.5798185   0.69314718  0.81093022  0.93430924  1.06471074
  1.2039728   1.35454566  1.51982575  1.70474809  1.91692261  2.1690537
  2.48490665  2.91777073  3.63758616        inf]       #这里y存在-inf、inf两个特殊值
```

绘制结果如图 8.2 所示。

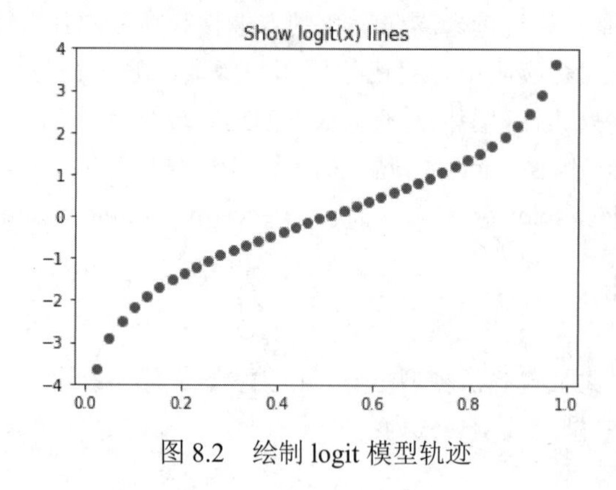

图 8.2　绘制 logit 模型轨迹

注意：

Matplotlib 的 plot()在绘制 logit 轨迹时，自动忽略 x=0，x=1 的点，因为其对应的 y 值是-inf，inf。

8.2.3　求立方根

special 模块专门为求立方根提供了 cbrt(x)函数，等价于 pow(x,1/3)。绘制结果如图 8.3 所示。

```
import matplotlib.pyplot as plt
from scipy.special import cbrt
import numpy as np
x=np.arange(10)
y=cbrt(x*64)                          #求 10 个点的立方根
plt.plot(x,y,'o')                     #绘制对应的点
for x,y in zip(x,y):                  #zip()把两个一维数组对应位置的元素打包成一个元组对
    plt.text(x,y,"({:.2f}),({:.2f})".format(x,y))              #在点上标记坐标对
plt.title('Show cbrt(x) lines')
plt.show()
```

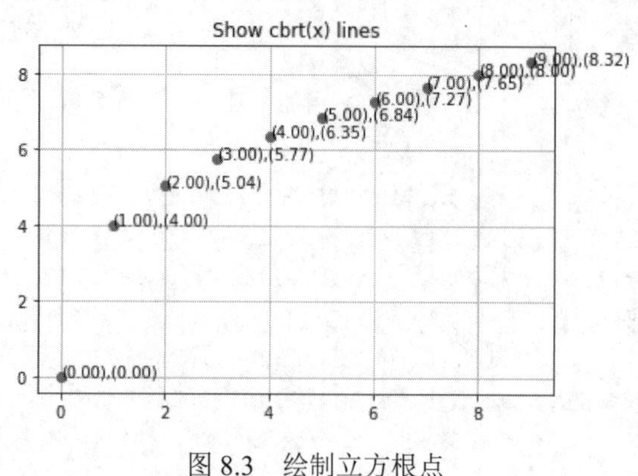

图 8.3　绘制立方根点

8.3　读写数据文件（io）

数据处理的结果都需要通过对应的文件进行存储，以方便使用，Numpy 为数据文件的处理提供了相关功能（见 5.1 节），Scipy 提供了更多类型的文件处理能力。

8.3.1　可读写文件函数

在 Scipy.io 子模块包里统一存放着读写各种类型文件的函数，如表 8.2 所示。

表 8.2　Scipy 支持的文件类型

分　类	读写文件函数	函数功能说明
MATLAB 文件	loadmat(file_name[, mdict, appendmat])	读 MATLAB 文件
	savemat(file_name, mdict[, appendmat, …])	保存 MATLAB 文件
	whosmat(file_name[, appendmat])	列出 MATLAB 文件变量
IDL 文件	readsav(file_name[, idict, python_dict, …])	读 IDL 文件
Matrix Market 文件	mminfo(source)	返回文件大小、存储参数
	mmread(source)	读文件内容到矩阵
	mmwrite(target, a[, comment, field, …])	写矩阵内容到文件
未格式化的 Fortran 文件	FortranFile(filename[, mode, header_dtype])s	建立读写 Fortran 文件的对象，其提供读写方法
NetCDF 文件	netcdf_file(filename[, mode, mmap, version, …])	建立 NetCDF 文件的对象，其提供读写文件数据方法
	netcdf_variable(data, typecode, size, shape, …)	netcdf 模块的数据对象属性设置
Harwell-Boeing 文件	hb_read(path_or_open_file)	读 HB 格式的文件
	hb_write(path_or_open_file, m[, hb_info])	写 HB 格式的文件
WAV 声音文件	read(filename[, mmap])	打开 WAV 文件
	write(filename, rate, data)	把数组写入 WAV 文件
	WavFileWarning	WAV 文件出错信息
Arff 文件	loadarff(f)	读 Arff 文件
	MetaData(rel, attr)	用于保存 Arff 相关信息
	ArffError	操作 Arff 出错信息
	ParseArffError	解析 Arff 文件出错信息

8.3.2　WAV 文件处理

WAV（Waveform Audio）是 Windows 下的一种标准音频格式文件，属于无损音乐格式，文件扩展名为.wav，该类型音频文件可以在 Windows 操作系统通过自带的 Windows Media Player 播放器播放。

1．读取 WAV 文件

函数 scipy.io.wavfile.read(filename, mmap=False)，参数说明如下。

（1）filename：指定 WAV 文件名（可以含指定路径）。

（2）mmap：可选参数，用于读取文件时，指定是否把数据读取为内存映射，默认值为 False。

返回值，rate 为 WAV 文件的采样率，data 为从 WAV 读取的数据。

读取 Windows 下的音频文件示例。

```
from scipy.io import wavfile
r,data = wavfile.read(r'G:\MyFourBookBy201811go\testData\ding.wav')    #该文件播放发出叮叮的声音
print('采样率',r)
print('音频数据',data)
print('data 数据类型：',type(data))
print('data 数据大小:',data.shape)
采样率 44100
音频数据 [[-1 -1]
        [-1 -2]
        [-1 -2]
        ...
        [ 0  0]
        [ 0  0]
        [ 0  0]]
data 数据类型： <class 'numpy.ndarray'>
data 数据大小： (17504, 2)
```

从上述执行结果可以看出获取的音频数据是一个二维数组，由此可以对二维数组的值进行编辑，进而改变音频播放声音。

2．写 WAV 文件

函数 scipy.io.wavfile.write(filename, rate, data)，参数说明如下。

（1）filename：指定 WAV 文件名（可以含指定路径）。

（2）rate：指定采样率（采样数/秒）。

（3）data：需要存储的一维或二维音频数据。

继续在上例执行的结果上增加如下代码，修改 ding.wav 文件的二维数组值，保存到 strange.wav。

```
new1=data.copy()
new1[:,0]+=2
print(new1[:10])
wavfile.write(r'G:\MyFourBookBy201811go\testData\strange.wav',r,new1)
[[ 1 -1]
 [ 1 -2]
 [ 1 -2]
 [ 0 -3]
```

```
[ 0 -3]
[ 0 -3]
[ 0 -3]
[ 0 -2]
[ 0 -2]
[ 1 -1]]
```

在指定的文件夹里产生新的音频播放文件 strange.wav，然后可以通过 Windows Media Player 播放器播放一下，听听是什么声音，好像是“莎莎”的哨音声。

8.3.3　矩阵文件处理

对于产生的矩阵数据，可以通过专门的函数保存到指定的文件中，也可以从文件中读取。

1．写矩阵函数

函数 io.mmwrite(target, a, comment='', field=None, precision=None, symmetry=None)，参数说明如下。

（1）target：指定写入的矩阵文件名称（可以含指定文件路径）。

（2）a：稀疏或密集矩阵（数组）。

（3）comment：可选，字符串，要添加到 Matrix Market 文件的注释。

（4）field：可选，字符串或 None，选择值为'real'、'complex'、'pattern'或'integer'。

（5）precision：可选，实数或复数值的显示位数。

（6）symmetry：可选，选择值为'general'、'symmetric'、'skew-symmetric'或'hermitian'。

2．读矩阵函数

函数 io.mmread(source)，参数说明如下。

source：指定读取的矩阵文件名称（可以含指定文件路径）。

3．读写矩阵示例

```
import numpy as np
import scipy.io as sy
from  scipy.sparse import *
np.random.seed(10)
data= np.random.randint(0, 6, (3, 2))
d =np.matrix(data)
print(d)
sy.mmwrite(r'G:\MyFourBookBy201811go\testData\sparse.mtx', d)
k=sy.mmread(r'G:\MyFourBookBy201811go\testData\sparse.mtx')
print('读取结果:\n',k)
```

```
[[1 5]
 [4 0]
 [1 3]]
读取结果:
 [[1 5]
 [4 0]
 [1 3]]
```

8.4　线性代数（linalg）

Scipy 的 linalg 子模块包主要继承了 Numpy. linalg 下的函数，但是 Scipy 提供的线性代数函数部分功能更加强大，同时也扩充了 Numpy 没有的相关函数。Scipy 的线性代数内容包括了基本函数处理、特征值问题、分解矩阵函数、矩阵函数、矩阵方程求解器、草图和随机预测、特殊矩阵、低层次例程等。

8.4.1　LU 分解

在线性代数中，LU 是矩阵分解的一种，将系数矩阵 ***A*** 转为等价的两个矩阵 ***L***、***U*** 的乘积，***L*** 为单位下三角，***U*** 为上三角，是高斯消元法的一种表达式。

1. LU 分解函数

函数 linalg.lu(a, permute_l=False, overwrite_a=False, check_finite=True)，参数说明如下。

（1）a：为要分解的矩阵（数组）。

（2）permute_l：可选，执行乘法 P*L。

（3）overwrite_a：可选，是否覆盖 a 中的数据，默认值为 False。

（4）check_finite：可选，检查输入矩阵是否仅包含有限数。禁用可能会带来性能提升，但如果输入确实包含无穷大或 NaN，则可能会导致问题（崩溃，非正常终止）。

返回值如下：

如果 permute_l == False，返回 P、l、u，其中，P 为置换矩阵（M,M），l(M,K)具有单位对角线的下三角形或梯形矩阵 K = min（M,N），u（K,N）为上三角或梯形矩阵；如果 permute_l == True，则返回 pl、u，其中，pl 为（M,K）数组形的置换矩阵 K = min（M,N），u 为（K,N）数组形的上三角或梯形矩阵。

2. 用 LU 函数对系数矩阵进行分解示例

```
from scipy.linalg import lu
A=np.arange(1,17).reshape(4,4)
p, l, u = lu(A)                                   #LU 分解
print('p 矩阵为\n',p)
print('l 矩阵为\n',l)
print('u 矩阵为\n',u)
r=np.allclose(A - p @ l @ u, np.zeros((4, 4)))    #判断两个矩阵的元素值在容差范围内是否相等
print(r)
```

```
p 矩阵为
 [[0. 1. 0. 0.]
 [0. 0. 0. 1.]
 [0. 0. 1. 0.]
 [1. 0. 0. 0.]]
l 矩阵为
```

```
[[ 1.          0.          0.          0.        ]
 [ 0.07692308  1.          0.          0.        ]
 [ 0.69230769  0.33333333  1.          0.        ]
 [ 0.38461538  0.66666667 -0.5         1.        ]]
u 矩阵为
[[ 1.30000000e+01  1.40000000e+01  1.50000000e+01  1.60000000e+01]
 [ 0.00000000e+00  9.23076923e-01  1.84615385e+00  2.76923077e+00]
 [ 0.00000000e+00  0.00000000e+00 -1.77635684e-15 -1.77635684e-15]
 [ 0.00000000e+00  0.00000000e+00  0.00000000e+00  0.00000000e+00]]
True
```

8.4.2　西尔维斯特方程

西尔维斯特方程（Sylvester Equation）是控制理论里的矩阵方程，其公式为：

$$AX + XB = C \tag{8.2}$$

$\boldsymbol{A}$、$\boldsymbol{B}$ 是已知的方阵，大小分别为 n、m，$\boldsymbol{C}$ 也已知；而 $\boldsymbol{X}$、$\boldsymbol{C}$ 都是 n 行、m 列的矩阵。该方程存在唯一解的充分必要条件是 $\boldsymbol{A}$、$\boldsymbol{B}$ 没有共同特征值。该函数在特定影像处理中有应用[①]。

1．西尔维斯特方程函数

函数 linalg.solve_sylvester(a, b, q)，参数说明如下。

（1）a，西尔维斯特方程的前导二维矩阵，大小 n。

（2）b，西尔维斯特方程的尾随二维矩阵，大小 m。

（3）q，西尔维斯特方程常数项矩阵，可以是一维数组，也可以是 n 行、m 列的数组。

返回值：有解返回 n 行 m 列的数组解，没有解则报 LinAlgError 错。

2．西尔维斯特方程求解

```
from scipy.linalg import solve_sylvester,eig
import numpy as np
A=np.arange(9).reshape(3,3)
v,_=eig(A)                                          #求 A 的特征值
print('A 的特征值',v)
B=np.array([[1,2],[3,4]])
v1,_=eig(B)                                         #求 B 的特征值
print('B 的特征值',v1)
C=np.ones((3,2))
x=solve_sylvester(A,B,C)                            #求西尔维斯特方程的解
print('西尔维斯特方程的解为：\n',x)
A 的特征值 [ 1.33484692e+01+0.j -1.34846923e+00+0.j -2.48477279e-16+0.j]
B 的特征值 [-0.37228132+0.j  5.37228132+0.j]
西尔维斯特方程的解为：
 [[ 0.0529132   0.25386445]
```

① Sylvester, J. Sur l'equations en matrices px = xq. C. R. Acad. Sci. Paris. 1884, 99 (2): 67–71, 115–116.

```
[ 0.05826397  0.07728894]
[ 0.06361474 -0.09928656]]
```

8.4.3 建立块对角矩阵

在线性代数中对角矩阵是一种常见的矩阵，这里利用 Scipy 提供的函数实现块对角矩阵的构建。

1．建立块对角矩阵

函数 linalg.block_diag(*arrs)，参数说明如下。

*arrs：接受一维或二维的一个或多个输入数组作为块（A、B、C、…），用于构建对角矩阵对角线上的值。返回值是对角线上有 A、B、C 的对角矩阵 D，D 与 A 具有相同的数值类型。

2．构建块对角矩阵示例

```
from scipy.linalg import block_diag
import numpy as np
A=[[1,0],[0,1]]
B=np.ones((2,2))
C=[9]
D=block_diag(A,B,C)                                          #构建块对角矩阵
print(D)
[[1. 0. 0. 0. 0.]
 [0. 1. 0. 0. 0.]
 [0. 0. 1. 1. 0.]
 [0. 0. 1. 1. 0.]
 [0. 0. 0. 0. 9.]]
```

8.5 统计（stats）

Scipy 库的 stats 子模块包提供了基于统计学的相应函数功能，包括随机变量（Random Variables）、建立特定分布（Building Specific Distributions）、分析一个样本（Analysing One Sample）、比较两个样本（Comparing Two Samples）、核密度估计（Kernel Density Estimation）。

8.5.1 随机变量

在统计学中，通过随机变量所提供的样本数据来了解不同的分布特征，Scipy 库的 stats 子模块包为此提供了相应的函数功能。

本小节所介绍的随机变量函数存在于 stats 子模块包的类似 norm 的实例对象里（随机变量函数实质是其方法），实例对象列表如图 8.4（a）所示，对应的方法如图 8.4（b）所示。具体使用导入方式如 from scipy.stats import norm。

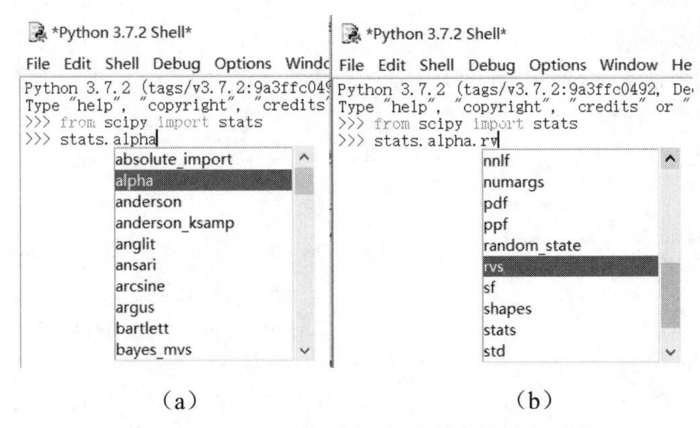

（a） （b）

图 8.4 stats 下具有随机变量方法的对象列表

1．rvs()抽取随机变量函数

rvs 抽取随机变量函数，英文全称为 Random Variates，抽取随机变量值。

函数 rvs(*args, **kwds)，参数说明如下。

（1）arg1、arg2、arg3、...：分布的形状参数，集合对象。

（2）loc：可选，位置参数，指定平均值，默认值为 0。

（3）scale：可选，比例参数，指定标准偏差，默认值为 1。

（4）size：可选，整数或整数元组，指定抽取的随机变量的数量，默认值为 1。

返回值为给定大小的随机变量（数组或常量）。

代码示例如下。

```
from scipy.stats import norm                              #导入正态连续随机变量产生对象
norm.rvs(size=4)                                          #产生大小为 4 个数的随机数
array([-1.14168688,  1.60273269,  1.72492998, -1.11773187])
norm.rvs(size=4)                                          #重复执行，发现结果值不一样，体现了随机性
array([-0.64611895,  0.80110026, -1.02714365,  0.34841626])
norm.rvs([2,3])
array([3.1725797 , 3.29354399])
norm.rvs((2,3,333))
aarray([1.71269507,3.45592171,331.25100346])              #产生的随机数值大小受形状参数影响
norm.rvs([[2,3],[1,2]])                                   #随机产生大小为 2*2 的二维数组
array([[0.2043201 , 3.31932997],
    [0.72858748, 2.09186132]])
norm.rvs([[2,3],[1,2]],scale=0.5)
array([[2.06320424, 3.1357075 ],
    [0.87856638, 2.70046832]])
```

2．pdf()概率密度函数

给定随机变量的 x 处的概率密度函数，pdf 的英文全称为 Probability Density Function。

函数 pdf(x, *args, **kwds)，参数说明如下。

（1）x：集合类型，指定位置值。

（2）arg1、arg2、arg3、...：指定分布的形状参数，集合类型。

（3）loc：可选，位置参数，指定平均值，默认值为 0。

（4）scale：可选，比例参数，指定标准偏差，默认值为 1。

返回值为在 x 处评估概率密度函数。

代码示例如下。

```
from scipy.stats import norm                          #导入正态连续随机变量产生对象
norm.pdf(20, 20, 10)                                  #求正态连续随机变量在 20 处的概率密度值
0.03989422804014327                                   #x=20 处的概率密度值
norm.pdf(20, [20,10,30,40,20])
array([3.98942280e-01,7.69459863e-23,7.69459863e-23,5.52094836e-88,3.98942280e-01])
```

3．cdf()累积分布函数，是 pdf()的积分

函数 cdf(x, *args, **kwds)，参数使用同 pdf()函数。

代码示例如下。

```
norm.cdf(20, 20, 10)
0.5
norm.cdf(20, [20,10,30,40,20])
array([5.00000000e-01,1.00000000e+00,7.61985302e-24,2.75362412e-89,5.00000000e-01])
```

4．stats()统计随机变量的期望值和方差

函数 stats(*args, **kwds)，参数说明如下。

（1）arg1、arg2、arg3、...：分布形状参数，数值常量或集合对象。

（2）loc：可选，位置参数，指定平均值，默认值为 0。

（3）scale：可选，比例参数，指定标准偏差，默认值为 1。

（4）moments：字符串，可选择值'm'、'v'、's'、'k'，可以组合使用，默认值为'mv'，其中，'m' = mean（均值），'v' = variance（方差），'s' = (Fisher's) skew（费舍尔偏差），'k' = (Fisher's) kurtosis（费舍尔峰度）。

```
norm.stats(moments="mv")
(array(0.), array(1.))                                #均值（期望值）为 0，方差为 1
norm.stats(20,moments='mvsk')
(array(20.), array(1.), array(0.), array(0.))
m, v, s, k=norm.stats(moments="mvsk",loc=9,scale=1)  #对正态分布随机变量来说，loc 指定为
                                                        期望值（均值），scale 指定为标准差
print('抽取随机变量的均值\n',m)
print('抽取随机变量的方差\n',v)
print('抽取随机变量的费舍尔偏差\n',s)
print('抽取随机变量的费舍尔峰度\n',k)
抽取随机变量的均值
 9.0
抽取随机变量的方差
 1.0
```

```
抽取随机变量的费舍尔偏差
 0.0
抽取随机变量的费舍尔峰度
 0.0
```

8.5.2　描述性统计

当需要对一个样本数进行均值、方差等特征值统计时，可以用描述性统计函数一次调用解决问题。

1．描述性统计函数

一次性计算传递的数组的几个描述性统计信息。

函数 stats.describe(a, axis=0, ddof=1, bias=True, nan_policy='propagate')，参数说明如下。

（1）a：需要统计的样本数据，数组对象。

（2）axis：指定数组的统计轴，值为整型或 None，默认值为 0。如果值为 None，则计算整个数组'a'。

（3）ddof：整型，可选，三角自由度（仅用于方差），默认值为 1。

（4）bias：布尔型，可选，如果为 False，则校正偏度和峰度计算，统计偏差。

（5）nan_policy：可选值为{'propagate'，'raise'，'omit'}。定义输入包含 nan 时的处理方式。'propagate'返回 nan；'raise'抛出错误；'omit'执行忽略 nan 的计算值，默认为'propagate'。

返回值如下。

（1）nobs：整型数值或数组，观察次数（沿“轴”的数据长度）。当'omit'被选为 nan_policy 时，每列被单独计数。

（2）minmax：浮点数数组或元组，数据数组的最小值和最大值。

（3）mean：样本数的均值，浮点数组。沿轴（或总样本）数据的算术平均值。

（4）variance（方差）：浮点数组。沿轴（或总样本）的数据无偏差，分母是观察数减 1。

（5）skewness（偏差）：浮动数或数组。偏差基于矩值计算，分母等于观察数，即无自由度校正。

（6）kurtosis（峰度）：浮动数或数组。将峰度归一化以使其成为正常，正态分布为零，没有使用自由度。

2．样本描述性统计示例

```
from scipy import stats
import numpy as np
import matplotlib.pyplot as plt
plt.rc('font', family='simhei', size=15)
plt.rc('axes', unicode_minus=False)                          #该参数解决负号显示的问题
np.random.seed(1975)
x=stats.t.rvs(10, size=1000)                                 #提供 1000 个随机变量值
plt.hist(x,bins=40,facecolor="blue",edgecolor="black",alpha=0.9)       #直方图统计
```

```
plt.xlabel("概率分布区间")
plt.ylabel("频数/频率")
plt.title("频数/频率分布直方图")
plt.show()
print('min:',x.min())                                #求最小值，等价于 np.min (x)
print('max:',x.max())                                #求最大值，等价于 np.max(x)
print('mean:',x.mean())                              #求均值，等价于 np.mean(x)
print('var:',x.var())                                #方差 np.var(x))
m, v, s, k = stats.t.stats(10, moments='mvsk')       #求均值、方差、费舍尔偏差、费舍尔峰度
n, (smin, smax), sm, sv, ss, sk = stats.describe(x)
s1 = '%-14s 均值 = %6.4f, 方差 = %6.4f, 费舍尔偏差 = %6.4f, 费舍尔峰度= %6.4f'
print(s1% ('连续分布:', m, v, s ,k))                  #连续分布
print(s1% ('离散样本:', sm, sv, ss, sk))              #离散分布
min: -4.0181014966326885
max: 6.2240174880715795
mean: -0.06367299923581096
var: 1.3075051415861059
连续分布:        均值 = 0.0000, 方差 = 1.2500, 费舍尔偏差 = 0.0000, 费舍尔峰度= 1.0000
离散样本:        均值 = -0.0637, 方差 = 1.3088, 费舍尔偏差 = 0.1155, 费舍尔峰度= 1.0614
```

随机变量产生的离散样本分布情况如图 8.5 所示。

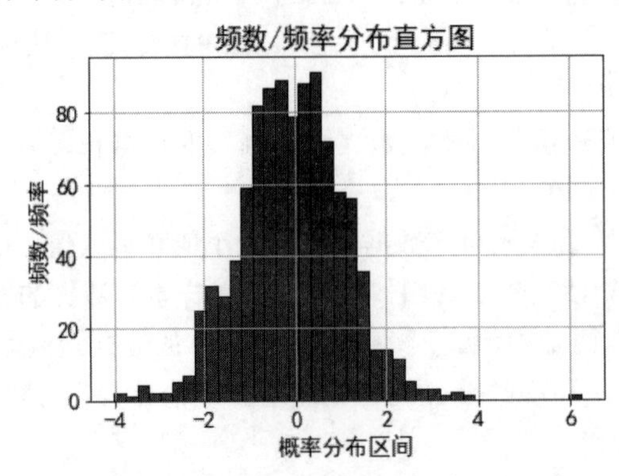

图 8.5　随机变量产生的离散样本分布情况

8.5.3　核密度估计

统计学中的常见任务，是估计来自一组数据样本的随机变量的概率密度函数（Probability Density Function，PDF），此任务称为密度估计。最有名的工具是直方图（见 6.2.3 节内容）。直方图是可视化的有用工具（主要是因为每个人都理解它），但不能非常有效地使用可用数据。核密度估计（Kernel Density Estimation，KDE）是执行相同任务的更有效工具，其统计基本思路为当观察的一个数与之相近的数的概率密度会比较大，远离这个数的概率密度会比较小，呈现远小近大的

分布规律。核密度估计模型可以用于预测地理空间点数据的分布规律，如热力图[①]的建立，也可以用于金融等领域的基于密度的预测，应用范围比较广。

核密度估计公式如式（8.3）所示。

$$\widehat{p_h}(x)=\frac{1}{n}\sum_{i=1}^{n}K_h(x-x_i)=\frac{1}{nh}\sum_{i=1}^{n}K\left(\frac{x-x^i}{h}\right) \tag{8.3}$$

其中，K 为核函数（非负、积分为 1，符合概率密度性质，并且均值为 0）。常用的核函数有矩形、Epanechnikov 曲线、高斯曲线等。这些函数都存在共同的特点，在数据点处为波峰，曲线下方面积为 1。h 平滑参数，也叫带宽（bandwidth），其值 $h>0$。n 为样本数量，x_1、x_2、x_3、…、x_n 为样本的各个独立分布点。

gaussian_kde()估计器可以分单变量估计（Univariate Estimation）和多变量估计（Multivariate Estimation），它包括自动带宽确定。估算最适合单峰分布；双峰或多峰分布往往过度平滑。

1. 高斯核密度估计函数

函数 stats.gaussian_kde(dataset, bw_method, weights)，参数说明如下。

（1）dataset：提供用于估计的数据值（观察值）。在单变量数据的情况下，这是一维数组，否则是具有形状的二维数组。

（2）bw_method：用于计算估计器带宽的方法。可选择值为'scott'、'silverman'、数值或可调用（callable）。默认值为 None，则使用'scott'。

（3）weights：数据点的权重。这必须与数据集的形状相同。如果为 None（默认值），则假定样本的权重相等

2. 单变量估计

```
from scipy import stats
import matplotlib.pyplot as plt
x1 = np.array([-8, -6, 0, 3, 5], dtype=np.float)            #观测点值
kde_1 = stats.gaussian_kde(x1, bw_method='scott')           #斯科特方法高斯核密度估计
kde_2 = stats.gaussian_kde(x1, bw_method='silverman')       #西尔弗曼方法高斯核密度估计
fig = plt.figure()
ax = fig.add_subplot(111)
ax.plot(x1, np.zeros(x1.shape), 'b+', ms=20)                #绘制蓝色的加号，观察值所在的位置
x= np.linspace(-10, 10, num=100)
ax.plot(x, kde_1(x), 'k--', label="Scott's Rule")
ax.plot(x, kde_2(x), 'g-', label="Silverman's Rule")
plt.title('gaussian_kde')
plt.legend()
plt.show()
```

执行结果如图 8.6 所示。从图中可以看到 Scott 方法和 Silverman 方法之间几乎没有区别，并且带有有限数据量的带宽选择可能有点过宽。另外，读者可以编写自定义带宽函数。

① 热力图（Heatmap），可以用颜色变化来反映二维矩阵或表格中的数据信息，它可以直观地将数据值的大小以定义的颜色深浅表示出来。

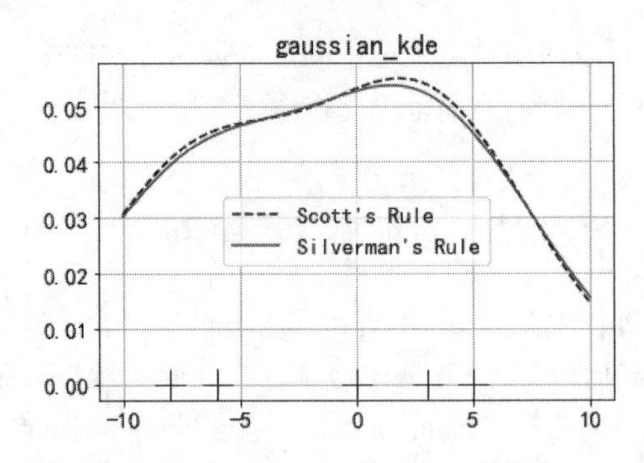

图 8.6　高斯核密度估计（虚线为 Scott 方法，实线为 Silverman 方法）

单变量核密度估计模型可以用于股票、金融等风险预测。

3. 多变量估计

利用 gaussian_kde()函数可以实现多变量估计，这里展示双变量情况（为 Scipy 官网原始案例）。

```
import numpy as np
import matplotlib.pyplot as plt
from scipy import stats
def measure(n):                              #建立自定义函数，用于生成部分值重叠的两个测试数组
     m1=np.random.normal(size=n)             #生成正态分布随机数数组 1
     m2=np.random.normal(scale=0.5, size=n)  #生成正态分布随机数数组 2
     return m1+m2, m1-m2                          #两数组做加、减处理，并返回新的两个数组
m1,m2=measure(2000)                               #调用具有重叠的 2000 个测量值函数
xmin = m1.min()                                   #求第一个测量值的最小值
xmax = m1.max()                                   #求第一个测量值的最大值
ymin = m2.min()                                   #求第二个测量值的最小值
ymax = m2.max()                                   #求第二个测量值的最大值
X,Y=np.mgrid[xmin:xmax:100j, ymin:ymax:100j]      #返回二维网格结构值
positions = np.vstack([X.ravel(), Y.ravel()])     #返回扁平的一维数组对象，并进行垂直对接
values = np.vstack([m1, m2])                      #对两个测量值数组对象进行垂直对接
kernel = stats.gaussian_kde(values)               #进行高斯和密度计算
Z=np.reshape(kernel.evaluate(positions).T, X.shape)        #高斯和密度评估
fig = plt.figure(figsize=(8, 6))
ax = fig.add_subplot(111)                                  #建立绘图区域
ax.imshow(np.rot90(Z),cmap=plt.cm.gist_earth_r,extent=[xmin, xmax, ymin,ymax])
                                                           #Z 旋转 90° 并显示
ax.plot(m1, m2, 'k.', markersize=2)                        #绘制测试值对应的黑点
ax.set_xlim([xmin, xmax])
ax.set_ylim([ymin, ymax])
plt.show()
```

执行结果如图 8.7 所示。该代码利用高斯核密度估计函数对双变量数据进行处理的结果，模拟了热力图的效果。

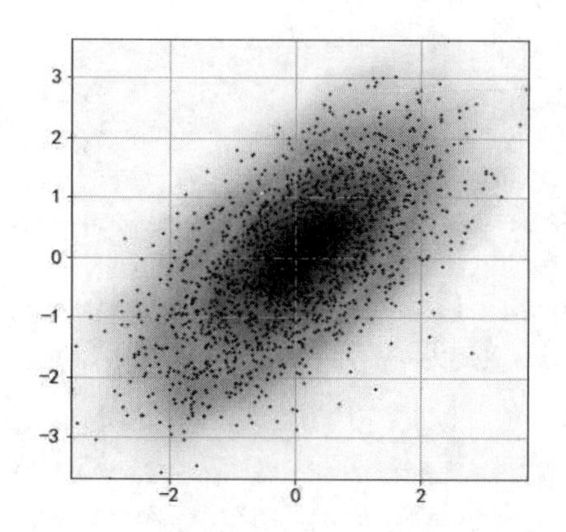

图 8.7　高斯核密度估计（双变量情况）

8.6　积分（integrate）

这里的积分就是高等数学里的积分，主要包括定积分、不定积分两种。求积分的过程就是求实数区间上的由曲线、直线、轴（坐标轴）围成的面积值。

不定积分的公式为：

$$\int f(x)\mathrm{d}x \tag{8.4}$$

定积分的公式为：

$$\int_a^b f(x)\mathrm{d}x \tag{8.5}$$

其中，$[a,b]$为积分区间；$f(x)$为被积函数；$f(x)\,\mathrm{d}x$为被积表达式；x为积分变量。

8.6.1　integrate 模块

Scipy 库的 integrate 模块提供了积分相关的操作函数，其内容可以用如下命令罗列。

```
from scipy import integrate                                        #导入积分模块
import numpy as np
np.info(integrate)
=============================================
Integration and ODEs (:mod:'scipy.integrate')
=============================================

.. currentmodule:: scipy.integrate

Integrating functions, given function object
============================================

.. autosummary::
```

```
  :toctree: generated/

  quad       -- General purpose integration(通用积分函数)
  dblquad    -- General purpose double integration（通用双积分函数）
  tplquad    -- General purpose triple integration（通用三积分函数）
  nquad      -- General purpose n-dimensional integration（通用 n 维积分函数）
  fixed_quad--Integrate func(x)using Gaussian quadrature of order n（n 阶高斯积分）
  quadrature--Integrate with given tolerance using Gaussian quadrature（正交 - 使用高
斯求积积分给定的容差）
  romberg       -- Integrate func using Romberg integration（基于龙贝格求积分函数）
  quad_explain  -- Print information for use of quad（打印使用积分的信息）
  newton_cotes  -- Weights and error coefficient for Newton-Cotes integration（基于牛
顿—科茨公式的求积分函数）
  IntegrationWarning -- Warning on issues during integration（积分操作时产生的错误警告
信息）
  …      #省略的内容包括基于固定样本的积分函数、基于常微分方程组（ODE）的函数等
```

受篇幅所限，这里仅对几种常见的积分函数的使用进行介绍。

8.6.2 用积分求面积

借助 Matplotlib 库和 Scipy 的积分函数，可以非常直观地展现相关平面的信息。

1．通用积分函数

函数 quad(func, a, b, args=(), full_output=0, epsabs=1.49e-08, epsrel=1.49e-08,limit=50, points=None, weight=None, wvar=None, wopts=None, maxp1=50,limlst=50)，参数说明如下。

（1）func：指定被积函数。

（2）a，b：分别为积分的下限、上限。

（3）args：指定传递给 func 函数的参数，元组。

（4）full_output：如果设置非 0 值，则返回积分操作相关信息；默认值为 0，则不返回该类信息。

（5）其他参数：略。

返回值如下。

（1）y：分的结果值，浮点数。

（2）abserr：估计结果中的绝对误差值。

（3）infodict：包含附加信息的字典。

（4）message：收敛信息。

（5）explain：仅附加'cos'或'sin'加权和无限积分限制的相关解释信息。

2．求半圆面积

圆面积公式如式（8.6）所示。

$$x^2 + y^2 = r^2 \tag{8.6}$$

其中，r 为半径（这里设置 r=1）；x,y 为直角坐标系里的坐标。如以 x 为积分变量，则设其上

下限为[-1,1]，被积函数为 y= np.sqrt(r**2 - x ** 2)。这里采用切割圆面积为许多小矩形的方法进行积分。

```
import matplotlib.pyplot as plt
from scipy.integrate import quad                    #积分函数存放于 integrate 子模块包内
import numpy as np
a=-1                                                #积分下限
b=1                                                 #积分上限
def do_circle(x,r):                                 #被积函数
    return np.sqrt(r**2 - x ** 2)
area1,_=quad(do_circle,a,b,1)                       #求半圆的面积，r=1
plt.figure()
x=np.linspace(-1,1,180)
y=np.sqrt(1-x**2)                                   #r=1
plt.plot(x,y,'m',lw=2)
plt.fill(x,y,color='m',alpha=0.7)                   #用洋红颜色填充面积
plt.title('单位半圆面积为'+'{:.2f}'.format(area1))
plt.show()
```

执行结果如图 8.8 所示。

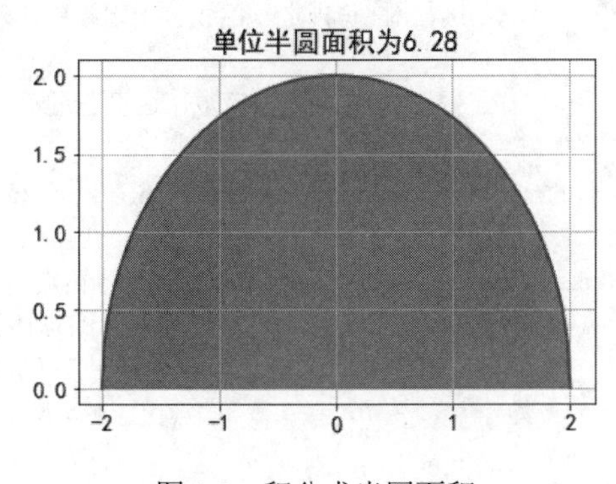

图 8.8　积分求半圆面积

8.6.3　积分求体积

Scipy 库 integrate 模块里的双积分函数 dblquad()为求体积提供了方便。在模块包里导入方式为 from scipy.integrate import dblquad。

1．通用双积分函数

函数 dblquad(func, a, b, gfun, hfun, args=(), epsabs=1.49e-08, epsrel=1.49e-08)，参数说明如下。

（1）func：含两个变量的被两重积分函数，必须包含 y、x 两个参数，y 必须为第一参数，x 必须为第二参数。

（2）a, b：指定 x 中的积分限制 a<b 区域。

（3）gfun：指定 y 的下边界曲线的函数，必须含一个浮点型的 x 参数。

（4）hfun：指定 y 的上边界曲线的函数，必须含一个浮点型的 x 参数。

（5）args：传递给被积分函数 func 的额外参数（指第三个开始的参数）。

（6）epsabs：直接传递到内部一维正交积分的绝对容差，默认值为 1.49e-8。

（7）epsrel：内部一维积分的相对容差。默认值为 1.49e-8。

返回值如下：

（1）y：浮点数，积分结果。

（2）abserr：浮点数，估计错误。

dblquad()函数对应的二重积分如式（8.7）所示。

$$\int_a^b \int_{\text{gfun}}^{\text{hfun}} \text{func}(y,x) = \text{d}y\text{d}x \tag{8.7}$$

2．求球体积积分

半径为 1 的半球在空间上的点（x,y,z）坐标满足公式 $x^2+y^2+z^2=1$。

这里主要通过在 x 轴的[-1,1]区间积分，y 轴从-np.sqrt(1-x**2)到 np.sqrt(1-x**2)进行积分的方法，对积分函数 np.sqrt(1-x**2-y**2)进行双重积分，求半球的体积，最后半球体积乘以 2 得到最终的球体积，如图 8.9 所示。

```
from scipy import integrate        #导入二重积分函数
import numpy as np
def gh_func_c(x):                  #gun、hfun 指定 y 的积分上下限的函数
    return np.sqrt(1-x**2)
def func_s(x,y):                   #func，指定被积分函数，这里通过单位圆球体积公式，求 z 轴点积值
    return np.sqrt(1-x**2-y**2)
volume,_=integrate.dblquad(func_s,-1,1,lambda x: -gh_func_c(x),lambda x:
gh_func_c(x))
print('{:.4f}\n{:.4f}'.format(volume*2,np.pi*4/3))    #输出球体积值，并与(π*r**2)*4/3
                                                      的球体积公式值进行比较
4.1888                                                #二重积分结果
4.1888                                                #利用π×r²×4/3 球体积公式求得的答案
```

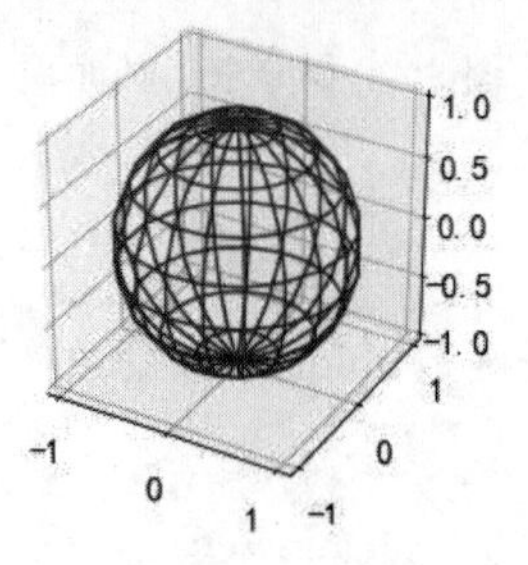

图 8.9　求球体积积分

8.6.4　复合梯形积分

复合梯形积分（公式）是指将求积区间分为 n 个子区间，然后对每一个子区间应用同一求积公式，最后得到复合积分求值过程。这是一个近似、简易、相对高效的、相对重要的求积分方法。

1．复合梯形积分函数

函数 integrate.trapz(y, x=None, dx=1.0, axis=-1)，参数说明如下。

（1）y：样本集合对象。

（2）x：对应于样本点的 x 值，集合，可选。默认值为 None，则假定采样点均匀间隔 dx。

（3）dx：指定采样点之间的间距。数值常量，可选，默认值为 1.0。

（4）axis：指定积分的轴，可选。

2．用 trapz()求 sin()与 x 轴所围的面积

```
import matplotlib.pyplot as plt
from scipy.integrate import trapz
import numpy as np
x=np.linspace(0,2*np.pi,100)                        #一个 2π 周期
y=np.sin(x)
area=trapz(np.abs(y),x)                             #求绝对值，避免正面积和负面积的抵消
print('Sin area:',area)
plt.plot(x,y,'g--',linewidth=2)
plt.fill(x,y,color='g',alpha=0.7)
plt.show()
Sin area: 3.9996643277879853                        #sin 与 x 轴所围面积
```

代码求积分图形面积如图 8.10 所示。显然在参数使用上 trapz()函数比 quad()方便。

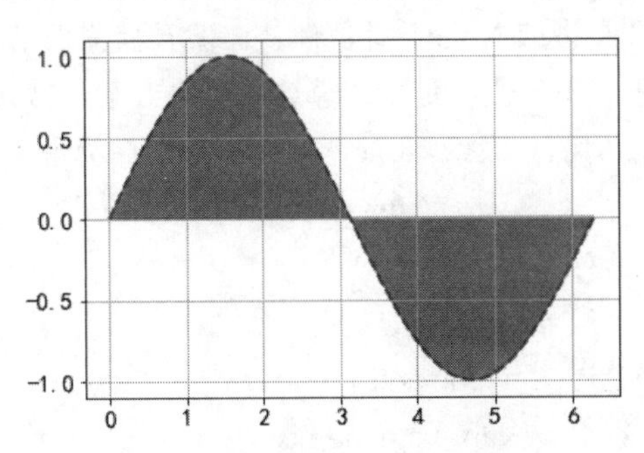

图 8.10　sin 曲线与 x 轴所围面积

8.6.5　常微分方程求解

在实际生活和工作中，会遇到一类问题，也就是要根据现有的数据，得出形式上的函数解析式。如火箭在发动机的推动下飞行，要求出其飞行轨迹函数；雨滴从天空中做自由落体运动，要求出下落距离跟时间变化规律的函数等。而解决此类问题的过程，需要根据条件的不同，而产生不同的多个函数，而非现在我们在中学阶段已学的各种确定函数。常微分方程的形成与发展是和力学、天文学、物理学，以及其他科学技术的发展密切相关的。

定义：凡含有参数、未知函数和未知函数导数（或微分）的方程，称为微分方程，有时简称为

方程，未知函数是一元函数的微分方程称作常微分方程。其对应如式（8.8）：[①]

$$F(x, y, y', y'', \cdots, y^{(n)}) = 0 \tag{8.8}$$

在 Scipy 库的 integrate 子模块包中，可以通过 solve_ivp ()函数来求解常微分方程。

1．solve_ivp()函数

函数 solve_ivp(fun, t_span, y0, method='RK45', t_eval=None, dense_output=False,events=None, vectorized=False, **options)，参数说明如下。

（1）fun：调用 fun(t,y)函数，t 是一个数值常量；y 是一个数组，可以是(n,)形状，也可以是(n,k)形状，返回数组的形状与 y 的形状保持一致。

（2）t_span：浮点型的 2 值元组，提供积分区间范围(t0,tf)，求解器从 t=t0 开始积分直到 t=tf。

（3）y0：初始状态，对于复杂域中的问题，使用复杂数据类型传递"y0"（即使初始猜测纯粹是真实的）。

（4）method：提供求解方法，可选择方法类型包括'RK45'（默认值）、'RK23'、'Radau'、'BDF'、'LSODA'。其中'RK45'指 Runge-Kutta methods（龙格—库塔法），45 指四阶或五阶方法；'RK23'为二阶或三阶龙格—库塔法；'Radau'指 Radau IIA 族 5 阶隐式龙格—库塔法，使用三阶精确嵌入式公式控制误差；'BDF'指隐式多步变量阶（1~5）方法；'LSODA'指 Adams / BDF 方法，具有自动刚度检测和切换功能。

（5）t_eval：可选，集合类型或 None，计算解决方案存储需要的时间，受 t_span 约束。

（6）dense_output：可选，布尔值，是否计算连续解决方案，默认值为 False。

（7）events：可选，可调用的列表或 None，要跟踪的事件类型。

（8）vectorized：可选，布尔值，指定 fun 是否以矢量化方式实现。默认值为 False。

（9）**options：接受键值对形式的参数。

返回值如下。

（1）t：时间点，数组，大小（n_points）。

（2）y：t 处的解的值，数组，大小（n,n_points）。

（3）sol：“OdeSolution”的实例或 None。

（4）t_events：包含每个事件类型的一个数组列表，如果'events'设置为 None，则无。

（5）nfev：整型，右侧的评估数量。

（6）Njev：整型，雅可比的评价数量。

（7）nlu：整型，LU 分解数。

（8）status：整型，算法终止的原因值（-1,0,1）。

（9）message：字符串，算法终止原因描述。

（10）success：布尔型，如果为 True，则为求解器到达间隔结束或终止事件（"status> = 0"）。

[①] 丁同仁，李承治．常微分方程教程[M]．2 版．北京：高等教育出版社，2012，12，第 2 页。

2．常微分求方程代码示例

代码执行结果如图 8.11 所示。

```
import matplotlib.pyplot as plt
from scipy.integrate import  solve_ivp
import numpy as np
plt.rc('font', family='SimHei', size=10)                    #设置黑体，大小为 10
plt.rcParams['axes.unicode_minus'] = False                  #解决坐标轴负数的负号显示问题
def f1(t,y):
   return np.sin(t**2+2)
t1=np.linspace(-10,10,1000)
y0=np.array([9])                                                  #初始值
y1 = solve_ivp(f1,(-10.0,10.0), y0, method='LSODA', t_eval=t1)   #解一阶常微分方程
plt.plot(y1.t,y1.y[0],'g')                                  #绘制返回值 t 和 y[0]的曲线
plt.title('求一阶常微分方程')
plt.show()
```

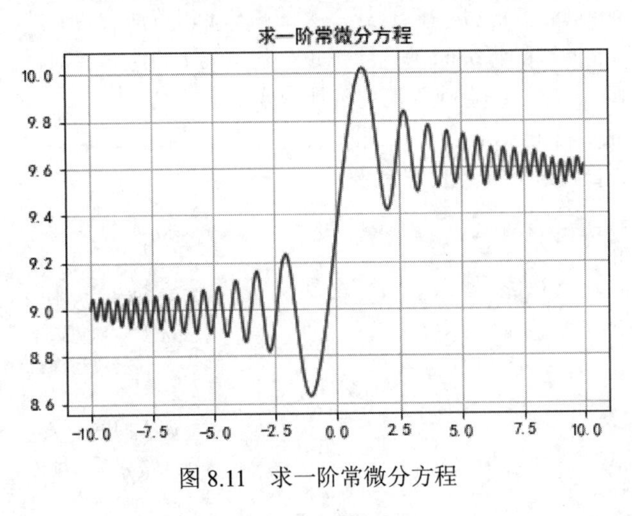

图 8.11　求一阶常微分方程

8.7　空间算法和数据结构（spatial）

对于空间距离等的计算可以通过 Scipy 库的 spatial 子模块包来实现。这里主要提供基于 KDTree[①]的最近邻点查询算法、各种度量的距离计算函数、计算一组点的三角剖分、泰森多边形图、凸包等。

① K-dimensional tree，K 维二叉树。

8.7.1 快速查找最近邻点

在二维、三维地理空间点上，若分布若干散点，求某一点的最近邻点，可以通过 KDTree 类来实现。

1. 用于快速查找最近邻的 kd-tree 类

函数 class scipy.spatial.KDTree(data, leafsize=10)，参数说明如下。

（1）data：指定一个（N,K）大小的二维数组，需要查找的数据点样本。

（2）leafsize：整型数值，切换到蛮力算法的点数，默认值为 10。

2. kd-tree 类所提供的查询方法

（1）count_neighbors(other, r[, p])：计算可以形成多少个附近点对。

（2）query(x[, k, eps, p, distance_upper_bound])：查询最近邻点。x 为要查询的点数组，x 数组的第一维的长度要跟检测的 data 的第一维度长度一致。k 为指定需要返回的最近邻点数。返回值为 d、i（为数值或数组），其中 d 为到邻近点的距离，i 为 self.data 中邻居的位置（x 轴位置）。

（3）query_ball_point(x, r[, p, eps])：查找点 x 的距离 r 内的所有点。

（4）query_ball_tree(other, r[, p, eps])：查找距离最多为 r 的所有点对。

（5）query_pairs(r[, p, eps])：查找距离内的所有点对。

（6）sparse_distance_matrix(other, max_distance)：计算稀疏距离矩阵。

3. 用 query()方法查找最近邻点代码示例

```
import matplotlib.pyplot as plt
import scipy.spatial as spt
plt.rc('font', family='SimHei', size=10)              #设置黑体，大小为 10
plt.rcParams['axes.unicode_minus'] = False            #解决坐标轴负数的负号显示问题
p1=np.array([[0,2],[1,3],[2,4],[3,5]])                #样本点数数组内部为[x,y]坐标对形式
kt=spt.KDTree(p1)
findp=np.array([(2,2.5)])                             #开始查询原点 x,y 坐标
d,p=kt.query(findp)                                   #查找最邻近一个点
print('最近邻点距离:',d)
print('最近邻点位置:',p)
plt.plot(p1[:,0],p1[:,1],'go')                                          #绘制样本点
plt.plot(findp[0][0],findp[0][1],'rp',lw=1,markersize=12)               #绘制原查询点（红色五角星）
plt.plot([1,2],[3,2.5],'k--')                                           #绘制最近距离点之间的虚线
plt.text(1.5,2.8,'最近点距离 1.11803399')                                #标注最近距离
plt.show()
最近邻点距离: [1.11803399]
最近邻点位置: [1]
```

代码执行结果如图 8.12 所示。在处理大规模数据时，可以考虑采用 spt.cKDTree()代替 spt.KDTree，因为前者利用 C 语言实现，在执行速度上更快。

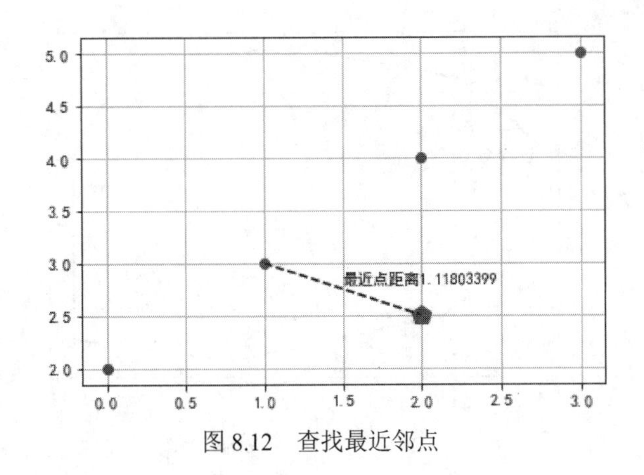

图 8.12 查找最近邻点

8.7.2 凸壳计算

凸壳是包含给定点集中所有点的最小凸对象，Scipy 库的 spatial 子模块包提供了相应的计算功能。

1. 凸壳计算函数

函数 ConvexHull(points, incremental=False, qhull_options=None)，参数说明如下。

（1）points：浮点型数组，形状（npoints, ndim），提供带点坐标的散点样本。

（2）incremental：布尔型，可选，允许逐步添加新点，这会占用一些额外的计算资源。默认值为 False，不增加。

（3）qhull_options：传递给 Qhull 的其他参数选项，默认值为"Qx"，表示 ndim > 4。

2. 凸壳计算代码示例

```
from scipy.spatial import ConvexHull                #导入凸形轮廓包计算对象
np.random.seed(282828)                              #随机数种子
ps = np.random.randint(0,30,size=(30,2))            #产生 60 个 0~30 范围的整数二维数组
hull = ConvexHull(ps)                               #计算凸壳
import matplotlib.pyplot as plt
plt.plot(ps[:,0], ps[:,1], 'o')                     #绘制随机点
for simplex in hull.simplices:                      #外围点跨步下标坐标对
   plt.plot(ps[simplex,0], ps[simplex,1], 'k-')     #循环一次以跨步方式逆时针绘制一段外围线
plt.show()
print('所围面积',hull.area)                          #获取外围闭合线范围内的面积
  所围面积 93.0053192976634
```

代码执行结果如图 8.13 所示。

注意：

凸壳计算的外围线排除了凹进去的情况，而实际生活中，存在凹凸不平的形状，要解决该方面的绘图和统计，可以参考 OpenCV 库的 convexityDefects()功能。

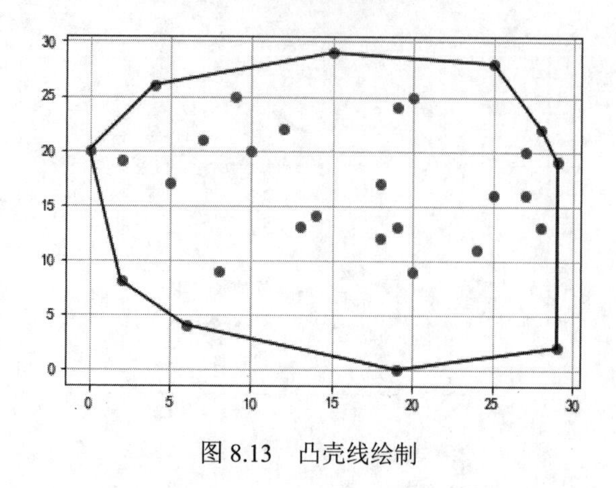

图 8.13　凸壳线绘制

8.8　稀疏矩阵（sparse）

矩阵根据非 0 值的多少，可以分为稀疏矩阵（Sparse Matrix）和密集矩阵（Dense Matrix）。**稀疏矩阵**指在矩阵里值为 0 的元素数量远远多于非 0 值的矩阵(通常认为矩阵中非零元素的总数比上矩阵所有元素总数的值小于等于 0.05)。由于稀疏矩阵中非零元素较少，零元素较多，因此可以采用只存储非 0 元素的方法来进行压缩存储。另外对于很多元素为零的稀疏矩阵，仅存储非零元素可使矩阵操作效率更高，也就是稀疏矩阵的计算速度更快。因为只对非零元素进行操作，这是稀疏矩阵的一个突出的优点。

Scipy 库在 sparse 子模块包里所提供的稀疏矩阵包括以下七种实现对象（对应类的实例）。

（1）csc_matrix()压缩面向列的稀疏矩阵（Compressed Sparse Column matrix）;

（2）csr_matrix()压缩面向行的稀疏矩阵（Compressed Sparse Row matrix）;

（3）bsr_matrix()基于块的行稀疏矩阵（Block Sparse Row matrix）;

（4）lil_matrix()基于行的链表格稀疏矩阵（Row-based linked list sparse matrix）;

（5）dok_matrix()基于字典键的稀疏矩阵（Dictionary of keys based sparse matrix）;

（6）coo_matrix()基于坐标格式的稀疏矩阵（即 IJV, 三维格式）（A sparse matrix in coordinate format）;

（7）dia_matrix()基于对角线存储的稀疏矩阵（Sparse matrix with diagonal storage）。

8.8.1　创建面向列的稀疏矩阵

稀疏矩阵在实际存储时，为了节省空间，采用不同的压缩存储方式。这里介绍以二维矩阵的列方向为顺序，依次对值进行（行、列坐标指向）压缩编码的表示稀疏矩阵的方式。

函数 sparse.csc_matrix(arg1, shape=None, dtype=None, copy=False)，参数说明如下。

1．arg1

该参数接受以下五种形式的输入数值内容。

（1）arg1=D，输入二维数组，构建一个密集矩阵。使用形式为 csc_matrix(D)，代码示例如下。

```
import scipy.sparse as spr
import numpy as np
D=np.arange(9).reshape(3,3)                       #二维数组
c1=spr.csc_matrix(D)                              #基于列压缩的稀疏矩阵
print(c1)                                         #打印压缩编码情况
  (1, 0) 3                                        #指定第 1 行，第 0 列，值为 3 ，参照★处的非压缩矩阵情况
  (2, 0) 6                                        #指定第 2 行，第 0 列，值为 6
  (0, 1) 1
  (1, 1) 4
  (2, 1) 7
  (0, 2) 2
  (1, 2) 5
  (2, 2) 8
c1.todense()                                      #显示密集矩阵（非压缩状态）
matrix([[0, 1, 2],                       ★
        [3, 4, 5],
        [6, 7, 8]], dtype=int32)
```

以列方向的值顺序压缩编码（可以对照下面矩阵列方向观看）

显然，在密集矩阵的情况下，采用压缩矩阵的方式，没有任何存储空间的利用优势。从上述代码执行结果可以看出，在 csc_matrix()方式下，用行、列坐标建立值的位置，内存开销更大。

另外，可以在★处发现 0 值并没有被行列方式压缩编码(可以仔细与 print(c1)输出结果对比)，也就是稀疏矩阵仅对非零值进行压缩编码。

（2）arg1= S，S 为一个未压缩的稀疏矩阵。

```
S=np.matrix([[0,0,0,0,0,0,0],[0,0,0,0,0,0,0],[0,0,0,0,0,0,1]])  #构建未压缩的矩阵
s1=spr.csc_matrix(S)                                              #建立以列方向的压缩矩阵
print(s1)                                                         #压缩矩阵输出结果
(2, 6)   1                                                        #第 2 行第 6 列值为 1
```

说明：

为了演示方便，本节相关的代码示例，在构建稀疏矩阵时，并没有严格遵循稀疏矩阵对非零值与零值之间的数量比值要求。

（3） arg1= (M, N)，确定行为 M，列为 N 的空稀疏矩阵（其值都为 0）。仅确定矩阵的大小。

```
em= spr.csc_matrix((3,5))
print(em)                                  #输出空的，意味着没有非零编码值
print(em.sum())
em.todense()
                                           #输出空的
0.0
matrix([[0., 0., 0., 0., 0.],
        [0., 0., 0., 0., 0.],
        [0., 0., 0., 0., 0.]])
```

读者可以在该空矩阵基础上通过对特定位置赋值，构建稀疏矩阵，如 em=(2,0,9)。

（4）arg1= (data, (row_ind, col_ind) , [shape=(M, N)])，data 为稀疏矩阵里的非零值，集合对象；row_ind 和 col_ind 分别为 data 所提供非零值的对应（行、列）坐标编码的一维数组；[shape= (M, N)]可选，指定稀疏矩阵的形状大小。

```
row = np.array([0, 1, 2])
col = np.array([0, 1, 2])
data = np.array([1, 2, 3])
sm1=spr.csc_matrix((data, (row, col)), shape=(4, 4))
sm1.todense()
matrix([[1, 0, 0, 0],
        [0, 2, 0, 0],
        [0, 0, 3, 0],
        [0, 0, 0, 0]], dtype=int32)
```

（5）arg1=(data, indices, indptr), [shape=(M, N)]。

① data 为稀疏矩阵里的非零值，集合对象；

② indices 为行索引的集合对象，要求长度跟 data 一致，用于确定 data 元素的行下标位置；

③ indptr[i]、indptr[i+1]在 indices[indptr[i]:indptr[i+1]]处取行下标范围值；

④ indptr[i]、indptr[i+1]在 data[indptr[i]:indptr[i+1]]处取指定行下标范围的非零值；

⑤ i 为指定所在列下标。

```
data = np.array([1, 10, 20, 5, 50,60])
indices = np.array([0, 2, 2, 0, 1, 2])                  #行索引
indptr = np.array([0, 2, 3, 6])                         #为确定 data、indices 值范围提供下
                                                         标，第 i 列的非零值范围是
#data[indptr[i]:indptr[i+1]]，第 i 列对应的行坐标值范围为 indices[indptr[i]:indptr[i+1]]
mtx = spr.csc_matrix((data, indices, indptr), shape=(3, 3))
mtx.todense()
matrix([[ 1,  0,  5],
        [ 0,  0, 50],
        [ 10, 20, 60]])
```

当 i=0 列时，indptr[0]为 0，indptr[0+1]为 2，进而通过 indices[indptr[0]:indptr[0+1]]确定了稀疏矩阵 0 列行的坐标值分别为 0、2。同时，data[indptr[0]:indptr[0+1]]确定非零值为 1、10。最后在第 0 列第 0、2 行位置显示非零值 1 和 10。然后 i=1，继续确定第 2 列行坐标值和对应的非零值，依次类推。

该算法对稀疏矩阵的非零值进行压缩编码与 csc_matrix()相比，在列坐标值上进一步减少了空间的消耗要求。

2．shape

指定矩阵的形状。

3．dtype

指定矩阵的值类型。

4．copy

指定新建立的稀疏矩阵为复制方式。

8.8.2　创建基于坐标格式的稀疏矩阵

这里介绍一种基于行、列坐标的快速稀疏矩阵构建对象 coo_matrix()。

函数 sparse.coo_matrix(arg1, shape=None, dtype=None, copy=False)，参数说明如下。

1．arg1

该参数接受四种形式的输入。

（1）arg1= D，D 为一个密集矩阵。

```
import scipy.sparse as spr
import numpy as np
D=np.arange(4).reshape(2,2)                                   #构建一个密集矩阵
cm1=spr.coo_matrix(D)                                         #转为压缩矩阵
print(cm1)
(0, 1)   1
(1, 0)   2
(1, 1)   3
```

该方式构建稀疏矩阵效果同 csc_matrix(D)。

（2）arg1=S，S 为稀疏矩阵。

```
S=np.matrix([[0,0,0,0,0,0,0],[0,0,0,0,0,0,0],[0,0,0,0,0,0,1]]) #构建未压缩的稀疏矩阵
cm=spr.coo_matrix(S)                                          #把未压缩的 S 转为压缩稀疏矩阵
print(cm)                                                     #打印压缩稀疏矩阵
cm.todense()                                                  #压缩稀疏矩阵转为未压缩稀疏矩阵
(2, 6)   1
matrix([[0, 0, 0, 0, 0, 0, 0],
       [0, 0, 0, 0, 0, 0, 0],
       [0, 0, 0, 0, 0, 0, 1]])
```

（3）arg1= (M, N)，确定行为 M，列为 N 的空稀疏矩阵（其值都为 0）。仅确定矩阵的大小。

```
em1=spr.coo_matrix((2, 2))                                    #构建 2 行 2 列的空的稀疏矩阵
em1.todense()
matrix([[0., 0.],
       [0., 0.]])
```

（4）arg1=(data, (i, j)), [shape=(M, N)]，data 为非零值数组或矩阵，i 为行索引下标一维数组，j 为列索引下标一维数组。

```
row = np.array([0, 2, 1, 3])
col = np.array([0, 3, 1, 3])
data = np.array([2, 20, 15, 90])
cm2= spr.coo_matrix((data, (row, col)), shape=(4, 4))
print(cm2)
```

```
cm2.todense()
  (0, 0) 2
  (2, 3) 20
  (1, 1) 15
  (3, 3) 90
matrix([[ 2,  0,  0,  0],
        [ 0, 15,  0,  0],
        [ 0,  0,  0, 20],
        [ 0,  0,  0, 90]])
```

2．shape

指定矩阵的形状。

3．dtype

指定矩阵的值类型。

4．copy

指定新建立的稀疏矩阵为复制方式。

coo_matrix()对象在前面四种使用方式上同 csc_matrix()，不支持 csc_matrix()的第五种方式。

8.9　案例 9 [三酷猫统计岛屿面积]

三酷猫的老家在东海舟山群岛，它想利用本章所学的知识，对不规则的岛屿面积进行绘制和统计。首先制作一个模拟岛屿的地图，然后用画板存储为 png 格式的图片，接着在 Jupyter notebook 里显示岛屿图片，利用自动产生的 x、y 坐标轴刻度值，在岛屿突出点人工采集点坐标(x,y)值，最后用凸壳方法绘制图形并计算面积。

```
import matplotlib.pyplot as plt
import numpy as np
from scipy.spatial import ConvexHull                    #导入凸形轮廓包计算对象
fig=plt.figure()
plt.subplot(121)                                        #图 8.14（a）
plt.rc('font', family='SimHei', size=10)                #设置黑体，大小为 10
plt.rcParams['axes.unicode_minus'] = False              #解决坐标轴负数的负号显示问题
img=plt.imread(r'G:\MyFourBookBy201811go\image\liuheng_island.png')
                                                        #读取指定路径下的 PNG 图片
plt.imshow(img)                                         #显示图片
plt.title('模拟岛')
plt.subplot(122)                                        #图 8.14（b）
plt.imshow(img)                                         #显示图片
plt.title('模拟岛')
point_xy=np.array([[0,270],[99,340],[260,450],[400,490],[490,345],[450,280],[380,
190],[230,0],[100,45],[0,268]])★
plt.plot(point_xy[:,0], point_xy[:,1], 'o')             #绘制岛屿突出点，为了遵守凸壳的运算规则，
                                                         这里故意把凹进去的部分给拉凸出了
```

```
hull = ConvexHull(point_xy)
for simplex in hull.simplices:
    print(simplex)
    plt.plot(point_xy[simplex,0],point_xy[simplex,1], 'k-')
#plt.plot(point_xy[:,0],point_xy[:,1], 'k--')      #可以利用该行代替循环跨步绘制外围线功能▲
plt.show()
print('所围面积%.2f'%(hull.area))                    #该面积非真实面积值，还需要进行计量单位
                                                      转换，才能变成真正的面积值
```

代码执行结果如图8.14所示，图8.14（b）所示为产生凸壳绘图效果的岛屿。该方式只能粗略估计岛屿面积，而且不能考虑凹进去的情况。读者可以在代码★处，调整采集点坐标，如调整第2个点[99,340]坐标值为[99,300]，以更加精准地表示岛屿的线框特征，在重新绘制时将会产生凹线的情况，导致外围线绘制混乱。可以用▲处的代码代替准确绘制凹凸形状的外围线框。

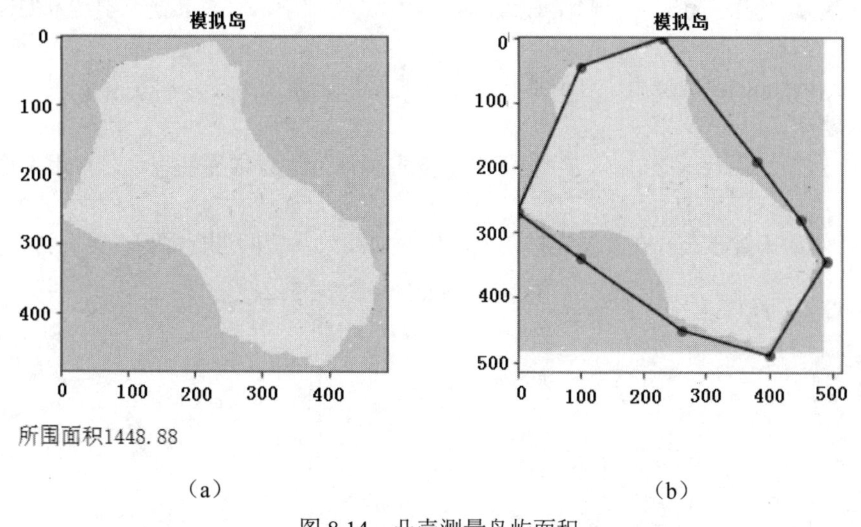

（a）　　　　　　　　（b）

图8.14　凸壳测量岛屿面积

三酷猫的努力方向是正确的，只不过Scipy提供的凸壳方法使用范围有限，需要采取更好的方法测量不规则的面积。

注意：

模拟岛的实际面积为93.66平方千米。hull.area所计算的面积结果与实际不符，原因涉及地图比例、面积算法误差、凸壳所围面积的误差等因素造成的。

8.10　习题及实验

1. 填空题

（1）Scipy是基于（　　）、（　　）基础上进行功能拓展的高级科学计算库。

（2）special 模块专门为求立方根提供了（　　）函数，等价于（　　）函数。

（3）用（　　）函数建立块对角矩阵，使对角值为指定值。

（4）quad()是（　　）函数用于求面积，dblquad()是（　　）函数用于求体积，trapz()是（　　）函数用于求不同子区间的面积。

（5）对于稀疏矩阵在实际存储时，为了节省（　　），采用不同的（　　）方式。

2. 判断题

（1）在 Linux 操作系统里可以用 scipy.io.wavfile.read()打开 WAV 音频文件。（　　）

（2）当需要对一个样本数进行均值、方差等特征值统计时，可以用描述性统计函数一次调用解决问题。（　　）

（3）核密度估计模型可以用于预测地理空间数据的分布规律，如热力图的建立；也可以用于金融等领域的基于密度的预测，应用范围比较广。（　　）

（4）常微分方程的形成与发展是和力学、天文学、物理学，以及其他科学技术的发展密切相关的。（　　）

（5）ConvexHull()函数适用于任何形状的图形的面积计算。（　　）

3. 实验题

实验一：对手写图片数字，如 5（根据书上要求制作）进行描述性统计，并用条形图展现其特征。

实验二：对如下数学公式在二维坐标图上产生的曲线封闭空间进行面积计算。

$$y=\int_0^{2\pi}(\sin x+\cos 2x+\mathrm{e}^{\sqrt{x}}-5)\,\mathrm{d}x$$

第 9 章

Scipy 高级应用

本章介绍 Scipy 的高级功能，包括对信号的处理、图像处理、机器学习及数据分析的算法。

学习内容

- 信号处理（signal）
- 插值（interpolate）
- 优化与拟合（optimize）
- 多维图像处理（ndimage）
- 聚类（cluster）
- 案例 10 [三酷猫图像文字切割]
- 习题及实验

9.1　信号处理（signal）

信号处理（Signal Processing）是对各种类型的电信号，按各种预期的目的及要求进行加工过程的统称，具体应用如地震记录信号、心电波信号、雷达信号、声音信号、照相成像信号、水声信号等。Scipy 库的 signal 子模块包包括一些信号过滤、滤波器设计及一些用于一维与二维数据的 B 样条插值算法功能。

9.1.1　过滤

过滤（Filtering）是以某种方式修改输入信号的任何系统的通用名称。在 Scipy 中，信号可以以 Numpy 数组形式存储数据。Scipy 提供的信号滤波函数达到了二十几种，所有的滤波函数都必须借助滤波器才能过滤掉无用的信号，保留有用的信号。

1. 快速线性两次应用滤波函数

函数 signal.filtfilt(b, a, x, axis=-1, padtype='odd', padlen=None, method='pad',irlen=None)，参数说明如下。

（1）b：集合对象，为滤波器所提供的分子系数向量。

（2）a：集合对象，为滤波器所提供的分母系数向量。如果 a[0]值不为 1，则 a、b 都被 a[0]归一化。

（3）x：数组，要过滤信号的数据数组。

（4）axis：可选，指定要过滤 x 数据数组的轴。默认值 axis=–1 为不指定。

（5）padtype：可选，可选择值包括'odd'（奇数）、'even'（偶数）、'constant'（常量数值）或 None。决定用于应用滤波器的填充信号的扩展类型。如果'padtype'为 None，则不使用填充。默认值为"odd"。

（6）padlen：整型或 None，在应用滤波器之前，在'轴'两端扩展'x'的元素数。该值必须小于"x.shape [axis] –1"。padlen=0 表示没有填充。默认值为 None，则为 3 * max(len(a)，len(b))。

（7）method：字符串型，可选，确定处理信号边缘的方法，可选值为"pad"或"gust"。当'method'为"pad"时，信号被填充；填充的类型由'padtype'和'padlen'决定，忽略'irlen'。当'method'是"gust"时，使用 Gustafsson 的方法，并忽略'padtype'和'padlen'。

（8）irlen：整型或 None，可选，当'method'为"gust"时，'irlen'指定滤波器的脉冲响应的长度。如果'irlen'为 None，则不会忽略脉冲响应的任何部分。对于长信号，指定'irlen'可以显著提高滤波器的性能。

返回值：过滤后的信号，数组，数组形状同输入信号 x 数组。

2. 巴特沃斯（Butterworth）数字和模拟滤波器设计函数

设计 N 阶数字或模拟 Butterworth 滤波器并返回滤波器系数。

函数 signal.butter(N, Wn, btype='low', analog=False, output='ba', fs=None)，参数说明如下。

（1）N：整型，指定过滤器的阶数。

（2）Wn：集合对象，指定截止频率或长度为 2 的列表。

对于巴特沃斯滤波器，这是增益下降到通带的 1 / sqrt（2）的点（"-3 dB 点"）。

对于数字滤波器，'Wn'与'fs'的单位相同。默认情况下，'fs'是 2 个半周期/采样，所以 Wn 的归一化范围在 0 到 1 之间，其中 1 是奈奎斯特频率，因此'Wn'是半周期/样本。

对于模拟滤波器，"Wn"是角频率（如 rad / s）。

（3）btype：指定过滤器的类型，可选值为{'lowpass', 'highpass', 'bandpass', 'bandstop'}，依次为低通、高通、带通、带阻四种过滤器。默认值为'lowpass'。

（4）analog：逻辑类型，可选，值是 False 为数字录波器，是 True 为模拟滤波器。

（5）output：输出类型控制，可选值为{'ba', 'zpk', 'sos'}，'ba'代表分子/分母，'zpk'代表零点、极点和系统增益，'sos'代表滤波器的二阶截面表示，默认值为'ba'。

（6）fs：可选，数字系统的采样频率，默认值为 None。

返回值：根据 output 参数的设置，而返回不同的结果。当 output='ba'时，返回数组 b、a；当 output='zpk'时，返回 z（数组）、p（数组）、k（浮点型）；当 output=='sos'时，返回 sos（数组）。

3．低通巴特沃斯滤波器及快速线性两次应用滤波代码示例

这里假设低通 signal.butter 的 Wn 截止频率为奈奎斯特频率的 0.125 倍（125Hz）。

```
import matplotlib.pyplot as plt
from scipy import signal                              #导入 signal 子模块包
import numpy as np
plt.rc('font', family='SimHei', size=10)              #设置黑体，大小为 10
plt.rcParams['axes.unicode_minus'] = False            #解决坐标轴负数的负号显示问题
np.random.seed(299929)
#=====================现在创建一个低通巴特沃斯滤波器
b,a= signal.butter(8, 0.125) #N=8 指定 8 阶过滤器，Wn 截止频率为 125 Hz，btype='low'默认为低通
n=80                        #样本数 80 个
sig=np.random.randn(n)**2 + 3*np.random.randn(n).cumsum() #建立一个由两个随机标准正态分
                                                          #布叠加的混合信号
f_gust=signal.filtfilt(b,a,sig, method="gust")  #基于 Gustafsson 方法信号快速两次应用过滤
f_pad= signal.filtfilt(b,a,sig, padlen=45)      #信号快速两次应用过滤，padlen 样本信号 x 两
                                                 端扩展 45 个元素，必须小于样本数 n
plt.plot(sig,'k-', label='原始混合信号')
plt.plot(f_gust,'b-',lw=4, label='Gustafsson 快速过滤')
plt.plot(f_pad,'c--',lw=2, label='padlen 快速过滤')
plt.legend(loc='best')
plt.title('低通快速过滤信号')
plt.show()
```

代码执行结果如图 9.1 所示。

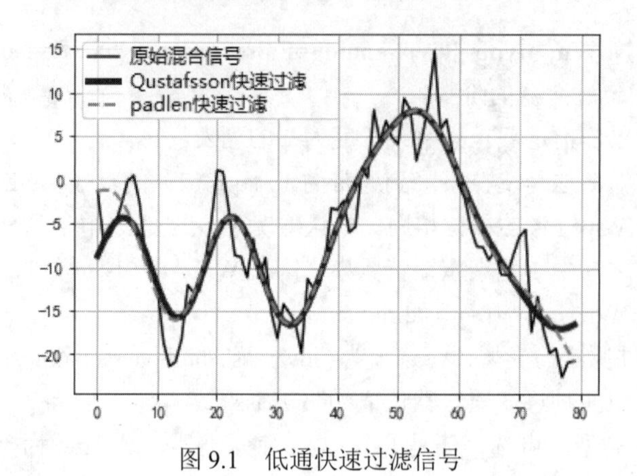

图 9.1　低通快速过滤信号

9.1.2　快速傅里叶变换

快速傅里叶变换（Fast Fourier Transform，FFT）是利用计算机进行离散傅里叶变换（Discrete Fourier Transform，DFT)的高效、快速计算一类方法的统称[1]。对数字信号进行 FFT 处理，可以得到数字信号的分析频谱[2]，分析频谱是实际信号频谱的近似。FFT 在图像数据、音频数据、电磁波等方面都有着广泛的应用。

Scipy 的 fftpack 子模块包提供了三十多种相关的处理函数，这里仅介绍 fft()、fftshift()的使用方法。

1. 快速计算离散傅里叶变换

函数 fftpack.fft(x, n=None, axis=-1, overwrite_x=False)，参数说明如下。

（1）x：指定需要处理的数据集合对象。

（2）n：可选，指定傅里叶变换的长度。如果 n <x.shape [axis]，则 x 被截断；如果 n> x.shape [axis]，则 x 为零填充；默认值为 None 时，结果为 n = x.shape [axis]。

（3）axis：可选，指定计算 fft 的轴方向；默认值为-1，则在最后一个轴上进行计算。

（4）overwrite_x：可选，值为 True，则可以销毁 x 的内容；默认值为 False，则不销毁。

返回值：返回的复数组包含 y(0)、y(1)、…、y(n-1)，其中 y(j)=(x * exp(-2 * pi * sqrt(-1)* j * np.arange(N)/ N)).sum()。

2. fft()函数使用代码示例

下列代码为对一个方波进行快速傅里叶变换处理，执行结果如图 9.2 和图 9.3 所示。

```
from scipy.fftpack import fft                              #导入快速傅里叶函数
import numpy as np
import matplotlib.pyplot as plt
sig = np.repeat([0., 1., 0.], 100)                         #产生一个凸起的方波信号
A = fft(sig)                                               #对原始信号数据进行快速傅里叶变换
```

---

[1] 程乾生．数字信号处理[M]．北京：北京大学出版社，2003。

[2] 找出一个信号在不同频率下的信息（如振幅、功率、强度或相位等）的做法即为频谱分析。

```
plt.figure(figsize=(10,5))
plt.subplot(1,2,1)
plt.plot(sig)                                #绘制原始信号图形，如图 9.2 所示
plt.title('sig lines')
plt.subplot(1,2,2)
plt.plot(A)                                  #绘制原始信号转为傅里叶变换后的图形，如图 9.3 所示
plt.title('FFT line')
plt.show()
```

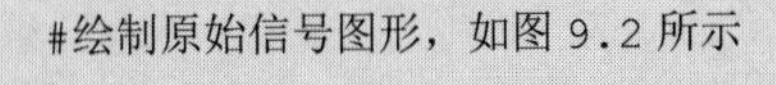

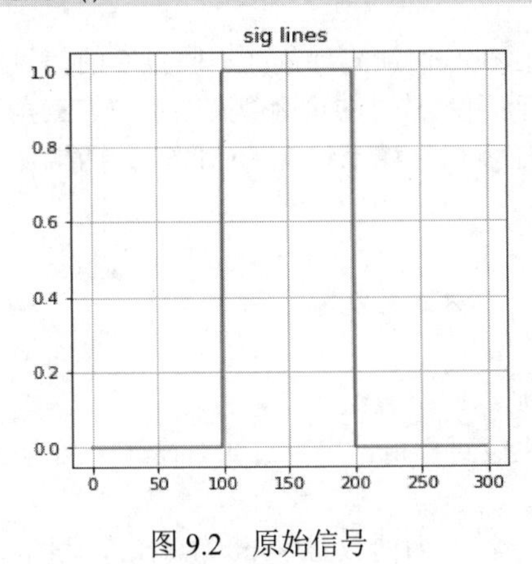

图 9.2　原始信号

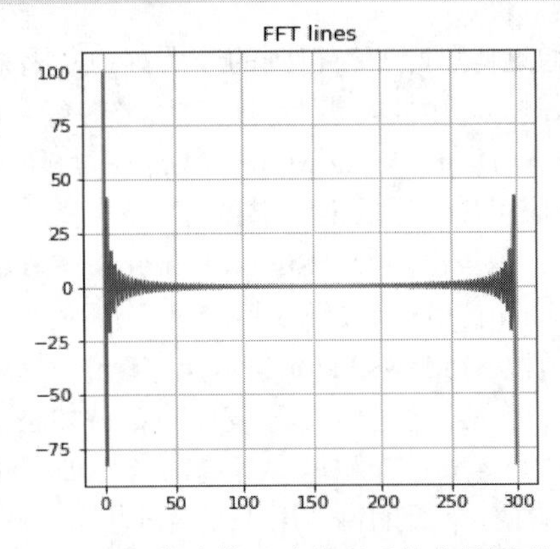

图 9.3　快速傅里叶处理后的信号图形

3. 调整频谱显示范围

将 FFT 变换后的频谱显示范围从[0,N]变成[−N/2,N/2−1]（当 N 为偶数时）或[−(N−1)/2,(N−1)/2]（当 N 为奇数时）。

函数 fftpack.fftshift(x, axes=None)，参数说明如下。

（1）x：需要调整的集合对象，可以是多维。

（2）axes：指定调整维度方向，默认值为 None 时，调整所有元素。

返回值：返回调整后的集合对象。

4. fftshift()函数使用代码示例

在上例傅里叶变换结果的基础上继续执行下列代码，执行结果如图 9.4 所示。

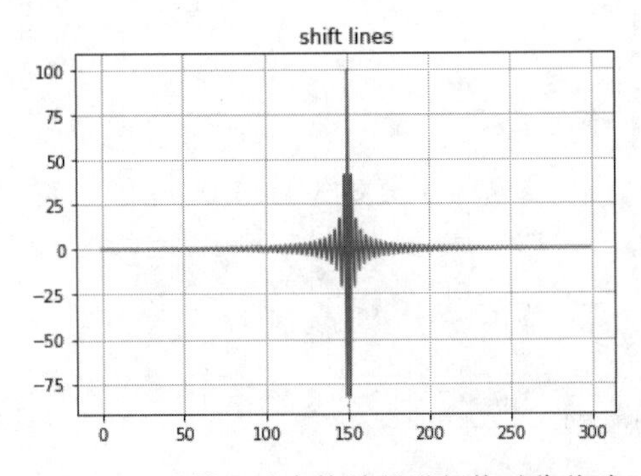

图 9.4　对傅里叶变换结果进行值对称移动

```
from scipy.fftpack import fftshift          #导入 fftshift()函数
B=fftshift(A)
plt.plot(B)                                 #绘制原始信号转为傅里叶变换后的图形
plt.title('shift lines')                    #值对称移动元素
plt.show()
```

9.1.3 信号窗函数

通过傅里叶变换得到的分析频谱，因采样不合适，存在频谱泄露现象（不同频率的信号能量互相叠加）。由此，需要通过对信号加窗，修正频谱泄露问题。常见的窗函数有矩形窗、三角窗、汉宁窗（Hann Windows）、高斯窗等。除了矩形窗，其他窗在时域上体现为中间高、两端低的特征。[①]应用最广泛的是汉宁窗。

1．信号窗函数（Signal Windows Function）

Hann 窗口是通过使用升余弦或正弦平方形成的锥形，其末端接触零。

函数 windows.hann(M, sym=True)，参数说明如下。

（1）M：整型，输出窗的点数。如果为零或更小，则返回空数组。

（2）sym：布尔型，可选，当为 True（默认）时，生成对称窗，用于过滤器设计。当为 False 时，生成一个周期窗，用于光谱分析。

返回值：数组型窗值，最大值标准化为 1（尽管如果 M 为偶数且 sym 为 True，则不显示值 1）。

2．Hann 代码示例

显示 Hann 窗口函数的图形特征，代码执行结果如图 9.5 所示。

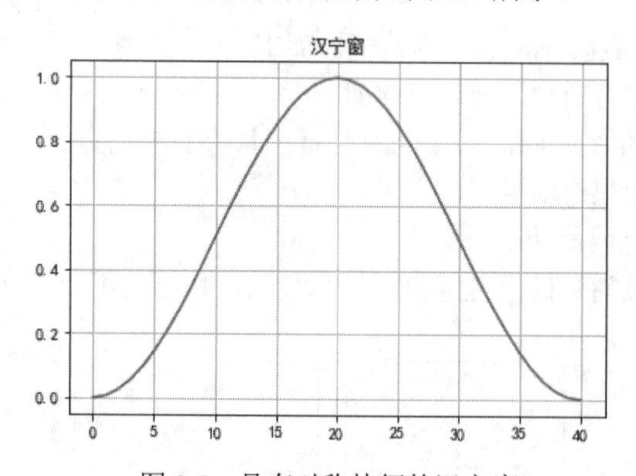

图 9.5　具有对称特征的汉宁窗

```
from scipy import signal
from scipy.fftpack import fft, fftshift
import matplotlib.pyplot as plt
import numpy as np
plt.rc('font', family='SimHei', size=10)                    #设置黑体，大小为 10
```

① 李岩，过秀成．过饱和状态下交叉口群交通运行分析与信号控制[M]．南京：东南大学出版社，2012：150.

```
plt.rcParams['axes.unicode_minus'] = False                #解决坐标轴负数的负号显示问题
h_w= signal.hann(41)                                      #汉宁窗，设置 41 个点数
plt.plot(h_w)
plt.title("汉宁窗")
plt.show()
```

9.1.4　卷积

卷积（Convolution）是通过两个函数 f、g 生成第三个函数的一种数学算子，表征 f、g 函数经过翻转、平移后的重叠部分的面积。[①]

1．基于两个多维度数组的卷积

函数 signal.convolve(in1, in2, mode='full', method='auto')，参数说明如下。

（1）in1：第一个输入函数，集合类型，主要是指需要处理的信号源数据。

（2）in2：第二个输入函数，集合类型，必须与 in1 保持一样的维数，提供另外一个处理第一个信号的数据源，如过滤掉麦克风干扰信号，保持正常声音信号。

（3）mode：字符串型，用于指定该函数输出方式，可选值为'full'、'valid'、'same'。默认值为'full'。'full'代表输出的是完全离散线性卷积，'valid'代表输出仅包含那些不依赖于零填充的元素。'same'代表输出与'in1'的大小相同，以'full'输出为中心。

（4）method：字符串型，指定用于计算卷积的方法。可选值{'auto','direct','fft'}。'auto'，自动选择直接或傅里叶方法；'fft'，通过调用'fftconvolve'函数利用傅里叶变换方法来执行卷积；'direct'，指定卷积和方法。

返回值：数组类型，一个 N 维数组，包含'in1'和'in2'的离散线性卷积的子集。

2．卷积代码示例

使用卷积函数，并借助 Hann 窗口方法，进行原始方波脉冲信号的处理。

```
import matplotlib.pyplot as plt
from scipy import signal
import numpy as np
fig=plt.figure(figsize=(12,4))
plt.subplot(131)
sig=np.repeat([0., 1., 0.], 100)                          #建立方波信号数据
plt.title('方波脉冲信号')
plt.plot(sig)                                             #绘制方波
plt.subplot(132)
h_win=signal.hann(50)                                     #汉宁窗信号
plt.title('汉宁窗脉冲信号')
plt.plot(h_win)                                           #绘制汉宁窗
plt.subplot(133)
f=signal.convolve(sig,h_win, mode='same')/sum(h_win)      #卷积处理后的信号
```

① Tom M.Apostol．数学分析[M]．2 版．邢富冲，邢辰，李松洁，贾婉丽，译．北京：机械工业出版社，2004，268 页。

```
plt.title('卷积处理后的信号')
plt.plot(f)                                        #绘制卷积处理后的信号
fig.tight_layout()                                 #子图之间紧凑对齐
plt.show()
```

代码执行结果如图 9.6 所示。

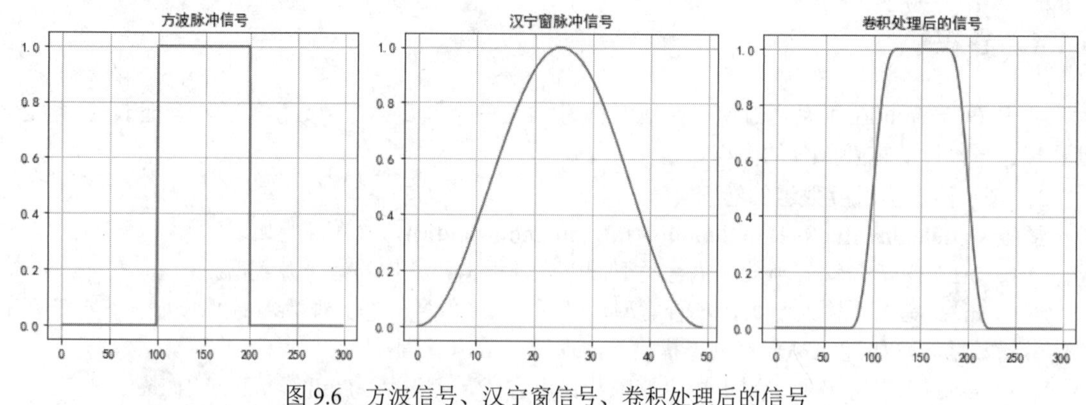

图 9.6　方波信号、汉宁窗信号、卷积处理后的信号

9.2　插值（interpolate）

在实际工作中，经常会碰到所记录的一些离散点数据。如在一条大河里，以等距离采样测量所得河道深度数据。若要建立一条河道通航曲线，而且通过所有的采样点，则为插值问题。Scipy 的 interpolate 子模块包提供了很多插值函数。计算插值有两种基本的方法，一是对一个完整的数据集去拟合一个函数；二是仿样内插法，对数据集的不同部分拟合出不同的函数，而函数之间的曲线平滑对接。

9.2.1　单变量插值

当样本数据变化归因于一个独立的变量时，就使用一维插值函数。

1．一维插值

函数 interpolate.interp1d(x, y, kind='linear', axis=-1, copy=True, bounds_error=None, fill_value= nan, assume_sorted=False)，参数说明如下。

（1）x：指定离散数据点的 x 坐标值，一维数值集合或实数。

（2）y：指定离散数据点的 y 坐标值，一维或多维数值集合，y 的第一维长度必须跟 x 相等。

（3）kind：指定插值类型（'linear', 'nearest', 'zero', 'slinear', 'quadratic', 'cubic','previous', 'next'），其中，'zero'（'nearest'）、'linear'（'slinear'）、'quadratic'、'cubic'分别指 0 阶、1 阶、2 阶、3 阶的样条插值[①]，'previous'、'next'只返回某一点的上一个、下一个值，默认值为'linear'。

① 样条插值见 9.2.3 节内容。

（4）axis：指定多维 y 需要插值的维度，默认为第一维度。

（5）copy：指定对 x，y 数据的使用方式为复制还是视图使用，默认方式为复制。

（6）bounds_error：值设置为 True 时，插值超过 x 范围时，会引发 ValueError 报错；值为 False 时，则为超出范围的值分配填充值（fill_value）。默认值为 None。

（7）fill_value：指定填充值。

（8）assume_sorted：值为 False，则"x"的值可以是任何顺序；值为 True，则"x"必须是单调递增值的数组。默认值为 False。

返回值：返回插值计算结果的一个函数对象 f(x)，x 指在 x 轴上的插值范围，f 在 x 重新指定后确定插值曲线的 y 轴值。

2．一维插值代码示例

```
import matplotlib.pyplot as plt
from scipy import interpolate
import numpy as np
np.random.seed(19750105)
x=np.random.randn(10)                          #随机产生 x 轴坐标值
y=np.random.randn(10)                          #随机产生 y 轴坐标值
f=interpolate.interp1d(x, y)                   #一维插值计算，并返回带计算结果的 f()函数
xnew=np.linspace(x.min(),x.max(),80)           #通过设置最小值、最大值，防止插值越界★
ynew=f(xnew)                                   #使用插值计算返回的函数 f，求插值曲线 y 坐标值
plt.plot(x, y, 'o', xnew, ynew, '-')
plt.title('10 个随机离散点的一维插值曲线图')
plt.show()
```

代码执行结果如图 9.7 所示。★处的等分数是控制曲线绘制的精度，取值不能太低，否则插值曲线会产生没有通过离散点的现象，这里取 80 个等分点。

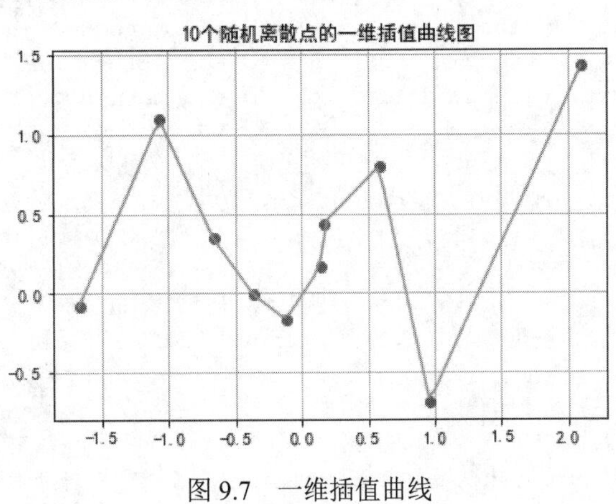

图 9.7　一维插值曲线

9.2.2　多变量插值

当样本数据变化归因于多个独立的变量时，就使用多变量插值函数。

1．网格数据二维插值

函数 griddata(points, values, xi, method='linear', fill_value=nan, rescale=False)，参数说明如下。

（1）points：数据点坐标，形状为(n,D)的数组，或为多维数组的元组。

（2）values：浮点或复数的多维数组，形状为(n,)的数据值。

（3）xi：浮点型二维数组或一维数组的元组，形状为(M,D)的插值数据点。

（4）method：插值方法，可选值为{'linear', 'nearest', 'cubic'}。'linear'是基于三角形的线性插补法，返回最接近插值点的数据点的值；'nearest'，最近邻居插补法，将输入点设置为 n 维单纯形，并在每个单形上线性插值；'cubic'是在一维情况下，返回由三次样条确定的值；在二维的情况下，返回由分段三次补差、连续可微（C1）和近似曲率最小化多项式表面确定的值。

（5）fill_value：指定用于填充输入点凸包外部的请求点值，默认为 np.nan 值。此选项对'nearest'方法无效。

（6）rescale：在执行插值之前，重新缩放基于单位立方体的 points 值。如果某些输入维度具有不同单位，且相差很多个数量级，则该参数非常有用。

返回值为带插值结果数值的数组。

2．griddata 二维插值代码示例

```
import matplotlib.pyplot as plt
def func(x, y):
   return x*(1-x)*np.cos(4*np.pi*x) * np.sin(4*np.pi*y**2)**2
grid_x, grid_y = np.mgrid[0:1:100j, 0:1:200j]  #网格点坐标
points = np.random.rand(1000, 2)    #产生 1000 行，2 列的随机分布实际点的坐标
values = func(points[:,0], points[:,1])          #获取实际点的值
from scipy.interpolate import griddata
grid_z0=griddata(points, values, (grid_x, grid_y), method='nearest')
                                                 #用最近邻居补差法，插值计算，计算网格点的值
grid_z1=griddata(points, values, (grid_x, grid_y), method='linear')
                                                 #用线性补差法，插值计算，计算网格点的值
grid_z2=griddata(points, values, (grid_x, grid_y), method='cubic')
                                                 #用三次补差法，插值计算，计算网格点的值
plt.subplot(221)                                 #第一绘图区域
plt.imshow(func(grid_x, grid_y).T, extent=(0,1,0,1), origin='lower')  #显示二维网格点
plt.plot(points[:,0], points[:,1], 'k.', ms=1  #绘制实际点的值（黑色点）
plt.title('原始网格数据')                          #没有经过二维插值处理的
plt.subplot(222)                                 #第二绘图区域
plt.imshow(grid_z0.T, extent=(0,1,0,1), origin='lower')   #显示用最近邻居补差法，计算网格
                                                            点的值图像
plt.title('经过最近邻居法插值处理')
plt.subplot(223)                                          #第三绘图区域
plt.imshow(grid_z1.T, extent=(0,1,0,1), origin='lower')   #显示用线性补差法，计算网格点的
                                                            值图像
plt.title('经过线性法插值处理')
plt.subplot(224)                                          #第四绘图区域
plt.imshow(grid_z2.T, extent=(0,1,0,1), origin='lower')   #显示用三次补差法，计算网格点的
                                                            值图像
```

```
plt.title('经过三次法插值处理')
plt.gcf().set_size_inches(6, 6)
plt.show()
```

代码执行结果如图 9.8 所示。

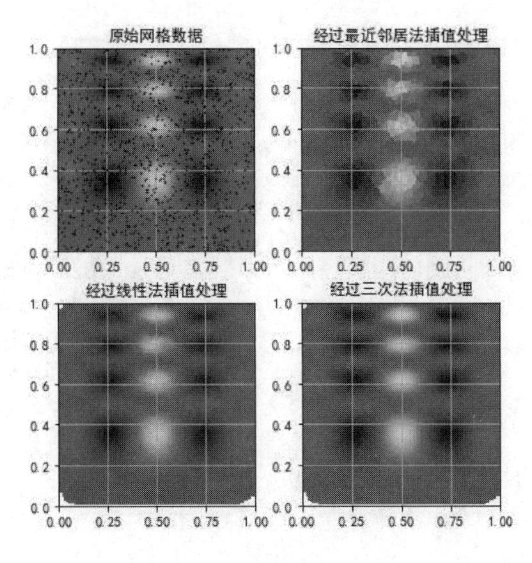

图 9.8 网格数据二维插值

9.2.3 样条插值

“样条”一词来源于工程中船体、汽车等的外形设计。在外形曲线上给出一组离散样点，将有弹性的细长木条在样点上固定，使其自然弯曲，这种表示外形曲线方式叫样条曲线。

样条插值以多项式作为任意相邻两个数据点平滑曲线计算方式，最终形成经过所有离散点的光滑曲线的数学方法。

在 Scipy 库的 interpolate 子模块包里，样条插值函数包括一维样条插值、二维样条插值。

1. 一维平滑样条

通过所有(x,y)坐标数据样点的拟合程度为"k"的 y=spl(x)函数曲线。

InterpolatedUnivariateSpline 类对象参数说明如下。

（1）x：集合对象，离散数据点的 x 坐标，必须增量值。

（2）y：集合对象，离散数据点的 y 坐标。

（3）w：可选，集合对象，样条拟合的权重分配，必须正数。默认值为 None，则权重相等。

（4）bbox：可选，指定近似区间边界的序号值。默认值为 None，bbox=[x[0], x[-1]]。

（5）k：可选，整型，平滑样条拟合程度的值，必须是[1,5]范围的值。

（6）ext：可选，整型或字符串型，控制元素的外推模式（值为 0 或'extrapolate'，则返回外推值；值为 1 或'zeros'，则返回 0；值为 2 或'raise'，则引发 ValueError 报错；值为 3 或'const'，则返回边界值）。

（7）check_finite：检查输入数据是否存在 inf、Nan 异常值。默认值为 False，不检查，可以提升运算性能，但容易造成异常值引起的问题。

返回值为含样条计算结果的 spl(x)函数。

注意：

离散数据点的数量必须大于样条拟合度 k。

2．一维平滑样条代码示例

```
import matplotlib.pyplot as plt
from scipy.interpolate import InterpolatedUnivariateSpline     #导入一维平滑样条类对象
np.random.seed(29292)
#20 格离散样点
x=np.linspace(-5, 5, 20)                                        #离散样点 x 轴值
y=np.exp(-x**2) + 0.01*np.random.randn(20)+1                    #离散样点 y 轴值
spl=InterpolatedUnivariateSpline(x, y)                          #对离散样点进行一维平滑样条插值计算
plt.plot(x,y,'rp',markeredgewidth=6)                            #用红色五角星标注离散样点
xs=np.linspace(-5,5,100)                                        #样条曲线 x 轴的值范围
plt.plot(xs,spl(xs),'g',lw=4)                                   #绘制样条曲线
plt.title('一维平滑样条插值曲线')
plt.show()
```

执行结果如图 9.9 所示。

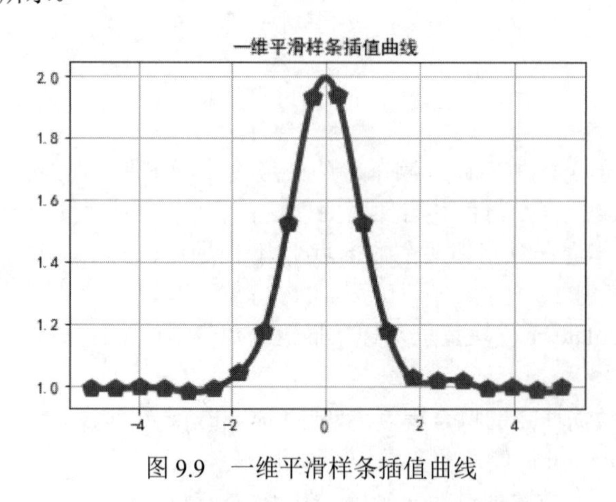

图 9.9　一维平滑样条插值曲线

9.3　优化与拟合（optimize）

在计算机算法领域，优化往往是指通过算法得到要求问题的更优解。

形象地说，拟合就是把平面上一系列的点，用一条光滑的曲线连接起来。因为这条曲线有无数种可能，从而有各种拟合方法。拟合是优化的方法之一。

在实际问题中，经常要根据观测得到的一些数据，也就是平面上的一些离散点，绘制出一条

近似曲线，这些离散点称为控制点。如果要求曲线不一定通过所有控制点，而是以某种方式逼近这些点，则问题称为拟合问题。构造拟合曲线，除了最小二乘法以外，实际中还经常用分段拟合的方法，就是在每一段内，用低次多项式作为该段的拟合曲线，而且这些分段多项式曲线在控制点还具有一定的光滑性，这就是所谓的样条拟合。

9.3.1　最小二乘拟合

最小二乘法（Least Square Method，LSM）[①]又叫最小平方法，它通过最小化误差的平方和寻找实际数据的最佳逼近值，把这些点值连接起来形成了拟合曲线。Scipy 库的 optimize 子模块包的最小二乘法包括非线性最小二乘法、线性最小二乘法计算功能。

1. 求解带变量边界的非线性最小二乘问题

函数 least_squares(fun,x0,jac='2-point',bounds=(-inf, inf),method='trf',ftol=1e-08,xtol=1e-08, gtol=1e-08, x_scale=1.0, loss='linear',f_scale=1.0,diff_step=None, tr_solver=None, tr_options={}, jac_sparsity=None, max_nfev=None, verbose=0, args=(), kwargs={})，参数说明如下。这里只介绍部分重要参数，读者可以借助帮助了解剩余参数的使用方法。

（1）fun：计算残差向量的函数，形式为 fun(x0, *args, **kwargs)，传递给 x0 为多维数组。

（2）x0：多维数组对象、浮点数，对自变量的初步猜测值，如果是浮点数，它将被视为带有一个元素的一维数组。

（3）jac：可选，可选项为{'2-point', '3-point', 'cs', callable}，计算雅可比矩阵的方法（m×n 矩阵，其中元素(i, j)是 f [i]相对于 x [j]的偏导数）。

（4）bounds：带 2 元组的数组对象，设置自变量的下限和上限，默认为无界限。每个数组必须匹配 x0 参数的大小或者是标量，在后一种情况下，所有变量的绑定都是相同的。

（5）method：可选，可选项{'trf', 'dogbox', 'lm'}；'trf'：Trust Region Reflective 算法，特别适用于带边界的大型稀疏问题，一般稳健的方法；dogbox'：具有矩形信任区域的狗腿算法，典型用例是边界小问题。不建议用于排名不足的雅可比行列式问题；'lm'：在 MINPACK 中实现的 Levenberg-Marquardt 算法，不支持边界和稀疏的雅可比矩阵处理，对于小的无约束问题，通常是最有效的方法。

（6）ftol：浮点数、None（默认值，禁止此条件的约束），可选，通过改变成本函数来容忍终止，默认值为 1e-8。

（7）xtol：浮点数、None（默认值，禁止此条件的约束），可选，通过改变自变量来容忍终止，默认值为 1e-8。

（8）gtol：浮点数、None（默认值，禁止此条件的约束），可选，通过梯度的范数容忍终止。默认值为 1e-8。

（9）args：元组、字典，可选，传递给 fun 函数和 jac 的其他参数，默认值为空。

2. least_squares()返回值说明

（1）x：多维数组，最小二乘拟合求解方案。

[①] 最小二乘法，百度百科，https://baike.baidu.com/item/最小二乘法。

（2）cost：浮点数，解决方案中成本函数的值。

（3）fun：多维数组，解决方案中的残差。

（4）jac：多维数组，稀疏矩阵或线性。

（5）grad：多维数组，解决方案中成本函数的梯度。

（6）optimality：浮点数，一阶最优性度量；在无约束的问题中，它始终是梯度的统一规范；在约束问题中，它是在迭代期间与 gtol 进行比较的数量。

（7）active_mask：基于整型的多维数组，显示 method 方法相应的约束是否处于活动状态。0 表示约束未激活，-1 下限有效，1 上限有效。

（8）nfev：整数，完成的功能评估数。

（9）njev：整数或 None，雅可比评估的数量。

（10）status：算法终止的原因。

（11）message：提供终止原因描述。

（12）success：如果执行结果满足其中一个收敛条件，则为 True。

3. least_squares()求解代码示例

最小二乘线性回归拟合，线性回归的目的就是实现预测值与实际值的残差平方和最小，其基本计算公式为

$$S(w)=\|Xw-y\|^2 \tag{9.1}$$

天津属于北方城市，在 5 月份气温以周为周期，往往产生直上直下的温度急剧升降现象。气象局每天采集当地气温的最高值、最低值，通过对采集数据的最小二乘线性拟合，可以更加直观地反映气温变化情况。

```
from scipy.optimize import least_squares                      #导入最小二乘拟合函数
import numpy as np
plt.rc('font', family='SimHei', size=10)                      #设置黑体，大小为 10
plt.rcParams['axes.unicode_minus'] = False                    #解决坐标轴负数的负号显示问题
Y=np.array([7,16,10,19,12,20.5,16,25,17,27,18,27,20,31])  #每天温度最低，最高值
X=np.array([0,0,1,1,2,2,3,3,4,4,5,5,6,6])      #7 天记录，一天记录一个最高温度、一个最低温度

def P(x):                                      #计算残差值函数
   a,b=x                                       #提供需要确定的线性值
   return Y-(a*X+b)                            #计算拟合线与原始值的误差
o_line=least_squares(P,[1,0])                  #指定初始 a，b 值，并进行最小二乘拟合计算
print(o_line)                                  #打印计算结果，见执行结果❶
import matplotlib.pyplot as plt
y=(Y+o_line.fun)                               #最高温度加残差值
plt.plot(X,Y,'o',label='温度实测点值')
plt.plot(X,y,label='带残差值温度线')
plt.plot([0,6],o_line.x+11.5,'--',linewidth=3,label='线性拟合线')
                                               #11.5 取第一天最高、最低温度的中值
plt.legend()                                   #显示图例
plt.show()
active_mask: array([0., 0.])
```

```
❶输出结果内容解释见前面 least_squares()返回值说明
cost: 158.9709821428571
fun: array([-5.13392858,  3.86607142, -4.41071429,  4.58928571, -4.6875    ,
       3.8125    , -2.96428572,  6.03571428, -4.24107143,  5.75892857,
      -5.51785714,  3.48214286, -5.79464285,  5.20535715])
       grad: array([9.72374252e-08, 8.84201334e-08])
        jac: array([[ 0.        , -1.        ],
      [ 0.        , -1.        ],
      [-1.00000001, -1.        ],
      [-1.00000001, -1.        ],
      [-2.00000003, -1.00000002],
      [-2.00000003, -1.00000002],
      [-2.99999999, -1.        ],
      [-2.99999999, -1.        ],
      [-3.99999995, -0.99999998],
      [-3.99999995, -0.99999998],
      [-5.00000001, -1.        ],
      [-5.00000001, -1.        ],
      [-5.99999997, -1.00000002],
      [-5.99999997, -1.00000002]])
    message: 'Both 'ftol' and 'xtol' termination conditions are satisfied.'
       nfev: 6
       njev: 6
  optimality: 9.723742522282919e-08
     status: 4
    success: True
          x: array([ 2.27678571, 12.13392858])                  #线性拟合线的求解 Y 值
```

上述代码图像分析结果如图 9.10 所示。

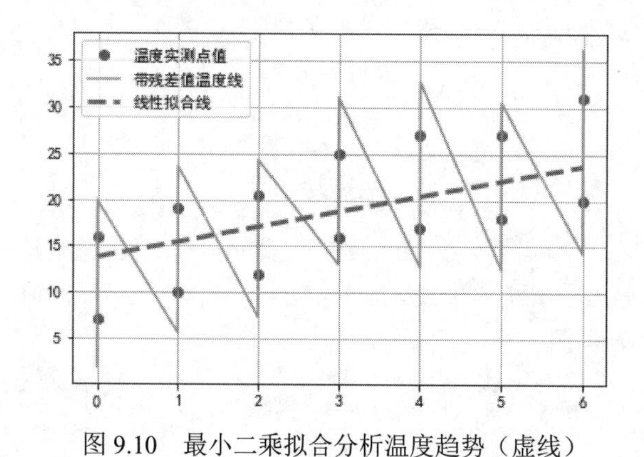

图 9.10　最小二乘拟合分析温度趋势（虚线）

9.3.2　B-样条拟合

B-样条曲线（B-Spline Curve，其中 B 为 Basis 的缩写）函数的研究最早开始于 19 世纪，当时

N.Lobachevsky 把 B-样条作为某些概率分布的卷积。在 1946 年，I.J.Schoenberg 利用 B-样条进行统计数据的光滑化处理，他的论文开创了样条逼近的现代理论。随后，CdeBoor、M.Cox 和 LMansfiekl 发现了 B-样条的递推关系。B-样条曲线的最初定义是基于差商，这种定义方法包含了复杂的数学公式，而且所得的结果在数值上不稳定。DeBoor 与 Hollig 应用 B-样条的递推关系作为出发点定义 B-样条，这是一种完全不同于差商方法的定义公式。B-样条根据节点的不同又分为均匀 B-样条基函数、周期 B-样条基函数等类型。①

B-样条曲线曲面具有几何不变性、凸包性、保凸性、变差减小性、局部支撑性等许多优良性质，是目前 CAD 系统常用的几何表示方法，因而基于测量数据的参数化和 B 样条曲面重建是反求工程的研究热点和关键技术之一。

基于单变量 B-样条公式见式（9.2）：

$$S(x)=\sum_{j=0}^{n-1}c_jB_j,k;t(x) \tag{9.2}$$

其中，B_j、k、t 是深度 k 和节点 t 的 B-样条基函数。

Scipy 库为上述公式提供了对应的函数 BSpline()。

1．BSpline()函数

interpolate.BSpline(t, c, k, extrapolate=True, axis=0)，参数说明如下：

（1）t：多维数组，形状为(n+k+1,)，指定原始节点数。

（2）c：多维数组，形状为(>=n,…)，样条系数。

（3）k：整数，指定样条阶数。

（4）extrapolate：布尔值或'periodic'，可选，推断是否超出基本区间 t[k]...t[n]；默认值为 True，则推断基本区间上活动的第一个和最后一个多项式的 B-样条函数；'periodic'，则使用周期性外推法。

（5）axis：默认值为 0，指定插值轴方向。

B-样条的基本元素定义如式（9.3）和式（9.4）所示。

$$B_i,0(x)=\begin{cases}1, & t_i\leqslant x\leqslant t_{i+1}\\ 0, & \text{其他}\end{cases} \tag{9.3}$$

$$B_{i,k}(x)=\frac{x-t_i}{t_{i+k}-t_i}B_{i,k-1}(x)+\frac{t_{i+k+1}-x}{t_{i+k+1}-t_{i+1}}B_{i+1,k-1}(x) \tag{9.4}$$

对于度数为 k 的样条，至少需要 k + 1 个系数，因此 n> = k + 1。忽略具有 j> n 的附加系数 c [j]。

度数为 k 的 B 样条基元素在基区间上形成单位分区，t [k] <= x <= t [n]。

2．BSpline()函数代码示例

```
def B(x, k, i, t):                                    #B-样条的递归定义函数
   if k == 0:
      return 1.0 if t[i] <= x < t[i+1] else 0.0
   if t[i+k] == t[i]:
```

① 单斌，陈征征，陈蓉．材料学的纳米尺度计算模拟从基本原理到算法实现[M]．武汉：华中科技大学出版社，2015，第 359 页。

```
        c1 = 0.0
    else:
        c1 = (x - t[i])/(t[i+k] - t[i]) * B(x, k-1, i, t)
    if t[i+k+1] == t[i+1]:
        c2 = 0.0
    else:
        c2 = (t[i+k+1] - x)/(t[i+k+1] - t[i+1]) * B(x, k-1, i+1, t)
    return c1 + c2
def bspline(x, t, c, k):                         #建立一个简单但是性能一般的 B-样条评估函数
    n = len(t) - k - 1
    assert (n >= k+1) and (len(c) >= n)
    return sum(c[i] * B(x, k, i, t) for i in range(n))
#下面代码，在基础区间 2 <= x <= 4 上构造二次样条函数，并与评估样条的简单方法进行比较
from scipy.interpolate import BSpline            #导入 BSpline 函数
k = 2                                            #指定 2 阶
x=np.linspace(0,np.pi,7)
t = x*1.8                                        #原始采样数据
c = [-1, 2, 0, -1]                               #样条系数
spl = BSpline(t, c, k)                           #B-样条拟合计算
spl(2.5)
bspline(2.5, t, c, k)                            #自定义待评估 B-样条曲线
import matplotlib.pyplot as plt
fig, ax = plt.subplots()
xx = np.linspace(1.5, 4.5, 50)
ax.plot(xx, [bspline(x, t, c ,k) for x in xx], 'r--', lw=3, label='自定义 B 样条评估曲线')
ax.plot(xx, spl(xx), 'b-', lw=4, alpha=0.7, label='B 样条拟合曲线')
ax.grid(True)
ax.legend(loc='best')
plt.show()
```

B 样条拟合结果如图 9.11 所示。

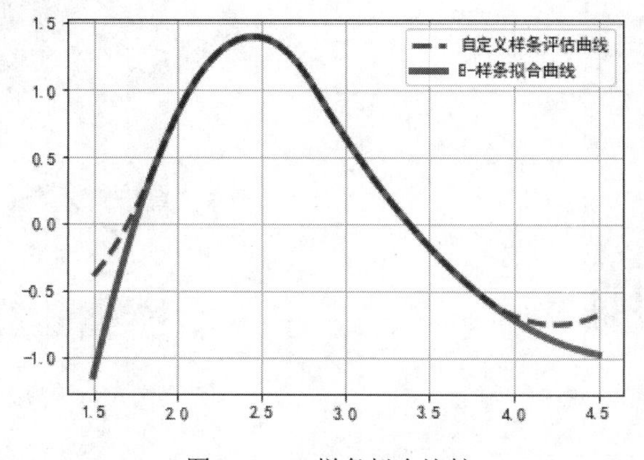

图 9.11　B-样条拟合比较

9.4 多维图像处理（ndimage）

目前，对图像进行各种技术处理是读者关注的一个热点。人们希望通过图像处理技术生成自己想要的内容，完善有缺陷的内容，识别图像中感兴趣的人、物、事。Matplotlib 库（6.3 节）提供了基本的 PNG 图像处理功能，Scipy 库在此基础上提供了更多的图像处理功能。

Scipy 库的 ndimage 子模块包为图像处理提供了很多函数。

9.4.1 读写图像

要处理图像，首先需要解决对图像的读写问题。最新版本的 Scipy 库，不再单独提供读写图像文件的函数，建议通过 matplotlib.pyplot 库的 imread()、imsave()来实现。在独立安装 Scipy、Matplotlib 库的情况下，plt.imread()、plt.imsave()默认只能读写.png 扩展名的图像文件，要读写更多的图像文件（如 jpg、bmp、gif），必须先安装第三方库（PIL，Python Imaging Library），可以通过 pip install pillow 在线安装。

（1）imread()，读取图像文件。

```
from scipy import ndimage
import matplotlib.pyplot as plt
im=plt.imread(r'G:\MyFourBookBy201811go\testLibrary\summer_sea.png')
                                                        #读取指定路径下的 png 图
plt.imshow(im)
plt.show()                                              #显示结果如图 9.12 所示
```

（2）imsave()，写图像文件。

```
im.shape                      #读取的图像是一个三维数组
(3264, 1840, 4)               #第一维四个元素，代表 RGBA，1840 列（图片宽度），3264 行（图片高度）
plt.imshow(im[:2000,:,:])     #截取第三维数据，显示结果如图 9.13 所示
```

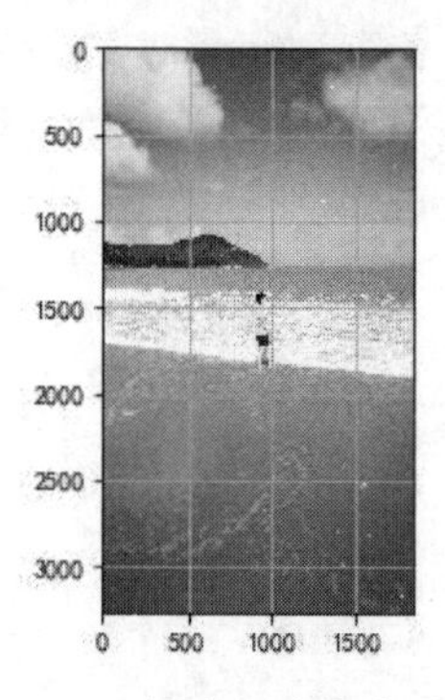

图 9.12　普陀山千步沙[①]原图

图 9.13　截取后的图片

① 普陀山千步沙，位于浙江省舟山市普陀区普陀山岛上，普陀山是著名的山、海、佛教风景区。

```
plt.imsave(r'G:\MyFourBookBy201811go\testLibrary\summer_sea1.png',im[:2000,:,:])
                                                        #保存截取图
```

可以在指定路径下发现新生成的图片文件。

（3）Scipy.misc 子模块库，提供了 face、ascent 样例图，可以直接读取，分别如图 9.14 和图 9.15 所示。

```
import scipy
plt.figure(figsize=(8,7))
plt.subplot(221)
face = scipy.misc.face()                    #小浣熊脸图片，在 python\Lib\site-packages\
                                             scipy\misc.face.dat 下
plt.imshow(face)
plt.subplot(222)
ascent= scipy.misc.ascent()                 #上升的楼梯图片，在 python\Lib\site-packages\
                                             scipy\misc.ascent.dat 下
plt.imshow(ascent)
plt.show()
```

图 9.14　小浣熊脸

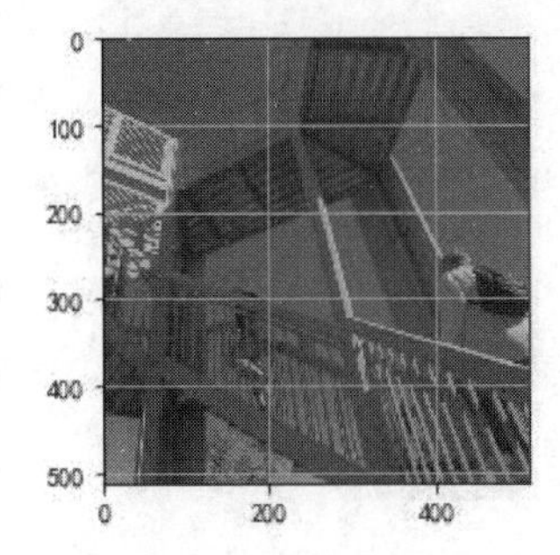

图 9.15　上升的楼梯

9.4.2　截取、翻转、旋转

Matplotlib 读取的图像其实是一个多维数组对象，通过对数组对象的各种操作，可以实现图像的处理，如截取图像、翻转图像、旋转图像。

1．截取图像

从图像中截取需要的部分是常用的一项图像处理技术，如从抓拍的图像中截取汽车的车牌部分，截取走动人的脸等。

```
im1=plt.imread(r'G:\MyFourBookBy201811go\testLibrary\summer_sea1.png')
plt.imshow(im1[1250:1875,700:1250,:])      #截取沙滩上的人，如图 9.16（a）所示
plt.show()
```

2．翻转图像

图像方向不正时，需要调整，以方便图像的后续处理。

```
flip_ud_face=np.flipud(crop_boy)                          #翻转图像，如图 9.16（b）所示
plt.imshow(flip_ud_face)
plt.show()
```

3．旋转图像

旋转图像除了调整方向外，还可以在连续转动的情况下，产生动画效果；有角度地摆放图像，也可以产生特殊的美感。

```
import numpy as np
from scipy import misc,ndimage
import matplotlib.pyplot as plt
rotate_boy=ndimage.rotate(crop_boy, 45)                   #逆向旋转 45°，如图 9.16（c）所示
plt.imshow(rotate_boy)
plt.show()
```

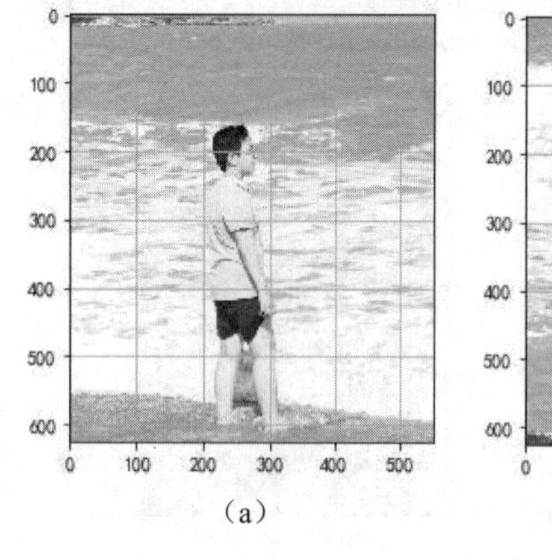

（a）

（b）

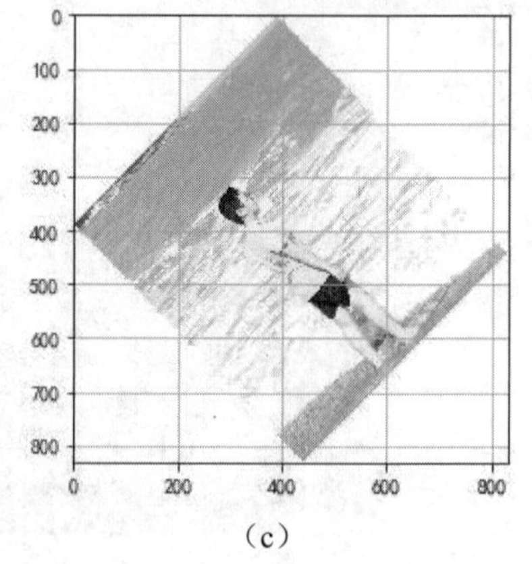

（c）

图 9.16　图像截取人

9.4.3　图像滤波

图像滤波（Filter）是一种修改或增强图像的技术，以保留需要的信息，去掉不需要的部分。图像滤波处理包括了平滑滤波和锐化滤波等。

1．平滑滤波（Smoothing Filters）

平滑滤波采用简单平均法求邻近像素点的平均亮度，领域的大小与平滑的效果相关，领域越大平滑效果越好，但会使边缘信息丢失越大，让图像变得模糊。平滑滤波合理选择领域参数值非常重要。平滑滤波处理图像主要可以使图像模糊或消除噪音。

Scipy 提供了高斯滤波（Gaussian Filter）、均匀滤波（Uniform Filter）函数。这里用高斯滤波来演示平滑滤波处理图像的效果。

（1）gaussian_filter()函数

gaussian_filter()函数实现了多维高斯滤波。高斯滤波沿每个轴通过领域参数 sigma 以一个或多个序列形式传递标准偏差（对每个元素做滤波处理）。如果 sigma 不是序列而是单个数字，则过滤

的标准偏差沿所有方向相等。可以为每个轴单独指定过滤的顺序，0 值的顺序对应于具有高斯核的卷积，1、2 或 3 的阶数对应于与高斯的第一，第二或第三导数的卷积。

函数 ndimage.gaussian_filter(input,sigma,order=0,output=None,mode='reflect',cval=0.0,truncate=4.0)，参数说明如下。

① input：要处理的数组对象，可以是图像、音频数据等。

② sigma：数值常量、数值常量序列，指定高斯核的标准差值。使用时，需要通过不断调整，以获取理想的输出信号。

③ order：整数常量、整数序列，可选，可以为每个轴方向用序列整数指定滤波顺序，也可以指定单个数字。0 的顺序对应于具有高斯核的卷积，正整数，如 1、2 分别对应于高斯的 1、2 阶导数的卷积。

④ output：数组或 dtype，可选，指定输出数组，或返回数组的 dtype，默认情况下，将创建与输入相同数据类型的数组。

⑤ mode：字符串、序列，确定当滤波与边框重叠时输入数组的扩展方式；通过传递长度等于输入数组的维数的模式序列，可以沿每个轴指定不同的模式；默认值模式'reflect'(d c b a | a b c d | d c b a)，通过最后一个像素的边缘来扩展；'constant'(k k k k | a b c d | k k k k)，通过 cval 参数指定的常数值填充边缘之外的值来扩展；'nearest' (a a a a | a b c d | d d d d)，通过复制最后一个像素来扩展；'mirror' (d c b | a b c d | c b a)，通过最后一个像素的中心来扩展；'wrap' (a b c d | a b c d | a b c d)，通过对相对边缘的缠绕来扩展。

⑥ cval：数值常量，当 mode 参数指定为'constant'时，用该参数指定填充边缘的值，默认值为 0。

⑦ truncate：浮点数，可选，指定标准偏差滤波截断值，默认值为 4.0。

（2）用 gaussian_filter()函数进行图像模糊处理

```
from scipy import misc,ndimage
plt.figure(figsize=(12,8))
im1=plt.imread(r'G:\MyFourBookBy201811go\testLibrary\summer_sea1.png')
crop_boy=im1[1250:1875,700:1250,:]
plt.subplot(131)
plt.imshow(crop_boy)                                         #原始图像
plt.subplot(132)
filter_boy1= ndimage.gaussian_filter(crop_boy, sigma=1)
plt.imshow(filter_boy1)                                      #高斯过滤后的效果 1，sigma=2
plt.subplot(133)
filter_boy2= ndimage.gaussian_filter(crop_boy, sigma=3)
plt.imshow(filter_boy2)                                      #高斯过滤后的效果 2，sigma=3
plt.show()                                                   #显示结果如图 9.17 所示
plt.imsave(r'G:\MyFourBookBy201811go\testLibrary\blurry_boy.png',filter_boy2)
                                                             #保存模糊图像
```

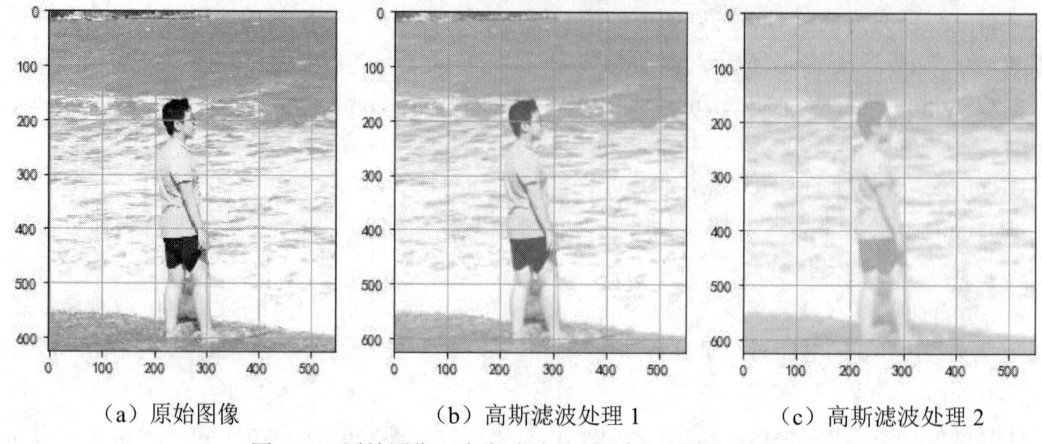

（a）原始图像　　（b）高斯滤波处理 1　　（c）高斯滤波处理 2

图 9.17　原始图像、高斯滤波处理 1、高斯滤波处理 2

2．锐化滤波（Sharpening Filter）

图像锐化（又叫边缘增强）滤波是补偿图像的轮廓，增强图像的边缘及灰度跳变的部分，使图像边缘、轮廓或某些线性目标特征清晰。Scipy 库的中值滤波（Median Filter）用于处理模糊不清的图像。

（1）median_filter()函数

函 数 ndimage.median_filter(input,size=None,footprint=None,output=None,mode='reflect',cval=0.0,origin=0)，参数说明如下。

① input：要处理的数组对象，可以是图像、音频数据等。

② size：数值常量或元组，从 input 参数获取新的形状大小的数组，以作为滤波函数的输入。

③ footprint：布尔数组，默认值为 None，指定一个需要用于滤波的数组形状，size =(n,m)等于 footprint = np.ones((n，m))；如原始图像的大小为(1024,800,4)，设置 size=2，则实际使用的大小为(2,2,2)；指定该参数时，忽略 size 参数；注意，size、footprint 参数必须提供一个，否则报错。

④ output：数组或 dtype，可选，指定输出数组或返回数组的 dtype，默认情况下，将创建与输入相同数据类型的数组。

⑤ mode：字符串、序列，确定当滤波与边框重叠时输入数组的扩展方式；通过传递长度等于输入数组的维数的模式序列，可以沿每个轴指定不同的模式；默认值模式'reflect'(d c b a | a b c d | d c b a)，通过最后一个像素的边缘来扩展；'constant'(k k k k | a b c d | k k k k)，通过 cval 参数指定的常数值填充边缘之外的值来扩展；'nearest' (a a a a | a b c d | d d d d)，通过复制最后一个像素来扩展；'mirror' (d c b | a b c d | c b a)，通过最后一个像素的中心来扩展；'wrap' (a b c d | a b c d | a b c d)，通过对相对边缘的缠绕来扩展。

⑥ cval：数值常量，当 mode 参数指定为'constant'时，用该参数指定填充边缘的值，默认值为 0.0。

⑦ origin：整数或整数序列，可选，控制滤波在输入数组像素上的位置；默认值 0，将滤波置

于像素上方，正值将滤波向左、右移动滤波；通过传递长度等于输入数组的维数的原始序列，可以沿每个轴指定不同的移位。

（2）median_filter()函数图像锐化处理代码示例

```
from scipy import ndimage
import matplotlib.pyplot as plt
fig = plt.figure(figsize=(10,7))
ax1=plt.subplot(131)
im1=plt.imread(r'G:\MyFourBookBy201811go\testLibrary\blurry_boy.png')
im1=im1[100:,100:400,:]                                 #去掉部分无关的信息
ax1.imshow(im1)                                         #原始模糊图像，如图 9.18（a）所示
ax2=plt.subplot(132)
im2= ndimage.median_filter(im1, size=8)                 #中值滤波用'reflect'方法锐化图像，如
                                                         图 9.18（b）所示
ax2.imshow(im2)
ax3=plt.subplot(133)
im3= ndimage.median_filter(im1,size=5,mode='constant',cval=100)
                                                        #中值滤波指定常量锐化图像
ax3.imshow(im3)                                         #显示如图 9.18（c）所示，图像边缘最清晰
plt.show()
```

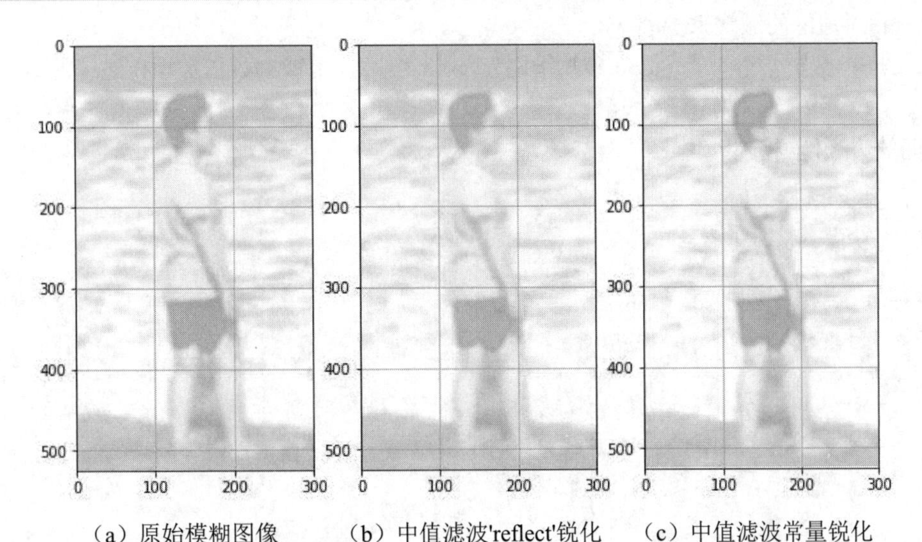

（a）原始模糊图像　（b）中值滤波'reflect'锐化　（c）中值滤波常量锐化

图 9.18　原始模糊图像、中值滤波'reflect'锐化、中值滤波常量锐化

说明：

（1）中值滤波更适用于低曲率的图像处理，如长方形的建筑物。

（2）中值滤波 size 值越大需要处理的时间越长。

9.4.4 边缘检测

边缘检测是一种用于查找图像内物体边界的图像处理技术，它通过检测亮度不连续性来工作。边缘检测用于诸如图像处理、计算机视觉和机器视觉等领域的图像分割和数据提取。

最常用的边缘检测算法包括贝尔（Sobel）、坎尼（Canny）、普鲁伊特（Prewitt）、罗伯茨（Roberts）、模糊逻辑方法。

1．sobel()函数

函数 ndimage.sobel(input, axis=-1, output=None, mode='reflect', cval=0.0)，参数说明如下。

（1）input：数组类型，待检测的图像等数组数据。

（2）axis：指定 input 数组边缘检测维度方向，默认值-1 指所有方向。

（3）output：指定输出数组。

（4）mode：字符串、序列，确定当滤波与边框重叠时输入数组的扩展方式；通过传递长度等于输入数组的维数的模式序列，可以沿每个轴指定不同的模式；默认值模式'reflect'(d c b a | a b c d | d c b a)，通过最后一个像素的边缘来扩展；'constant'(k k k k | a b c d | k k k k)，通过 cval 参数指定的常数值填充边缘之外的值来扩展；'nearest' (a a a a | a b c d | d d d d)，通过复制最后一个像素来扩展；'mirror' (d c b | a b c d | c b a)，通过最后一个像素的中心来扩展；'wrap' (a b c d | a b c d | a b c d)，通过对相对边缘的缠绕来扩展。

（5）cval：数值常量，当 mode 参数指定为'constant'时，用该参数指定填充边缘的值，默认值为 0.0。

2．图像边缘检测示例

```
from scipy import ndimage
import matplotlib.pyplot as plt
plt.rc('font', family='SimHei', size=10)                    #设置黑体，大小为10
plt.rcParams['axes.unicode_minus'] = False                  #解决坐标轴负数的负号显示问题
fig = plt.figure(figsize=(10,7))
plt.gray()                                                  #把图像设置为灰度
ax1 = fig.add_subplot(141,title='原始模糊图')
ax2 = fig.add_subplot(142,title='reflect 边缘检测')
ax3 = fig.add_subplot(143,title='nearest 边缘检测')
ax4 = fig.add_subplot(144,title='constant 边缘检测')
ed1= ndimage.sobel(im1)                                     #reflect 边缘检测
ed2= ndimage.sobel(im1,mode='nearest')                      #nearest 边缘检测
ed3= ndimage.sobel(im1,mode='constant',cval=0.5) #常量边缘检测，设置前需要分析一下原始数据
ax1.imshow(im1)
ax2.imshow(ed1)
ax3.imshow(ed2)
ax4.imshow(ed3)
```

```
plt.show()                                              #执行结果如图 9.19 所示
```

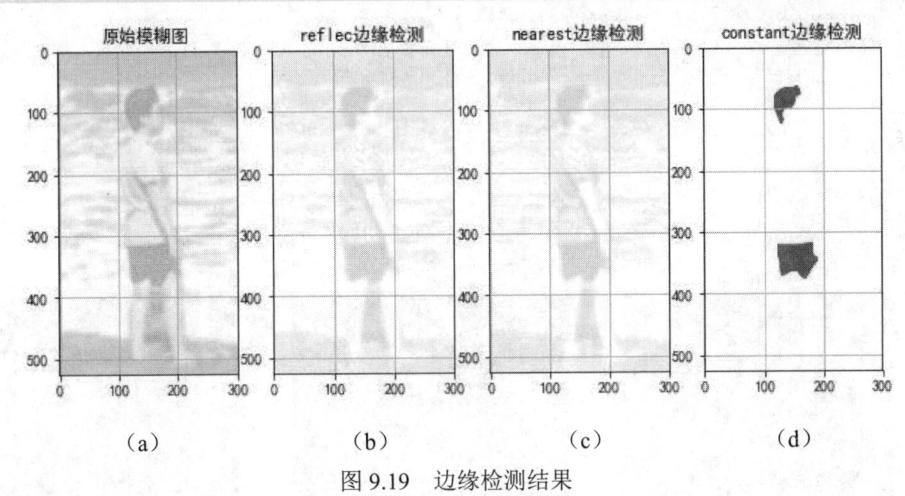

图 9.19　边缘检测结果

9.4.5　图像缩放

Scipy 库为图像的缩放提供了专门处理函数。

1．zoom()缩放函数

函数 ndimage.zoom(input, zoom, output=None, order=3, mode='constant', cval=0.0, prefilter=True)，参数说明如下。

（1）input：数组类型，指定需要处理的图像等数组数据。

（2）zoom：浮点数或序列，沿指定方向的缩放系数；如果为浮点数，每个方向的缩放是相同的；如果是序列，则该参数必须包含所有的维度。

（3）output：数组或 dtype，指定需要输出的数组。

（4）order：样条插值的顺序，默认值为 3，顺序必须在 0~5 范围内。

（5）mode：缩放时，处理数据对象边界的方法，默认值为'constant'；'reflect'(d c b a | a b c d | d c b a)，通过最后一个像素的边缘来扩展；'constant'(k k k k | a b c d | k k k k)，通过 cval 参数指定的常数值填充边缘之外的值来扩展；'nearest' (a a a a | a b c d | d d d d)，通过复制最后一个像素来扩展；'mirror' (d c b | a b c d | c b a)，通过最后一个像素的中心来扩展；'wrap' (a b c d | a b c d | a b c d)，通过对相对边缘的缠绕来扩展。

（6）cval：指定边界填充值，默认值为 0，如果 mode='constant'，则需要指定该参数。

（7）prefilter：布尔值，可选，确定输入数组是否在插值前使用 spline_filter 进行预过滤；默认值为 True，如果 order>1，将创建一个临时的 float64 过滤值数组；如果将此值设置为 False，如果 order> 1，输出将略微模糊。

2．zoom()函数缩放图像示例

```
fig = plt.figure(figsize=(12,8))
ax1 = fig.add_subplot(131,title='原始图')
```

```
ax2 = fig.add_subplot(132,title='放大图')
ax3 = fig.add_subplot(133,title='缩小图')
ascent = misc.ascent()
z1= ndimage.zoom(ascent, 5.0)                    #元素放大 5 倍
z2= ndimage.zoom(ascent, 0.25)                   #元素缩小到 1/4
ax1.imshow(ascent)                               #原始图
ax2.imshow(z1)                                   #放大图
ax3.imshow(z2)                                   #缩小图
plt.show()                                       #执行结果如图 9.20 所示
```

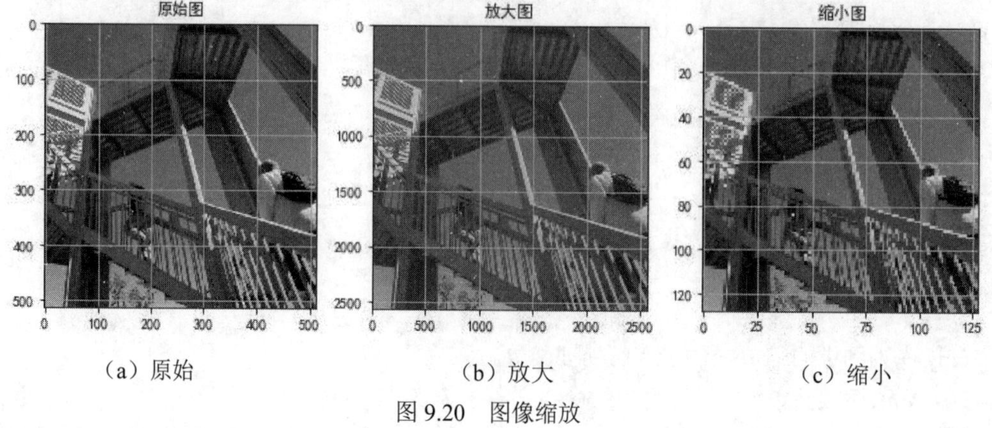

（a）原始　（b）放大　（c）缩小

图 9.20　图像缩放

注意：

（1）这里是图像元素缩放，就是日常所说的清晰度缩放，非图像尺度大小缩放。

（2）Scipy 提供的图是 RGB 图，而现在一般图都是 RGBA 图，所以，要用自己的图像文件进行缩放处理时，必须先进行 RGBA 转 RGB 的处理。处理工具可以应用 opencv 库的相关功能。

（3）对于需要深入处理图像的读者，应该关注 Pillow（PIL）、Skimage、Opencv、Scikit-learn 等库的相关知识。

9.5　聚类（cluster）

聚类（Cluster）[①]指按照一定条件对相似事物进行分类的过程。聚类与分类的区别在于聚类所要求划分的类是未知的，而分类的划分类型是事先确定的。如一个班级学生的身高已知，根据男女进行分类对身高进行排列，其中男女分类事前已确定；而聚类则根据相似度对身高范围进行自动划分，如 1.6 米以上的自动划分一类，1.5 米到 1.58 米的自动划分一类，显然聚类具有推测功能。聚类在数据分析、机器学习中被普遍应用。聚类计算方法有划分方法(Partitioning Methods)、层次方法(Hierarchical Methods)、基于密度的方法(Density-based Methods)、基于网格的方法

① 聚类，百度百科，https://baike.baidu.com/item/聚类。

(Grid-based Methods)、基于模型的方法(Model-based Methods)等。

Scipy 库提供了 scipy.cluster.vq、scipy.cluster.hierarchy 两大类聚类计算子模块。vq 模块支持矢量化算法和 K 均值算法；hierarchy 模块提供了分层聚类和凝聚聚类算法。

9.5.1　K-Means 算法

K-Means 算法是基于划分方法思想的一种聚类算法。K-Means 算法的基本思想为先随机选取 K 个数据点作为聚类的中心点（又叫质心点），然后计算每个点到每个中心点的距离，把每个点分配给距离它最近的中心点。全部点都分配到各自的中心点后，形成了 K 组子聚类，重新计算每组子聚类的中心点，重复以上步骤，直到每一类中心在每次迭代数值稳定或满足某个终止条件，如没有数据点重新分配给不同的聚类，没有聚类中心再发生变化，误差平方和局部最小等。该算法优点是速度快，缺点是要提前知道数据有多少个分类。

1．K-Means 算法函数

函数 cluster.vq.kmeans(obs,k_or_guess,iter=20,thresh=1e-05,check_finite=True)，参数说明如下。

（1）obs：多维数组，输入需要计算的原始数据，是(M,N)数据矩阵，行代表数据向量，列代表特征维度；原始样本数据必须先用 cluster.vq.whiten()进行白化处理，才能输入该参数进行聚类计算。

（2）k_or_guess：指定要生成的中心点数。

（3）iter：可选，指定运行 k-means 计算的次数，如果 k_or_guess 参数已经设置，则忽略该参数。

（4）thresh：浮点数，可选，设置均值迭代计算的终止阈值。

（5）check_finite：布尔值，可选。默认值为 True，检测输入矩阵数据是否存在无穷大或 NaN 值，检测到就终止执行，避免程序崩溃；为 False 值时，不检测数据，可以提升计算性能，但是存在出错风险。

返回值如下。

（1）codebook：返回一个(K,N)的 K 个中心点数组，第 i 个中心点用 codebook [i]获取。

（2）distortion：浮点数，中心点与观测数据点之间的平均欧几里得距离。

2．K-Means 算法函数进行聚类代码示例

```
import numpy as np
from scipy.cluster.vq import vq, kmeans, whiten
import matplotlib.pyplot as plt
#随机产生 100 个 3 个聚类的数据
datapoints =100
a=np.random.multivariate_normal([0, 0], [[4, 1], [1, 4]], size=datapoints)#样本 a 数据
b=np.random.multivariate_normal([30, 10],[[10, 2], [2, 1]],size=datapoints#样本 b 数据
c=np.random.multivariate_normal([20, 2],[[8, 2], [2, 1]],size=datapoints) #样本 c 数据
features = np.concatenate((a, b,c))                               #多维数组快速列向拼接，axis=0
whitened= whiten(features)                                        #白化数据处理
codebook, distortion = kmeans(whitened, 3)                        #指定 3 中心点的两组聚类计算
plt.scatter(whitened[:,0],whitened[:,1],c='b',alpha=0.4)  #绘制白化后的样本数据点
```

```
plt.scatter(codebook[:,0],codebook[:,1],c='r',marker='*',linewidths=5)
                                              #根据均值计算的结果绘制 3 个中心点
plt.text(0, -0.7, r'A 聚类', fontsize=20,fontweight='heavy')
plt.text(2.5, 1.8, r'B 聚类', fontsize=20,fontweight='heavy')
plt.text(2, 0, r'C 聚类', fontsize=20,fontweight='heavy')
plt.title('K-Means 聚类计算')
plt.show()
```

利用 K 均值函数计算 3 个聚类数据的中心点，如图 9.21 所示。

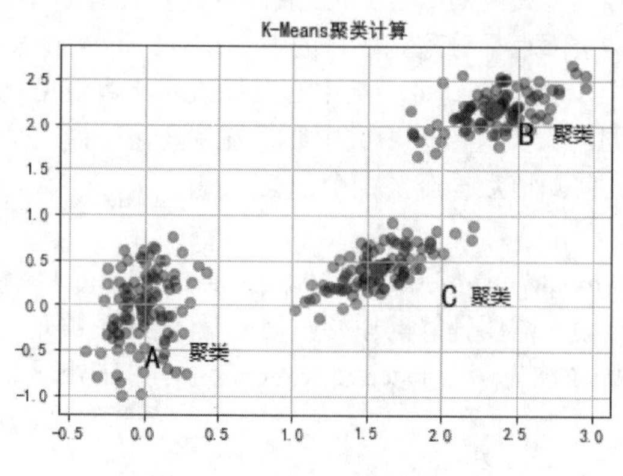

图 9.21　K-Means 聚类计算

9.5.2　分层聚类算法

分层聚类算法分为两类，分别是自上而下和自下而上。凝聚层级聚类是自下而上的一种聚类算法。hierarchy.linkage()主要算法思想是首先将每个数据点视为一个单一的聚类，然后计算所有聚类之间的距离来合并聚类，直到所有的数据点聚合成为若干稳定的子聚类为止。该算法优点是无须事先指定聚类数，自动推算聚类数，缺点是计算效率相对低。

1．linkage()层次聚类函数

函数 cluster.hierarchy.linkage(y, method='single', metric='euclidean', optimal_ordering=False)，参数说明如下。

（1）y：可以是一维压缩向量（距离向量），也可以是二维观测向量（坐标矩阵）。若 y 是一维压缩向量，则 y 必须是 n 个初始观测值的组合，n 是坐标矩阵中成对的观测值。

（2）method：计算新形成的聚类簇 u 和 v 之间距离的方法，可选项为{'single','complete','average','weighted','centroid','median','ward' }，默认值为'single'；'single'最近点算法，'complete'最远点算法，'average'非加权组平均法，'weighted'加权组平均法，'centroid'采用质心的无加权 paire-group 方法，'median'中位数法，'ward'沃德方差最小化算法。

（3）metric：字符串或自定义函数，可选，在 y 是观察向量的集合的情况下使用的距离度量。

（4）optimal_ordering：布尔值，可选，值为 True，则将重新排序链接矩阵，以使连续叶之间的距离最小；当数据可视化时，这会产生更直观的树结构；默认为 False，因为此算法可能很慢，尤其是在大型数据集上。

返回值为 Z 层次聚类编码矩阵。返回 A（n−1）乘 4 矩阵 Z。在第 i 次迭代中，具有索引 Z [i, 0] 和 Z [i, 1]的聚类被组合以形成聚类 n + i。簇 Z [i, 0]和 Z [i, 1]之间的距离由 Z [i, 2]给出。第四个值 Z [i, 3]表示新形成的聚类中的原始观察的数量。

2．linkage()层次聚类函数代码示例

```
from scipy.cluster.hierarchy import dendrogram, linkage
from scipy.spatial.distance import pdist
X=linkage(features,'weighted')                    #对 K-Means 案例的样本数进行分层聚类处理
plt.scatter(X[:,0],X[:,1],c='b',alpha=0.4)        #绘制分层聚类后的数据点图
plt.show()
```

分层聚类执行结果如图 9.22 所示。对应分层树状结构图用下列代码实现。

```
fig=plt.figure(figsize=(20, 8))
dn=dendrogram(X)                                  #将层次聚类绘制为树形图
plt.show()
```

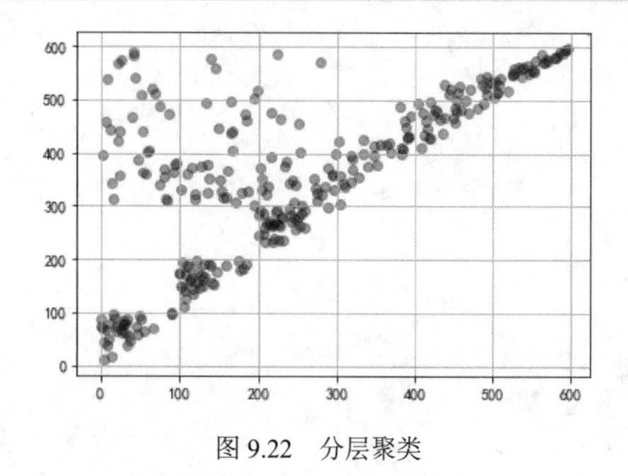

图 9.22　分层聚类

分层聚类对应的树状结构图如图 9.23 所示。

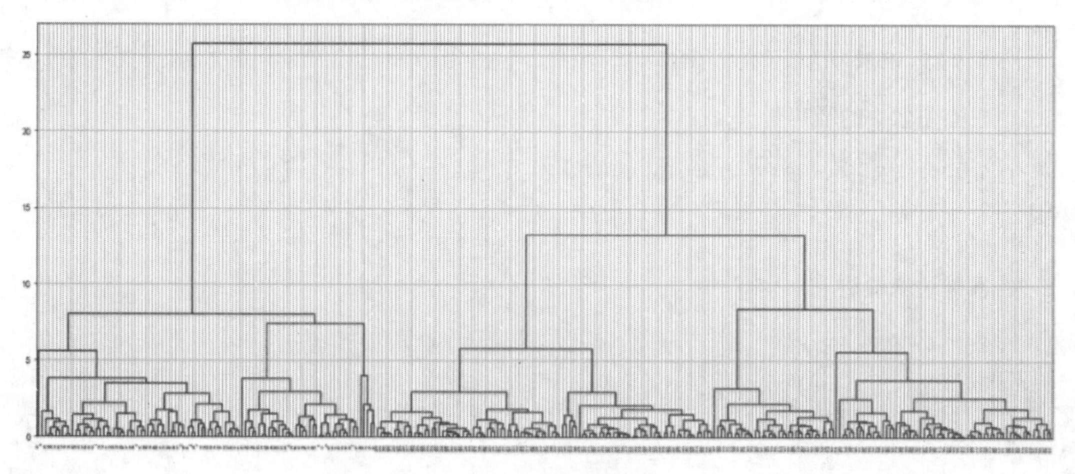

图 9.23　树状结构图

9.6 案例 10 [三酷猫图像文字切割]

对文字进行自动处理，是图像识别领域一个经典案例。三酷猫也手痒痒，决定利用已学的图像处理知识，对如图 9.24 所示的图像文字进行自动处理。

图 9.24 带噪声的文字图像

处理要求如下：① 图像旋转，使字体恢复正常方向；② 去除图像中的噪音；③ 图像边缘检测；④ 极值统计；⑤ 图像切割。

1. 图像旋转，使字体恢复正常方向

```
from matplotlib import pyplot as plt
plt.figure(figsize=(8,6))
separation=plt.imread(r'G:\MyFourBookBy201811go\testLibrary\filter_font.png')
plt.imshow(separation)
plt.show()                                         #原始带噪声的文字图像显示如图 9.25 所示
plt.figure(figsize=(8,6))
flip_ud_face=ndimage.rotate(separation,180)        #对原始图像旋转 180°，如图 9.26 所示
plt.imshow(flip_ud_face)
plt.show()
```

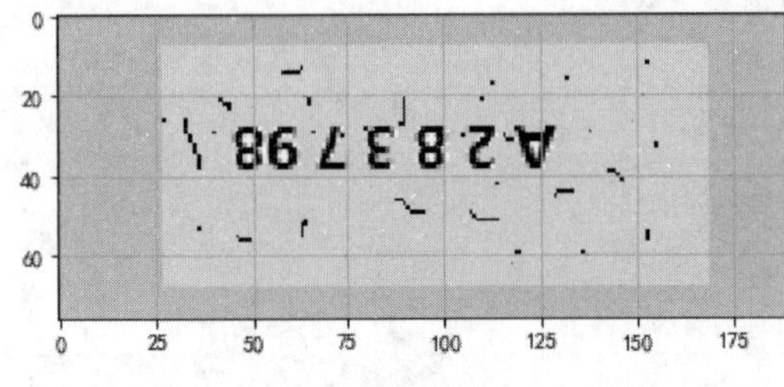

图 9.25 带噪声的原始文字图像

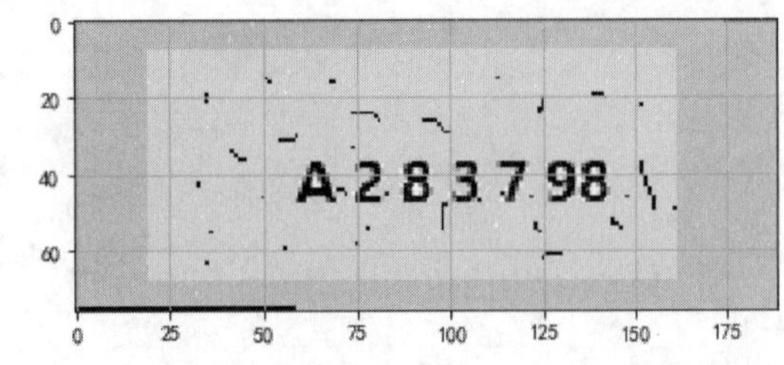

图 9.26 旋转 180°后的带噪声文字图像

2. 去除图像中的噪声

```
filter_noise= ndimage.gaussian_filter(flip_ud_face, sigma=1)
plt.imshow(filter_noise)                               #高斯过滤噪声后的效果，sigma=1
plt.show()                                             #显示结果如图 9.27 所示
```

3. 图像边缘检测

```
from scipy import ndimage
plt.gray()
im1= ndimage.sobel(filter_noise,mode='constant',cval=0.5)#常量边缘检测，显示如图 9.28 所示
plt.imshow(im1)
plt.show()
```

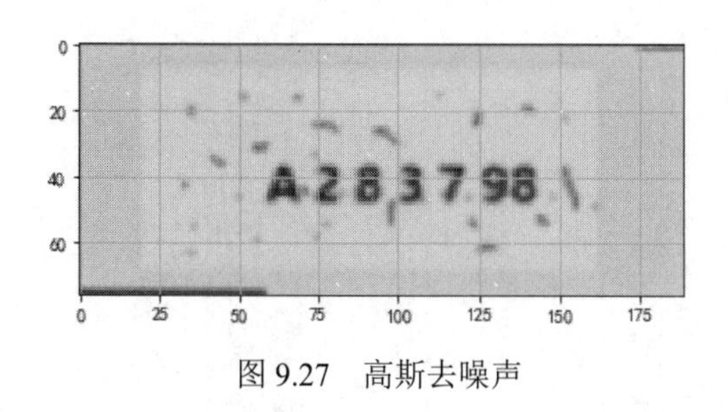

图 9.27　高斯去噪声

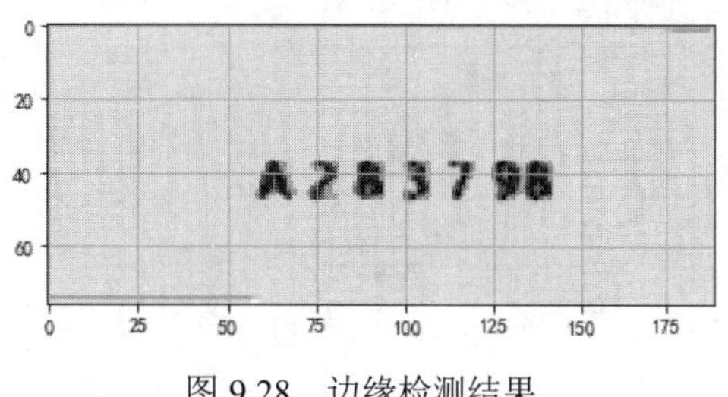

图 9.28　边缘检测结果

4．数值统计

为了方便观测，这里先对图 9.28 对象进行进一步截取，截取结果如图 9.29 所示。

```
im2=im1[33:50,50:150,:]
plt.imshow(im2)
plt.show()
```

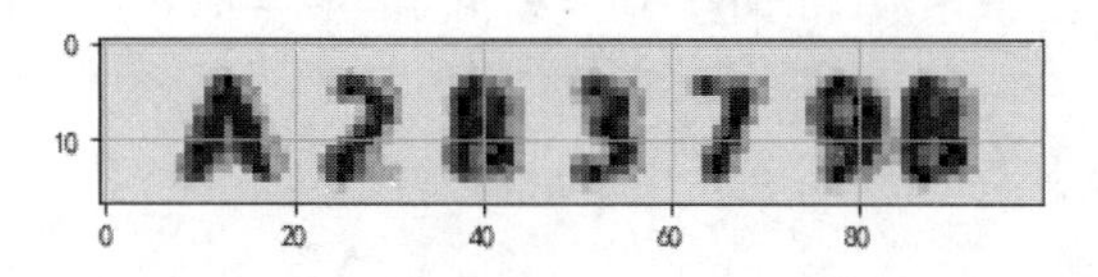

图 9.29　截取后带文字的图像

图 9.29 是三维数组数据对象，其形状为：

```
print(im2.shape)
(17, 100, 3)
```

由于三维数组满足不了二维图像的显示要求，于是取 x，y 坐标的单通道值，代码实现如下：

```
im3=im2[:,:,0]
y,x=im3.shape
(17, 100)                                   #17 对应图 9.29 的高度 y，100 对应图的宽度 x
```

对图 9.29 在 y 轴方向上进行数值累加，并求对应的均值，然后用曲线观察其规律。

```
im4=im3.sum(axis=0)                         #y 轴累加
mean1=im4.mean(axis=0)                      #y 轴均值
mean1
plt.plot(im4)                               #累加曲线，如图 9.30 所示
plt.plot([0,x],[mean1,mean1] ,'r--')        #均值虚曲线，如图 9.31 所示
53.679268                                   #y 轴均值数
```

仔细观察图 9.30 累加曲线，最高值（波峰）个数与图 9.29 的文字之间的间隔一一对应，有 8 个间隔，而每个文字对应图 9.31 的波谷个数，显然找到了对应关系。接下来针对波峰进行切割，就可以获取一个个独立的文字。怎么切割比较快速且准确呢？根据 y 轴横向（虚线）均值线，可以观察该线通过所有的主要波峰、波谷的边线，于是通过虚线与曲线的相交点可以判断 x 坐标左边是波峰还是波谷。

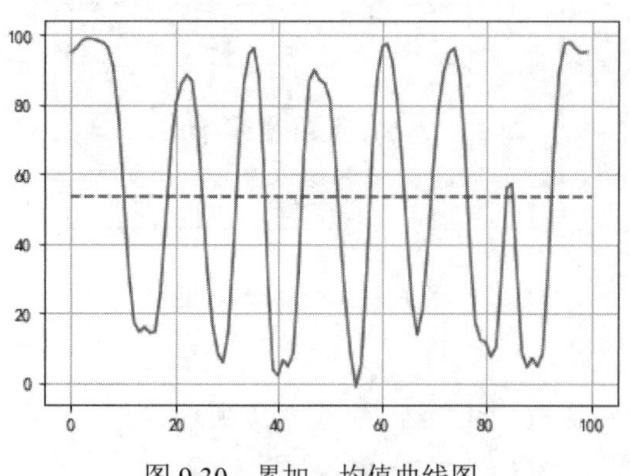

图 9.30　累加、均值曲线图

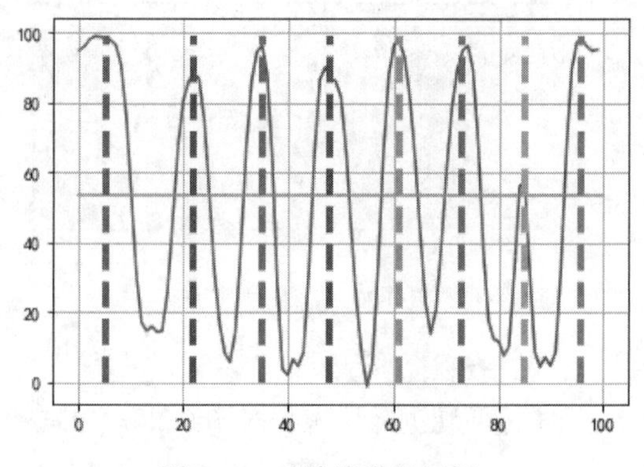

图 9.31　对波峰进行切割

第一步，通过 x 轴累加数与平均数的大小变化比较确定所有相交点 x 坐标。

第二步，根据波峰特点确定波峰两边与均值线相交点 x 坐标的差，取其中位数。

第三步，根据中位数 x 坐标，切割波峰曲线。

```
y1=im4.max()                               #求 y 轴累加数的最大值
plt.plot(im4)
plt.plot([0,x],[mean1,mean1])              #绘制均值线
medians=[]                                 #记录均值线与曲线交点坐标 x
flag=True                                  #保证在交点处记录 x 坐标，其他 y 轴值不记录
x=0
l1=len(im4)                                #取 x 轴的长度
for v in im4:                              #取 y 轴累加曲线值
    if (v>mean1) and flag:                 #如果曲线值 v 大于均值，而且是第一次，则记录该处的 x 坐标
        medians.append(x)
        flag=False                         #关闭取值
    elif(v<=mean1) and (not flag):         #如果曲线值 v 小于均值，而且是第一次，则记录该处的 x 坐标
        medians.append(x)
        flag=True                          #打开取值
    elif x==(l1-1):                        #最后一个 x 值时，必须考虑波峰时，要加上该 x 取值
        if v>mean1 :
            medians.append(x+1)
    x+=1
j=0
l2=len(medians)                                                    #所有均值线与曲线交点的长度
cut_lines=[]                                                       #记录波峰的中位数 x 坐标
while j<l2:
    cut_lines.append((medians[j+1]+medians[j])//2)                 #求波峰的中位数 x，并记录
    j+=2
for line in cut_lines:
    plt.plot([line,line],[0,y1],linewidth=4,linestyle='--') #绘制中位数为 x 坐标的竖向切割线
```

对波峰切割如图 9.31 所示。把切割坐标的数组对应在图 9.29 文字图像进行映射切割。

```
im2=im1[33:50,50:150,:]                                          #对应的如图 9.29 所示的文字图像
y,x,z=im2.shape
plt.imshow(im2)
for line in cut_lines:                                           #读取切割坐标数值
    plt.plot([line,line],[0,y],linewidth=4,linestyle='--')  #在原始文字图像上进行对应切割
plt.show()
```

利用切割坐标数值，对文字图像进行切割，结果如图 9.32 所示。

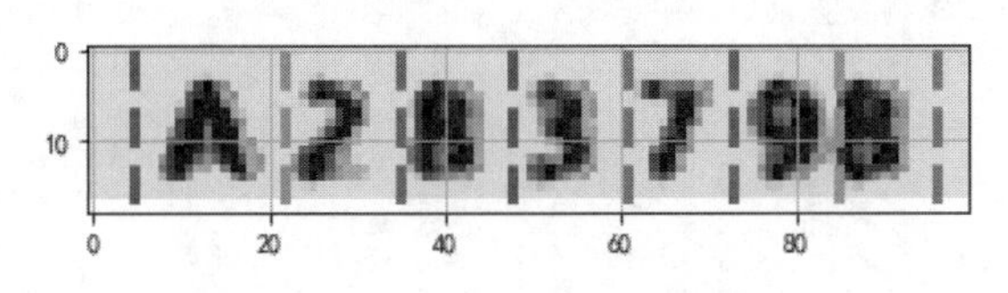

图 9.32　图像文字切割结果

9.7　习题及实验

1. 填空题

（1）Scipy 提供的信号滤波函数达到了二十几种，所有的（　　）都必须借助（　　）才能过滤掉（　　）的信号，保留（　　）的信号。

（2）（　　）实现单变量插值，（　　）实现多变量插值，（　　）实现一维样条插值。

（3）Scipy 库的 optimize 子模块包的最小二乘法包括（　　）最小二乘法、（　　）最小二乘法计算功能。

（4）在独立安装 Scipy、Matplotlib 库的情况下，（　　）、（　　）默认只能读写.png 扩展名的图像文件，要读写更多的图像文件（如 jpg、bmp、gif），必须先安装第三方库（　　），可以通过 pip install pillow 在线安装。

（5）Scipy 库提供了（　　）、（　　）两大类聚类计算子模块。

2. 判断题

（1）在信号处理中，常见的窗函数有矩形窗、三角窗、汉宁窗（Hann Windows）、高斯窗等。除了矩形窗，其他窗在时域上体现为中间高、两端低的特征。应用最广泛的是矩形窗。（　　）

（2）插值要求曲线通过所有样本点，拟合是逼近样本点。（　　）

（3）在计算机算法领域，优化往往是指通过算法得到要求问题的更优解。拟合是优化的方法之一。（　　）

（4）平滑滤波采用简单平均法求邻近像素点的平均亮度，领域的大小与平滑的效果相关，领域越大平滑效果越好，但会使边缘信息放大，让图像边缘变得棱角分明。（　　）

（5）类与分类的区别在于聚类所要求划分的类是未知的，而分类的划分类型是事先确定的。（　　）

3. 实验题

实验一：根据提供的散点值，样条插值方法连接曲线

提供的散点 y 值：dots=np.array([9,8,7,5,4,3,3,2,1,6,7,8,9,10,11,12,14,17,19,21])，散点 x 值为默认顺序号值。

实验二：在图 9.32 的基础上，切割字母 A，并用直方图统计 A 的特征

第 10 章

Pandas 基础

Pandas 是开源数据处理库，是基于 Python 语言体系下的最具影响力的数据处理工具之一。它的特点是在行、列两个方向对数据预处理、建模、分析能力都达到了极致。Pandas 极大地推动了 Python 语言在数据处理方面的应用能力，是数据工程师、数据研究科学家，需要重点关注的一个工具。

学习内容

- 接触 Pandas
- Series 基本操作
- DataFrame 基本操作
- DataFrame 数据索引深入
- 数据计算
- 读写数据
- 案例 11 [三酷猫发布交易公告]
- 习题及实验

10.1 接触 Pandas

Pandas 是一款基于 Python 语言的优秀数据处理、分析工具，是数据工程师、数据科学家优先考虑的使用工具之一。

10.1.1 Pandas 概述

Pandas 是基于 Python 语言的一个数据分析库，初期主要由 Wes McKinney 先生在 2008 开发推出，并于 2009 年开源。该工具的设计之初是用于金融数据的分析处理，所以在基于时间序列的分析功能尤为强大。Pandas 的名称为 Panel Data（面板数据）和 Data Analysis（数据分析）的结合体，有些读者经常跟 Panda（熊猫）混淆。

Pandas 可以处理的数据范围远超 SQL 数据库表所能提供的范围，如 Excel 表数据、各种数据文件数据（csv、hdf5 等）、各种 web 格式的数据等。

Pandas 库对数据处理分析的亮点如下：

（1）轻松处理缺失数据，如带 Nan 的数据。

（2）可以灵活处理二维表（包括多层嵌套表）的行、列数据，包括行列大小的调整。

（3）智能数据对齐处理，利用行、列标签功能灵活调整数据的排列顺序。

（4）灵活的分组功能，可以对数据集执行拆分、组合操作。

（5）可以轻松地将其他 Python 和 NumPy 数据结构中的不规则索引数据转换为 DataFrame 对象。

（6）基于智能的标签切片、花式索引及截取子数据集。

（7）提供多 DataFrame 对象，竖向连接、横向合并功能。

（8）提供灵活的数据行、列变形及旋转功能。

（9）提供行、列分层标签功能。

（10）提供 CSV、Excel、HDF5、数据库等数据的读写功能。

（11）提供基于时间序列的特定功能，如日期范围生成和频率转换，移动窗口统计，移动窗口线性回归，日期转换和滞后等。

（12）提供数据可视化操作功能。

（13）对性能进行了高度优化，用 Python 或 C 语言编写了关键代码。

（14）在学术和商业领域中被广泛使用，如金融、生物工程、神经科学、经济学、统计学、广告、网络分析等。

（15）支持在 Windows、Linux 和 MacOS 下运行。

10.1.2 数据结构

目前，Pandas 库主要提供 Series、DataFrame 两类的数据结构对象，用于数据的存储及分析处理[①]。

Series 是一维带标签（Label）的类似数组对象，能够保存 Python 所支持类型的值，如整数、字符串、浮点数、布尔及 Python 对象等。标签又叫索引（Index），可以是数值索引、也可以是字符串名称索引。

DataFrame 是二维表型的数据结构对象，主体分数据和索引两部分。数据是 DataFrame 对象存储及数据处理的元素集合，横向的记录叫行（Row），竖向的记录叫列（Column），索引分行索引（Row Index）和列索引（Column Index）。

图 10.1 所示数据可以用 DataFrame 对象进行存储。从该表可以知道列索引又是数据的列名，行索引又是数据的行名。如“英语成绩”既是列的名称，又是索引值；1 既是是行名称，又是行索引值。由此可见 DataFrame 对象比 Numpy 的多维数组功能更加强大。

Index	班级	姓名	数学成绩	语文成绩	英语成绩
1	六一班	王小丫	100	98	99
2		丁玲	100	100	100
3	六二班	张飞	99	88	90
4		苗苗	98	100	100

图 10.1　多班级成绩单表

说明：

为了理解，同时为了照顾具有关系型数据库的基础的读者，在介绍 Series、DataFrame 对象时，本书统一用索引指代标签。

要使用 Pandas 先需要安装该库（安装过程见 1.2 节内容），然后在代码编辑器里进行导入操作。

```
import pandas as pd                                    #导入 Pandas 库，本书统一用 pd
```

10.2　Series 基本操作

Series 可以存储带索引的一维数据记录，这里仅介绍 Series 的创建、索引、修改、删除的基本用法。

10.2.1　创建 Series

Series 一维数据结构对象，其定义如下。

（1）**函数 Series([data, index, dtype, name, copy, ...])**，参数说明如下。

① data：存放数据的集合对象，可以是迭代对象、字典（仅在 Python 3.6 开始支持）、常量。

② index：指定的集合对象或自动产生的正整数序数（索引值）。

① Pandas 库还提供第三种 Panel 数据结构对象，将逐步被 DataFrame 取代，所以在本书中不单独介绍。

③ dtype：指定 Series 数据产生时的类型，包括字符串、整数、浮点数、布尔等。

④ name：指定索引名称。

⑤ copy：布尔型，指定是否对 data 进行复制，默认值 False。

（2）用数组、列表建立 Seires 对象。

① 建立第一个数组输入值的 Series 对象。

```
import pandas as pd
import numpy as np
s1=pd.Series(np.array([1,10,101,1001]))   #用数组对象建立 Series 对象
print(s1)
0      1                                   #左边一列为默认索引序号，右边一列为 Series 数据元素
1     10                                   #元素 10 所对应的默认索引值为 1
2    101
3   1001
dtype: int32                               #默认数据类型为 32 字节的整型
```

② 利用 index、Values 属性获取对应的值。

```
s1.index                                   #获取索引值
RangeIndex(start=0, stop=4, step=1)        #默认索引值范围
s1.values                                  #获取 Series 对象存储的所有元素
array([   1,   10,  101, 1001])            #Series 对象存储的元素
```

（3）用可迭代对象、字典建立带指定索引值的 Series 对象。

```
s2=pd.Series(np.arange(3),index=['one','two','three'])  #带指定字符串值的索引
print(s2)
one      0
two      1
three    2
dtype: int32
s3=pd.Series({'Tom':16,'Johe':18,'Alice':12})           #用字典建立 Series 对象
print(s3)
Tom      16                                             #字典键自动作为索引值，字典值为数据值
Johe     18
Alice    12
dtype: int64
```

（4）建立 Series 对象时，改变数据类型，并指定索引名称。

```
s4=pd.Series(np.ones(3),dtype=bool, name='No')
print(s4)
0    True
1    True
2    True
Name: No, dtype: bool                                   #索引名称为 No，元素类型为布尔型
```

10.2.2　索引 Series 数据

对 Series 存储元素进行索引查询，这里仅介绍最基础的功能。

```
import pandas as pd
import numpy as np
s5=pd.Series(np.arange(10,20))
print(s5)
0    10
1    11
2    12
3    13
4    14
5    15
6    16
7    17
8    18
9    19
dtype: int32
```

1．默认数值索引查询

该方法类似数组的下标查询方法。

```
s5[0]                                                #取索引值 0 处的元素
10
s5[:4]                                               #索引切片方式获取指定范围的元素
0    10
1    11
2    12
3    13
dtype: int32
```

2．指定索引值查询

指定字符串索引值的查询。

```
s6=pd.Series([10,38,100,12],index=['Tom','John','Alice','Mike'])
print(s6)
Tom       10
John      38
Alice    100
Mike      12
dtype: int64
s6['John']
38
```

指定数值索引值查询。

```
animal=pd.Series(['Lion','Wolf','Bear'],index=[2,0,1])
                                #这里指定数值索引，而没有采用默认的数值索引
animal[0]                       #观察 0 处输出的元素
'Wolf'                          #这里输出的是指定的索引值 0 对应的元素，而非下标顺序号 0 对应的元素
```

进一步证明 Series 支持的是数值索引，而非真正意义上的顺序下标索引。

3. 布尔运算方式索引

```
s5[s5>17]
8    18
9    19
dtype: int32
```

4. 花式索引

含义同 Numpy 数组的花式索引，就是提供索引数组，查询符合条件的元素。

```
ind1=np.array([0,1])
animal[ind1]
0    Wolf
1    Bear
dtype: object
```

10.2.3 修改、删除 Series

对 Series 所存储元素进行修改、删除操作，类似对数组的操作。

```
s6=pd.Series([100,0,98,97,96,95])
```

1. Series 元素修改

（1）直接赋值修改。

```
s6[1]=99                        #直接给索引为 1 值对应的元素赋值 99
print(s6[1])
99
```

（2）通过 replace()方法修改。

```
s6.replace(95,90)               #用 90 替代 95
0    100
1     99
2     98
3     97
4     96
5     90
dtype: int64
```

2. Series 元素删除

（1）用 pop(x)方法删除 Series 元素，x 为指定的索引值。

```
one=s6.pop(0)                   #索引值为 0 的对应元素 100 弹出，并删除
```

```
print(one)
100
s6
1    99
2    98
3    97
4    96
5    95
dtype: int64
```

（2）用 del()函数删除。

```
del(s6[2])                                          #删除索引值为 2 对应的 98 元素
s6
1    99
3    97
4    96
5    95
dtype: int64
```

10.3　DataFrame 基本操作

DataFrame 对象是 Pandas 库最核心的数据处理结构，可以看作是一种具有强大数据处理、分析功能的且带索引的二维表。其元素可以是不同的类型，如整数、浮点数、复数、字符串、布尔、Nan 等。若学过 Excel 表、SQL 数据库的读者，则可以把 DataFrame 对象看作在行、列方向上都可以做类似自由操作的二维表，其数据在内存或硬盘上是以二维块的形式存放。

10.3.1　创建 DataFrame

Pandas 库的 DataFrame 对象定义如下。

1．函数 DataFrame(data=None, index=None, columns=None, dtype=None, copy=False)

参数说明如下。

（1）data：指定建立 DataFrame 对象的数据，类型可以是字典、数组、包含 Series 对象的字典、可迭代对象、列表对象、常量等。

（2）index：数据集合对象，提供行索引值，默认值由 RangeIndex 提供。

（3）columns：数据集合对象，提供列索引值，默认值由 RangeIndex 提供。

（4）dtype：指定数据类型，默认值为 None。

（5）copy：指定 data 数据使用方式为复制或视图方式，值为 True 则复制，False 则是视图方式。

2．DataFrame 对象建立方式

（1）字典方式建立

字典是最常用的建立 DataFrame 方式。

```
import pandas as pd
data={'Tom':[100,88,99],'John':[89,97,100],'Alice':[88,99,100]}
pd.DataFrame(data)
```

在 Jupyter Notebook 里执行结果如图 10.2 所示。

	Tom	John	Alice
0	100	89	88
1	88	97	99
2	99	100	100

图 10.2　字典方式建立 DataFrame 对象

图 10.2 显示的是一个典型的二维表。数据横向叫行，竖向叫列。字典里的键名'Tom'、'John'、'Alice'在该表里可以叫列名，也是列索引值；左边 0、1、2 是 RangeIndex 提供的默认行索引值。

（2）数组方式建立

```
import numpy as np
data1=np.array([[18,19,20],[2,3,4],[21,22,23]])   #二维数组，每行对应 DataFrame 里的一行记录
A=pd.DataFrame(data1)
print(A)
0   1   2                                         #0，1，2 为默认的列名
0  18  19  20
1   2   3   4
2  21  22  23
```

（3）Series 方式建立

```
import pandas as pd
import numpy as np
s1=pd.Series(np.array(['Tom','John','Alice','Jack']))
s2=pd.Series(np.array([1,10,101,1001]))
dic={'Name':s1,'Room No':s2}                      #带 Series 对象的字典
B=pd.DataFrame(dic)                               #建立 DataFrame 对象
print(B)
    Name  Room No
0    Tom        1
1   John       10
2  Alice      101
3   Jack     1001
```

用 Series 对象的特点是可以为不同列提供不同类型的值，类似直接用字典对象，而多维数组在不同类型的值方面受限。

（4）可迭代对象方式建立

```
C=pd.DataFrame(np.arange(9).reshape(3,3))
print(C)
   0  1  2
0  0  1  2
1  3  4  5
2  6  7  8
```

（5）列表方式建立

```
D=pd.DataFrame([[50,50],[60,60]])
```

```
print(D)
   0   1
0  50  50
1  60  60
```

3．显式指定行索引、列索引

```
Score=np.array([[95,100,99],[90,80,100],[85,100,100]])
E=pd.DataFrame(Score,columns=['语文','数学','英语'],index=['Tom','John','Alice'])
E
```

代码执行结果如图 10.3 所示。'Tom'、'John'、'Alice'为行索引值，通过 index 参数指定；'语文'、'数学'、'英语'为列索引值，通过 columns 参数指定。

	语文	数学	英语
Tom	95	100	99
John	90	80	100
Alice	85	100	100

图 10.3　指定行、列索引值

10.3.2　读取 DataFrame 指定位置数据

通过 DataFrame 指定列名、行索引、属性、方法读取对应位置的数据。

1．指定列名方式

通过类似字典指定关键字方式获取列值。

（1）指定一个列名，获取列名对应的一个 Series 对象。

在 10.3.1 小节代码的基础上继续执行下列代码。

```
e1=E['语文']                        #通过指定列名，获取对应列的值。E['语文']使用方法等价于 E.语文
print(e1)
type(e1)                            #检查返回对象类型
Tom      95
John     90
Alice    85
Name: 语文, dtype: int32
pandas.core.series.Series           #返回的是一个 Series 对象
```

（2）指定多个列名，获取多列名对应列的值，返回一个子值范围的 DataFrame 对象。

```
e2=E[['语文','数学']]                #注意，这里指定了两个列名存放于一个列表里①
print(e2)
type(e2)
       语文  数学
Tom     95  100
John    90   80
Alice   85  100
pandas.core.frame.DataFrame         #多列值返回的是一个 DataFrame 对象
```

2．行索引方式

```
e3=E[:2]                            #行切片索引方式，读取第一、二行记录②
```

```
print(e3)
      语文  数学  英语
Tom    95   100    99
John   90    80   100
```

📖 说明：

在这里提醒读者，在 DataFrame[]指定多列值索引时，必须用列表形式①；指定行索引时可以直接使用值或切片形式②。不能用该方式同时指定行、列索引值。

3．利用属性方式

利用 values、iloc 属性获取数据。

（1）values 属性

通过 DataFrame 对象的 values 属性的下标值或切片索引，可以获取对应的数据元素。

```
B.values[0,0]                   #在数据下标 0 行，0 列位置获取对应的元素
'Tom'
B.values[:,0]                   #以下标切片方式，获取第一列（0）对应所有行的元素
array(['Tom', 'John', 'Alice', 'Jack'], dtype=object)
B.values[0,:]                   #以下标切片方式，获取第一行（0）对应所有列的元素
array(['Tom', 1], dtype=object)
```

（2）iloc 属性

根据行、列索引顺序号定位的索引，也可以与布尔数组一起使用。

使用格式：iloc[i,c]，第一个参数 i 为行索引值，第二个参数 c 为列索引值。

① 整数。

```
E.iloc[1]                       #通过指定行索引值 1，取第二行记录，其返回的也是一个 Series 对象
语文     90
数学     80
英语    100
Name: John, dtype: int32
```

② 整数集合对象。

```
E_l=E.iloc[[1,2]]               #以整数列表形式指定行索引值
print(E_l)
       语文 数学 英语
John    90   80  100
Alice  85  100  100
```

③ 整数切片。

```
E_s=E.iloc[:2]                  #以整数切片形式指定行索引值
print(E_s)
      语文 数学 英语
Tom    95  100   99
John  90   80  100
```

④ 布尔数组。

```
E_b=E.iloc[[True,False]]                #以布尔列表形式指定行索引值，获取值为 True 对应的行记录
print(E_b)
     语文 数学 英语
Tom  95  100  99
```

⑤ 带参数的回调函数。

```
E_f=E.iloc[lambda x:x.index>='J']       #以回调函数形式指定行索引值，字符串比较 ASCII 值
print(E_f)
      语文 数学 英语
Tom    95  100   99
John   90   80  100
```

该方式为复杂的索引值指定，提供了更加灵活的自定义功能。

⑥ 行、列一起索引。

```
E_t=E.iloc[0,2]                         #指定获取第一行，第三列位置的值。注意跟②进行仔细区分
print(E_t)
99
```

说明：

DataFrame 另外提供了 loc、ix 相似功能的属性。

4. 利用方法方式

（1）head(N)方法，读取前 N 行，默认值 N=10，取前 10 行。

```
E_h=E.head(2)                           #取头两行记录
print(E_h)
      语文 数学 英语
Tom    95  100   99
John   90   80  100
```

（2）tail(N)方法，读取后 N 行，默认值 N=10，取后 10 行。

```
E_T=E.tail(2)                           #取尾两行记录
print(E_T)
       语文 数学 英语
John    90   80  100
Alice   85  100  100
```

10.3.3 修改 DataFrame 数据

对 DataFrame 的数据进行修改，可以是单个元素修改，指定行修改，指定列修改，也可以是二维表范围指定条件修改。

先建立数据修改 DataFrame 对象。

```
Goods={'苹果(个)':[100,8,0,20],'梨(个)':[0,21,8,15],'香蕉(个)':[88,31,45,21],'桔子(个)':
[200,150,100,20]}
Records=pd.DataFrame(Goods,index=['一分店','二分店','三分店','四分店'])
print(Records)
      苹果(个)  梨(个)  香蕉(个)  桔子(个)
一分店    100      0      88     200
二分店      8     21      31     150
三分店      0      8      45     100
四分店     20     15      21      20
```

1. 单个元素修改

```
Records.iloc[0,1]=5
Records.iloc[0,:]
苹果(个)    100
梨(个)       5                                          #数量从 0 个修改为 5 个
香蕉(个)     88
桔子(个)    200
Name: 一分店, dtype: int64
```

2. 指定行修改

用 iloc 属性通过切片指定行，并修改对应的行值。

```
Records.iloc[3,:]=30                                    #第四行的所有元素值改为 30
Records.iloc[3,:]
苹果(个)    30
梨(个)     30
香蕉(个)    30
桔子(个)    30
Name: 四分店, dtype: int64
```

3. 指定列修改

（1）用 iloc 属性通过切片方法指定列，并修改对应的列值。

```
Records.iloc[:,1]=45                                    #修改所有梨的数量
Records.iloc[:,1]
一分店    45
二分店    45
三分店    45
四分店    45
Name: 梨(个), dtype: int64
```

（2）用列名关键字方式指定列，并修改对应的列值。

用 Series 值修改指定列值。

```
s1=pd.Series([10,20,30,40],index=['一分店','二分店','三分店','四分店'])
Records['梨(个)']=s1                                   #用 Series 所提供的值修改所有梨的数量
Records['梨(个)']
```

```
一分店    10
二分店    20
三分店    30
四分店    40
Name: 梨(个), dtype: int64
```

用常数修改指定列的值。

```
Records['梨(个)']=20                #修改所有梨的数量
Records['梨(个)']
一分店    20
二分店    20
三分店    20
四分店    20
Name: 梨(个), dtype: int64
```

4. 条件修改

where(cond, other=nan, inplace=False, axis=None, level=None, errors='raise',try_cast=False, raise_on_error=None)，cond 为条件表达式，可以是结果为逻辑值的 NDFrame（要处理的 DataFrame 对象本身）、集合对象、回调函数，值为 True 保持条件表达式里对象元素的现状，值为 False 时通过 other 替换值；inplace 确定是否真正替换，默认 False 不替换源数据，True 时替换；other 指定需要替换的值，若不指定，默认为 nan；axis 指定替换的维度方向，默认值为 None，指所有方向；level 用于指定替换索引值，默认值为 None。

（1）对 NDFrame 对象做条件判断。

```
Records.where(Records<100,160)  #把不符合条件运算结果要求的（元素值大于 100 的）值替换为 160
Records                         #由于 inplace 没有设置为 True，则没有真正修改原 DataFrame 数据
```

第一行用 where 方法条件判断结果，不满足条件的用 160 值代替，如图 10.4 所示。第二行显示原始 Records 数据并没有随第一行的修改而改变，说明了第一行只是通过视图方式临时建立了一个新的 DataFrame 对象对数据进行修改，如图 10.5 所示。

	苹果(个)	梨(个)	香蕉(个)	桔子(个)
一分店	160	20	88	160
二分店	8	20	31	160
三分店	0	20	45	160
四分店	30	20	30	30

图 10.4　用 where 方法修改

	苹果(个)	梨(个)	香蕉(个)	桔子(个)
一分店	100	20	88	200
二分店	8	20	31	150
三分店	0	20	45	100
四分店	30	20	30	30

图 10.5　原始 DataFrame 数据并没有修改

（2）用布尔数组做条件判断，修改对应的值。

```
b=np.ones((4,4),dtype=bool)          #建立与原始 Records 相同大小数据范围(4,4)★，设置都为 True
b[1,1]=False                         #仅设置第二行第二列所处位置为 False
Records.where(b,40,inplace=True)     #修改第二行、第二列的值为 40，并修改到原始 DataFrame 对象里
Records
```

由于指定了 inplace=True，实现了对 Records 原始对象值的真正修改，如图 10.6 所示。

注意：

★处的布尔数组 b 的形状大小必须跟 Rceords 数据形状大小一致，否则报形状不一致会有错误提示。

（3）通过自定义回调函数修改。

```
def f1(x):                               #自定义回调函数
    return x!=100                        #当值不为 100 时，对应位置为 True，并返回整体计算结果
Records.where(f1(Records),110,inplace=True) #在布尔值为 False 的位置（100 值），修改为 110
Records
```

用自定义回调函数作为 where 方法判断条件，其执行结果如图 10.7 所示。该方式很灵活，也频繁被使用。

	苹果(个)	梨(个)	香蕉(个)	桔子(个)
一分店	100	20	88	200
二分店	8	40	31	150
三分店	0	20	45	100
四分店	30	20	30	30

图 10.6　在 Records 上修改了第二行第二列位置上的值为 40

	苹果(个)	梨(个)	香蕉(个)	桔子(个)
一分店	110	20	88	200
二分店	8	40	31	150
三分店	0	20	45	110
四分店	30	20	30	30

图 10.7　把原值 100 修改为 110

10.3.4　删除、增加 DataFrame 数据

当 DataFrame 对象部分值不需要时，可以通过删除方法去掉。

```
ximport pandas as pd
import numpy as np
data=np.arange(12).reshape(3,4)
Books=pd.DataFrame(data,columns=['IT','animal','art','sport'],index=['苗苗','静静','
云云'])
Books
```

执行结果如图 10.8 所示。

1. 数据删除

（1）利用 del()函数删除

```
del(Books['sport'])
Books
```

执行结果如图 10.9 所示。

	IT	animal	art	sport
苗苗	0	1	2	3
静静	4	5	6	7
云云	8	9	10	11

图 10.8　原始二维表

	IT	animal	art
苗苗	0	1	2
静静	4	5	6
云云	8	9	10

图 10.9　删除'sport'列后

（2）利用 drop()方法删除

函数 drop(labels=None, axis=0, index=None, columns=None, level=None, inplace=False, errors='raise')。参数说明如下。

labels 指行或列名（必须与 axis 一起使用）；axis 指定维度方向；index 指定行索引值；columns 指定列索引值；level 指定行多层级索引情况下的层级（见 10.4 节）；inplace 指定是否对原始数据进行修改；errors 出错提示。返回删除的行或列。

① 删除指定行、列名的数据（lables 参数）。

```
Books.drop('art',axis=1)                    #删除 art 列，必须与 axis=1 一起使用，否则报错
Books.drop('云云')                          #删除行索引值为'云云'的记录
```

第一行代码执行结果如图 10.10 所示，第二行代码执行结果如图 10.11 所示。

	IT	animal
苗苗	0	1
静静	4	5
云云	8	9

图 10.10　删除列

	IT	animal	art
苗苗	0	1	2
静静	4	5	6

图 10.11　删除行

说明：

对于行索引值、列索引值可以用列表方式指定多个，然后同时删除。

② 删除同时指定行、列索引值的数据。

```
ic=Books.drop(index='云云', columns='art')
print(ic)
     IT    animal
苗苗   0       1
静静   4       5
```

2. 数据增加

（1）append()方法

函数 append(other, ignore_index=False, verify_integrity=False, sort=None)，参数说明如下。

other 指需要增加的数据对象，可以是 DataFrame、Series、字典、列表、数组等；ignore_index =True，则不使用 index 功能；若 verify_integrity=True，当创建相同的 index 值时会报 ValueError 出错；sort 对列进行排序设置（不推荐使用该方法对数据排序）。

① 增加行。

把另外一个 DataFrame 增加到 DataFrame 行尾。

```
B1=pd.DataFrame([[8,6,0],[10,10,10],[7,15,9]],columns=['IT','animal','art'],index=
['刚刚','强强','伟伟'])
Books.append(B1)                            #把 B1 记录加到 Books 行最后
     IT    animal  art
苗苗   0       1      2
静静   4       5      6
```

```
云云   8     9    10
刚刚   8     6     0
强强  10    10    10
伟伟   7    15     9
```

把 Series 增加到 DataFrame 行尾。

```
d1=pd.Series([10,5,1],name='玲玲',index=['IT','animal','art']) #必须指定 name 和 index
B3=Books.append(d1)
print(B3)
     IT  animal  art
苗苗   0     1     2
静静   4     5     6
云云   8     9    10
玲玲  10     5     1
```

② 增加列。

在列索引为默认顺序号索引情况下，增加一列列表；在列名指定情况下，尝试用 append()方法增加列，会出错。推荐用指定新列名作为关键字的方法，增加列值。

（2）指定新列名方法

```
d2=np.array([28,48,2,20])
B3['Chinese']=d2                #在列名是新的情况下可以新增列，在列名已经存在情况下只能修改列值
print(B3)
     IT  animal  art  Chinese
苗苗   0     1     2      28
静静   4     5     6      48
云云   8     9    10       2
玲玲  10     5     1      20
```

（3）insert()方法

将列插入 DataFrame 对象指定位置。

函数 insert(loc, column, value, allow_duplicates=False)，参数说明如下。

loc 提供需要插入的列索引值，范围必须在[0,len(column)]之间；column 指定需要插入的列名；value 指定需要插入的列值，其对象可以是 Series 对象、集合对象、整数等；allow_duplicates，默认值为 False，当插入对象带的列名与现有列名重复时，将报 ValueError 错，可以通过 allow_duplicates=True 允许列名重复。

```
B3.insert(3,'Math',[20,30,40,10])                              #在第 3 列后新插入一列
print(B3)
     IT  animal  art  Math  Chinese
苗苗   0     1     2    20       28
静静   4     5     6    30       48
云云   8     9    10    40        2
玲玲  10     5     1    10       20
```

（4）loc 属性

通过设置新列名，增加一列值。

```
B3.loc[:,'Physics']=[0,20,10,15]
print(B3)
     IT  animal  art  Math  Chinese  Physics
苗苗   0      1    2    20       28        0
静静   4      5    6    30       48       20
云云   8      9   10    40        2       10
玲玲  10      5    1    10       20       15
```

10.3.5　排序和排名

对 DataFrame 对象的数据进行行、列排序或排名，可以获取不同效果的二维表。

1. 排序

（1）sort_values()方法排序

函数 sort_values(by,axis=0,ascending=True,inplace=False,kind='quicksort',na_position='last')，参数说明如下。

① by：指定值为字符串或字符串值列表，根据所提供的值进行排序，如果 axis=0 且是列索引值，则按照列排序；如果 axis=1 且是行索引值，则按照行排序。

② axis：指定排序方向，0 为列方向排序；1 为行方向排序，默认值为 0。

③ ascending：指定为升序排序还是倒序排序，默认值为 True，升序排序。

④ inplace：指定是在原数据上排序还是在视图上排序，默认值为 False，指在视图上排序。

⑤ kind：可选项为'quicksort'、'mergesort'、'heapsort'。

⑥ na_position：为 nan 值选择排序位置，可选项'first', 'last'；'first'将 nan 放在开头，'last'将 nan 放在最后。

（2）sort_values()方法排序代码示例

对 10.3.4 小节的 B3 对象指定列名，并按列进行倒序排序，原始表如图 10.12 所示执行结果如图 10.13 所示。

```
B3.sort_values(by='IT',ascending=False,axis=0)      #指定 IT 列，且 axis=0，按照倒序列排序
```

	IT	animal	art	Math	Chinese	Physics
苗苗	0	1	2	20	28	0
静静	4	5	6	30	48	20
云云	8	9	10	40	2	10
玲玲	10	5	1	10	20	15

图 10.12　原始表

	IT	animal	art	Math	Chinese	Physics
玲玲	10	5	1	10	20	15
云云	8	9	10	40	2	10
静静	4	5	6	30	48	20
苗苗	0	1	2	20	28	0

图 10.13　按 IT 列倒序排序

根据"苗苗"行索引值进行倒序排序，下面代码排序结果如图 10.14 所示。

```
B3.sort_values(by='苗苗',ascending=False,axis=1) #指定行索引值"苗苗"，axis=1
```

指定多行索引值进行排序，下面代码执行结果如图 10.15 所示。注意，'苗苗'行的最后两个 0 值列，在一行元素相同的情况下，排序根据第二行'静静'对应元素的大小进行排序，这里 20 在前 4

在后（见图 10.14 为单行排序，不存在这样的复合排序现象）。

```
B3.sort_values(by=['苗苗','静静'],ascending=False,axis=1)          #指定多行索引值排序
```

	Chinese	Math	art	animal	IT	Physics
苗苗	28	20	2	1	0	0
静静	48	30	6	5	4	20
云云	2	40	10	9	8	10
玲玲	20	10	1	5	10	15

图 10.14　以"苗苗"索引值进行排序

	Chinese	Math	art	animal	Physics	IT
苗苗	28	20	2	1	0	0
静静	48	30	6	5	20	4
云云	2	40	10	9	10	8
玲玲	20	10	1	5	15	10

图 10.15　按'苗苗'，'静静'多行索引值排序

（3）sort_index()排序

函数 sort_index(axis=0,level=None,ascending=True,inplace=False,kind='quicksort',na_position='last', sort_remaining=True,by=None)，参数说明如下。

① axis：指定排序方向，0 为列索引，1 为行索引。

② level：指定行索引的层级数（在复合索引时存在行索引层级，详见 10.4 节内容），默认值为 None，是基于默认的行索引层级 0 进行列排序。

③ ascending：指定排序方式，默认值为 True，表示升序排序，否则降序排序。

④ inplace：指定是在原数据上排序还是在视图上排序，默认值为 False，指在视图上排序。

⑤ kind：指定排序算法，可选项'quicksort'、'mergesort'、'heapsort'，默认值'quicksort'为快速排序算法。

⑥ na_position：为 nan 值选择排序位置，可选项'first'、'last'；'first'将 nan 放在开头，'last'将 nan 放在最后。

⑦ sort_remaining：在复合索引情况下，默认值为 True，则实现分层级分别组合索引。

⑧ by：指定索引的行索引值或列索引值，可以用列表形式多值指定排序。

返回值：返回排序完成的 DataFrame 对象。

（4）sort_index()排序代码示例

```
import pandas as pd
import numpy as np
A=pd.DataFrame(np.arange(1,10).reshape(3,3),columns=['one','two','three'])
A
```

上面代码建立一个新的二维表，如图 10.16 所示。

① 指定行索引层级排序。

指定行索引层级（0 层级），对行索引进行降序排序，如图 10.17 所示。

```
A.sort_index(level=0,ascending=False)        #以行索引的第一层级为方向，进行列方向上降序排序
```

	one	two	three
0	0	8	2
1	20	10	30
2	5	11	30

图 10.16　原始数据

	one	two	three
2	5	11	30
1	20	10	30
0	0	8	2

图 10.17　对行索引进行排序

② 指定列索引值、行索引值排序。

```
A.sort_index(by='one',ascending=False)              #用 by 参数指定列索引值，进行 one 列降序排序
```

执行结果如图 10.18 所示。

```
A.sort_index(by=1,axis=1)                           #用 by 参数指定行索引值 1，进行行升序排序
```

执行结果如图 10.19 所示。

	one	two	three
1	20	10	30
2	5	11	30
0	0	8	2

图 10.18　指定列索引值'one'降序排序

	two	one	three
0	8	0	2
1	10	20	30
2	11	5	30

图 10.19　指定行索引值 1 进行行升序排序

注意：

（1）在 Pandas 最新版本中，sort_index()参数 by 不被建议使用（使用时会出警告提示信息），而是建议通过 sort_values()方法使用 by 相关功能。

（2）by 的使用必须跟 axis 搭配，否则在行索引排序时，将报出错，而且行排序时 axis=1（固定用法，记住即可，值为 1 所指的方向在这里有些古怪）。

2. 排名

根据指定方向（列或行）对数据值进行排名，并提供排名项。

（1）rank()方法

函数 rank(axis=0, method='average', numeric_only=None, na_option='keep', ascending=True, pct=False)，参数说明如下。

① axis：指定排名方向，默认值为 0，为列方向排名，1 为行方向排名。

② method：指定排名方法，可选项包括'average'、'min'、'max'、'first'、'dense'。'average'指给各组[1]指定平均值排名（默认排名方法，主要在重复元素之间，进行平均值计算设置）；'min'指组的最低值排名；'max'指组的最高值排名；'first'指组的按顺序排名；'dense'类似'min'，组之间的排名值采用增 1 方法排名。

③ numeric_only：指定仅为数值排名，可以是浮点数、整数、布尔值。

④ na_option：排名时对 NA 元素的处理方式，可选项为'keep'、'top'、'bottom'。'keep'保持 NA 元素的原来位置；'top'升序排名时排到开始位置；'bottom'降序排名时排到尾部位置。

⑤ ascending：指定排名方式，默认值 True，为升序排名，False 为降序排名。

⑥ pct：值为 True 时计算数据的排名百分比，默认值为 False。

返回值：排名后的二维表格。

（2）rank()排名方法代码示例

```
import pandas as pd
```

[1] 组，以一列或一行为单位看作一组。

```
import numpy as np
B=pd.DataFrame(np.array([[0,8,2,3],[20,10,30,40],[5,11,30,8],[15,12,30,8]]),columns
=['one','two','three','four'])
B
```

执行结果如图 10.20 所示。

① 默认'average'方法排名。

```
B.rank(axis=0)            #以列为组，在列方向上指定新的平均值序号，并在整体上做升序方向排名
```

图 10.21 以列为组进行排名，从 1 开始顺序增 1 排名编号。当元素相同时，则从其排名开始位起把顺序号累加然后除以重复数量，得平均值给重复元素排名编号。如图 10.20 所示，如"four"列，8 值有两个，第一个 8 顺序号是 2，第二个 8 顺序号是 3，然后顺序号累加除以重复数 2，其公式为(2+3)/2=2.5，即求得平均值编号 2.5（如图 10.21 所示）。

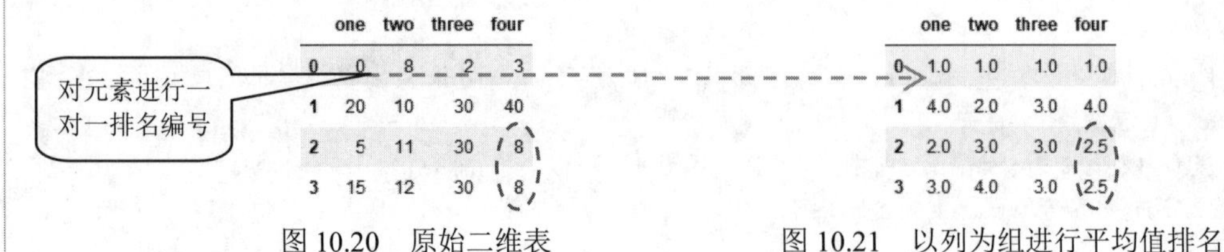

	one	two	three	four
0	0	8	2	3
1	20	10	30	40
2	5	11	30	8
3	15	12	30	8

图 10.20　原始二维表

	one	two	three	four
0	1.0	1.0	1.0	1.0
1	4.0	2.0	3.0	4.0
2	2.0	3.0	3.0	2.5
3	3.0	4.0	3.0	2.5

图 10.21　以列为组进行平均值排名

② 'min'方法排名。

```
B.rank(method='min')         #以列为组进行升序排名，当碰到值相同时采用最小递增值编序号排名
```

对图 10.20 进行最小方法排名，两个 8 的自然顺序号为 2、3，取最小顺序号 2，作为排名序号，如图 10.22 所示。

③ 'max'方法排名。

```
B.rank(method='max')         #以列为组进行升序排名，当碰到值相同时采用最大递增值编序号排名
```

对图 10.20 进行最大方法排名，两个 8 的自然顺序号为 2、3，取最大顺序号 3，作为排名序号，如图 10.23 所示。

	one	two	three	four
0	1.0	1.0	1.0	1.0
1	4.0	2.0	2.0	4.0
2	2.0	3.0	2.0	2.0
3	3.0	4.0	2.0	2.0

图 10.22　最小方法排名

	one	two	three	four
0	1.0	1.0	1.0	1.0
1	4.0	2.0	4.0	4.0
2	2.0	3.0	4.0	3.0
3	3.0	4.0	4.0	3.0

图 10.23　最大方法排名

④ 'first'方法排名。

```
B.rank(method='first')       #以列为组进行升序排名，当碰到值相同时采用最小递增值，递增 1 序号排名
```

对图 10.20 进行 first 方法升序排名，两个 8 的自然顺序号为 2、3，从第一个顺序号 2 开始递增 1 编号排名，如图 10.24 所示。

⑤ 'dense'方法排名。

```
B.rank(method='dense')                                 #以列为组进行升序排名，核密度排名
```

核密度排名类似最小排名方法，但排名之间不会出现大于 1 的空隙。如图 10.25 所示，两个 2 顺序号后面紧跟 3，而不能是 4。

⑥ 指定行排名。

DataFrame 的 rank()方法，也支持以行为组的排名。使用过程类似列排名，唯一的区别是 axis=1。根据图 10.20 的原始数据，在行方向上无重复的元素，所以 min 方法不明显，如图 10.26 所示。

```
B.rank(axis=1,method='min')                            #以行为组进行升序排名，min 方法排名
```

	one	two	three	four
0	1.0	1.0	1.0	1.0
1	4.0	2.0	2.0	4.0
2	2.0	3.0	3.0	2.0
3	3.0	4.0	4.0	3.0

图 10.24　first 方法编号排名

	one	two	three	four
0	1.0	1.0	1.0	1.0
1	4.0	2.0	2.0	3.0
2	2.0	3.0	2.0	2.0
3	3.0	4.0	2.0	2.0

图 10.25　dense 方法排名

	one	two	three	four
0	1.0	4.0	2.0	3.0
1	2.0	1.0	3.0	4.0
2	1.0	3.0	4.0	2.0
3	3.0	2.0	4.0	1.0

图 10.26　行排名（最小法）

10.3.6　其他基本功能

涉及 DataFrame 对象的一些常用其他功能，在这里简要介绍。

```
C=pd.DataFrame(np.arange(9).reshape(3,3),columns=['one','two','three'],index=['Tom',
'Alice','Mike'])
print(C)
       one  two  three
Tom      0    1      2
Alice    3    4      5
Mike     6    7      8
```

1. 查看 DataFrame 的形状大小

```
C.shape                                                #shape 属性使用功能同 Numpy 的数组同名属性
(3, 3)                                                 #C 是三行三列的二维表
```

2. 查看 DataFrame 对象的元素个数

```
C.size                                                 #使用方法同 Numpy 数组的同名属性
9
```

3. 查看 DataFrame 对象的基本信息

```
C.info()                                               #提供 C 对象齐全的基本信息
<class 'pandas.core.frame.DataFrame'>                  #类名
Index: 3 entries, Tom to Mike                          #3 个指定的行索引值
Data columns (total 3 columns):                        #3 个列名
one      3 non-null int32                              #第一列的列名，3 个非空值，整型
```

```
two      3 non-null int32                            #第二列的列名，3 个非空值，整型
three    3 non-null int32                            #第三列的列名，3 个非空值，整型
dtypes: int32(3)                                     #该表数据类型为整型
memory usage: 60.0+ bytes                            #该表在内存里的占有空间数量
```

4. 查看 DataFrame 对象的数据类型

```
C.dtypes
one      int32
two      int32
three    int32
dtype: object
```

5. 指定 DataFrame 对象的数据类型

```
D=pd.DataFrame(np.ones(4).reshape(2,2),dtype=bool)     #指定数据类型为布尔型
D.dtypes
0   bool
1   bool
dtype: object
```

DataFrame 对象 dtype 可以指定的数据类型包括整型（int）、浮点型（float）、字符串（string）、布尔型（bool）、日期时间型（datetime）及对象型（object）等。

6. 检查 DataFrame 对象的数据是否都为 True 值

（1）all()判断真值方法

函数 all(axis=0, bool_only=None, skipna=True, level=None, **kwargs)，参数说明如下。

① axis：指定按列或行进行真值判断，值都为非 0、False，则判断结果为 True。

② bool_only：设置值为 True，则仅包含布尔值的列。默认为 None 值，将尝试所有内容。

③ skipna：默认值为 True，则跳过 NA、NaN、None 值。

④ level：若存在多层级索引，则可以指定一个层次的序号进行判断。

⑤ **kwargs：接受键值对方式的参数。

（2）all()代码示例

```
F=pd.DataFrame(np.array([[100,50],[np.nan,0],[True,False]]),columns=['one','two'],
index=['Tom','John','Alice'])
print(F)
         one  two
Tom    100.0 50.0
John     NaN  0.0
Alice    1.0  0.0
```

在 F 基础上进行值判断。

```
F.all()                                          #默认状态，按列进行元素值判断
F.all(axis=1)                                    #按行为组进行判断，返回值显示行索引值
F.all(axis=0)                                    #按列为组进行判断，返回值显示列索引值
```

执行结果如图 10.27 所示。

```
one      True
two      False
dtype: bool
```

```
Tom        True
John       False
Alice      False
dtype: bool
```

```
one      True
two      False
dtype: bool
```

（a）默认状态按列进行判断　　（b）按行进行判断　　（c）按列进行判断

图 10.27　默认状态按列进行判断、按行进行判断与按列进行判断

7. 查看 DataFrame 对象的列索引值

```
F.columns
Index(['one', 'two'], dtype='object')                #返回 index 可迭代值对象，列索引值
```

8. 查看 DataFrame 对象的行索引值

```
F.index
Index(['Tom', 'John', 'Alice'], dtype='object')      #返回 index 可迭代值对象，行索引值
```

10.4 DataFrame 数据索引深入

DataFrame 为行、列索引提供了强大的支持功能，提高了数据分析的能力。10.3 节只是介绍了行、列索引的基本用法，这里继续进行深入应用介绍。

10.4.1 调整行列索引值

当行列索引满足不了实际需求时，可以考虑调整索引的顺序或修改索引值。

1. reindex 对象重新建立索引值的顺序

为 DataFrame 对象的索引调整索引次序。若提供的新索引值在原索引值那里不存在，则新增索引行或列，对应的数据填充 NA 或 NaN 值。

（1）重索引对象 reindex()

函数 DataFrame.reindex(labels,index, columns, axis, method, copy,level ,fill_value, limit, tolerance, *args, **kwargs)，参数说明如下。

① labels：集合对象，指定新索引值对象。

② index, columns：集合对象，用键值对形式分别指定行索引对象、列索引对象（要避免行、列索引值重复现象）。

③ axis：配合 labels 参数，axis=0（或行索引值）为行索引；axis=1（或列索引值）为列索引。

④ method：重建索引时填充空缺的方法。可选项为 None, 'backfill'/'bfill', 'pad'/'ffill', 'nearest'默认值 None 不填充空缺；'pad'/'ffill'将最后一次有效值填充到空缺处；'backfill'/'bfill'将下一个有效值填充到空缺处；'nearest'用最近的有效值填充空缺处。

注意：

method 指定值，仅适用于具有单调递增/递减指数的 DataFrames / Series。

⑤ copy：默认值为 True，复制新索引值；False 则为视图方式。

⑥ level：指定多层级索引下的层级序号。

⑦ fill_value：常量，默认值为 np.NaN，为缺失值提供填充内容。

⑧ limit：限定最大朝前或朝后的填充个数。

⑨ tolerance：指定原始索引和新索引之间匹配的最大距离。

⑩ *args, **kwargs：接受元组、键值对方式指定参数输入。

（2）reindex()代码示例

```
G=pd.DataFrame(np.arange(10,19).reshape(3,3),columns=['one','two','three'],index=
['Tom','John','Alice'])
G
```

执行结果如图 10.28 所示。

```
G1=G.reindex(columns=['two','one','three','four'])          #调整列顺序，并增加'four'列
G1
```

执行结果如图 10.29 所示，由于新增'four'列，其对应的数据值都用 fill_value 参数的默认填充值 NaN 填充。

```
G2=G.reindex(index=['Alice','John','Tom'])                  #调整行顺序
G2
```

执行结果如图 10.30 所示。

```
G3=G.reindex(labels=['Alice','John','Tom'],axis=1)          #调整列索引值，并指定行方向
G3
```

	one	two	three
Tom	10	11	12
John	13	14	15
Alice	16	17	18

图 10.28　原始表

	two	one	three	four
Tom	11	10	12	NaN
John	14	13	15	NaN
Alice	17	16	18	NaN

图 10.29　调整列顺序

	one	two	three
Alice	16	17	18
John	13	14	15
Tom	10	11	12

图 10.30　调整行顺序

执行结果如图 10.31 所示。由于 reindex 所提供的索引值与原先表的列索引无法匹配，导致其所对应的数据值都用 NaN 代替。

2. 修改行索引值

```
G.index=['China','Japan','USA']                             #修改行索引值
G
```

执行结果如图 10.32 所示。

3. 修改列索引值

```
G.columns=['apple','pear','orange']                         #修改列索引值
G
```

执行结果如图 10.33 所示。

	Alice	John	Tom
Tom	NaN	NaN	NaN
John	NaN	NaN	NaN
Alice	NaN	NaN	NaN

图 10.31　调整列方向的索引值

	one	two	three
China	10	11	12
Japan	13	14	15
USA	16	17	18

图 10.32　修改行索引值

	apple	pear	orange
China	10	11	12
Japan	13	14	15
USA	16	17	18

图 10.33　修改列索引值

10.4.2　多层级索引

DataFrame 对象通过 index、columns 参数，可以实现复杂的多层级索引。

1．用 index、columns 参数建立多层级索引

如某小学 2019 年、2020 年六一班、六二班男女生语文、数学、英语三课总分最高分、最低分情况如表 10.1 所示。该表行方向分两个层级，分别是班级、分数分类；列方向分两个层级，分别是年份、性别。

表 10.1　复杂多层级二维表

小升初成绩（最高、最低）		2019 学年		2020 学年	
		男生	女生	男生	女生
六一班	最高分	290	295	294	295
	最低分	200	201	220	219
六二班	最高分	293	294	295	294
	最低分	199	205	201	208

用如下代码实现，执行结果如图 10.34 所示。

```
import pandas as pd
import numpy as np
i_m=[['六一班','六一班','六二班','六二班'],['最高分','最低分','最高分','最低分']]
                                                    #注意观察设置索引值
c_m=[['2019 学年','2019 学年','2020 学年','2020 学年'],['男生','女生','男生','女生']]
Data=np.array([[290,295,294,295],[200,201,220,219],[293,294,295,294],[199,205,201,208]])
M=pd.DataFrame(Data,index=i_m,columns=c_m)
M
```

多层级索引关键在于 index、columns 参数值的设置。如二层索引需要建立二维数组，三层级索引需要建立三维数组，依次类推。这意味着 DataFrame 对象可以以二维表形式表示更加复杂的多维数据关系。在数据分类层级比较多的情况下，DataFrame 对象都可以很好地展现。

2．MultiIndex 的方法实现多层级索引

上述方法也可以通过 pd.MultiIndex 的 from_arrays()（数组）、from_tuples()（元组）、from_frame()（DataFrame 对象）、from_product()（多集合的笛卡尔积）的方法来实现。

（1）以 from_arrays()方法为例，说明如何使用。

函数 MultiIndex.from_arrays(arrays, sortorder=None, names=None)，参数说明如下。

arrays 提供多层级索引值，形式为多维列表、数组等；sortorder 指定排序层次序号，默认值

None，不指定；names 指定层次索引名称，默认值 None，不指定。返回值为 MultiIndex 对象。

（2）代码示例。

在上例基础上继续执行如下代码，显示结果如图 10.35 所示。

```
Mi=pd.MultiIndex.from_arrays(i_m,names=['班级','分数'])           #建立行索引，带索引名称
Mc=pd.MultiIndex.from_arrays(c_m,names=['学年','性别'])           #建立列索引，带索引名称
Data=np.array([[290,295,294,295],[200,201,220,219],[293,294,295,294],[199,205,201,208]])
MM=pd.DataFrame(Data,index=Mi,columns=Mc)
MM
```

		2019学年		2020学年	
		男生	女生	男生	女生
六一班	最高分	290	295	294	295
	最低分	200	201	220	219
六二班	最高分	293	294	295	294
	最低分	199	205	201	208

图 10.34　多层级索引表

	学年	2019学年		2020学年	
	性别	男生	女生	男生	女生
班级	分数				
六一班	最高分	290	295	294	295
	最低分	200	201	220	219
六二班	最高分	293	294	295	294
	最低分	199	205	201	208

图 10.35　用 MultiIndex 对象实现

10.5　数 据 计 算

对 DataFrame 的数值可以像 Numpy 里的数组一样进行各种数学计算，这一节介绍常见的最简单的基础数值运算和逻辑运算。

10.5.1　常用基础数值运算

对于加法、减法、乘法、除法、取整、取余、对数、幂等运算，可以把 DataFrame 看作一个运算数据对象。

```
import pandas as pd
import numpy as np
C=pd.DataFrame(np.array([[1,2,3,4],[100,9,25,16],[-3,0,15,55]]))
C                                  #用于计算的 DataFrame 对象 C，如图 10.36 所示
```

1. 加法运算

```
C+5                                #所有元素都加 5，如图 10.37 所示
C+[-5,10,0,8]                      #所有行都加该列表的值（在竖向进行广播计算），如图 10.38 所示
```

	0	1	2	3
0	1	2	3	4
1	100	9	25	16
2	-3	0	15	55

图 10.36　原始二维表 C

	0	1	2	3
0	6	7	8	9
1	105	14	30	21
2	2	5	20	60

图 10.37　所有元素加 5

	0	1	2	3
0	-4	12	3	12
1	95	19	25	24
2	-8	10	15	63

图 10.38　C+列表

```
C+pd.Series([1,2,3,4])          #所有行都加该 Series 的值（在竖向进行广播计算），如图 10.39 所示
C+np.array([[1],[2],[3]])       #C 和数组在列方向上进行加法操作，结果如图 10.40 所示
```

2. 减法运算

```
C-np.arange(4)                  #所有行的元素都对应减 0、1、2、3，结果如图 10.41 所示
```

	0	1	2	3
0	2	4	6	8
1	101	11	28	20
2	-2	2	18	59

图 10.39　C+Series

	0	1	2	3
0	2	3	4	5
1	102	11	27	18
2	0	3	18	58

图 10.40　C 在列方向与列表进行加法操作

	0	1	2	3
0	1	1	1	1
1	100	8	23	13
2	-3	-1	13	52

图 10.41　C-列表

3. 乘法运算

```
C*2                             #所有元素都乘以 2，结果如图 10.42 所示
```

4. 除法运算

```
C/[1,2,3,4]                     #C 在行方向上对应元素进行除法操作，结果如图 10.43 所示
```

5. 取整运算

```
C//2                            #取整，结果如图 10.44 所示
```

	0	1	2	3
0	2	4	6	8
1	200	18	50	32
2	-6	0	30	110

图 10.42　C*2

	0	1	2	3
0	1.0	1.0	1.000000	1.00
1	100.0	4.5	8.333333	4.00
2	-3.0	0.0	5.000000	13.75

图 10.43　C 除以列表

	0	1	2	3
0	0	1	1	2
1	50	4	12	8
2	-2	0	7	27

图 10.44　C//2 取整

6. 取余运算

```
C%2                             #取余，结果如图 10.45 所示
```

7. 对数运算

```
np.log2(C)                      #对 C 所有元素进行 2 为底数的对数运算，如图 10.46 所示
```

8. 幂运算

```
C**2                            #求 C 所有元素的 2 次幂，如图 10.47 所示
```

	0	1	2	3
0	1	0	1	0
1	0	1	1	0
2	1	0	1	1

图 10.45　C%2 取余

	0	1	2	3
0	0.000000	1.000000	1.584963	2.00000
1	6.643856	3.169925	4.643856	4.00000
2	NaN	-inf	3.906891	5.78136

图 10.46　求 log2(C)

	0	1	2	3
0	1	4	9	16
1	10000	81	625	256
2	9	0	225	3025

图 10.47　求 C**2

10.5.2　比较运算和布尔值判断

这里介绍条件判断常用的比较运算和布尔值判断。

1．比较运算

基本的逻辑运算包括==（等于）、!=（不等于）、>（大于）、<（小于）、>=（大于等于）、<=（小于等于）。

```
C==0                                    #原始如图 10.48 所示。等于比较，执行结果如图 10.49 所示
C>10                                    #大于比较，执行结果如图 10.50 所示
```

	0	1	2	3
0	1	2	3	4
1	100	9	25	16
2	-3	0	15	55

图 10.48　C 原始二维表

	0	1	2	3
0	False	False	False	False
1	False	False	False	False
2	False	True	False	False

图 10.49　C==0

	0	1	2	3
0	False	False	False	False
1	True	False	True	True
2	False	False	True	True

图 10.50　C>10

2．布尔值判断

用 DataFrame 对象的 all()、any()方法判断布尔值状态，或用属性 empty 判断其是否为空对象。

（1）all()方法

函数 all(axis=0, bool_only=None, skipna=True, level=None, **kwargs)，参数说明如下。

axis=0 以列为组进行布尔值判断，axis=1 以行为组进行布尔值判断；bool_only 默认值为 None，若设置 True，则只对布尔列值进行判断；skipna=True，忽略 NA/null 值；level 指定特定层级数，进行布尔值判断，默认值为 None；**kwargs 接受键值对方式的参数。

```
D=pd.DataFrame(np.array([[0,None,np.nan],[3,100,False]]))
D
```

	0	1	2
0	0	None	NaN
1	3	100	False

```
D.all()                                 #列为组进行真值判断，axis=0
0    False                              #第一列第一行存在 0，所以是 False
1     True
2    False
dtype: bool
D.all(axis=1)                           #以行为组进行真值判断，axis=1
0    False
1    False
dtype: bool
D.all(skipna=False)                     #对 None，NaN 进行判断
0        0
1     None
2    False
dtype: object
```

（2）any()方法

```
D.any()                                 #只要列组里有一个是 True 值，则返回 True
0     True
```

```
1     True
2    False
dtype: bool
```

（3）empty 属性

```
D.empty
False                                                          #D 对象值不为空
```

10.6　读写数据

Pandas 的数据获取、加工处理、数据分析、工程应用，都离不开通过各种文件、数据库等对数据的读写操作。这一节介绍 CSV、JSON、HTML、Excel、Clipboard、Pickling、MsgPack、HDF5、SQL、NoSQL 格式或形式的数据读写方法。

10.6.1　CSV 格式导入导出

CSV（Comma-Separated Values，逗号或字符分隔值）文件，是一种以逗号等作为分割符号的纯文本文件，早期被广泛应用于软件之间数据的交换。

1.　to_csv()

从 DataFrame 对象写入指定的 CSV 文件。

函数 to_csv(path_or_buf=None[, sep=',' ,encoding=None,…])，由于该函数参数功能非常强大，这里仅介绍常用的几个参数（感兴趣的读者可以通过 np.info(pd.DataFrame.to_csv)获取详细信息）。

（1）path_or_buf：指定需要保存的文件路径（往往带文件名，如 r'D:\data\t1.csv'[①]）或内存缓存对象，在 None 值情况下，在内存里生成字符串。

（2）sep：指定分隔符，默认为逗号，也可以指定其他符号，如空格、#号、分号等。

（3）encoding：指定内容编码方式，默认值 None，为 ASCII 编码方式，在中文方式下可以指定 UTF-8、GB2312、GBK 编码方式[②]，可以避免一些乱码问题。

to_csv()函数代码示例。

```
F=pd.DataFrame(np.array([[100,200,300],[20,10,15]]))
F.to_csv(r'f:\t1.csv')                                       #默认逗号分割
F.to_csv(r'f:\t2.csv',sep=' ')                               #用一个空格分割
```

将在 F:盘根路径下发现生成的 t1.csv、t2.csv 文件。

2.　read_csv()

从 CSV 文件读入 DataFrame 对象。

函数 pd.read_csv(filepath_or_buffer[, sep,encoding=None,…])，由于该函数参数功能非常强

[①] Linux 下为//localhost/data/t1.csv。

[②] 完整编码方式清单见 https://docs.python.org/3/library/codecs.html#standard-encodings。

大，这里仅介绍常用的几个参数（感兴趣的读者可以通过 np.info(pd.read_csv)获取详细信息）。

（1）filepath_or_buffer：指定文件路径或网址（URL，具体包括 http、ftp、s3 和在线文件名）。

（2）sep：指定分隔符，默认为逗号，也可以指定其他符号，如空格、#号、分号等。

（3）encoding：使用方法同 to_csv()函数。

返回的是 DataFrame 或 TextParser 对象。

pd.read_csv()函数代码示例。

```
pd.read_csv(r'f:\t1.csv')                    #读取结果如图 10.51 所示
import io
str1='1,2,3\n4,5,6\n'
out_s=io.StringIO()                          #在内存建立字符串对象
out_s.write('x,y,z\n')                       #建立列索引值
out_s.write(str1)                            #建立两行数据值
out_s.seek(0)                                #设置字符串的开始位置
pd.read_csv(out_s)                           #从内存对象读取到 DataFrame 对象
```

执行结果如图10.52所示。在内存里处理不同的数据，与从硬盘里读取并处理数据相比，速度大幅提升，但受内存最大可利用存储空间限制。

	Unnamed: 0	0	1	2
0	0	100	200	300
1	1	20	10	15

图 10.51　从 t1.csv 读取文件内容

	x	y	z
0	1	2	3
1	4	5	6

图 10.52　从内存对象读取

10.6.2　JSON 格式导入导出

JSON（JavaScript Object Notation）是一种轻量级的数据交换格式，易于人们阅读和编写，可以有效提升网络传输效率。与 CSV 相比，JSON 格式的数据更加标准化和先进。

1. to_ json()

把数据存储到 JSON 的文件里

函数 to_ json(path_or_buf=None, orient=None, date_format=None,...)，参数说明如下。

（1）path_or_buf：指定存储文件路径及文件名，如果未指定，则返回字符串。

（2）orient：指定预设的 JSON 字符串格式，Series{'split','records','index','table'}默认值为'index、DataFrame{'split','records','index','columns','values','table'} 默认值为'columns'、JSON 字符串格式{'split','records','index','columns','values','table'}。

存储到 JSON 格式文件代码示例。

```
G=pd.DataFrame({'Tom':[10,20,8],'Jack':[28,48,38]})
print(G)
G.to_json("F:\J1.json")
G.to_json("F:\J2.json",orient='table')
```

```
   Tom  Jack
0   10    28
1   20    48
2    8    38
```

在对应的硬盘路径下将产生两个 JSON 格式的文件。可以用记事本等打开 J1.json 文件，其内的数据格式显示如下。

```
{"Tom":{"0":10,"1":20,"2":8},"Jack":{"0":28,"1":48,"2":38}}
```

2. pd.read_json()

从 JSON 文件读取数据。

```
pd.read_json(r"F:\J1.json")
```

结果如图 10.53 所示。

	Tom	Jack
0	10	28
1	20	48
2	8	38

图 10.53　从 JSON 格式文件读取数据到 DataFrame 对象

10.6.3　HTML 格式导入导出

要使 Pandas 分析的数据被 Web 使用，可以通过读、写 HTML 文件来实现。

1. to_html()函数把 DataFrame 转为 HTML 表

函数 to_html(buf=None,columns=None,col_space=None,classes=None,...)，参数说明如下。

（1）buf：指定类似 StringIO 对象，把转换后的数据写到内存。

（2）columns：指定要写入列的子集合，默认值 None 情况下写入所有列。

（3）col_space：指定每列的最小宽度。

（4）classes：指定 css 类名。

to_html()函数代码示例。

```
import numpy as np
import pandas as pd
#注意这里用的 css 类名 data
head= '''
<html>
      <head>
            <style>
                      .data
            </style>
      </head>
      <body>
'''
boot = '''
      </body>
</html>
'''
data= pd.DataFrame({'One':[100,99,88],'Two':[99,98,100]})
```

```
with open(r'F:\Show.html', 'w') as f:
    f.write(head)
    f.write(data.to_html(col_space=20, classes='data'))          #指定 css 类非常关键
f.write(boot)
```

用浏览器访问生成的 Show.html 文件，显示如图 10.54 所示。

	One	Two
0	100	99
1	99	98
2	88	100

图 10.54　在浏览器里显示效果

2. 将 HTML 表（Table）读入 DataFrame 对象

函数 read_html(io, match='.+', encoding=None,…)，参数说明如下。

（1）io：指定本地 html 文件或 URL 网址。

（2）match：指定正则表达式，默认值'.+'，将返回包含与此正则表达式或字符串匹配的文本的表集。

（3）encoding：默认值 None，指定编码方式，在中文方式下为了避免乱码，需要指定为'utf-8'、'gb2312'、'gbk'值。

```
import pandas as pd
pd.read_html(r'F:\Show.html')                    #该函数具备自动识别 Web 上 table 表内容的功能
[   Unnamed: 0  One  Two
 0           0  100   99
 1           1   99   98
 2           2   88  100]
```

注意：

若在执行上述代码过程中，报“lxml not found, please install it”错，则需要在命令提示符窗体里执行安装命令 pip install lxml。

10.6.4　Excel 格式导入导出

为了与微软公司的 Excel 表格进行数据交换，Pandas 提供了相应的读写功能。

1. DataFrame 数据写入 Excel 表

函数 to_excel(excel_writer, sheet_name='Sheet1', encoding=None,…)，参数说明如下。

（1）excel_writer：指定需要写入 Excel 的路径（含 Excel 表名）。

（2）sheet_name：指定需要写入的 Excel 表单名称。

（3）encoding：指定写入内容的编码方式。

to_excel()函数代码示例，继续使用 10.6.3 小节的 data 数据。

```
data.to_excel(r'F:\E1.xlsx',sheet_name='Sheet1')        #把 DataFrame 数据导出到 Excel 表，
                                                         如图 10.55 所示
```

若在执行上述代码过程发生报错：ModuleNotFoundError: No module named 'openpyxl'，则先需要下载 openpyxl 库，下载地址为 https://pypi.org/project/openpyxl/#files，下载的库解压后，在命令提

示符界面，进入库解压路径，最后执行 python setup.py install，完成 openpyxl 库安装过程。

2. 从 Excel 表读数据到 DataFrame 对象

函数 pd.read_excel(io,sheet_name,usecols,…)，参数说明如下。

（1）io：指定需要读取数据的 Excel 的路径（含 Excel 表名）。

（2）sheet_name：指定需要读取的 Excel 表单名称。

（3）index_col：指定列顺序号（所在列值）为行索引。

```
pd.read_excel(r'F:\E1.xlsx',sheet_name='Sheet1', index_col=0)   #读取结果如图 10.56 所示
```

	A	B	C	D
1		One	Two	
2	0	100	99	
3	1	99	98	
4	2	88	100	
5				

图 10.55　生成的 Excel 表

	One	Two
0	100	99
1	99	98
2	88	100

图 10.56　从 Excel 读取数据到 DataFrame

注意：

若在执行上述代码过程中，报“ImportError: Install xlrd >= 1.0.0 for Excel support”错，则需要在命令提示符窗体里执行安装命令 pip install xlrd。

10.6.5　Clipboard 格式导入导出

Pandas 为 DataFrame 与剪贴板进行数据交换，提供了读写功能。

1. DataFrame 数据写入剪贴板

函数 to_clipboard(excel=True, sep=None, **kwargs)，参数说明如下。

（1）excel：默认值为 True，则使用 setp 提供的分割符，以 csv 格式写入，为粘贴到 Excel 表提供方便；设置 False 值，则以字符串形式写入剪贴板。

（2）sep：指定字段分割符，默认值为'\t'。

（3）**kwargs：接受键值对形式的参数。

```
data.to_clipboard(sep=',')                                    #间隔符为逗号
```

执行上面代码后，读者可以直接在写字板、Excel 表等处用鼠标粘贴数据。

2. 剪贴板数据读到 DataFrame

函数 pd.read_clipboard(sep='\\s+', **kwargs)，参数说明如下。

（1）sep='\\s+'：设置字符串或正则表达式分隔符，默认值为'\ s +'表示一个或多个空白字符。

（2）**kwargs：接受键值对形式的参数。

```
pd.read_clipboard(sep=',')                                    #读取剪贴板里的数据
```

注意：

要在执行 to_clipboard()命令后，马上执行 read_clipboard()，要避免中间用鼠标复制其他内容。

10.6.6 Pickling 格式导入导出

Pickling 用于把 Pandas 对象写入文件，或从文件读取 Pandas 对象。

1. 对象写入 pickle 文件

函数 pd.to_pickle(obj, path, compression='infer', protocol=4)，参数说明如下。

（1）obj：指定任何 Python 规则要求的对象。

（2）path：指定需要写入的 pickle 对象的文件路径（含文件名）。

（3）compression：压缩数方式，可选项{'infer', 'gzip', 'bz2', 'zip', 'xz', None}，默认值为 None。

（4）protocol：指定 pickler 适应的协议，对于 python 3.X 版本的可以采用默认值。

```
data1=pd.DataFrame({"one":[100,220,330,440,50], "two": range(5, 10)})
pd.to_pickle(data1,r"F:\f1.pkl")                    #把 DataFrame 对象（含数据）写入指定文件
```

在指定路径下将发现新生成的 f1.pkl 文件。

2. 从 pickle 文件读取对象

函数 pd.read_pickle(path, compression='infer')，参数说明如下。

（1）path：指定将加载 pickle 对象的文件路径（含文件名）。

（2）compression：压缩数方式，可选项{'infer', 'gzip', 'bz2', 'zip', 'xz', None}，默认值为 None。

```
f2=pd.read_pickle( r"F:/dummy.pkl")
type(f2)                                            #检查导入的对象类型
pandas.core.frame.DataFrame
```

10.6.7 HDF5 格式导入导出

HDF5（Hierarchical Data Format，分层数据格式），利用分层数据管理结构，集中存储管理不同类型的图像、数值数据（如数组、二维表）等内容的一种文件格式。

1. 从 DataFrame 写入 HDF5 文件

函数 to_hdf(path_or_buf,key,kwargs)**，参数说明如下。

（1）path_or_buf：指定需要写入的文件路径（含文件名）。

（2）key：指定存储对象的 ID 符。

（3）mode：指定写入方式{'a', 'w', 'r+'}，默认值'a'为追加写入（如果没有文件，先建立新文件），'w'建立新文件并写入数据，'r+'类似'a'，但文件必须存在。

（4）**kwargs：接受键值对形式的参数。

```
data2=pd.DataFrame({'Tom':[100,88,99],'Jack':[99,100,98],'Alice':[92,100,100]})
data2.to_hdf(r'F:\F1.h5',key='f1')                  #把 data2 对象存储到 F1.h5 文件中
```

注意：

若在执行上述代码过程中，报“ImportError: HDFStore requires PyTables, "No module named 'tables'" problem importing”错，则需要在命令提示符窗体里执行安装命令 pip install tables。

2. 从 HDF5 文件读取数据

函数 pd.read_hdf(path_or_buf,key=None,mode='r',kwargs)**，参数说明如下。

（1）path_or_buf：指定需要读取的文件路径（含文件名）。

（2）key：指定存储对象 ID 符，只有一个 Pandas 对象情况下，可以省略该参数。

（3）mode：文件打开模式{'r', 'r+', 'a'}，默认值为'r'（只读），'r+'读写，'a'增加。

（4）**kwargs：接受键值对形式的参数。

```
data3=pd.read_hdf(r'F:\F1.h5')
print(data3)
   Tom  Jack  Alice
0  100    99     92
1   88   100    100
2   99    98    100
```

10.6.8 SQL 格式导入导出

在实际环境下，很多数据是存放在各种数据库系统之中的。这里利用 Python 自带的关系型数据库 SQLite，演示数据读/写的过程。

1. 数据写入数据库

函数 to_sql(name, con, schema=None, if_exists='fail', index=True,index_label=None, chunksize =None, dtype=None, method=None)，参数说明如下。

（1）name：SQL 表的名称。

（2）con：连接数据库系统，可以支持很多 SQL 数据库系统。

（3）schema：指定特定数据库架构，默认值 None，则为默认架构。

（4）if_exists：表已经存在时，如何处理并提示。可选项{'fail', 'replace', 'append'}，'fail'提示 ValueError 错误信息；'replace'在插入新值之前删除表，'append'将新值插入现有表；默认值为'fail'。

（5）index：默认值 True，DataFrame 索引写为列，使用'index_label'作为表中的列名。

（6）index_label：默认值为 True，则用索引名作为字段列名。

（7）chunksize：指定一次写入数据库的行大小，默认值 None，则所有行都写入数据库。

（8）dtype：指定列的数据类型，默认值为 None。

（9）method：默认值为 None，可选项{None, 'multi', callable}，None 为使用标准 SQL 的 INSERT 命令插入行，'multi'在单个 INSERT 命令中传递多个行。

```
import sqlite3                                  #导入自带 sqlite3 数据库模块
conn=sqlite3.connect('First.db')                #第一次建立数据库，第二次开始连接数据库
data2.to_sql('test',conn,if_exists='replace')   #写入 test 表中
conn.close()                                    #关闭与数据库的连接
```

2. 从数据库读入数据

函数 pd.read_sql(sql, con, index_col=None, coerce_float=True, params=None, parse_dates=

None, columns=None, chunksize=None)，参数说明如下。

（1）sql：指定需要执行的 SQL 查询（SELECT）字符串。

（2）con：连接数据库系统，可以支持很多 SQL 数据库系统。

（3）index_col：字符串，指定要设置为行索引的列名（可以是多层次索引）。

（4）coerce_float：默认值为 True，尝试将非字符串、非数字对象（如 decimal.Decimal）的值转换为浮点型，这对 SQL 结果集很有用。

（5）params：以参数形式传递给 SELECT 命令。

（6）parse_dates：指定要解析为日期的列表对象（内含列名）。

（7）columns：指定从 SQL 表里选定的字段名列表。

（8）chunksize：默认值为 None，若指定则为读取块中的行数。

```
import sqlite3
conn=sqlite3.connect('First.db')                    #第一次建立数据库，第二次开始连接数据库
sql='Select * from test'                            #提供 Select 语句字符串
d2=pd.read_sql(sql, conn ,index_col='index')        #从数据库读取数据
conn.close()                                        #关闭与数据库的连接
print(d2)                                           #输出数据
     Tom  Jack  Alice
index
0     100   99    92
1      88  100   100
2      99   98   100
```

注意：

SQLite 为 Python 自带的 SQL 数据库，所以无须安装数据库驱动程序，也无须安装数据库系统，直接可以调用。在使用 MySQL、Oracle 等第三方数据库系统时，第一步先安装对应的数据库系统，第二步安装基于 Python 的驱动程序，第三步才能使用上述功能，对数据进行读写操作。

10.6.9 NoSQL 格式导入导出

在做大数据处理时，经常需要用到 NoSQL 类的数据库系统，如 MongoDB、Redis 等。这里以 MongoDB 数据库系统为例演示如何读写数据。

在正式读写 MongoDB 数据库系统数据之前，先需要安装 MongoDB 数据库系统。安装过程可以参考 MongoDB 官网要求，也可以参考作者所写的《NoSQL 数据库入门与实践（基于 MongoDB、Redis）》第 80 到 83 页的内容。然后，安装 pymongo 数据库驱动程序，在命令提示符里用 pip install pymongo。

（1）把 DataFrame 数据写入 MongoDB 数据库系统。

```
import pymongo                                      #导入 pymongo 驱动程序
from pymongo.mongo_client import MongoClient        #导入 MongoDB 客户端函数
conn=MongoClient('localhost',port=27017)            #连接本地 Mongo 数据库
```

```
c1=conn.db.F1                                     #第一次建立 F1 集合（相当于 SQL 的表）
c1.remove()                                       #把集合 F1 里的记录删除
t1=d2.to_dict(orient= 'list')                     #把 DataFrame 对象转为字典对象
print(t1)
c1.insert_many([t1])                              #把字典对象插入 F1 集合，注意必须外面加[]
{'Tom': [100, 88, 99], 'Jack': [99, 100, 98], 'Alice': [92, 100, 100]}
```

（2）从 MongoDB 读取数据到 DataFrame。

```
d1=c1.find({},{'_id':False})[0]                   #读取记录，去掉_id 字段，[0]去掉外面的列表
print(d1)
e1=pd.DataFrame(d1)
e1                                                #读取后的 e1 对象，显示如图 10.57 所示
{'Tom': [100, 88, 99], 'Jack': [99, 100, 98], 'Alice': [92, 100, 100]}
```

	Tom	Jack	Alice
0	100	99	92
1	88	100	100
2	99	98	100

图 10.57　读取 MongoDB 数据生成 DataFrame 对象

说明：

insert_many()、find()都是 MongoDB 驱动程序 pymongo 的接口函数，感兴趣的读者可以在其官网查看相关用法：https://docs.mongodb.com/manual/reference/method/js-collection/。

10.7　案例 11 [三酷猫发布交易公告]

三酷猫业余兼职，在上海、北京、天津、重庆开了四家海鲜零售店。他要求每个店的店长在当天停止营业后，把销售记录用 CSV 文件形式发给他。由他进行统一汇总，并计算当天的总销售额、利润、总成本。最后通过 HTML 格式在内部网站进行公告发布。

（1）每个店的一天原始记录。

2019 年 7 月 1 日晚上发送的当天记录：上海销售表见表 10.2、北京销售表见表 10.3、天津销售表见表 10.4、重庆销售表见表 10.5。

表 10.2　上海店 20190701

海鲜名称	销售数量（条、只）	成本（元）	销售单价（元）
大黄鱼	50	80	120
青蟹	20	60	100
对虾	100	30	80
大带鱼	40	60	90
香螺	100	5	10

表 10.3　北京店 20190701

海鲜名称	销售数量（条、只）	成本（元）	销售单价（元）
大黄鱼	50	90	150
青蟹	10	70	130
对虾	120	40	90
大带鱼	30	70	110
香螺	10	10	30

表 10.4　天津店 20190701

海鲜名称	销售数量（条、只）	成本（元）	销售单价（元）
大黄鱼	50	90	120
青蟹	10	70	110
对虾	100	40	90
大带鱼	40	70	100
香螺	0	0	0

表 10.5　重庆店 20190701

海鲜名称	销售数量（条、只）	成本（元）	销售单价（元）
大黄鱼	30	90	120
青蟹	10	70	110
对虾	50	40	90
大带鱼	20	70	100
香螺	30	10	15

（2）把原始销售记录保存到 CSV 文件中。

```
import numpy as np
import pandas as pd
s_data=[[50,80,120],[20,60,100],[100,30,80],[40,60,90],[100,5,10]]      #上海销售记录
b_data=[[50,90,150],[10,70,130],[120,40,90],[30,70,110],[10,10,30]]    #北京销售记录
t_data=[[50,90,120],[10,70,110],[100,40,90],[40,70,100],[0,0,0]]       #天津销售记录
c_data=[[30,90,120],[10,70,110],[50,40,90],[20,70,100],[30,10,15]]     #重庆销售记录
s_index=[['上海','上海','上海','上海','上海'],['大黄鱼','青蟹','对虾','大带鱼','香螺']]
b_index=[['北京','北京','北京','北京','北京'],['大黄鱼','青蟹','对虾','大带鱼','香螺']]
t_index=[['天津','天津','天津','天津','天津'],['大黄鱼','青蟹','对虾','大带鱼','香螺']]
c_index=[['重庆','重庆','重庆','重庆','重庆'],['大黄鱼','青蟹','对虾','大带鱼','香螺']]
columns=['销售数量（条、只）','成本（元）','销售单价（元）']
S20190701=pd.DataFrame(s_data,index=s_index,columns=columns)
S20190701.to_csv(r'E:\S20190701.csv')                          #上海销售记录形成 CSV 文件
b20190701=pd.DataFrame(b_data,index=b_index,columns=columns)
b20190701.to_csv(r'E:\b20190701.csv')                          #北京销售记录形成 CSV 文件
t20190701=pd.DataFrame(t_data,index=t_index,columns=columns)
```

```
t20190701.to_csv(r'E:\t20190701.csv')                    #天津销售记录形成 csv 文件
c20190701=pd.DataFrame(c_data,index=c_index,columns=columns)
c20190701.to_csv(r'E:\c20190701.csv')                    #重庆销售记录形成 csv 文件
```

执行上述代码将在指定路径下生成 4 个 CSV 文件，如图 10.58 所示。

b20190701	2019/5/18 22:34	Microsoft Excel ...
c20190701	2019/5/18 22:34	Microsoft Excel ...
S20190701	2019/5/18 22:34	Microsoft Excel ...
t20190701	2019/5/18 22:34	Microsoft Excel ...

类型: Microsoft Excel 逗号分隔值文件
大小: 163 字节
修改日期: 2019/5/18 22:34

图 10.58　形成四个 CSV 文件

（3）从上述四个文件读取销售记录，并形成一个大的二维表，如图 10.59 所示。

```
F_S=pd.read_csv(r'E:\S20190701.csv',index_col=[0,1])
F_B=pd.read_csv(r'E:\b20190701.csv',index_col=[0,1])
F_T=pd.read_csv(r'E:\t20190701.csv',index_col=[0,1])
F_C=pd.read_csv(r'E:\c20190701.csv',index_col=[0,1])
Total=F_S.append([F_B,F_T,F_C,F_S])
Total
```

		销售数量（条、只）	成本（元）	销售单价（元）
上海	大黄鱼	50	80	120
	青蟹	20	60	100
	对虾	100	30	80
	大带鱼	40	60	90
	香螺	100	5	10
北京	大黄鱼	50	90	150
	青蟹	10	70	130
	对虾	120	40	90
	大带鱼	30	70	110
	香螺	10	10	30
天津	大黄鱼	50	90	120
	青蟹	10	70	110
	对虾	100	40	90
	大带鱼	40	70	100
	香螺	0	0	0
重庆	大黄鱼	30	90	120
	青蟹	10	70	110
	对虾	50	40	90
	大带鱼	20	70	100
	香螺	30	10	15
上海	大黄鱼	50	80	120
	青蟹	20	60	100
	对虾	100	30	80
	大带鱼	40	60	90
	香螺	100	5	10

图 10.59　形成一个总表

（4）对总表进行成本、销售额、利润统计。

```
cost=sum(Total['销售数量（条、只）']*Total['成本（元）'])
sales=sum(Total['销售数量（条、只）']*Total['销售单价（元）'])
print('四个分店20190701总的销售成本%.2f元,销售额%.2f元,利润%.2f元'%(cost,sales,sales-cost))
四个分店20190701总的销售成本53500.00元，销售额96150.00元，利润42650.00元
```

（5）发布到 HTML。

```
import numpy as np
import pandas as pd
#注意这里用的css类名data
str1='四个分店20190701总的销售成本%.2f元，销售额%.2f元，利润%.2f元'%(cost,sales,sales-cost)
head= '''
<html>
       <head>三酷猫海鲜连锁店日销售汇总表
            <style>
                     .data
            </style>
       </head>
       <body>'''
boot =str1+ '''
       </body>
</html>'''
with open(r'F:\ShowSales.html', 'w') as f:
    f.write(head)
    f.write(Total.to_html(col_space=30, classes='data')) #指定css类非常关键
    f.write(boot)                                         #在浏览器里显示效果如图10.60所示
```

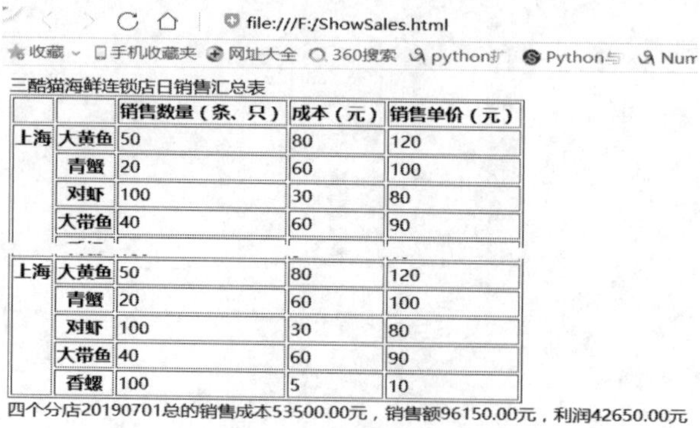

file:///F:/ShowSales.html

收藏 手机收藏夹 网址大全 360搜索 python扩 Python与 Num

三酷猫海鲜连锁店日销售汇总表

		销售数量（条、只）	成本（元）	销售单价（元）
上海	大黄鱼	50	80	120
	青蟹	20	60	100
	对虾	100	30	80
	大带鱼	40	60	90

上海	大黄鱼	50	80	120
	青蟹	20	60	100
	对虾	100	30	80
	大带鱼	40	60	90
	香螺	100	5	10

四个分店20190701总的销售成本53500.00元，销售额96150.00元，利润42650.00元

图 10.60　Web 界面显示

10.8　习题及实验

1. 填空题

（1）目前，Pandas 库主要提供（　　）、（　　）两类的数据结构对象，用于（　　）的存储

及（　　）处理。

（2）带索引的一维数据对象用（　　）创建，带索引的二维数据对象用（　　）创建。

（3）对 DataFrame 的数据修改可以通过（　　）属性、用（　　）值修改指定列值、用（　　）方法修改符合条件的数据。

（4）DataFrame 可以通过（　　）、（　　）参数建立多层级索引，也可以通过（　　）对象的方法建立多层级索引。

（5）Pandas 的数据获取、加工处理、数据分析、工程应用，都离不开通过各种（　　）、（　　）等对数据的读写操作。

2. 判断题

（1）Series 是一维带标签（Label）的类似数组对象，能够保存 Python 所支持类型的值，如整数、字符串、浮点数、布尔及 Python 对象等。（　　）

（2）Series、DataFrame 对象可以通过迭代对象、字典、常量进行创建，适用于所有 Python3.X 版本。（　　）

（3）对 DataFrame 数据进行排序不会改变数据值，进行排名改变数据值。（　　）

（4）对于加法、减法、乘法、除法、取整、取余、对数、幂等运算，可以把 DataFrame 看作一个运算数据对象。（　　）

（5）利用 to_clipboard()实现指定数据复制后，粘贴时有可能会发生数据丢失的问题，需要第一时间处理数据。（　　）

3. 实验题

实验一：对 MySQL 数据库数据进行读写操作

要求：

（1）安装 MySQL 数据库系统；

（2）安装 MySQL 数据库系统配套的驱动程序；

（3）建立数据库、表；

（4）把 DataFrame 数据存入数据库表（见表 10.6）。

表 10.6　数据表

序　号	语　文	数　学	英　语
1	100	99	99
2	99	100	99

写出上述操作步骤，并截取相应的安装界面。

实验二：对实验一数据进行统计并发布

（1）求每门课的和、平均值，三门课的和、平均值。

（2）把带和、平均值的表格发布到 HTML 上。

第 11 章 Pandas 数据处理

在获取原始数据后，根据业务的实际需要，往往需要对数据进行再加工处理。这里的处理包括缺失数据的处理、多数据源操作（合并、连接）、数据重塑和转置、数据分组和聚合、数据统计、数据可视化、字符串数据处理等。

学习内容

- 缺失数据处理
- 多源数据操作
- 数据转置和透视表
- 数据统计
- 数据分组和聚合运算
- 数据可视化
- 字符串数据处理
- 案例 12 [三酷猫分析简历]
- 习题及实验

11.1 缺失数据处理

当原始数据存在一些问题时，如现有的数据缺失或采集的数据存在缺陷，为了数据分析、机器学习更加有效，就需要进行缺失数据（Missing Data）的处理。

11.1.1 缺失数据产生

在 Pandas 里缺失数据用 NaT（Not a Time，时间缺失值）、NaN、nan 等来表示，跟 Numpy 里的非零值使用方法相同（见附录二）。有时 None 值也会被当作缺失数据处理。

缺失数据具体存在于文件记录、DataFrame 等数据结构的对象中。

1. 从文件读取的数据存在缺失

```
import pandas as pd
pd.read_csv(r'F:\MD.csv')
```

MD.csv 原始数据如图 11.1 所示，读取到 DataFrame 对象的数据如图 11.2 所示。

	A	B	C
1	100	90	99
2	8		3
3	nan	20	30

图 11.1 CSV 文件数据

	100	90	99
0	8.0		3
1	NaN	20	30

图 11.2 读取到 DataFrame 数据

2. DataFrame 自身产生的缺失数据

```
import numpy as np
M1=pd.DataFrame(np.array([[1,2,3],[4,5,6]]),index=['China','Japan'],columns=['one',
'two','three'])
M1                                                              #执行结果如图 11.3 所示
```

通过调整列名，并增加带缺失值的'four'列。下列代码执行结果如图 11.4 所示。

```
M2=M1.reindex(columns=['two','one','three','four'])
M2
```

通过指定新关键值列，给新列赋值 np.nan。下列代码执行结果如图 11.5 所示。

```
M2['Pear']=np.nan
M2
```

	one	two	three
China	1	2	3
Japan	4	5	6

图 11.3 原始数据

	two	one	three	four
China	2	1	3	NaN
Japan	5	4	6	NaN

图 11.4 调整列名增加 four 缺失值列

	two	one	three	four	Pear
China	2	1	3	NaN	NaN
Japan	5	4	6	NaN	NaN

图 11.5 增加 Pear 缺失值列

11.1.2　缺失数据判断和统计

Pandas 为 DataFrame 数据是否存在缺失值，以及由多少缺失值提供了相关的操作方法。先建立测试数据：

```
M3=pd.DataFrame(np.array([[None,10,False],[88,np.nan,pd.NaT]]))        #如图 11.6 所示
M3
```

1. 缺失数据判断

（1）isnull()判断对象的元素是否是缺失值，是则对应地返回元素为 True，不是对应返回的元素是 False，返回一个布尔值的对象。

```
M3.isnull()                          #判断对应元素是否是缺失值，等价于 M3.isna()方法
```

从图 11.6 与图 11.7 对比可以看出，None、NaN、NaT 都被认为是缺失值。

（2）notnull()判断对象的元素是否不是缺失值，不是则对应返回值是 True，是则对应返回值是 False，返回一个布尔值的对象。

```
M3.notnull()                         #判断对应元素是否不是缺失值，等价于 M3.notna()方法
```

对 M3 的判断结果如图 11.8 所示。

	0	1	2
0	None	10	False
1	88	NaN	NaT

图 11.6　M3 带缺失数据的测试数据

	0	1	2
0	True	False	False
1	False	True	True

图 11.7　缺失值判断结果

	0	1	2
0	False	True	True
1	True	False	False

图 11.8　非缺失值判断结果

2. 缺失数据统计

在统计时，把缺失数据都当作 0 处理。详细内容见 11.4 节。

11.1.3　缺失数据清理

对于存在缺失值的数据往往需要进行清理，以方便数据的进一步使用。这里主要是通过替代或丢掉方法来处理缺失值。

1. 常量替代

```
M3.iloc[0,0]=66                      #把第一行第一列的 None 替换为 66
M3                                   #执行结果如图 11.9 所示
```

2. 通过 fillna()方法替代

函数 fillna(value=None, method=None, axis=None, inplace=False, limit=None, downcast=None, **kwargs)，参数说明如下。

（1）value：指定需要填充的值，可以是常量、字典、Series、DataFrame，不能是列表。

（2）method：指定填充方法，可选项为{'backfill', 'bfill', 'pad', 'ffill', None}，'pad'或'ffill'用前面的值填充后面的缺失值，'backfill'或'bfill'用后面的值填充前面的缺失值，默认值为 None。

（3）axis：指定填充方向，0 值（'index'）为行方向，1 值（'columns'）为列方向。

（4）inplace：值为 True，则修改原始数据；值为 False 则仅修改视图数据。

（5）limit：如果指定了 method 参数值，则这里为连续填充值的最大个数（必须要大于 0）；如果未指定 method 参数值，则 None 值情况下，为沿一个方向的连续 NaN 的最大个数。

（6）downcast：默认值为 None，设置字典式的数据类型，则向下转换相等的数据类型。

（7）**kwargs：接受键值对参数。

```
M3.fillna(value=100)                                    #把缺失值替换为100
```

执行结果把两个缺失值都替换为 100，如图 11.10 所示。

	0	1	2
0	66	10	False
1	88	NaN	NaT

图 11.9　替换 None 缺失值为 66

	0	1	2
0	66	10	False
1	88	100	100

图 11.10　fillna()替换缺失值

3．丢掉带缺失数据的行或列

函数 dropna(axis=0, how='any')，参数说明如下。

（1）axis：指定需要删除包含缺失值的行或列，当值为 0 或'index'时，以行为方向进行删除；当值为 1 或'columns'时，以列为方向进行删除。

（2）how：可选项{'any', 'all'}。默认值为'any'时，则一行或一列中只要有一个是缺失值，就删除该行或该列；为'all'时，则只有一行或一列的所有值都为缺失值，才能被删除。

```
M4=M3.dropna()                                          #丢失含缺失值的行
print(M4)
    0   1      2
0  66  10  False
```

执行结果与图 11.9 相比，少了含两个缺失值的一行。

4．用 replace()方法替换缺失值

DataFrame、Series 对象提供了 replace()方法用于替换指定值，该功能同样适用于对缺失值的替换。用'value'给定的新值替换'to_replace'指定的原值。

函数 replace(to_replace=None, value=None, inplace=False, limit=None, regex=False, method='pad')，参数说明如下。

（1）to_replace：指定需要替换的原值，可以是字符型、正则表达式、列表、Series、整数、浮点数或 None；如字典方式{'v1':n1,'v2':n2}表示用 n1、n2 新值替换原值 v1、v2，这时 value 必须为 None。

（2）value：指定用于替换 to_replace 的新值，包括常量、字典、列表、字符串、正则表达式，默认值 None 表示替换与 to_replace 匹配的任何值的值。

（3）inplace：值为 True，则修改原始数据；值为 False，则仅修改视图数据。

（4）limit：当指定 method 方法时，限制向前向后填充的最大个数。

（5）regex：布尔或与 to_replace 相同的类型，默认值为 False。如果值设置为 True，则 to_

replace 必须指定一个字符串，或者正则表达式列表、字典、数组，这时 to_replace 必须为 None。

（6）method：可选项{'pad', 'ffill', 'bfill', 'None'}，指定填充方式。

用 replace()方法替换缺失值代码示例。

```
M5=pd.DataFrame(np.array([[None,np.NaN,pd.NaT],[1,2,3]]))
M5
```

执行结果如图 11.11 所示。下面代码执行结果如图 11.12 所示。

```
M5.replace(to_replace=[pd.NaT,None,np.NaN],value=100)
```

	0	1	2
0	None	NaN	NaT
1	1	2	3

图 11.11　带缺失数据

	0	1	2
0	100	100	100
1	1	2	3

图 11.12　替换后的数据

11.2　多源数据操作

在实际工作环境下，数据来源往往是多方面的，需要对不同来源的数据进行合并、连接操作。熟悉 SQL 数据库表的读者，就会联想到不同表之间的数据的合并、连接操作。同时可以把一张二维表分拆成不同子表。

11.2.1　合并

Pandas 为不同 DataFrame 对象的合并提供了 merge()函数。

1. DataFrame 合并函数

函数 pd.merge(left, right, how='inner', on=None, left_on=None, right_on=None, left_index=False, right_index=False, sort=True,suffixes=('_x', '_y'), copy=True, indicator=False,validate=None)，参数说明如下。

（1）left：指定左侧第一个合并对象，可以是 DataFrame 或 Series。

（2）right：指定右侧第二个合并对象，可以是 DataFrame 或 Series。

（3）how：指定两数据对象根据关键字合并方法，可选项{'left', 'right', 'outer', 'inner'}，默认值为'inner'，该参数所提供的值使用方法类似关系数据库表之间的关联，其合并功能如表 11.1 所示。

表 11.1　merge()的四种连接方法

合 并 方 法	SQL 连接名称	描　　述
left	左外连接	以左边数据集对象的关键字为准，该关键字右边也需要存在
right	右外连接	以右边数据集对象的关键字为准，该关键字左边也需要存在
outer	全外连接（并集）	使用两个框架中的关键字的并集
inner	内部连接（交集）	使用两个框架中的交叉键值（默认）

（4）on：指定连接关键字（指定的行或列索引值），要求合并的两对象中都存在；如果该参数

值为 None，且 left_index 和 right_index 为 False，则 DataFrames 和（或）Series 中列的交集将被推断为连接关键字。

（5）left_on，指定左侧 DataFrame 或 Series 中的列或行索引值作为关键字。可以是索引值、索引值列表，也可以是长度等于 DataFrame 或 Series 的数组。

（6）right_on：指定右侧 DataFrame 或 Series 中的列或行索引值作为关键字。可以是索引值、索引值列表，也可以是长度等于 DataFrame 或 Series 的数组。

（7）left_index：默认值为 False，如果值为 True，请使用左侧 DataFrame 或 Series 中的索引值作为其连接关键字。对于具有 MultiIndex（分层）的 DataFrame 或 Series，层级数必须与右侧 DataFrame 或 Series 中的连接键数相匹配。

（8）right_index：默认值为 False，如果值为 True，请使用右侧 DataFrame 或 Series 中的索引值作为其连接关键字。对于具有 MultiIndex（分层）的 DataFrame 或 Series，层级数必须与左侧 DataFrame 或 Series 中的连接键数相匹配。

（9）sort：按字典顺序通过连接关键字对结果 DataFrame 进行排序，默认为 True。设置为 False，在许多情况下，将大大提高数据运算性能。

（10）suffixes：对两个数据对象列索引值重复地进行后缀设置，以方便区分，默认为（'_x', '_y'）。

（11）copy：默认值为 True 时，以复制方式使用数据；值为 False 时，以视图方式使用数据。

（12）indicator：默认值为 False，设置为 True，则合并时增加一列合并行相关信息。

（13）validate：默认值为 None，检查合并是否指定的类型，具体指定值包括"one_to_one"或"1:1"、"one_to_many"或"1:m"、"many_to_one"或"m:1"、"many_to_many"或"m:m"。

返回合并后的对象。

2. 一对一合并

建立左边 DataFrame 对象 A，执行结果如图 11.13 所示。

```
A=pd.DataFrame(np.array([['Tom',18,'boy'],['Alice',17,'girl']]),columns=['Name','age',
'sex'])
A
```

建立右边 DataFrame 对象 B，执行结果如图 11.14 所示。

```
B=pd.DataFrame(np.array([['Tom',95,100],['Alice',96,100]]),columns=['Name','Chinese',
'Math'])
B
```

A、B 根据公共的关键字'Name'列，进行交集合并，执行结果如图 11.15 所示。

```
C=pd.merge(A,B,on='Name',how='inner')
C
```

	Name	age	sex
0	Tom	18	boy
1	Alice	17	girl

图 11.13　A 数据

	Name	Chinese	Math
0	Tom	95	100
1	Alice	96	100

图 11.14　B 数据

	Name	age	sex	Chinese	Math
0	Tom	18	boy	95	100
1	Alice	17	girl	96	100

图 11.15　A 和 B 合并后

这里的“一对一”，指在公共关键字'Name'下对应值的行一对一合并，这里要求关键字列对应的值必须是唯一的，不能出现重复值。如A表的'Tom'行与B表的'Tom'行，一对一合并成新的一行，而'Tom'值在'Name'里是唯一的。

3. 一对多合并

建立公共关键字列存在重复的 DataFrame 对象 D。

```
D=pd.DataFrame({'Name':['Tom','Tom','Alice'],'类型':['期中','期末','期中'],'总分':
[290,291,290]})
D                                                       #执行结果如图 11.16 所示
E=pd.merge(A,D,on='Name')
E                                                       #一对多合并结果如图 11.17 所示
```

	Name	类型	总分
0	Tom	期中	290
1	Tom	期末	291
2	Alice	期中	290

图 11.16 D 对象里存在重复值 Tom 的数据

	Name	age	sex	类型	总分
0	Tom	18	boy	期中	290
1	Tom	18	boy	期末	291
2	Alice	17	girl	期中	290

图 11.17 A、D 一对多记录合并后的 E

“一对多”的关键特点是右边 DataFrame 对象提供的公共关键字列里的值存在重复值现象，并与左边的合并对象的公共关键字值对应，形成左边一行与右边多行合并成多行的结果。如图 11.16 所示，A 对象的一个'Tom'与 D 对象的两个'Tom'记录进行合并，形成新的两行记录。

4. 多对多合并

```
F=pd.DataFrame([['Tom',18,'boy'],['Alice',17,'girl'],['Alice',18,'girl']],columns=
['Name','age','sex'])
F
```

执行结果如图 11.18 所示，F 对象关键字 Name 列存在两个重复的'Alice'姓名。D 在关键字 Name 列里已经存在两个'Tom'值。F、D 合并的结果如图 11.19 所示，出现了多对多现象，产生新的四条记录。

```
G=pd.merge(F,D,on='Name')
G
```

	Name	age	sex
0	Tom	18	boy
1	Alice	17	girl
2	Alice	18	girl

图 11.18 建立 F 对象

	Name	age	sex	类型	总分
0	Tom	18	boy	期中	290
1	Tom	18	boy	期末	291
2	Alice	17	girl	期中	290
3	Alice	18	girl	期中	290

图 11.19 F、D 多对多合并

11.2.2 连接

11.2.1 小节介绍的合并方法 merge()主要是通过关键字列实现的，本小节通过索引关键字建立 DataFrame 对象之间的连接 join()。

1．DataFrame.join()方法

函数 join(other, on=None, how='left', lsuffix='', rsuffix='', sort=False)，参数说明如下。

（1）other：指定连接的另外一个数据对象，可以是 DataFrame、Series 或者多 DataFrame 对象列表。如果指定的是 Series，则必须设置其 name 属性（用于索引连接关键字）。

（2）on：字符串、列表字符串、数组等类型，指定需要连接的列索引值（关键字），在 MultiIndex 情况下，需要多索引值指定。

（3）how：可选项{'left', 'right', 'outer', 'inner'}。默认值为'left'，指定行索引方式（同时指定 on 参数，则为列索引）。

（4）lsuffix：左数据对象里对重叠列使用后缀。

（5）rsuffix：右数据对象里对重叠列使用后缀。

（6）sort：默认值为 False，若设置为 True，则按照连接关键字进行排序。

2．join()方法代码示例

```
A1=pd.DataFrame(np.ones(9).reshape(3,3),index=['one','two','three'],columns=['l1',
'l2','l3'])
A1.index.names=['name']
A1
```

执行结果如图 11.20 所示。

```
A2=pd.DataFrame(np.zeros(9).reshape(3,3),index=['one','two','three'],columns=['s1',
's2','s3'])
A2.index.names=['name']
A2
```

执行结果如图 11.21 所示。

```
A1.join(A2)
```

执行结果如图 11.22 所示，以行索引为关键字进行横向连接。

	l1	l2	l3
name			
one	1.0	1.0	1.0
two	1.0	1.0	1.0
three	1.0	1.0	1.0

图 11.20　A1 数据

	s1	s2	s3
name			
one	0.0	0.0	0.0
two	0.0	0.0	0.0
three	0.0	0.0	0.0

图 11.21　A2 数据

	l1	l2	l3	s1	s2	s3
name						
one	1.0	1.0	1.0	0.0	0.0	0.0
two	1.0	1.0	1.0	0.0	0.0	0.0
three	1.0	1.0	1.0	0.0	0.0	0.0

图 11.22　A1 与 A2 连接结果

其实，join()方法是 merge()函数的简化版本。

11.2.3　指定方向合并

通过指定 axis 方向，进行多数据源合并。

1．concat()函数

函数 pd.concat(objs,axis=0,join='outer',join_axes=None,ignore_index=False,keys=None,levels=

None,names=None,verify_integrity=False,sort=None,copy=True)，参数说明如下。

（1）objs：指定需要合并的数据对象，可以是字典、Series、DataFrame 对象为元素的列表。

（2）axis：指定合并方向，默认值 0，为竖向合并，值是 1 为横向合并。

（3）join：合并方法，可选项{'inner', 'outer'}，默认值为'outer'。

（4）join_axes：指定需要轴方向对齐的索引对象列表。

（5）ignore_index：默认值为 False，值为 True 时忽略原先行索引。

（6）keys：指定新的行索引值，以区分合并后的数据。

（7）levels：指定多层级索引里的唯一索引值，默认值为 None。

（8）names：指定新的行索引名。

（9）verify_integrity：设置 True 时，检查新的数据是否存在重复行或列，在大数据量情况下，将影响运算性能；默认值 False，不检查。

（10）sort：设置 True 时，对新合并成的数据进行排序，官方不推荐使用该参数。

（11）copy：值为 True 时，复制方式生成新数据集，而不是视图方式。

2．concat()函数使用代码示例

```
X=pd.DataFrame(np.arange(9).reshape(3,3),columns=['one','two','three'])
X
```

执行结果 X 如图 11.23 所示。

```
Y=pd.DataFrame(np.ones(9).reshape(3,3),columns=['four','five','six'])
Y
```

执行结果 Y 如图 11.24 所示。

```
pd.concat([X,Y],axis=1)                          #横向合并 X、Y，执行结果如图 11.25 所示
```

	one	two	three
0	0	1	2
1	3	4	5
2	6	7	8

图 11.23　X 数据

	four	five	six
0	1.0	1.0	1.0
1	1.0	1.0	1.0
2	1.0	1.0	1.0

图 11.24　Y 数据

	one	two	three	four	five	six
0	0	1	2	1.0	1.0	1.0
1	3	4	5	1.0	1.0	1.0
2	6	7	8	1.0	1.0	1.0

图 11.25　X 与 Y 横向合并

```
Z=pd.DataFrame(np.zeros(9).reshape(3,3),columns=['one','two','three'])
Z
```

执行结果如图 11.26 所示。

```
pd.concat([X,Z],axis=0)                          #竖向合并 X、Z，执行结果如图 11.27 所示
```

	one	two	three
0	0.0	0.0	0.0
1	0.0	0.0	0.0
2	0.0	0.0	0.0

图 11.26　Z 数据

	one	two	three
0	0.0	1.0	2.0
1	3.0	4.0	5.0
2	6.0	7.0	8.0
0	0.0	0.0	0.0
1	0.0	0.0	0.0
2	0.0	0.0	0.0

图 11.27　X 与 Z 数据竖向合并

11.3　数据转置和透视表

对于 DataFrame 数据，可以实现行列位置的变换处理。

11.3.1　数据转置

把行置换为列，把列转为行，可以用 pivot()方法、stack()方法、unstack()方法、melt()方法。

1．pivot()方法重塑，行列双向转置

函数 pivot(index=None, columns=None, values=None)，参数说明如下。

（1）index：默认值 None，使用原先的索引值，否则指定一列作为新的行索引值。

（2）columns：默认值 None，使用原先的索引值，否则指定一列作为新的列索引值。

（3）values：默认值 None，使用原先的数据，否则指定列索引值对应的列值作为数据值。

代码示例如下。

```
P= pd.DataFrame({'姓名':['小李','小张','小王'],'国家':['越南','泰国','缅甸'],'香蕉':[8,6,1],
'桔子':[0,0,0]})
P                                                            #执行结果如图 11.28 所示
P.pivot(columns='国家',index='姓名',values=['香蕉','桔子'])       #重塑结果如图 11.29 所示
```

	姓名	国家	香蕉	桔子
0	小李	越南	8	0
1	小张	泰国	6	0
2	小王	缅甸	1	0

图 11.28　P 数据

	香蕉			桔子		
国家	泰国	缅甸	越南	泰国	缅甸	越南
姓名						
小张	6.0	NaN	NaN	0.0	NaN	NaN
小李	NaN	NaN	8.0	NaN	NaN	0.0
小王	NaN	1.0	NaN	NaN	0.0	NaN

图 11.29　重塑后

2．stack()方法，从列转置为行

函数 stack(level=-1, dropna=True)，参数说明如下。

（1）level：指定从列索引到行索引转置的列索引层级。

（2）dropna：默认值为 True，当转置时存在缺失值的行将被删除。

```
in1=pd.MultiIndex.from_arrays([['猫','猫','狗','狗'],['胖猫','瘦猫','高狗','矮狗']])
G=pd.DataFrame(np.array([[10,20,30,40],[5,0,8,3],[8,9,7,6],[15,25,35,45]]),index=
['进入','出去','躺下','走动'],columns=in1)
G
```

建立 G 二维表（列索引为二层），执行结果如图 11.30 所示。

```
G.stack(0)                             #以列索引的第一层为单位，进行列转置到行，第二层列索引值不变
```

指定 level=0，从列到行转置，执行结果如图 11.31 所示。

```
G.stack(1)                    #以列第二层索引值为单位进行行转置，列第一层索引值不变
```

指定 level=1，从列到行转置，执行结果如图 11.32 所示。

	猫		狗	
	胖猫	瘦猫	高狗	矮狗
进入	10	20	30	40
出去	5	0	8	3
躺下	8	9	7	6
走动	15	25	35	45

图 11.30　原始 G 数据

		瘦猫	矮狗	胖猫	高狗
进入	狗	NaN	40.0	NaN	30.0
	猫	20.0	NaN	10.0	NaN
出去	狗	NaN	3.0	NaN	8.0
	猫	0.0	NaN	5.0	NaN
躺下	狗	NaN	6.0	NaN	7.0
	猫	9.0	NaN	8.0	NaN
走动	狗	NaN	45.0	NaN	35.0
	猫	25.0	NaN	15.0	NaN

图 11.31　level=0 进行转置

		狗	猫
进入	瘦猫	NaN	20.0
	矮狗	40.0	NaN
	胖猫	NaN	10.0
	高狗	30.0	NaN
出去	瘦猫	NaN	0.0
	矮狗	3.0	NaN
	胖猫	NaN	5.0
	高狗	8.0	NaN
躺下	瘦猫	NaN	9.0
	矮狗	6.0	NaN
	胖猫	NaN	8.0
	高狗	7.0	NaN
走动	瘦猫	NaN	25.0
	矮狗	45.0	NaN
	胖猫	NaN	15.0

图 11.32　level=1 进行转置

3．unstack()方法，从行转置为列

函数 unstack(level=-1, fill_value=None)，参数说明如下。

（1）level：指定行转置为列时的行索引层次值。

（2）fill_value：从行转置到列，产生 NaN 时，用此参数指定的值代替。

```
G0=G.stack(0)
G0.unstack(1)
```

把图 11.31 的 G0 指定行索引值 1（猫、狗行索引层级）进行列转置，转置结果如图 11.33 所示。

	瘦猫		矮狗		胖猫		高狗	
	狗	猫	狗	猫	狗	猫	狗	猫
进入	NaN	20.0	40.0	NaN	NaN	10.0	30.0	NaN
出去	NaN	0.0	3.0	NaN	NaN	5.0	8.0	NaN
躺下	NaN	9.0	6.0	NaN	NaN	8.0	7.0	NaN
走动	NaN	25.0	45.0	NaN	NaN	15.0	35.0	NaN

图 11.33　指定行索引值 1，从行转置为列

4．melt()方法，局部行列转置

函数 melt(id_vars=None, value_vars=None, var_name=None, value_name='value',col_level=None)，参数说明如下。

（1）id_vars：元组、列表、数组，用作标识符变量的列（指不变列）。

（2）value_vars：元组、列表、数组，指定要分拆的列，默认值 None 情况下，则使用未设置为 id_vars 的所有列。

（3）var_name：指定用于“变量”列的名称。

（4）value_name：指定用于“值”列的名称。

（5）col_level：如果列是 MultiIndex，则使用指定的层级进行重塑。

```
student= pd.DataFrame({'姓名': ['丁丁', '豆豆'],
                        '年龄': [18, 16],
                        '身高': [1.7, 1.65],
                        '体重': [120, 85]})
Student
```

建立二维表 student，执行结果如图 11.34 所示。

```
student.melt(id_vars=['姓名', '年龄'])            #指定姓名、年龄不变，身高、体重局部转置
```

局部从列转置到行，执行结果如图 11.35 所示，转置后自动提供了新列索引名 variable、value。

```
student.melt(id_vars=['姓名','年龄'],var_name='分类')
```

局部从列转置到行，执行结果如图 11.36 所示，并提供了一列新的列索引值“分类”。

	姓名	年龄	身高	体重
0	丁丁	18	1.70	120
1	豆豆	16	1.65	85

图 11.34　创建 student

	姓名	年龄	variable	value
0	丁丁	18	身高	1.70
1	豆豆	16	身高	1.65
2	丁丁	18	体重	120.00
3	豆豆	16	体重	85.00

图 11.35　局部从列转为行

	姓名	年龄	分类	value
0	丁丁	18	身高	1.70
1	豆豆	16	身高	1.65
2	丁丁	18	体重	120.00
3	豆豆	16	体重	85.00

图 11.36　局部带新列索引值转置

11.3.2　数据透视表

在二维表数据复杂转置方面，Pandas 提供了比 pivot()方法更加强大的数据透视表 pd.pivot_table()函数。

1．数据透视表函数 pivot_table()

函数 pd.pivot_table(data,values=None,index=None,columns=None,aggfunc='mean',fill_value=None,margins=False, dropna=True, margins_name='All')，参数说明如下。

（1）data：需要处理的 DataFrame 对象。

（2）values：指定要聚合的列。

（3）index：列索引值、组值、数组、列表，指定行索引分组的键。如果传递数组，则它必须与数据的长度相同，该列表可以包含任何其他类型（列表除外）。

（4）columns：列索引值、组值、数组、列表，指定列索引分组的键。如果传递数组，则它必须与数据的长度相同，该列表可以包含任何其他类型（列表除外）。

（5）aggfunc：如果传递函数列表，生成的数据透视表将具有分层列，其顶层是函数名称；如果传递了 dict，则键是要聚合的列，值是函数或函数列表。

（6）fill_value：常量，指定用于替换缺失值的值。

（7）margins：设置 True，对统计方法添加所有行或列。

（8）dropna：默认值 True，则不包括值都为 NaN 的列。

（9）margins_name：默认值 All 时，包含总计行、列的名称。

2．数据透视表代码示例

```
class1=pd.DataFrame({'班级':['六一班','六一班','六一班','六二班','六二班','六二班'],
                    '男生':['强强','伟伟','明明','丁丁','壮壮','勇勇'],
                    '女生':['苗苗','云云','静静','玲玲','甜甜','佳佳'],
                    '语文':[95,90,92,88,91,92],
                    '数学':[100,99,98,97,96,95],
                    '英语':[100,90,100,99,98,100]})
class1
```

创建 class1 二维表，如图 11.37 所示。

```
pd.pivot_table(class1, values=['语文','数学','英语'], index=['班级'], columns=['男生',
'女生'])
```

进行透视表处理，如图 11.38 所示。参数 values、index、columns 所设置值都为图 11.37 所示的列索引值，index=['班级']提供了行索引值，columns=['男生','女生']提供了列索引值（二、三层级），values=['语文','数学','英语']提供了列索引值（第一层级）及数据值（三科分数）。由于一个班的一男生、一女生共享语文、数学、英语成绩（实际上不可能），所以在透视处理后，存在一位同学没有成绩的问题，用 NaN 代替。

	班级	男生	女生	语文	数学	英语
0	六一班	强强	苗苗	95	100	100
1	六一班	伟伟	云云	90	99	90
2	六一班	明明	静静	92	98	100
3	六二班	丁丁	玲玲	88	97	99
4	六二班	壮壮	甜甜	91	96	98
5	六二班	勇勇	佳佳	92	95	100

图 11.37　复杂二维表

	数学						英语						语文					
男生	丁丁	伟伟	勇勇	壮壮	强强	明明	丁丁	伟伟	勇勇	壮壮	强强	明明	丁丁	伟伟	勇勇	壮壮	强强	明明
女生	玲玲	云云	佳佳	甜甜	苗苗	静静	玲玲	云云	佳佳	甜甜	苗苗	静静	玲玲	云云	佳佳	甜甜	苗苗	静静
班级																		
六一班	NaN	99.0	NaN	NaN	100.0	98.0	NaN	90.0	NaN	NaN	100.0	100.0	NaN	90.0	NaN	NaN	95.0	92.0
六二班	97.0	NaN	95.0	96.0	NaN	NaN	99.0	NaN	100.0	98.0	NaN	NaN	88.0	NaN	92.0	91.0	NaN	NaN

图 11.38　透视表处理

11.4　数据统计

对规整后的数据进行统计，是数据分析的一项重要任务之一。通过统计为业务提供各种有用的参考信息。为此，Numpy、Scipy 都提供了相关的统计函数，Pandas 也提供了自带的统计函数或方法。

11.4.1　基础数学统计

基础数学统计包括 sum()、count()、mean()、median()、min()、max()、idxmin()、idxmax()、

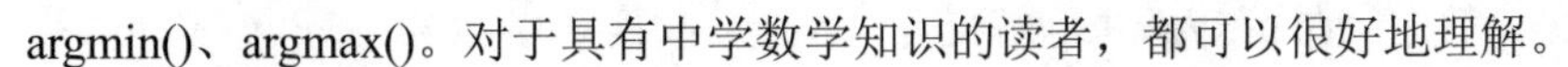

argmin()、argmax()。对于具有中学数学知识的读者，都可以很好地理解。

1．数值求和

函数 sum(axis=None,skipna=None,level=None,numeric_only=None,min_count=0,kwargs)**，参数说明如下。

（1）axis：默认值为 None，意味着对所有值进行求和统计。值为 0 时，则为列方向统计；值为 1 时，则为行方向统计。

（2）skipna：默认值为 True，求和时忽略缺失值（NaN、None）。

（3）level：如果指定 axis 的索引是多层索引，可以指定层级数统计。

（4）numeric_only：默认值 None，则尝试对所有类型的数据进行统计。值为 True 时，则仅对数值型数据（行、或列）进行统计（浮点数、整数、布尔）。

（5）min_count：默认值 0，指定统计的所需要的有效数值的个数，如果统计时有效数值少于该指定参数值，则统计结果为 NaN。

（6）**kwargs：接受键值对形式的参数。

sum()方法使用代码示例。

```
import pandas as pd
Data1=pd.DataFrame(np.arange(9).reshape(3,3))
Data1
```

图 11.39 所示的二维表在列方向上统计代码如下所示。

```
Data1.sum(axis=0)                    #执行结果如图 11.40 所示
```

2．元素个数统计

函数 count(axis=0, level=None, numeric_only=False)，参数说明如下。

（1）axis：设置值为 0，则为每列统计数量；设置值为 1，则为每行统计数量。

（2）level：如果指定 axis 是多层级索引，则可以指定层级数进行数量统计。

（3）numeric_only：默认值 False，尝试统计所有类型的数量。为 True 时，值则统计数值类型（浮点数、整数、布尔）的（行或列的）数量。

```
Data2=pd.DataFrame(np.array([['Tom',0,100],[100,np.NaN,99]]))
Data2
```

Data2 执行结果如图 11.41 所示，第一行混合了字符串、整数两种类型的值；第二行存在 NaN 值。

	0	1	2
0	0	1	2
1	3	4	5
2	6	7	8

图 11.39　二维表 Data1

```
0     9
1    12
2    15
dtype: int64
```

图 11.40　列向统计结果

	0	1	2
0	Tom	0	100
1	100	nan	99

图 11.41　Data2

```
Data2.count(axis=0)                  #列向默认统计，每列都为 2 个元素，如图 11.42 所示
Data2.count(axis=1,numeric_only=True)   #行向仅统计都是数值行的元素个数，如图 11.43 所示
```

```
Data2.count(axis=1)                #行向默认统计，每行为 3 个元素，如图 11.44 所示
```

```
0    2
1    2
2    2
dtype: int64
```

图 11.42　列向统计

```
0    0
1    0
dtype: int64
```

图 11.43　行向统计数值类型

```
0    3
1    3
dtype: int64
```

图 11.44　行向统计

3．求数值平均数、算术中位数

数值平均数方法 mean(axis=None,skipna=None,level=None,numeric_only=None,kwargs)**，参数说明如下。

（1）axis：值为 0，在列方向进行平均数求值；值为 1，在行方向上进行平均数求值。

（2）skipna：默认值为 None，忽略缺失值或空值。

（3）level：当 axis 是多层索引值，则沿指定层级统计。

（4）numeric_only：默认值为 None，如果设置 True，则对数值型（浮点、整数、布尔）的行或列进行统计。

（5）**kwargs：接受键值对参数。

对图 11.39 所示的二维表值，在列方向进行平均值统计。

```
Data1.mean(axis=0)
```

执行结果如图 11.45 所示。

算术中位数方法 median(axis=None,skipna=None,level=None, numeric_only=None,kwargs)**，该函数参数的使用方法同 mean()。

```
Data1.median(axis=1)               #求图 11.39 所示 Data1 的行方向算术中位数，结果如图 11.46 所示
```

```
0    3.0
1    4.0
2    5.0
dtype: float64
```

图 11.45　Data1 列方向平均值统计

```
0    1.0
1    4.0
2    7.0
dtype: float64
```

图 11.46　行方向求算术中位数

4．求最大数、最小数

求最小数方法 min(axis=None,skipna=None, level=None, numeric_only=None,kwargs)**，参数使用方法同 mean()。

```
Data1.min(axis=0)                  #列向求最小数，结果如图 11.47 所示
```

求最大数方法 max(axis=None, skipna=None, level=None, numeric_only=None, **kwargs)，参数使用方法同 mean()。

```
Data1.max(axis=0)                  #列向求最大数，结果如图 11.48 所示
```

5．求平均值的平均绝对离差

求平均值的平均绝对离差方法 mad(axis=None, skipna=None, level=None)，参数使用方法同 mean()。

```
Data1.mad(axis=0)                  #执行结果如图 11.49 所示
```

```
0    0
1    1
2    2
dtype: int32
```

图 11.47　列向求最小数

```
0    6
1    7
2    8
dtype: int32
```

图 11.48　列向求最大数

```
0    2.0
1    2.0
2    2.0
dtype: float64
```

图 11.49　列向求平均值的平均绝对离差

6. 求最大值、最小值对应的索引值

求最大值对应索引值方法 idxmax(axis=0,skipna=True)，参数使用方法同 mean()。

求最小值对应索引值方法 idxmin(axis=0,skipna=True)，参数使用方法同 mean()。

```
Data1.idxmax(axis=0)                         #求列向最大值索引值
Data1.idxmin(axis=0)                         #求列向最小值索引值
```

求图 11.39 所示 Data1 对象的列向最大值索引值，结果如图 11.50 所示；Data1 的列向最小值索引值如图 11.51 所示。

```
0    2
1    2
2    2
dtype: int64
```

图 11.50　Data1 二维表列向最小值的索引值都为 0

```
0    0
1    0
2    0
dtype: int64
```

图 11.51　最大值的索引值都为 2

11.4.2　专业样本统计

相对基础数学统计，本小节的统计方法更加专业，以统计学的样本数为基础做各种数值统计。

1. 求样本标准差、方差

```
Data2=pd.DataFrame([[10,20,30],[8,9,19]])
Data2                                        #建立样本对象 Data2，如图 11.52 所示
```

（1）样本方差

Pandas 里的 var()方法，基本计算方法同 Numpy 里的 var()函数（详细见 3.5.4 小节相关内容）。

函数 var(axis=None, skipna=None, level=None, ddof=1, numeric_only=None,kwargs)**，参数说明如下。

① axis：值是 0 为列方向进行样本标准差计算，值是 1 为行方向进行样本标准差计算。

② skipna：默认值 True，忽略缺失值或空值。

③ level：如果指定 axis 方向索引是多层级索引，则可以按照指定的层级数来计算。

④ ddof：默认值 1，指定三角自由度。计算中使用的除数是 N-ddof，其中 N 代表元素的数量。

⑤ numeric_only：默认值 None，尝试对所有类型值的行或列进行计算。设置 True，则仅对数值型（浮点、整数、布尔）行或列进行计算。

⑥ **kwargs：接受键值对参数。

```
Data2.var(axis=0)                 #对样本 Data2 在列方向上进行样本方差计算，如图 11.53 所示
```

	0	1	2
0	10	20	30
1	8	9	19

图 11.52　建立 Data2 样本对象

```
0     2.0
1    60.5
2    60.5
dtype: float64
```

图 11.53　方差计算

（2）样本标准差

函数 std(axis=None, skipna=None, level=None, ddof=1, numeric_only=None,kwargs)**，参数使用方法同 var()。

```
Data2.std(axis=0)                              #对样本 Data2 在列方向上进行标准差计算，如图 11.54 所示
```

注意：

这里的 DataFrame.std()存在明显的 Bug，统计数据有误。笔者使用的 Pandas 使用版本是 0.24.1，测试时间为 2019 年 7 月。

正确的答案可以通过 Numpy.std()函数得到验证，具体使用公式原理见 3.5.4 小节相关内容。

```
np.std(Data2,axis=0)
0    1.0                                       #正确的答案 1    5.5
#正确的答案
2    5.5                                       #正确的答案
dtype: float64
```

2. 求样本值的分位数

函数 quantile(q=0.5, axis=0, numeric_only=True, interpolation='linear')，参数说明如下。

（1）q：浮点数或浮点数集合，默认值为 0.5（50%处的分位数），指定要计算的分位数，范围在[0,1]的百分比小数。

（2）axis：默认值 0，沿列向计算，值为 1 沿行向计算。

（3）numeric_only：默认值 True，仅计算数值型的行或列数据。为 False 时则连 datetime、timedelta 也一起计算。

（4）interpolation：指定插值方式，可选项{'linear', 'lower', 'higher', 'midpoint', 'nearest'}。当所需的分位数位于两个数据点 i 和 j 之间时，此可选参数指定要使用的插值方法：'linear'插值方法，i + (j - i) * fraction，其中 fraction 取值范围是[i,j]内的索引小数；'lower'插值方法，取 i 位置的中位数；'higher'插值方法，取 j 位置的中位数；'midpoint'插值方法，取(i + j) / 2；'nearest'插值方法，取 i 或 j 最接近中位值的一个。

```
import pandas as pd
import numpy as np
A=np.arange(18).reshape(2,9)
Data3=pd.DataFrame(A)
Data3                                          #建立样本对象 Data3，如图 11.55 所示
Data3.quantile(axis=1)                         #在行方向上取中位值，这里默认 50%处，如图 11.56 所示
```

```
0    1.414214
1    7.778175
2    7.778175
dtype: float64
```

图 11.54　标准差计算

	0	1	2	3	4	5	6	7	8
0	0	1	2	3	4	5	6	7	8
1	9	10	11	12	13	14	15	16	17

图 11.55　建立 Data3 数据对象

```
0     4.0
1    13.0
Name: 0.5, dtype: float64
```

图 11.56　对 Data3 在行方向上取中位值

在 Data3 的行方向有 9 个元素，中位数是第 5 个。

3. 样本值的偏度[1]（三阶矩），返回指定轴方向的无偏偏差，由 N-1 归一化

函数 skew(axis=None,skipna=None,level=None,numeric_only=None,kwargs)**，参数说明如下。

（1）axis：值是 0 为列方向，是 1 为行方向，是 None 为列方向。

（2）skipna：默认值 None 在计算时忽略缺失值和空值。

（3）level：当 axis 指定方向的索引存在多层级索引，则指定层级数进行计算。

（4）numeric_only：默认值 None，尝试对所有内容进行计算，设置 True，则仅对数值型（浮点、整数、布尔）的行或列进行计算。

```
Data3.skew(axis=1)                    #在行方向上进行无偏偏差计算，如图 11.57 所示
```

4. 样本值的峰度[2]（四阶矩）

函数 kurt(axis=None,skipna=None,level=None,numeric_only=None,kwargs)**，参数使用方法同 skew()。

```
Data3.kurt(axis=1)                    #在行方向上进行无偏偏差计算，如图 11.58 所示
```

5. 样本值累积式求和

函数 cumsum(axis=None, skipna=True, *args, **kwargs)，参数使用类似 skew()方法。

```
Data3.cumsum(axis=1)                  #在行方向上，对前面的元素做累积加到当前位置，依次类推
```

这里对图 11.55 Data3 对象，第一行 0 和 1 相加得第二列的累积数 1，累积数 1 和第三列元素 2 相加得第三列累积数 3，依次类推，执行结果如图 11.59 所示。

```
0    0.0
1    0.0
dtype: float64
```

图 11.57　偏差计算

```
0   -1.2
1   -1.2
dtype: float64
```

图 11.58　峰度计算

	0	1	2	3	4	5	6	7	8
0	0	1	3	6	10	15	21	28	36
1	9	19	30	42	55	69	84	100	117

图 11.59　对 Data3 数据进行样本值累积式求和

6. 样本值的累计积

函数 cumprod(axis=None, skipna=True, *args, **kwargs)，参数使用类似 skew()方法。

```
Data3.cumprod(axis=0)                 #在列方向做累计积，执行结果如图 11.60 所示
```

7. 一阶差分[3]

函数 diff(periods=1, axis=0)，参数说明如下。

（1）periods：默认值为 1，指定差异计算的周期数，可以是负数。

（2）axis：值为 0 则列向计算，值为 1 则行向计算。

```
Data3.diff(axis=1)                    #在行方向上，相邻两列的差分，如图 11.61 所示
```

	0	1	2	3	4	5	6	7	8
0	0	1	2	3	4	5	6	7	8
1	0	10	22	36	52	70	90	112	136

图 11.60　在列方向求累计积

	0	1	2	3	4	5	6	7	8
0	NaN	1.0	1.0	1.0	1.0	1.0	1.0	1.0	1.0
1	NaN	1.0	1.0	1.0	1.0	1.0	1.0	1.0	1.0

图 11.61　对 Data3 进行一阶差分计算

---

[1] 偏度 Skewness，统计学术语，统计数据分布偏斜方向和程度的度量，是统计数据分布非对称程度的数字特征。

[2] 峰度 Kurtosis，统计学术语，表征概率密度分布曲线在平均值处峰值高低的特征数。

[3] 一阶差分，离散数学专业术语，指离散函数中连续相邻两项之差。

8. 计算百分数变化

函数 pct_change(periods=1,fill_method='pad',limit=None,freq=None,kwargs)**，参数说明如下。

（1）periods：默认值为 1，指定百分比变化的周期数。

（2）fill_method：指定计算百分比变化之前的缺失数据 NaN 需要填充值的方法（'pad'、'ffill'、'backfill'、'bfill'），默认值为'pad'。

（3）limit：限制需要填充值的连续缺失值的数量。

（4）freq：指定 DateOffset、timedelta 或 offset 字符串。

（5）**kwargs：接受键值对参数。

```
stock={'A':[20,21.5,23,29,30],'B':[50,47,43,42.1,43],'C':[28,27.2,25.9,25.2,24.6]}
S=pd.DataFrame(stock)
S                                            #建立 S 二维表，如图 11.62 所示
```

```
S.pct_change()                               #对 S 进行列向数值百分比变化计算，如图 11.63 所示
```

该方法经常被用于股票涨跌数据变化处理。读者可以把图 11.62 中的 A、B、C 看作三支股票。

9. 描述性统计

函数 describe(percentiles=None, include=None, exclude=None)，生成描述统计信息，参数说明如下。

（1）percentiles：列表数值，指定要包含输出的百分位数，值范围在[0,1]；默认值范围是[0.25,0.5,0.75]。

（2）include：指定需要包含的数据类型，可选值包括'all'、数据类型列表、None。'all'，输入的所有列都将包含在输出中；数据类型列表，根据提供的列表类型输出对应的结果；默认值 None，结果包含所有数字列。

（3）exclude：默认值 None 或数据类型列表，指定某些类型列的数据被忽略，与 include 参数功能相反。

```
S.describe()                                 #描述性统计结果如图 11.64 所示
```

	A	B	C
0	20.0	50.0	28.0
1	21.5	47.0	27.2
2	23.0	43.0	25.9
3	29.0	42.1	25.2
4	30.0	43.0	24.6

图 11.62　建立 S 二维表

	A	B	C
0	NaN	NaN	NaN
1	0.075000	-0.060000	-0.028571
2	0.069767	-0.085106	-0.047794
3	0.260870	-0.020930	-0.027027
4	0.034483	0.021378	-0.023810

图 11.63　对 S 进行列向百分比变化计算

	A	B	C
count	5.000000	5.000000	5.000000
mean	24.700000	45.020000	26.180000
std	4.522168	3.369273	1.404279
min	20.000000	42.100000	24.600000
25%	21.500000	43.000000	25.200000
50%	23.000000	43.000000	25.900000
75%	29.000000	47.000000	27.200000
max	30.000000	50.000000	28.000000

图 11.64　描述性统计结果

图 11.64 所示的统计内容包括 count（列向元素数量统计）、mean（列向元素均值统计）、std（列向标准差统计）、min（列向最小数值）、百分位所处列向数值（25%，50%，75%）、max（列向最大数值）。

11.5　数据分组和聚合运算

在关系型数据库里，存在 group by 分组和聚合计算（如求'sum'）过程，Pandas 也提供了类似的对二维表数据处理功能。

11.5.1　groupby

Pandas 为 DataFrame、Series 等提供了数据分组方法 groupby()。

1．groupby()方法

函数 groupby(by=None,axis=0,level=None,as_index=True,sort=True,group_keys=True,squeeze=False,observed=False, **kwargs)，参数说明如下。

（1）by：指定分组依据对象，可以是映射对象、函数、索引值或索引值列表。

（2）axis：定分组方向，0 为列向分组，1 为行向分组。

（3）level：在 axis 指定方向存在多层级索引时，指定层级数。

（4）as_index：默认值为 True，指定分组结果以带索引值方式输出。

（5）sort：默认值为 True，对分组关键字指向的值进行排序。

（6）group_keys：默认值为 True，把分组关键字作为索引值。

（7）squeeze：值为 True 减少返回类型的维度，默认值为 False。

（8）observed：默认值为 False，显示分类的所有值；值为 True，则仅显示分组关键字相关的统计内容。

（9）**kwargs：接受键值对参数。

2．groupby()代码示例

```
import pandas as pd
import numpy as np
ind=[['上海小学','上海小学','红星小学','红星小学','彩虹小学','彩虹小学'],['男','女','男',
'女','男','女']]
School=pd.DataFrame({'体育':[2,5,3,6,7,8],'美术':[10,20,30,40,50,60],'舞蹈':[14,25,3,
0,5,20]}, index=ind)
School                                                  #创建学校信息表，如图 11.65 所示
```

```
g1=School.groupby(level=0)                              #按照行的第 1 层级分组
g1.sum()                                                #对分组结果，用统计方法 sum()求和
```

对 School 信息按照学校行索引进行分组，然后统计体育、美术、舞蹈的人数，执行结果如图 11.66 所示。注意，仅对 School 做 groupby()分组操作，只能得到如下结果。必须在分组的基础上进行统计函数操作。

```
<pandas.core.groupby.generic.DataFrameGroupBy object at 0x00000274CBD8F860>
```

下面代码按行的第 2 层级分组，执行结果如图 11.67 所示。

```
g2=School.groupby(level=1)                          #按照行的第 2 层级分组
g2.sum()
```

		体育	美术	舞蹈
上海小学	男	2	10	14
	女	5	20	25
红星小学	男	3	30	3
	女	6	40	0
彩虹小学	男	7	50	5
	女	8	60	20

图 11.65　创建学校信息表

学校	体育	美术	舞蹈
上海小学	7	30	39
彩虹小学	15	110	25
红星小学	9	70	3

图 11.66　按行第 1 层级分组

性别	体育	美术	舞蹈
女	19	120	45
男	12	90	22

图 11.67　按行第 2 层级分组

11.5.2　聚合

在 Pandas 中，聚合（Aggregate）就是通过 DataFrame 对象的 aggregate()方法（也可以表示 agg()），借助传递的统计函数，实现数据的统计过程。这里的聚合是利用统计函数把一些数计算成一个数的过程。

1. 聚合方法

函数 aggregate(func, axis=0, *args, **kwargs)，参数说明如下。

（1）func：指定用于集合运算的函数，具体类型包括自定义函数名、字符串函数名、列表函数名、字典函数名。该参数支持的统计函数是 Pandas、Numpy、Scipy、Python 提供的所有统计函数，也可以是自定义函数。

（2）axis：值为 0 则在列向做聚合运算，为 1 则在行向做聚合运算。

（3）*args：接受元组形式的参数。

（4）**kwargs：接受键值对形式的参数。

2. 一般聚合使用

（1）内置函数聚合运算

```
S1=pd.DataFrame({'语文':[95,92,96],'数学':[100,99,100],'英语':[99,100,100]},index=['三
酷猫','加菲猫','波斯猫'])
S1
```

学生成绩表对象 S1 创建结果如图 11.68 所示。

```
S1.agg('sum')                                       #这里求和函数用字符串形式提供
```

对学生成绩求和，结果如图 11.69 所示。

```
S1.agg(np.mean)                                     #注意，这里求平均值函数不能加括号
```

	语文	数学	英语
三酷猫	95	100	99
加菲猫	92	99	100
波斯猫	96	100	100

图 11.68　创建学生成绩表

```
语文    283
数学    299
英语    299
dtype: int64
```

图 11.69　成绩求和

对所有学生的语文、数学、英语成绩求平均值如图 11.70 所示。

（2）自定义函数聚合运算

```
def SLevel(arr):                                    #自定义统计函数
    return arr.count()/3
S1.agg(SLevel)                                      #把自定义函数名作为参数传递给聚合函数
```

自定义函数聚合运算结果如图 11.71 所示。

（3）多统计函数聚合运算

```
S11=S1.aggregate(['sum','mean'])                    #多统计函数聚合运算
S11
```

求和、求平均值结果如图 11.72 所示。对于小数位及四舍五入的控制，可以通过类似 np.around(S11,decimals=1)代码进行进一步处理。

```
语文    94.333333
数学    99.666667
英语    99.666667
dtype: float64
```

图 11.70　成绩求平均值

```
语文    1.0
数学    1.0
英语    1.0
dtype: float64
```

图 11.71　自定义函数聚合运算

	语文	数学	英语
sum	283.000000	299.000000	299.000000
mean	94.333333	99.666667	99.666667

图 11.72　多统计函数聚合运算

3. 分组聚合使用

```
Data1={'学生':['三酷猫','加菲猫','波斯猫'],'语文':[95,92,96],'数学':[100,99,100],'英语':
[99,100,100]}
S2=pd.DataFrame(Data1,index=['中国','中国','德国'])
S2
```

建立 S2 二维表，如图 11.73 所示。

```
S2.groupby(level=0).agg(['sum','mean'])             #分组并聚合统计，如图 11.74 所示
```

	学生	语文	数学	英语
中国	三酷猫	95	100	99
中国	加菲猫	92	99	100
德国	波斯猫	96	100	100

图 11.73　建立 S2 二维表

	语文		数学		英语	
	sum	mean	sum	mean	sum	mean
中国	187	93.5	199	99.5	199	99.5
德国	96	96.0	100	100.0	100	100.0

图 11.74　对 S2 进行分组聚合统计

11.5.3　分组转换

这里的分组转换（Transformation）通过 transform()方法执行一些特定于组的计算并返回类似索引的对象。

1. 转换方法 transform()

函数 transform(func, axis=0, *args, **kwargs)，参数说明如下。

（1）func：指定用于转换数据的函数，函数类型可以是函数、字符串、列表、字典；该参数支持的函数是 Pandas、Numpy、Scipy、Python 提供的所有函数，也可以是自定义函数。

（2）axis：值为 0 则在列向操作，值为 1 则在行向操作。

（3）*args：对 func 参数，接受元组形式的参数对象。

（4）**kwargs：对 func 参数，接受键值对形式的参数对象。

使用 transform()方法时需要注意以下事项。

（1）返回值与组大小相同或可以广播大组大小。

（2）只能在组上逐列操作。

（3）不能修改组里的元素，如用 fillna()方法填充时，不能用 inplace=True 选项。

2. transform()方法代码示例

在 11.5.2 小节 S2 二维表的基础上继续运行下列代码，对分组后的成绩都减去 5 分，如图 11.75 所示。

```
S3=S2[['语文','数学','英语']]
S3.groupby(level=0).transform(lambda x:x-5)          #每个成绩都减去 5 分
def EditValues(x):                                    #用自定义函数对所有元素做归一化处理
   x=x/100
return x
S3.groupby(level=0).transform(EditValues)             #分组值归一化转换后如图 11.76 所示
```

	语文	数学	英语
中国	90	95	94
中国	87	94	95
德国	91	95	95

图 11.75　匿名函数进行值转换处理

	语文	数学	英语
中国	0.95	1.00	0.99
中国	0.92	0.99	1.00
德国	0.96	1.00	1.00

图 11.76　自定义函数进行值归一化处理

聚合与转换的主要区别是转换的函数主要用于值的计算，聚合的函数主要用于统计。

11.5.4　分组过滤

根据指定的过滤条件，获取 DataFrame 符合条件的子数据集。学过关系数据库 SQL 语句的读者，可以把该功能理解为类似 SELECT 里的 where 子句。

1. 过滤方法 filter()

函数 filter(items=None, like=None, regex=None, axis=None)，参数说明如下。

（1）items：指定过滤索引值。

（2）like：类似数据库 SELECT 里的 like 命令，模糊查找。

（3）regex：指定正则表达式，设置过滤值条件。

（4）axis：指定过滤方向，值是 0 为列方向，值是 1 为行方向。

注意：

items、like、regex 不能同时使用，否则报 TypeError: Keyword arguments 'items', 'like', or 'regex' are mutually exclusive 错。

2. 一般过滤代码示例

```
Data={'品牌':['熊猫','金星','英雄'],'钢笔':[200,150,180],'笔记本':[18,17,19]}
F=pd.DataFrame(Data,index=['苗苗','静静','丁丁'])
F
```

建立 F 二维表，如图 11.77 所示。

```
F.filter(like='苗',axis=0)                    #在行索引值里模糊查找带“苗”的行记录
```

用 like 参数模糊找的结果如图 11.78 所示。

```
F.filter(items=['钢笔','笔记本'])              #保留'钢笔','笔记本'列值内容
```

通过 items 参数指定需要保留的列，执行结果如图 11.79 所示。

```
F.filter(regex='\A笔')                        #正则表达式，匹配“笔”字开始的列索引值
```

	品牌	钢笔	笔记本
苗苗	熊猫	200	18
静静	金星	150	17
丁丁	英雄	180	19

图 11.77　建立 F

	品牌	钢笔	笔记本
苗苗	熊猫	200	18

图 11.78　模糊查找

	钢笔	笔记本
苗苗	200	18
静静	150	17
丁丁	180	19

图 11.79　保留过滤指定列

通过 regex 参数传递的正则表达式，过滤以“笔”字开始的列索引值，执行结果如图 11.80 所示。

说明：

正则表达式的匹配符号功能众多，可以在 Python 相关的资料上获取。

3. 分组过滤代码示例

```
F.groupby(['钢笔','笔记本']).filter(lambda x:x['钢笔']>160)
```

用'钢笔'，'笔记本'列对数据分组，然后通过 filter()借助匿名函数获取'钢笔'列值大于 160 的记录，其执行结果如图 11.81 所示。

	笔记本
苗苗	18
静静	17
丁丁	19

图 11.80　正则表达式

	品牌	钢笔	笔记本
苗苗	熊猫	200	18
丁丁	英雄	180	19

图 11.81　分组过滤

11.6　数据可视化

数据分析结果可视化对用户来说是一件非常重要的事情，直观的可视化内容将更有利于用户对数据产生的信息进行理解和判断。Pandas 为此也提供了自带的数据可视化功能，另外，它也可以借助 Matplotlib 库来展现数据。

11.6.1 plot 绘图

Pandas 的 DataFrame、Series 自带的 plot()对象提供了线的绘制功能，跟 Matplotlib 库的 plot()对象功能类似。

1．绘制数据线

plot()对象用于绘制数据线，并提供了绘图风格设置的各种参数，使用方法类似 Matplotlib 的 plot()对象。

函数 plot(style,color,label,legend,logy,secondary_y,subplots,figsize,marker,alpha,title,...)，参数说明如下。

（1）style：设置线颜色、线型，如 style='k--'。

（2）color：设置颜色，如 color='b'或 color=['b','g']。

（3）label：设置图例标签，如 label ='Line1'。

（4）legend：设置图例，默认值为 True，显示图例；False 不显示。

（5）logy：值为 True 时设置 y 轴的对数刻度。

（6）secondary_y：值为 True，设置第二 y 轴。

（7）subplots，figsize：按照列数设置绘图区域数量，并指定绘制区域的大小，如 subplots= True，figsize=(6, 6)。

（8）marker：设置线上的标记图号，如 marker='v'。

（9）alpha：颜色透明度，如 alpha=0.7。

（10）title：图标题。

另外，可以通过 plot()对象的方法设置 x、y 轴标签标题，如 set_ylabel('Y 轴')设置 y 轴标签标题。

2．绘制线形图

（1）利用随机数绘制线形图

```
import pandas as pd
import numpy as np
np.random.seed(1975)
l1=pd.DataFrame({'A':np.random.randn(200),'B':np.random.randn(200)})  #正态随机分布
l2=l1.cumsum()                                                       #累积和
l2.plot(color=['g','b'])                                             #绘制一条绿色、一条蓝色的线形图
```

利用正态随机分布函数 randn()产生 200 个随机数，然后通过 cumsum()方法对 200 个随机数做连续累积和，最后利用 plot()绘制数据对应的线形图，如图 11.82 所示。在 DataFrame 里一个列数据对应一条线形。

（2）按列绘制线形图

```
l2.plot(subplots=True,figsize=(6,6),color=['g','b'],marker='v',style='-')
                                                     #执行结果如图 11.83 所示
```

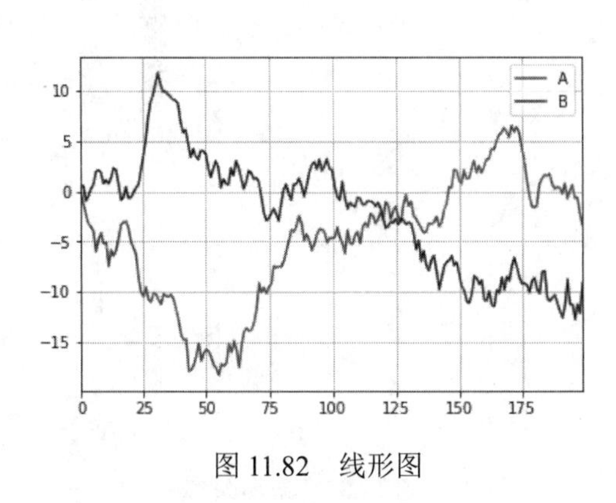

图 11.82　线形图

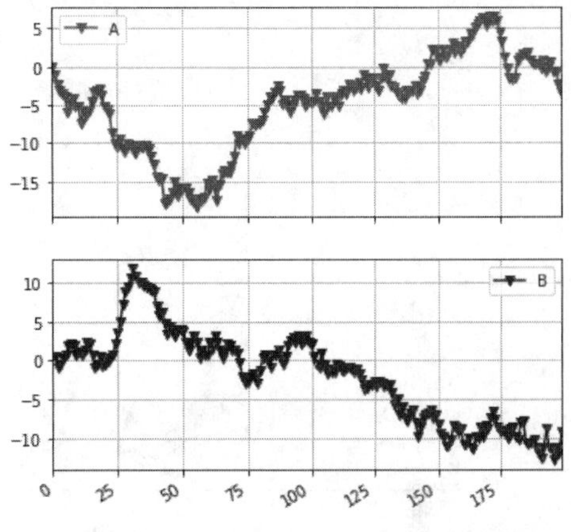

图 11.83　分两个绘图区域绘制线形图

11.6.2　绘制统计图形

plot()对象提供了如下绘制不同统计图形的方法。

1. scatter，绘制散点图

函数 plot.scatter(x, y, s=None, c=None, **kwds)，参数说明如下。

（1）x：用列名或列索引值指定 x 轴坐标值。

（2）y：用列名或列索引值指定 y 轴坐标值。

（3）s：可选，常量、集合对象，指定(x,y)坐标点的值。

（4）c：可选，字符串、整数、集合对象，指定每个点的颜色。以字符串表示颜色，如'red'、'#a98d19'；集合对象表示颜色，如['r','g','b']，以递归循环方式给每个点设置三种颜色；根据列名或列索引值为所有点提供映射颜色。

（5）**kwds：接受键值对参数。

```
l2.plot.scatter(x='A',y='B',alpha=0.7)          #x 轴值为'A'列值，y 轴值为'B'列值的散点图，
                                                 如图 11.84 所示
```

2. bar，绘制条形图

函数 plot.bar(x=None, y=None, **kwds)，参数说明如下。

（1）x：条形图 x 轴值，可以指定一列，默认值 None，则为 DataFrame 的行索引。

（2）y：条形图 y 轴值，可以指定另外一个列，默认值 None，则为 DataFrame 的所有数值列。

（3）**kwds：接受键值对参数。

```
l2[:8].plot.bar(x='A',y='B',alpha=0.7)          #'A'列值为 x 轴值，'B'列值为 y 轴值的条形图如
                                                 图 11.85 所示
```

为了避免条形图太密，这里用 l2[:8]截取 A、B 列的前 8 行值。

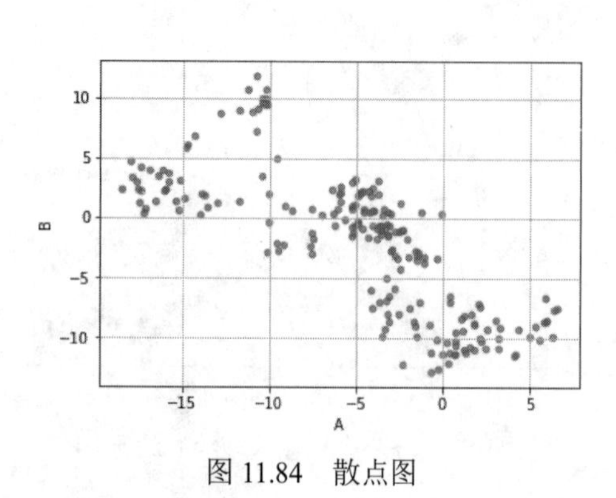

图 11.84　散点图

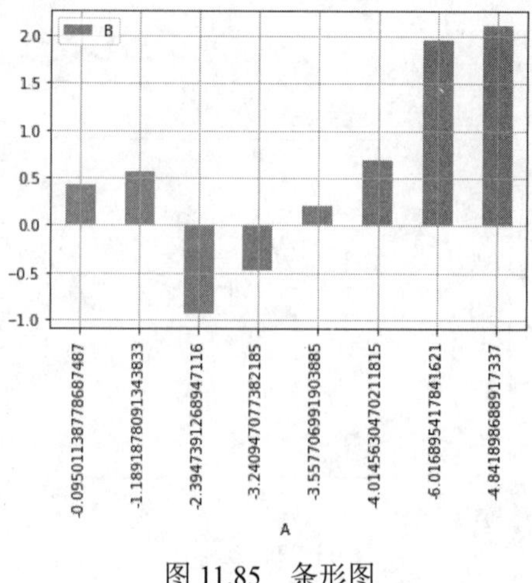

图 11.85　条形图

3. barh，绘制水平条形图

函数 plot.barh(x=None, y=None, **kwds)，参数说明如下。

（1）x：用 DataFrame 的列索引值指定 y 轴的值。

（2）y：指定列索引值作为 x 轴值。默认值 None 时，指 DataFrame 的数值列值。

（3）**kwds：接受键值对参数。

```
l2[:8].plot.barh(x='A',y='B',alpha=0.7)                #'A'为 y 轴值，'B'为 x 轴值，水平条形图
                                                        如图 11.86 所示
```

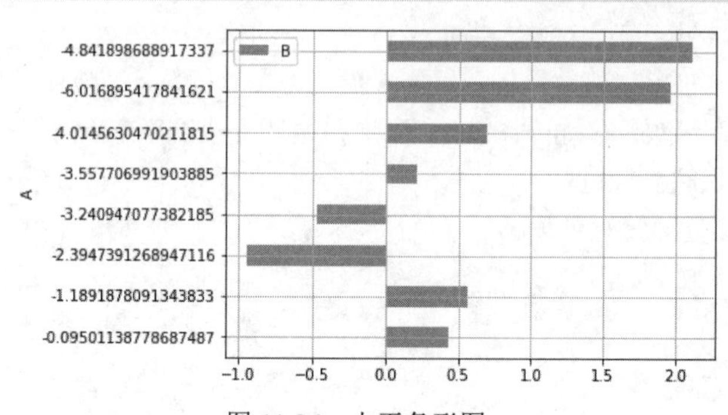

图 11.86　水平条形图

4. box，基于 DataFrame 列数据绘制箱线图，常见于质量管理

箱线图，又叫盒须图、盒式图、箱形图，五条横线分别表示最小值、最大值、中位数、两个四分位数。

函数 plot. box (by=None, **kwds)，参数说明如下。

（1）by：指定 DataFrame 需要分组的列索引值或列索引值列表。

（2）**kwds：接受键值对参数。

```
l2[:8].plot.box()
```

box()以 DataFrame 列的索引值为 x 轴坐标，对列值的分布情况进行箱线图绘制。上述代码绘制结果如图 11.87 所示。

5. hexbin，绘制六边形箱图

函数 plot. hexbin(x, y, C=None, reduce_C_function=None, gridsize=None, **kwds)，参数说明如下。

（1）x：用列索引值指定 x 轴的值。

（2）y：用列索引值指定 y 轴的值。

（3）C：整型、字符串，可选，指定坐标(x, y)点的值。

（4）reduce_C_function：默认值 None 时为 np.mean，通过指定函数压缩值，如 np.mean、np.max、np.sum、np.std。

（5）gridsize：整型、元组，默认值为 100。指定 x、y 方向上的六边形个数，较大的网格意味着更多、更小的六边形箱，每个箱里代表相近点数（可以通过右边的颜色条判断点数）。

（6）**kwds：接受键值对参数。

```
l2.plot.hexbin('A','B',gridsize=25,alpha=0.7)
```

对 l2 对象'A'和'B'列组成的 200 个坐标对进行六边形箱图绘制，如图 11.88 所示。当离散数据太密时，可以用六边形箱图替代散点图，通过颜色的深浅、位置的紧密程度，表示散点的分布情况。

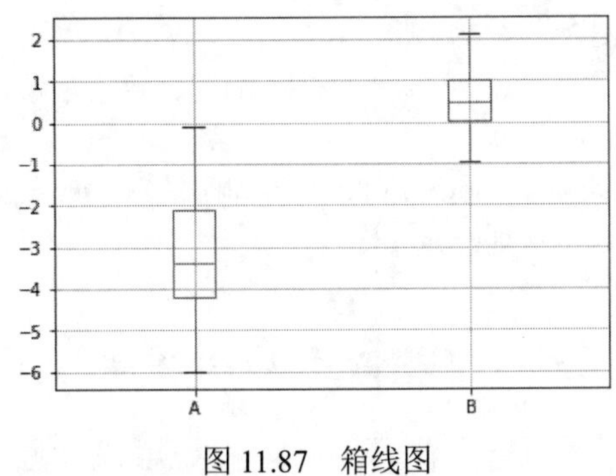

图 11.87　箱线图

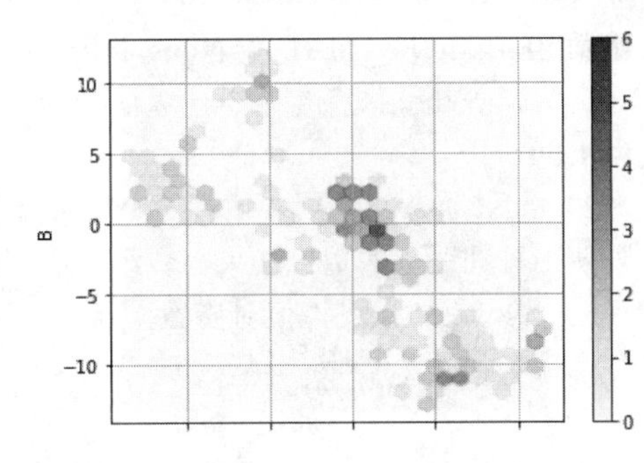

图 11.88　六边形箱图

6. hist，绘制直方图

函数 plot.hist(by=None, bins=10, **kwds)，参数说明如下。

（1）by：可选，字符串、序号对象，用指定列索引值对 DataFrame 分组。

（2）bins：整型，默认值 10，指定直方图形数量。

（3）**kwds：接受键值对参数。

```
l2.plot.hist()                                #执行默认直方图，如图 11.89 所示
```

默认值情况下，直方图数量 10 个，对"A","B"列的值分布范围进行统计展示，竖向为统计的数量个数。

7. pie，绘制饼状图

函数 plot.pie(y=None, **kwds)，参数说明如下。

（1）y：提供需要绘制的列索引值，如果没有提供，则必须设置 subplots=True。

（2）**kwds：接受键值对参数。

```
l3=np.abs(l2[:8])                              #pie 不接受负数的统计
l3.plot.pie(subplots=True)                     #按照'A', 'B'列分别统计
```

上述代码执行结果如图 11.90 所示。

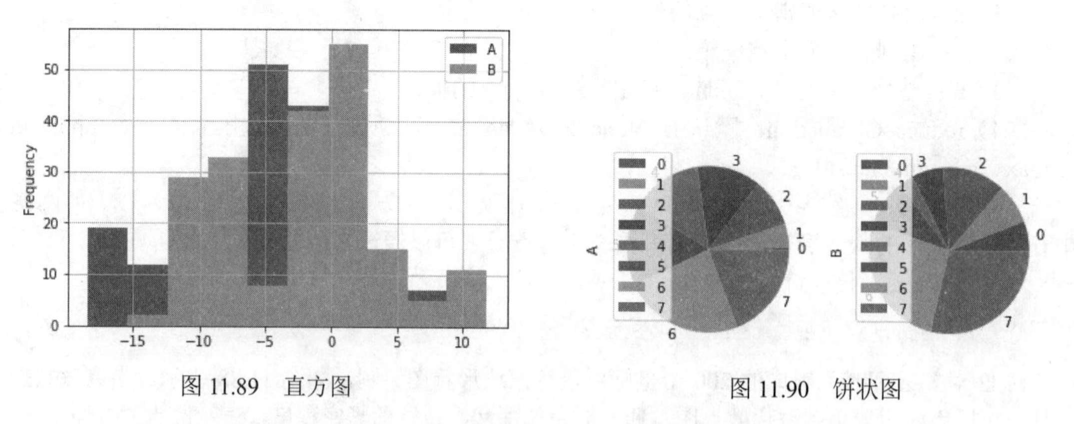

图 11.89　直方图　　　　图 11.90　饼状图

8. kde（Kernel Density Estimate，核密度估计），绘制基于高斯核的密度图

函数 plot.kde(bw_method=None, ind=None, **kwds)，参考说明如下。

（1）bw_method：指定用于计算估计带宽的方法，可选项为'scott'、'silverman'、数值常量，默认值为'scott'。

（2）ind：整数、数组，估计 PDF 的评估点，默认值 None 为 1000 个等间距的点。如果是整数，则使用等间距点的数；如果是数组，则在通过的数组点处计算 kde。

（3）**kwds：接受键值对参数。

```
l2.plot.kde(title='KDE')                       #计算核密度，执行结果如图 11.91 所示
```

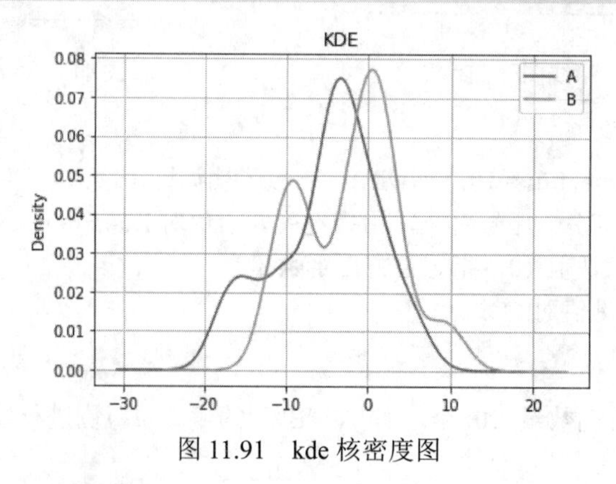

图 11.91　kde 核密度图

9. density，基于高斯核的密度图

plot.density (bw_method=None, ind=None, **kwds)，该方法使用方式同 kde()。

11.6.3　用 Matplotlib 绘图

当 Pandas 自身所提供的绘图功能不足时，可以通过 Matplotlib 库进行绘制。由于 Pandas 提供的 DataFrame、Series 数据对象类似数组，所以可以直接被 Matplotlib 调用。

```
import matplotlib.pyplot as plt                          #导入 pyplot 对象
from pandas.plotting import lag_plot                     #时间序列滞后图
import numpy as np
plt.rc('font', family='SimHei', size=10)                 #设置黑体，大小为 10
plt.rcParams['axes.unicode_minus'] = False               #解决坐标轴负数的负号显示问题
np.random.seed(1975)
plt.figure()
plt.title('时间序列滞后图')
s=np.linspace(-99*np.pi,99*np.pi,num=1000)
data=pd.Series(0.05* np.random.randn(1000)+0.95* np.sin(s))#绘制数据，正态随机数+正弦值
lag_plot(data,marker='d',c='g',alpha=0.5)                #绘制时间序列滞后图，结果如图 11.92 所示
```

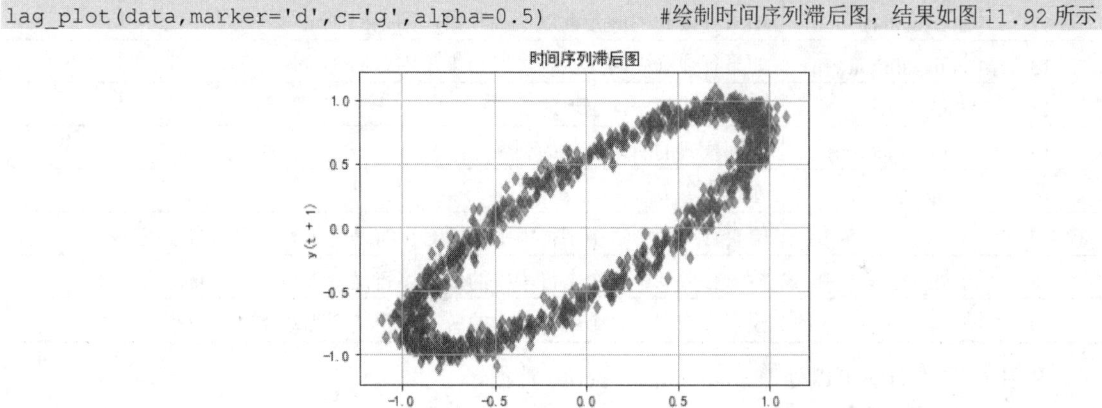

图 11.92　用 Matplotlib 绘制 Pandas 数据

11.7　字符串数据处理

Pandas 的 DataFrame、Series 为字符串数据值提供了强大的存储和操作能力。对字符串进行深度处理，如大小写的转换、缺失值的处理等，需要借助 DataFrame、Series 的 str 对象的方法或正则表达式。

11.7.1　字符串对象方法处理

DataFrame、Series 的 str 对象提供了很多自带的字符处理方法，如表 11.2 所示。

表 11.2　str 自带的方法[1]

编　号	函　数	描　述
1	lower()	将行或列中的字符串字母转换为小写
2	upper()	将行或列中的字符串字母转换为大写
3	len()	计算字符串长度
4	strip()	将字符串行或列值里两侧的空格（包括换行符）删除
5	split(' ')	用给定的间隔符号拆分每个字符串
6	cat(sep=' ')	使用给定的分隔符连接行或列之间的元素
7	get_dummies()	分拆以“1”分割编码的字符串，返回各个字符串数矩阵的 DataFrame 对象
8	contains(pattern)	若元素中包含子字符串，则返回每个元素布尔值 True，否则为 False
9	replace(a,b)	将值 a 替换为值 b
10	repeat(value)	重复每个元素指定的次数
11	count(pattern)	统计模式中每个元素的出现总数
12	startswith(pattern)	如果行或列中的元素以模式开始，则返回 True
13	endswith(pattern)	如果行或列中的元素以模式结束，则返回 True
14	find(pattern)	返回模式第一次出现的位置
15	findall(pattern)	返回模式的所有出现的列表
16	swapcase	变换字母大小写
17	islower()	检查行或列中每个字符串中的所有字符是否小写，返回布尔值
18	isupper()	检查行或列中每个字符串中的所有字符是否大写，返回布尔值
19	isnumeric()	检查行或列中每个字符串中的所有字符是否为数字，返回布尔值

利用 str 自带方法可以处理 DataFrame、Series 数据。

1. 建立字符串值的 resume 二维表

```
S1={'姓名':['三酷猫','加菲猫','波斯猫','短脸猫'],'学历':['研究生','本科生','博士生','大专'],
'学位':['硕士','学士','博士',np.NaN],
'Sex':['boy','GIRL','Boy',None],'ADDRESS':['China Beijing','USA NewYork','France
Paris','UK London']}
resume=pd.DataFrame(S1)
resume
```

建立字符串值的 resume 表，如图 11.93 所示。

2. 把 ADDRESS 列都转为小写

```
resume['ADDRESS']=resume['ADDRESS'].str.lower()
resume                                    #ADDRESS 列值转为小写后的结果如图 11.94 所示
```

[1]完整的自带方法，http://pandas.pydata.org/pandas-docs/stable/user_guide/text.html#method-summary。

	姓名	学历	学位	Sex	ADDRESS
0	三酷猫	研究生	硕士	boy	China Beijing
1	加菲猫	本科生	学士	GIRL	USA NewYork
2	波斯猫	博士生	博士	Boy	France Paris
3	短脸猫	大专	NaN	None	UK London

图 11.93　建立字符串值的 resume 表

	姓名	学历	学位	Sex	ADDRESS
0	三酷猫	研究生	硕士	boy	china beijing
1	加菲猫	本科生	学士	GIRL	usa newyork
2	波斯猫	博士生	博士	Boy	france paris
3	短脸猫	大专	NaN	None	uk london

图 11.94　把 ADDRESS 列值字母转为小写

3. 把 ADDRESS 列值拆分为 Country、Capital 两部分

```
New=resume['ADDRESS'].str.split(' ')
New                                    #拆分结果如图 11.95 所示，该结果是 Series 对象
```

4. 纠正图 11.95 左边行索引值为 3 的列表格式，去掉中间两个空元素

```
New[3]=[New[3][0],New[3][3]]           #去掉中间两个空元素，注意只能执行一次，连续执行报错
```

5. 从 Series 转到 DataFrame

```
N1=New.to_dict()                       #先从 Series 转为 dict 格式
N1=N1.values()                         #获取字典的值
A1=pd.DataFrame(N1,columns=['Country','Capital'])     #建立含'Country','Capital'
                                                        列的 DataFrame 对象
A1                                     #转换为新的二维表 A1，如图 11.96 所示
```

```
0    [china, beijing]
1      [usa, newyork]
2     [france, paris]
3    [uk, , , london]
Name: ADDRESS, dtype: object
```

图 11.95　拆分 ADDRESS 列值

	Country	Capital
0	china	beijing
1	usa	newyork
2	france	paris
3	uk	london

图 11.96　转换为 A1 二维表

6. 原二维表 resume 与 A1 合并

```
resume.join(A1)                        #默认值根据两二维表的行索引值进行合并
```

合并结果如图 11.97 所示。

	姓名	学历	学位	Sex	ADDRESS	Country	Capital
0	三酷猫	研究生	硕士	boy	china beijing	china	beijing
1	加菲猫	本科生	学士	GIRL	usa newyork	usa	newyork
2	波斯猫	博士生	博士	Boy	france paris	france	paris
3	短脸猫	大专	NaN	None	uk london	uk	london

图 11.97　经字符串处理后合并而成的新的二维表

11.7.2　正则表达式处理

正则表达式（Regex）为 DataFrame、Series 里的文本的灵活搜索或匹配字符提供了丰富的处理功能。由于其相关内容量比较大，这里仅选择常用的做示范性介绍，感兴趣的读者可以参考

Python 的官网地址：https://docs.python.org/3/library/re.html?highlight=regex。

1. re 模块

Python 为正则表达式处理提供了 re 模块，可以通过 import re 导入使用。re 包括正则表达式处理的很多函数。下列函数都为搜索、匹配相关字符串，并返回结果。

（1）re.search(pattern, string, flags=0)

（2）re.match(pattern, string, flags=0)

（3）re.fullmatch(pattern, string, flags=0)

（4）re.findall(pattern, string, flags=0)

（5）re.finditer(pattern, string, flags=0)

这里选择 findall()示例说明。

2. findall()函数

在字符串中，按照 pattern 参数指定的正则表达式条件搜索、匹配所有非重复的内容，并以字符串列表的形式返回。处理时从左到右扫描字符串，并按找到的顺序返回匹配项。

函数 re.findall(pattern, string, flags=0)，参数说明如下。

（1）pattern：指定正则表达式字符串。

（2）string：需要处理的字符串。

（3）flags：匹配的模式，默认值为 0。

```
import re
resume['ADDRESS'].str.findall(r'\s+',flags=re.IGNORECASE)                    #忽略大小写
```

上述代码用正则表达式\s+'判断字符串里是否有空格，有则返回匹配的空格列表。

```
0       [ ]
1       [ ]
2       [ ]
3    [   ]
Name: ADDRESS, dtype: object
```

返回'china'开始的匹配项。

```
resume['ADDRESS'].str.findall(r'china.',flags=re.IGNORECASE)                 #忽略大小写
```

执行结果如下。

```
0    [china ]
1          []
2          []
3          []
Name: ADDRESS, dtype: object
```

11.8 案例 12 [三酷猫分析简历]

三酷猫的连锁海鲜门店生意兴隆，但缺少人才，于是他开始在网上广招人才。招聘广告贴出

去几天，他突然发现，应聘简历铺天盖地飞过来，人工一个个地查看分析，有点手忙脚乱。于是他想借助 Pandas 做数据分析，以提高对简历的分析水平。原始简历格式是专业人才招聘网站所提供的固定格式，读者可以根据不同招聘网站格式，利用爬虫、Word 读写等技术进行数据预处理。这里获取的数据如表 11.3 所示。

表 11.3　应聘简历（示例）

应聘职位	数据分析
应聘机构	天津三酷猫公司
姓　　名	大黄猫
性　　别	男
年　　龄	33 岁
工作经验	12
学　　历	本科
学　　校	体育大学
学　　位	学士
婚　　否	已婚
现居住地	天津
期望月薪	15000~25000 元
期望从事职业	店长/销售主管、数据分析师、总经理助理
现从事行业	商业、IT 服务、数据分析

1. 三酷猫的关注重点

由于是招聘公司总部数据分析师，要求应聘者能及时掌握最新数据分析技术，能承担工作压力，能适应突发事件情况下的应急加班任务，由此提出以下几点招聘基本要求。

（1）要有 3 年及以上的相关工作经验。

（2）要求年龄在 26 到 35 岁。

（3）本科及以上学历。

（4）应聘职位对应。

（5）从事专业对口。

2. 初步分析思路

从网上获取的数据存储于 CSV 文件中。从文件读取数据到 DataFrame，对不符合要求的简历进行数据过滤，对符合条件的简历进行加权平均分处理，最后通过条形图展现分析结果。

（1）读取 resume.csv（该文件随书电子资料附赠）

```
import pandas as pd
import numpy as np
r1=pd.read_csv(r'G:\MyFourBookBy201811go\testData\resume.csv',index_col=False)
                                                    #读者需要根据实际路径进行调整
r1
```

执行结果显示如图 11.98 所示。

	应聘职位	应聘机构	姓名	性别	年龄	工作经验	学历	学位	婚否	现居住地	期望月薪	期望从事职业	现从事行业
0	数据分析	天津三酷猫公司	大黄猫	男	33岁	12	本科	体育大学	学士	已婚	天津	15000-25000元/月	店长/销售主管、数据分析师、总经理助理
1	项目管理	天津三酷猫公司	老黑猫	男	39岁	18	本科	科技大学	NaN	已婚	天津	10000-12000元/月	部门经理/总经理助理
2	系统运维	天津三酷猫公司	黄猫	男	28岁	4年	研究生	理工大学	硕士	未婚	天津	10000-12000元/月	高级系统维护师、维护主管
3	系统运维	天津三酷猫公司	白猫	男	26岁	5年	本科	工业大学	学士	未婚	天津	8000-11000元/月	系统维护师
4	系统运维	天津三酷猫公司	三色猫	男	29岁	5年	研究生	城市软件学院	硕士	未婚	天津	10000-13000元/月	高级系统维护师
5	数据分析	天津三酷猫公司	大白猫	男	29岁	5年	研究生	浙江大学	硕士	已婚	天津	12000-20000元/月	数据分析师
6	系统运维	天津三酷猫公司	灰猫	男	25岁	3年	本科	工业大学	学士	未婚	天津	6000-10000元/月	系统运维

图 11.98　从 CSV 文件读取原始数据

通过初步判断，需要去掉应聘职位明显不符合要求的记录。

（2）数据过滤

```
r2=r1[(r1.应聘职位=='数据分析')|(r1.应聘职位=='系统运维') ]
r2
```

去掉非数据分析或系统运维的记录，这里去掉图 11.98 中第 2 行记录。

（3）为重点考虑列信息提供权重

根据三酷猫公司的实际情况，想招聘一名数据分析师和一名系统维护师，根据所提供的简历信息预选最佳候选人进行面试。这里假设仅仅重点观察年龄的因素，需要对年龄值进行数值化处理，以方便进行权重计算。

```
r3['年龄']=r3['年龄'].str.replace('岁','')                    #去掉年龄值里的'岁'单位
r3.sort_values('年龄')                                         #对年龄值进行升序排序
```

执行结果如图 11.99 所示。

	应聘职位	应聘机构	姓名	性别	年龄	工作经验	学历	学位	婚否	现居住地	期望月薪	期望从事职业	现从事行业
6	系统运维	天津三酷猫公司	灰猫	男	25	3年	本科	工业大学	学士	未婚	天津	6000-10000元/月	系统运维
3	系统运维	天津三酷猫公司	白猫	男	26	5年	本科	工业大学	学士	未婚	天津	8000-11000元/月	系统维护师
2	系统运维	天津三酷猫公司	黄猫	男	28	4年	研究生	理工大学	硕士	未婚	天津	10000-12000元/月	高级系统维护师、维护主管
4	系统运维	天津三酷猫公司	三色猫	男	29	5年	研究生	城市软件学院	硕士	未婚	天津	10000-13000元/月	高级系统维护师

图 11.99　对年龄进行升序排序

三酷猫公司喜欢有一定经验，而且具有潜力的应聘者，因此，要求年龄不能太低，也不能太高。于是对年龄从中间位置向两边从高到低顺序赋予权重，并进行归一化处理。

```
row,col=r3.shape
print(row,col)                                                 #获取每列有四个元素
4 13
weight=np.zeros(row)
```

```
first=np.arange(row)
i=0
mid=0
mid_i=row//2
if row%2==0:                                    #偶数时，从中间位置依次从大到小重新排序
    while i<mid_i:
          weight[mid_i-i-1]=first[row-i*2-1]
          weight[mid_i+i]=first[row-i*2-2]
                 i+=1
else:
    weight[mid_i]=row                           #奇数时，最大数放中间
    while i<mid_i:                              #从大到小依次决定两边的顺序数
        weight[mid_i-i-1]=first[row-i*2-2]
        weight[mid_i+i+1]=first[row-i*2-3]
        i+=1
print(weight)
[1. 3. 2. 0.]                                   #对年龄的重新排名，对照图 11.99 年龄列观察
```

对排名进行归一化处理。

```
t_w=weight/weight.sum()
print(t_w)
[0.16666667 0.5        0.33333333 0.        ]
```

对图 11.99 的年龄用归一化后的数据代替，并重新排序。

```
r3['年龄']=t_w                                  #对年龄列进行归一化数据替代
r3
```

对年龄赋予权重，并归一化处理，结果如图 11.100 所示。

	应聘职位	应聘机构	姓名	性别	年龄	工作经验	学历	学位	婚否	现居住地	期望月薪	期望从事职业	现从事行业	
2	系统运维	天津三酷猫公司	黄猫	男	0.166667	4年	研究生	理工大学	硕士	未婚	天津	10000-12000元/月	高级系统维护师、维护主管	
3	系统运维	天津三酷猫公司	白猫	男	0.500000	5年	本科	工业大学	学士	未婚	天津	8000-11000元/月	系统维护师	
4	系统运维	天津三酷猫公司	三色猫	男	0.333333	5年	研究生	城市软件学院	硕士	未婚	天津	10000-13000元/月	高级系统维护师	
6	系统运维	天津三酷猫公司	灰猫	男	0.000000	3年	本科	工业大学	学士	未婚	天津	6000-10000元/月	系统运维	

图 11.100　对年龄赋予权重并归一化处理

（4）对年龄的权重赋值结果进行图形展现和分析

```
r3.plot.bar(x='姓名',y='年龄',title='应聘者年龄优势权重比较条形图')        #如图 11.101 所示
```

这里限于篇幅，仅对年龄需求进行了权重分析，实际招聘时还需要从期望薪金、面试语言表达、外观形象、学历、希望从事职业及逻辑思维等方面进行综合评价，由此采用归一化权重，可以更加方便地计算应聘者的综合优势。

另外，为了演示方便，这里仅收集了 7 条应聘信息，只有在应聘者信息足够多的情况下，数据分析才能体现其应用价值。

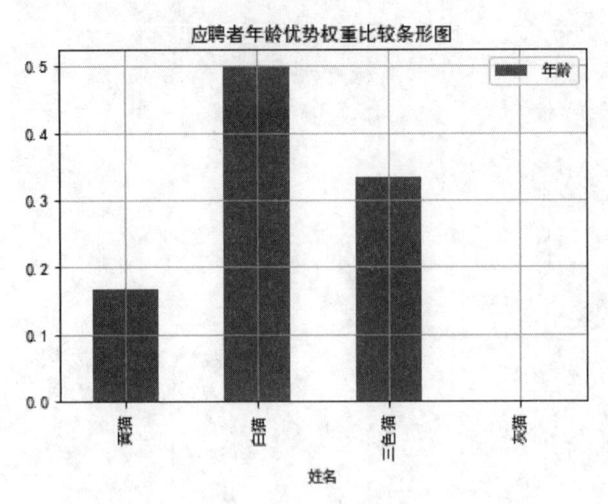

图 11.101　应聘者年龄优势权重比较条形图

11.9　习题及实验

1. 填空题

（1）在 Pandas 里，缺失数据用（　　）、（　　）、（　　）等来表示。

（2）Pandas 为不同 DataFrame 对象的合并提供了 merge()函数，其合并方法为（　　）、（　　）、（　　）、（　　）。

（3）把行置换为（　　），把列转为（　　），可以用 pivot()方法、stack()方法、unstack()方法、melt()方法。

（4）对 DataFrame 的数据绘制线形图，可以直接通过（　　）的 plot()对象功能实现，也可以通过（　　）的 plot()对象功能实现。

（5）对于字符串进行深度处理，如大小写的转换、缺失值的处理等，需要借助 DataFrame、Series 的（　　）对象的（　　）或（　　）表达式。

2. 判断题

（1）对 DataFrame 对象进行合并或连接，仅用于数据的横向合并或连接。（　　）

（2）concat()通过 axis 参数的设置可以实现两 DataFrame 对象的横向或竖向的合并。（　　）

（3）sum()、count()、mean()、median()、min()、max()、idxmin()、idxmax()、argmin()、argmax()都具有忽略缺失值的功能。（　　）

（4）DataFrame 的 describe()可以一次性提供 count、mean、百分位数、标准差、最小值、最大值统计内容，但是百分位数的百分比是固定的。（　　）

（5）groupby()方法、aggregate()方法都可以直接实现 DataFrame 对象数据不同方向的累加统计。（　　）

3. 实验题

实验一：对表 11.4 和表 11.5 所示二维数据对象实现数据的四种合并操作

表 11.4　学生信息表

序　号	姓　名	性　别	国　籍	年　龄
0	三酷猫	男	中国	18
1	加菲猫	男	美国	19
2	凯蒂猫	女	日本	16
3	机器猫	男	日本	17

表 11.5　学生成绩表

序　号	姓　名	班　级	总　分
0	三酷猫	1	290
1	加菲猫	2	270
2	凯蒂猫	1	280
3	土猫	1	260

实验二：对图片进行样本描述性统计

（1）对随书附赠的 F5_T.png 图片通过 DataFrame 进行样本描述性统计。

（2）用直方图统计均值。

第 12 章 Pandas 基于时间应用

Pandas 为基于时间的数据分析提供了强大的支持功能，尤其在金融、实验等领域提供了便捷的时间支持功能。

学习内容

- 时间处理基础
- 时间增量处理
- 时间周期处理
- 日期偏移处理
- 日期重采样
- 基于时间的绘图处理
- 案例 13[三酷猫分析历年分数线]
- 习题及实验

12.1　时间处理基础

很多业务的开展都是基于时间[1]进行的，如销售日期、年度财务报表、股票交易日行情和实验定时观测记录等。

12.1.1　时间基础

Pandas 提供了四种类型的生成日期时间的对象：日期时间、时间增量、时间跨度、日期偏移量，如表 12.1 所示。

（1）日期时间（Date Times）：具有时区支持的特定日期和时间。与 Python 标准库中的 datetime.datetime 类似，如 2019 年 5 月 31 日 20 点 09 分 38 秒。

（2）时间增量（Time Deltas）绝对持续时间。用于在指定时间点基础上增加指定的增量，如在某年月日的基础上增加 2 天、增加 2 个月、减少 4 个小时等，最后产生一个新的时间点。

（3）时间跨度（Time Spans）：由时间点及其相关周期定义的时间跨度，如连续产生一年四个季度的时间序列。

（4）日期偏移（Date Offsets）：以日历计算的相对持续时间，表示时间间隔，两个时间点之间的长度，如日、周、月、季度、年。

表 12.1　Pandas 日期时间对象

概　念	标　量　类	数　组　类	Pandas 数据类型	主要建立方法
Date Times 日期时间	Timestamp 时间戳	DatetimeIndex 时间索引	datetime64[ns]、datetime64[ns, tz]	to_datetime()、date_range()
Time Deltas 时间增量	Timedelta 时间增量	TimedeltaIndex 时间增量索引	timedelta64[ns]	to_timedelta ()、timedelta_range()
Time Spans 时间跨度[2]	Period 时间周期	PeriodIndex 周期索引	period[freq]	Period()、period_range()
Date Offsets 日期偏移	DateOffset	None	None	DateOffset()

12.1.2　时间表示

Python 提供了丰富的时间表达方式，其表示 datetime、date、time 的时间对象存在于 datetime 模块中。

```
from datetime import datetime,date,time
print('现在日期时间：',datetime.now())                    #获取计算机当前日期时间
```

[1] 这里的时间，在没有确定指向的情况下，表示泛泛的时间叫法，可以是日期时间、日期或时间。

[2] 这里的时间间隔、时间跨度、时间周期都指时间的频率周期，如一天是 24 小时一个周期。

```
现在日期时间： 2019-05-31 20:33:01.616911                      #年、月、日、时、分、秒、微秒
date(2019,6,1)                                              #生成指定日期对象
datetime.date(2019, 6, 1)
print('现在日期：',datetime.date(datetime.now()))              #获取计算机当前日期
现在日期： 2019-05-31
print('现在时间：',datetime.time(datetime.now()))              #获取计算机当前时间
现在时间： 20:39:03.336208
print('指定时间',time(8,0,10))
指定时间 08:00:10
today=datetime.now()
today.strftime('%Y{y}%m{m}%d{d} %H{h}:%M{m1}:%S{s} {w}%w').format(y='年',m='月',d=
'日',h='时',m1='分',s='秒',w='星期')
'2019 年 05 月 31 日 21 时:09 分:02 秒星期 5'                    #指定中文格式显示
```

Pandas 库也提供了类似的日期时间对象 pd.Timestamp。

```
pd.Timestamp('2019-06-01T11')                               #指定年、月、日、时
Timestamp('2019-06-01 11:00:00')
pd.Timestamp (2019, 6, 1, 8,20,15)                          #分别指定了年、月、日、时、分、秒
Timestamp('2019-06-01 08:20:15')
pd.Timestamp(year=2019, month=6, day=1, hour=8,minute=1,second=10,microsecond=1000)
#用键值对形式指定年、月、日、时、分、秒、微秒
Timestamp('2019-06-01 08:01:10.001000')
t2=pd.Timestamp(1559893355.5, unit='s')                     #指定浮点数和单位秒
t2
Timestamp('2019-06-07 07:42:35.500000')
print('%d 年,%d 月,%d 日'%(t2.year,t2.month,t2.day))          #通过 year、month、day 属性获取
                                                             年、月、日
2019 年,6 月,7 日
t2.today()                                                  #获取计算机当前的日期时间
Timestamp('2019-05-31 22:58:00.873891')
```

12.1.3 时间序列

基于时间序列的数据记录，可以通过 Series、DataFrame 的索引值来记录时间点，可以同步记录对应于时间点的数据元素。如农业科学家在观测植物发芽过程时，可以定时记录植物发芽的高度，以方便后续数据的分析。

1．指定时间点建立时间序列的 Series 对象

```
import pandas as pd
import numpy as np
T1=pd.Series(np.arange(4),index=[pd.Timestamp('2019-06-01'),pd.Timestamp('2019-06-
02'),pd.
Timestamp('2019-06-03'),pd.Timestamp('2019-06-04')])       #指定四个时间点为索引值
T1
2019-06-01    0
```

```
2019-06-02    1
2019-06-03    2
2019-06-04    3
dtype: int32
T1.index
DatetimeIndex(['2019-06-01', '2019-06-02', '2019-06-03', '2019-06-04'], dtype=
'datetime64[ns]', freq=None)                          #Pandas 自动把索引归类为日期时间索引
T1.index[1]                                           #用下标方式获取对应的索引值
Timestamp('2019-06-02 00:00:00')
T1.index[:2]                                          #用切片形式获取指定范围的索引值
DatetimeIndex(['2019-06-01', '2019-06-02'], dtype='datetime64[ns]', freq=None)
```

2．用时间范围函数建立时间序列

pd.date_range()函数有点类似 np.arange()函数，用于产生连续的时间序列。

函数 pd.date_range(start=None,end=None,periods=None,freq=None,tz=None,normalize=False, name=None,closed=None, **kwargs)，参数说明如下。

（1）start：字符串或类似 datetime 类型的值，可选，设置开始日期，必须与 end 参数搭配使用。

（2）end：字符串或类似 datetime 类型的值，可选，设置结束日期。

```
pd.date_range('2019/6/1 9:10:30','2019/6/5 9:10:30')        #产生指定范围的日期
DatetimeIndex(['2019-06-01 09:10:30','2019-06-02 09:10:30','2019-06-03 09:10:30',
'2019-06-04 09:10:30','2019-06-05 09:10:30'],dtype='datetime64[ns]',freq='D')
```

（3）periods：整数，可选，设置要生成的日期周期数（也叫绝对增量），或者说在 start 指定开始日期的基础上，按照指定频率（freq）需要连续生成的日期数量，结合 freq 参数一起使用。

（4）freq：字符串或 DateOffset 类型值，设置需要生成的日期间隔频率，默认值为'D'，'D'代表以天（Day）为频率，所有可用的频率值详见 12.4 节内容。可以用数字加频率值扩展频率范围，如 2'D'以两天为一个频率周期。

```
pd.date_range('2019-6-1 9:10:30',periods=5,freq='D')        #以日为频率，产生 5 个连续日期
DatetimeIndex(['2019-06-01 09:10:30','2019-06-02 09:10:30','2019-06-03 09:10:30',
'2019-06-04 09:10:30','2019-06-05 09:10:30'],dtype='datetime64[ns]',freq='D')
pd.date_range('2019-6-1 9:10:30',periods=5,freq='w')        #以周为频率，产生 5 个连续日期
DatetimeIndex(['2019-06-02 09:10:30','2019-06-09 09:10:30','2019-06-16 09:10:30',
 '2019-06-23 09:10:30','2019-06-30 09:10:30'],dtype='datetime64[ns]',freq='W-SUN')
```

注意：

这里在周为频率的情况下，都是从周日开始，即非指定的 2019-6-1 开始，而是从 2019-6-2 开始，读者可以在计算机上查一下日历，会发现获取的 5 个日期都是一周的周日。

（5）tz：字符串或 tzinfo 值，可选，用于指定本地时区的名称，如'Asia/Hong_Kong'。

```
pd.date_range('2019-6-1 9:10:30',periods=5,freq='m',tz='Asia/Hong_Kong')  #指定香港
DatetimeIndex(['2019-06-30 09:10:30+08:00', '2019-07-31 09:10:30+08:00','2019-08-31
09:10:30+08:00', '2019-09-30 09:10:30+08:00','2019-10-31 09:10:30+08:00'],
dtype='datetime64[ns, Asia/Hong_Kong]', freq='M')
```

📖 说明：

Asia/Hong_Kong 香港在时区上属于东八区，+08:00 指出了所在时区。

（6）normalize：默认值为 False，为 True 时则设置开始/结束日期的时间为午夜，即零点。

```
pd.date_range('2019-6-1 9:10:30',periods=3,freq='m',normalize=True) #时间都取 00:00:00
DatetimeIndex(['2019-06-30', '2019-07-31', '2019-08-31'], dtype='datetime64[ns]',
freq='M')
```

（7）name：字符串，默认值为 None，可以设置生成 DatetimeIndex 对象的名称。

```
t4=pd.date_range('2019-6-1 9:10:30',periods=2,freq='m',normalize=True,name='日期')
t4
DatetimeIndex(['2019-06-30', '2019-07-31'], dtype='datetime64[ns]', name='日期',
freq='M')
```

（8）closed：可选，可选项{None, 'left', 'right'}，可以理解为时间范围，左右边界可以设置开区间或闭区间。'left'设置左闭区间，'right'设置右闭区间，None 设置两边都是闭区间。

```
pd.date_range('2019/6/1 9:10:30','2019/6/5 9:10:30',closed='left')
                                                #左闭区间，右开区间（少一个时间）
DatetimeIndex(['2019-06-01 09:10:30', '2019-06-02 09:10:30','2019-06-03 09:10:30',
'2019-06-04 09:10:30'],dtype='datetime64[ns]', freq='D')
pd.date_range('2019/6/1 9:10:30','2019/6/5 9:10:30',closed='right')
                                                #左开区间（少一个时间），右闭区间
DatetimeIndex(['2019-06-02 09:10:30', '2019-06-03 09:10:30','2019-06-04 09:10:30',
'2019-06-05 09:10:30'],dtype='datetime64[ns]', freq='D')
```

（9）**kwargs：接受键值对参数。

3．基于时间序列建立 Series、DataFrame 对象

基于时间序列建立 Series 数据记录。

```
x1=pd.date_range('2019-6-1 9:10:30','2019-6-5 9:10:30')
pd.Series([100,99,88,77,98],index=x1)
2019-06-01 09:10:30    100
2019-06-02 09:10:30     99
2019-06-03 09:10:30     88
2019-06-04 09:10:30     77
2019-06-05 09:10:30     98
Freq: D, dtype: int64
```

基于时间序列建立 DataFrame 数据记录。

```
pd.DataFrame(np.arange(9).reshape(3,3),index=x1[:3])  #基于时间序列的行索引如图 12.1 所示
```

	0	1	2
2019-06-01 09:10:30	0	1	2
2019-06-02 09:10:30	3	4	5
2019-06-03 09:10:30	6	7	8

图 12.1　基于时间序列的行索引

12.1.4　时间转换

在不同场合时间使用要求也不一样，有需要字符串形式的，有需要 datetime 形式的，有日期、时间的不同组合的，因此需要灵活地转换。

1. 字符串转为 datetime 型

函数 pd.to_datetime(arg, errors='raise', dayfirst=False, yearfirst=False, utc=None, box=True, format=None, exact=True, unit=None, infer_datetime_format=False, origin='unix', cache=False)，参数说明如下。

（1）arg：指定需要转换的数据对象，可以是整型、浮点型、字符串、列表、元组、一维数组、Series、DataFrame 和字典。

（2）errors：设置出错提示方式，可选项{'ignore', 'raise', 'coerce'}。默认值为'raise'，如果转换失败，则给出出错提示信息；'ignore'，则不触发出错提示信息；'coerce'，在转换过程存在无效时间值时，自动转为 NaT 值。

（3）dayfirst：指定 arg 参数值转换时的顺序，设置为 True 时，则先转换日期，再转换时间，默认值为 False。

（4）yearfirst：值为 True 则优先转换日期，默认值为 False。

（5）utc：值为 True 返回 UTC[①] DatetimeIndex，默认值为 None。

（6）box：默认值为 True，返回 DatetimeIndex 或相关索引对象；值为 False，则返回多维数组。

（7）format：字符串，默认值为 None，指定字符串时间转为时间时的 strftime 的格式，如"%Y-%m-%d"，类似 Python 里的 strftime()字符串转为时间的使用方法。

（8）exact：默认值 True 表示精确匹配格式，值为 False 则允许匹配目标字符串中的任何位置。

（9）unit：字符串，默认值为'ns'，对转换对象指定时间单位（D 天，s 秒，ms 毫秒，μs 微秒，ns 纳秒）。

（10）infer_datetime_format：默认值为 False，如果为 True，且没有给出转换固定格式（format 参数），且字符串日期时间格式确定，则可以提高转换速度 5~10 倍。

（11）origin：确定日期的开始点，默认值为'unix'，则日期的开始点为 1970-01-01。若提供值为 Timestamp 日期，则以 Timestamp 的起点日期作为开始点日期；如果值为'julian'（朱利安日历），则从公元前 4713 年 1 月 1 日中午开始。

（12）cache：默认值为 False，值为 True，则使用唯一的转换日期缓存来应用日期时间转换。解析重复的日期字符串时可以提高转换速度，尤其是具有时区偏移的日期字符串。

```
data1={'记录日期':['2019-6-1','2019-6-2','2019-6-3'],'成长量（毫米）':[2.1,1.2,3],'浇水次数':[2,3,4]}
C1=pd.DataFrame(data1)
C1                                                    #执行结果如图 12.2 所示
pd.to_datetime(C1['记录日期'])                        #转换日期结果如图 12.3 所示
```

① UTC，Coordinated Universal Time，协调世界时，又称世界统一时间、世界标准时间、国际协调时间。

	记录日期	成长量（毫米）	浇水次数
0	2019-6-1	2.1	2
1	2019-6-2	1.2	3
2	2019-6-3	3.0	4

图 12.2　带日期的二维表 C1

```
0    2019-06-01
1    2019-06-02
2    2019-06-03
Name: 记录日期, dtype: datetime64[ns]
```

图 12.3　把字符串日期转为 datetime 类型

指定格式转换。

```
data2={'记录日期':[1577996011220301000,1573996021220301000,1570996031220301000],'成长量（毫米）':[2.1,1.2,3],'浇水次数':[2,3,4]}
C2=pd.DataFrame(data2)
C2                                                              #执行结果如图 12.4 所示
pd.to_datetime(C2['记录日期'],format='%Y-%m-%d',yearfirst=True)  #转换结果如图 12.5 所示
```

	记录日期	成长量（毫米）	浇水次数
0	1577996011220301000	2.1	2
1	1573996021220301000	1.2	3
2	1570996031220301000	3.0	4

图 12.4　带浮点数日期的二维表

```
0    2020-01-02 20:13:31.220301
1    2019-11-17 13:07:01.220301
2    2019-10-13 19:47:11.220301
Name: 记录日期, dtype: datetime64[ns]
```

图 12.5　转为指定格式的日期

2. 转换时区

当所处理的数据涉及不同时区范围时，需要进行时区转换处理。Pandas 提供了 tz_convert()转换方法。

函数 tz_convert(tz, axis=0, level=None, copy=True)，参数说明如下。

（1）tz：字符串或 pytz.timezone 的日期，设置指定时区。

（2）axis：指定要转换的维度方向。

（3）level：整数、字符串，对于 MultiIndex 可以指定 level 层次数值，其他情况下必须为 None。

（4）copy：默认值 True 表示复制数据。

```
t3= pd.date_range(start='2019-06-01 02:00',freq='H', periods=3, tz='Europe/Berlin')
                                                              #欧洲/柏林
t3
DatetimeIndex(['2019-06-01 02:00:00+02:00', '2019-06-01 03:00:00+02:00','2019-06-01 04:00:00+02:00'],dtype='datetime64[ns, Europe/Berlin]', freq='H')
```

把欧洲柏林时间转为美国中部时间。

```
t3.tz_convert('US/Central')
DatetimeIndex(['2019-05-31 19:00:00-05:00', '2019-05-31 20:00:00-05:00','2019-05-31 21:00:00-05:00'],dtype='datetime64[ns, US/Central]', freq='H')
```

12.1.5　时间检索

对于存在时间索引值或时间数据行或列的 Series、DataFrame 对象，Pandas 提供了方便的检索功能。

1. 关键字检索

建立时间索引对象。

```
c3=pd.date_range('2019-6-1 9:10:30',periods=10,freq='m')
c3
DatetimeIndex(['2019-06-30 09:10:30', '2019-07-31 09:10:30','2019-08-31 09:10:30',
'2019-09-30 09:10:30','2019-10-31 09:10:30', '2019-11-30 09:10:30','2019-12-31
09:10:30', '2020-01-31 09:10:30','2020-02-29 09:10:30', '2020-03-31 09:10:30'],
dtype='datetime64[ns]', freq='M')
```

建立基于时间行索引的 DataFrame 对象。

```
C3=pd.DataFrame(np.arange(1,11),index=c3)
C3                                          #执行结果如图 12.6 所示
```

对于查看数据，可以通过提供类似字典的关键字访问方式获取对应的值，这里可以提供的是年、月、日或年月、年月日字符串，时间对象的关键字。

（1）年检索

```
C3['2020']                                  #年字符串检索，如图 12.7 所示
```

（2）年月检索

```
C3['2019-8']                                #年月检索，如图 12.8 所示
```

	0
2019-06-30 09:10:30	1
2019-07-31 09:10:30	2
2019-08-31 09:10:30	3
2019-09-30 09:10:30	4
2019-10-31 09:10:30	5
2019-11-30 09:10:30	6
2019-12-31 09:10:30	7
2020-01-31 09:10:30	8
2020-02-29 09:10:30	9
2020-03-31 09:10:30	10

图 12.6　带日期行索引的二维表

	0
2020-01-31 09:10:30	8
2020-02-29 09:10:30	9
2020-03-31 09:10:30	10

图 12.7　年字符串索引

	0
2019-08-31 09:10:30	3

图 12.8　年月检索

（3）指定时间范围检索

```
C3['2019-09-30':'2019-12-31']               #切片形式，指定时间范围检索，如图 12.9 所示
```

（4）指定行索引序号检索

```
C3.iloc[[2,3]]                              #指定行索引序号检索，如图 12.10 所示
```

	0
2019-09-30 09:10:30	4
2019-10-31 09:10:30	5
2019-11-30 09:10:30	6
2019-12-31 09:10:30	7

图 12.9　指定时间范围检索

	0
2019-08-31 09:10:30	3
2019-09-30 09:10:30	4

图 12.10　指定行索引序号范围检索

2. 截取时间

对 Series 或 DataFrame 对象日期进行范围截取。

函数 truncate(before=None, after=None, axis=None, copy=True)，参数说明如下。

（1）before：指定行索引或列索引值，用于截取前面的值。

（2）after：指定行索引或列索引值，用于截取后面的值。

（3）axis：0 为行索引，1 为列索引。

（4）copy：复制数据。

```
c4=pd.date_range('2019-6-1 9:10:30',periods=5,freq='w')#以周为周期，连续生成 5 个时间点
D1=pd.DataFrame([100,99,88,77,66],index=c4)
D1                                                    #带日期索引的二维表 D1，如图 12.11 所示
D1.truncate(before=pd.Timestamp('2019-06-10'),after=pd.Timestamp('2019-06-24'))
                                                      #如图 12.12 所示
```

	0
2019-06-02 09:10:30	100
2019-06-09 09:10:30	99
2019-06-16 09:10:30	88
2019-06-23 09:10:30	77
2019-06-30 09:10:30	66

图 12.11　带日期索引的二维表 D1

	0
2019-06-16 09:10:30	88
2019-06-23 09:10:30	77

图 12.12　用截断方法获取记录

说明：

truncate()方法可以获取指定范围的值，类似 SQL 语句里 where 条件判断检索。该方法不但可以应用时间范围截取，也可以应用其他数据类型的范围截取。

12.2　时间增量处理

时间增量是相对指定时间点上的绝对时间差异，用不同的单位表示，如天、小时、分钟、秒。它们可以是正数，也可以是负数。

12.2.1　时间增量基本操作

Timedelta 是 datetime 的一个子类，用于提供时间增量计算功能。

1. Timedelta()增量函数

函数 pd.Timedelta(value,unit,days, seconds, microseconds,milliseconds, minutes, hours, weeks)，参数说明如下。

（1）value：字符串、整型、Timedelta、timedelta、np.timedelta64，指定时间增减量。

（2）unit：字符串，可选，增量时间单位，默认值为'ns'，可选的值为{'Y', 'M', 'W', 'D', 'days', 'day', 'hours', hour', 'hr', 'h', 'm', 'minute', 'min', 'minutes', 'T', 'S', 'seconds', 'sec', 'second', 'ms', 'milliseconds', 'millisecond', 'milli', 'millis', 'L', 'us', 'microseconds', 'microsecond', 'micro', 'micros', 'U', 'ns', 'nanoseconds', 'nano', 'nanos', 'nanosecond', 'N'}。

（3）days, seconds, microseconds,milliseconds, minutes, hours, weeks，用键值对形式显示指定增量数值。

2. Timedelta()增量函数代码示例

（1）字符串形式增减日期、小时

```
import datetime as dt
today=dt.datetime.now()
print('今天是:',today)
今天是: 2019-06-01 16:34:11.731243                    #后续计算的参考时间点
print('两天后是:')
today.date()+pd.Timedelta('2 days')                   #提供增量 2 天的增量
两天后是:
datetime.date(2019, 6, 3)
print('两小时后是:',today+pd.Timedelta('2 hours'))      #提供 2 小时增量
两小时后是: 2019-06-01 18:34:11.731243
print('两小时前是:',today+pd.Timedelta('-2 hours'))     #提供 2 小时减量
两小时前是: 2019-06-01 14:34:11.731243
```

（2）以整数和时间单位形式提供增减量

```
print('两个月后是:',today+pd.Timedelta(2,unit='M'))     #提供两个月的增量
两个月后是: 2019-08-01 13:32:23.731243
print('一年前是:',today+pd.Timedelta(-1,unit='Y'))      #提供一年的减量
一年前是: 2018-06-01 10:44:59.731243
```

（3）以 datetime.timedelta、np.timedelta64 形式提供增减量

```
print('三周后是:',today+pd.Timedelta(weeks=3))          #提供三周的增量
三周后是: 2019-06-22 16:34:11.731243
print('10 秒前是:',today+pd.Timedelta(np.timedelta64(-10, 's')))  #提供 10 秒的减量
10 秒前是: 2019-06-01 16:34:01.731243
```

3. to_timedelta()转为增量函数

函数 pd.to_timedelta(arg, unit='ns', box=True, errors='raise')，参数说明如下。

（1）arg：字符串，timedelta、类似列表、Series，指定需要转换为增量的数据对象。

（2）unit：增量时间单位，同 pd.Timedelta 的 unit。

（3）box：默认值 True 返回 Timedelta/TimedeltaIndex 结果，值为 False 则返回 timedelta64 类型数组。

```
pd.to_timedelta(np.arange(5), unit='s')               #返回连续 5 个秒值的增量
TimedeltaIndex(['00:00:00', '00:00:01', '00:00:02', '00:00:03', '00:00:04'], dtype=
'timedelta64[ns]', freq=None)
```

4. timedelta_range()产生连续增量函数

函数 pd.timedelta_range(start=None,end=None,periods=None,freq=None,name=None,closed=None)，参数说明如下。

（1）start：字符串、类似 timedelta 对象，默认值为 None，指定时间增量左边界值。

（2）end：字符串、类似 timedelta 对象，默认值为 None，指定时间增量右边界值。

（3）periods：整型，默认值为 None，指定周期数，即增量个数。

（4）freq：字符串、DateOffset，默认值为'D'，指定增量频率，可以使用倍数方式指定，如'5D'。

（5）name：字符串，默认值 None，指定生成 TimedeltaIndex 的名称。

（6）closed：字符串，默认值 None，限制左右区间值范围，可选项为{'left','right',None}。

```
pd.timedelta_range(start='1 day', end='5 days', periods=5)
TimedeltaIndex(['1 days', '2 days', '3 days', '4 days', '5 days'], dtype='timedelta64[ns]',
freq=None)
```

12.2.2 增量数学运算

通过时间与时间相减，并进行增量的加、减、乘、除、求余运算，来获取不同时间增量或增量值（增量值没有时间单位，纯数值）。

通过时间相减，获取指定频率下的时间增量。

```
j1=pd.Series(pd.date_range('2019-1-01', periods=4))        #第一个时间序列
d1=pd.Series(pd.date_range('2018-12-01', periods=4))       #第二个时间序列
d=j1-d1                                                    #获取两时间序列差（增量）
d                                                          #执行结果如图 12.13 所示
```

1. 增量加减运算、求增量值

```
d-pd.Timedelta(1,unit='D')                                 #增量减 1 天，如图 12.14 所示
d+pd.Timedelta(30,unit='D')                                #增量加 30 天，如图 12.15 所示
```

```
0   31 days
1   31 days
2   31 days
3   31 days
dtype: timedelta64[ns]
```

图 12.13　两时间序列差

```
0   30 days
1   30 days
2   30 days
3   30 days
dtype: timedelta64[ns]
```

图 12.14　增量减 1 天

```
0   61 days
1   61 days
2   61 days
3   61 days
dtype: timedelta64[ns]
```

图 12.15　增量加 30 天

去掉增量单位（这里是“天”），求增量数值。

```
d/pd.Timedelta(1,unit='D')              #求指定天频率下的时间增量值，如图 12.16 所示
d/pd.Timedelta(1,unit='M')              #求指定月频率下的时间增量值，如图 12.17 所示
```

```
0    31.0
1    31.0
2    31.0
3    31.0
dtype: float64
```

图 12.16　求天频率下时间增量值

```
0    1.018501
1    1.018501
2    1.018501
3    1.018501
dtype: float64
```

图 12.17　求月频率下时间增量值

2. 通过乘法实现时间增量的变换

```
d*-1                                    #增量乘以-1，如图 12.18 所示
d * pd.Series([1,2,3,4])                #通过 Series 序列扩展增量，如图 12.19 所示
```

```
0   -31 days
1   -31 days
2   -31 days
3   -31 days
dtype: timedelta64[ns]
```

图 12.18　增量乘以-1

```
0    31 days
1    62 days
2    93 days
3   124 days
dtype: timedelta64[ns]
```

图 12.19　增量乘法扩展

3. 通过除法实现时间增量的变换

```
d//pd.Timedelta(4,unit='w')             #除以 4 周，并取整，如图 12.20 所示
```

4. 通过求余实现时间增量的变换

```
d%pd.Timedelta(30,unit='D')             #31 天与 30 天进行求余运算，如图 12.21 所示
```

```
0    1
1    1
2    1
3    1
dtype: int64
```

图 12.20　增量除法

```
0   1 days
1   1 days
2   1 days
3   1 days
dtype: timedelta64[ns]
```

图 12.21　增量求余

12.2.3　时间增量属性、增量索引

Timedelta、TimedeltaIndex 对象提供了增量相关的属性，用于增量不同单位的数值的获取。当想单独获取增量的天（days）、秒（seconds）、毫秒（milliseconds）、微秒（microseconds）、纳秒（nanoseconds）值时，可以通过上述两对象所提供的属性对象进行获取。

1. Timedelta 对象

```
d1=pd.Timedelta('31 days 10 min 20 sec')     #建立一个 Timedelta 对象
```

（1）components 属性，获取增量的所有值内容

```
d1.components                           #显示增量的所有内容
Components(days=31, hours=0, minutes=10, seconds=20, milliseconds=0, microseconds=0,
nanoseconds=0)
d1.components[2]                        #通过下标值 2，获取增量的分钟值
10                                      #10 分钟
```

（2）days 属性

```
d1.days                                 #从增量中获取天的数值
31
```

（3）seconds 属性

```
d1.seconds                              #从增量中获取秒的数值（分钟+秒）
620
```

（4）microseconds 属性

```
d1.microseconds                                          #从增量中获取微秒的数值
0
```

（5）nanoseconds 属性

```
d1.nanoseconds                                           #从增量中获取纳秒的数值
0
```

注意：

Timedelta 并没有提供 hours、week 等类似的其他属性，而 TimedeltaIndex 提供的属性也略有差异，读者可以通过点号（.）+Tab 键智能感知获取。

2. TimedeltaIndex，时间增量索引对象

函数 TimedeltaIndex(data,unit,freq,copy,start,periods,end,closed,name)，参数说明如下。

（1）data：一维数组，一维列表，可选，用于建立 timedelta 类似数据的索引值。

（2）unit：整数、浮点数，可选，指定增量时间单位(D,h,m,s,ms,μs,ns)。

（3）freq：字符串、偏移对象，可选，指定时间频率，可以传递字符串'infer'，以便在创建时将索引的频率设置为推断频率。

（4）copy：可选，默认值 True 为复制数据，值 False 为数据视图。

（5）start：可选，timedelta 类似类型，指定增量开始值，如果 data 参数为 None，则用该参数指定 timedelta 数据的起点。

（6）periods：整数，可选，指定值要求大于 0，指定增量数，优先 end 参数设置。

（7）end：timedelta 类似类型，指定结束时间，可选，如果 periods 为 None，则生效。

（8）closed：字符串或默认值 None，可选，指定生成值的开闭区间范围，可选择值{'left', 'right',None}。

（9）name：可选，指定时间增量索引的名称。

用 TimedeltaIndex 建立时间增量索引对象。

```
ti=pd.TimedeltaIndex(['1 days', '10 days, 10:20:05', np.timedelta64(10, 'D'),
dt.timedelta(days=10, seconds=2)])
ti
TimedeltaIndex(['1 days 00:00:00','10 days 10:20:05','10 days 00:00:00',
'10 days 00:00:02'],dtype='timedelta64[ns]', freq=None)
```

建立基于 TimedeltaIndex 对象索引的农民计时收入二维表。

```
print('农民的计时收入（元）：')
F1=pd.DataFrame({'农民 1':[100,1200,1000,1200],'农民 2':[150,1800,1500,1800],'农民 3':
[200,2400,2000,2400]}, index=ti)
F1                                                #农民计时收入二维表如图 12.22 所示
农民的计时收入（元）：
```

TimedeltaIndex 对象所提供的属性功能代码示例如下。

```
ti.days
```

```
Int64Index([1, 10, 10, 10], dtype='int64')
ti.components                                    #ti 对象增量属性内容如图 12.23 所示
```

	农民1	农民2	农民3
1 days 00:00:00	100	150	200
10 days 10:20:05	1200	1800	2400
10 days 00:00:00	1000	1500	2000
10 days 00:00:02	1200	1800	2400

图 12.22　建立基于增量索引的农民计时收入二维表

	days	hours	minutes	seconds	milliseconds	microseconds	nanoseconds
0	1	0	0	0	0	0	0
1	10	10	20	5	0	0	0
2	10	0	0	0	0	0	0
3	10	0	0	2	0	0	0

图 12.23　TimedeltaIndex 对象属性内容

说明：

生成连续时间增量还可以采用 pd.timedelta_range()函数，使用方法类似 12.1.3 节的 pd.date_range()函数，感兴趣的读者也可以通过 np.info(pd.timedelta_range)查看相关使用方法。

12.3　时间周期处理

周期表示一段范围的时间，如一天、一周、一个月、一个季度、一个年度等。规则的时间周期用 Pandas 中的 pd.Period()对象表示，pd.period_range()产生连续的周期序列对象 PeriodIndex。

12.3.1　时间周期建立

通过时间周期的建立，可以更加灵活地控制年、月等时间周期的变化。

1．pd.Period()函数

函数 pd.Period(value,freq, year, month, quarter, day,hour,minute,second)，参数说明如下。

（1）value：Period 或 compat.string_types 类型，默认值 None 表示时间段，如'4Q2005'代表 2005 年第四季度。

（2）freq：字符串，默认值 None，指定字符串型的 Pandas 时间周期。

（3）year：整数，默认值 None，指定年数。

（4）month：整数，默认值 1，指定月数。

（5）quarter：整数，默认值 None，指定季度数。

（6）day：整数，默认值 1，指定天数。

（7）hour：整数，默认值 0，指定小时数。

（8）minute：整数，默认值 0，指定分钟数。

（9）second：整数，默认值 0，指定秒数。

2．pd.Period()函数代码示例

```
import pandas as pd
import numpy as np
```

（1）以月为周期进行变化

```
M= pd.Period('2019-01', freq='M')                #建立指定时间周期的 Period 时间对象
```

```
M
Period('2019-01', 'M')
M+2                                         #在指定月时间周期后，可以灵活加减月数
Period('2019-03', 'M')                      #增加了 2 个月
M-2
Period('2018-11', 'M')                      #减少了 2 个月
```

（2）以年为周期进行变化

```
Y= pd.Period('2019-01', freq='Y')           #建立指定年为周期的 Period 时间对象
Y
Period('2019', 'A-DEC')
Y+2                                         #增加 2 年
Period('2021', 'A-DEC')
Y-2                                         #减少 2 年
Period('2017', 'A-DEC')
```

12.3.2 时间周期序列

在需要固定时间序列的地方，可以通过 pd.period_range()函数产生。

1. pd.period_range()函数

函数 period_range(start=None, end=None, periods=None, freq=None, name=None)，参数说明如下。

（1）start：字符串或 period 对象，指定周期序列的开始时间点，默认值为 None。

（2）end：字符串或 period 对象，指定周期序列的结束时间点，默认值为 None。

（3）periods：整数，指定周期个数，默认值 None。

（4）freq：字符串或 DateOffset，指定周期名称，如'Y'、'M'、'D'、'h'、'm'、's'、'ms'、'ns'，默认值'D'（天）。

（5）name：字符串，默认值 None，指定 PeriodIndex 名称。

2. pd.period_range()建立连续时间序列的代码示例

（1）以月为周期产生连续的时间序列

```
M= pd.period_range('2019-10-1', '2020-1-1', freq='M')     #以月为周期，生成连续的时间序列
M
PeriodIndex(['2019-10','2019-11','2019-12','2020-01'],dtype='period[M]',
freq='M')
```

（2）以季度为周期产生连续的时间序列

```
Q= pd.period_range('1/1/2019', '1/1/2020', freq='Q')      #产生季度的连续时间序列
Q
PeriodIndex(['2019Q1','2019Q2','2019Q3','2019Q4','2020Q1'],dtype='period[Q-DEC]',
freq='Q-DEC')
```

（3）以 PeriodIndex 对象为基础建立二维表

```
GDP=pd.DataFrame({'China':[2,1.5,2.1,3,2.2]},index=Q)
GDP                                  #生成基于 PeriodIndex 对象的二维表，如图 12.24 所示
```

```
GDP['2019']                                      #2019 年 GDP 检索，如图 12.25 所示
```

	China
2019Q1	2.0
2019Q2	1.5
2019Q3	2.1
2019Q4	3.0
2020Q1	2.2

图 12.24 生成 GDP 二维表

	China
2019Q1	2.0
2019Q2	1.5
2019Q3	2.1
2019Q4	3.0

图 12.25 检索 2019 年的 GDP

12.4 日期偏移处理

日期偏移量类似时间增量，只存在细微的区别。

12.4.1 时间偏移量建立

日期偏移量更加遵循日历持续时间规则，如 DateOffset()在增加日时，总是增加到指定日的同一时间，而忽略夏令时等所带来的时间差异；而 Timedelta()在增加日时，每天增加 24 小时。

1. pd.DateOffset()函数

函数 pd.DateOffset(n, normalize, **kwds)，参数说明如下。

（1）n：整数，默认值为 1，指定产生偏移量数。

（2）normalize：默认值为 False，当值为 True 时将 DateOffset 添加的时间结果舍入到半夜 0 点。

（3）**kwds：以键值对形式指定偏移量周期，详细可用对象见 12.4.2 小节的表 12.2“对象”列。

2. pd.DateOffset()函数代码示例

```
dt1=pd.Timestamp('2019-06-01 10:10:10')
dt1+pd.DateOffset(n=2,months=2)                    #增加了 4 个整月，n*months=4
Timestamp('2019-10-01 10:10:10')
```

比较 DateOffset()与 Timedelta()细微的差距。

```
ts= pd.Timestamp('2016-10-30 00:00:00', tz='Europe/Helsinki')
                                                   #欧洲/芬兰首都赫尔辛基所在时间①
ts
Timestamp('2016-10-30 00:00:00+0300', tz='Europe/Helsinki')
ts + pd.Timedelta(days=1)                          #增加后存在少 1 小时现象
Timestamp('2016-10-30 23:00:00+0200', tz='Europe/Helsinki')
ts + pd.DateOffset(days=1)                         #增加后忽略少 1 小时问题，仍旧按照日历日
                                                   显示第 2 天同一时间
Timestamp('2016-10-31 00:00:00+0200', tz='Europe/Helsinki')
```

① 2016-10-30，芬兰的首都赫尔辛基所在时区时间，因存在夏令时切换类似问题，导致少了 1 小时。

因此，一般情况下做时间周期调整，更建议用 DateOffset()函数。

12.4.2 时间偏移量别名表

在前面几小节相关函数或对象使用介绍过程中，已经出现偏移量参数指定问题，其完整的支持内容如表 12.2 所示。表里的对象表示偏移量键值对形式参数名，可以指定 Week、Day 等周期数值。另外，该周期指定也可以通过 DateOffset()、Timedelta()、Period()等时间对象的附加方法来指定值，这里的方法名就是表 12.2 里的“对象”列里的名称，如 pd.offsets.Week()。对于 12.4.1 小节相关时间函数的 freq 参数，表 12.2“别名（字符型）”列提供了对应的值。

表 12.2 时间偏移量

对　　象	别名（字符型）	英　　文	频率描述说明
DateOffset	None	Generic offset class, defaults to 1 calendar day	默认 1 个日历日
BDay or BusinessDay	B	business day (weekday)	工作日
CDay or CustomBusinessDay	C	custom business day	自定义业务日
Week	W	one week, optionally anchored on a day of the week	每周（可固定在一周的第 x 天）
WeekOfMonth	WOM	the x-th day of the y-th week of each month	每月第一周的第 x 天
LastWeekOfMonth	LWOM	the x-th day of the last week of each month	每月最后一周的第 x 天
MonthEnd	M	calendar month end	月末
MonthBegin	MS	calendar month begin	月初
BmonthEnd or BusinessMonthEnd	BM	business month end	商务月末
BMonthBegin or BusinessMonthBegin	BMS	business month begin	商务月初
CBMonthEnd or CustomBusinessMonthEnd	CBM	custom business month end	自定义商务月末
CBMonthBegin or CustomBusinessMonthBegin	CBMS	custom business month begin	自定义商务月初
SemiMonthEnd	SM	15th (or other day_of_month) and calendar month end	半月结束日
SemiMonthBegin	SMS	15th (or other day_of_month) and calendar month begin	半月开始日
QuarterEnd	Q	calendar quarter end	季度结束日
QuarterBegin	QS	calendar quarter begin	季度开始日
BQuarterEnd	BQ	business quarter end	商务季度结束日

续表

对　　象	别名（字符型）	英　　文	频率描述说明
BQuarterBegin	BQS	business quarter begin	商务季度开始日
FY5253Quarter	REQ	retail (aka 52-53 week) quarter	零售（也就是 52~53 周）季度
YearEnd	A	calendar year end	日历年度结束
YearBegin	AS/BYS	calendar year begin	日历年度开始
BYearEnd	BA	business year end	商务年度结束
BYearBegin	BAS	business year begin	商务年度开始
FY5253	RE	retail (aka 52-53 week) year	零售（也就是 52~53 周）一年
Easter	None	Easter holiday	复活节假期
BusinessHour	BH	business hour	商务时间
CustomBusinessHour	CBH	custom business hour	自定义商务时间
Day	D	one absolute day	日历/自然日
Hour	H	one hour	小时
Minute	T, min	one minute	分钟
Second	S	one second	秒
Milli	L, ms	one millisecond	毫秒
Micro	U, us	one microsecond	微秒
Nano	N	one nanosecond	纳秒

时间偏移量使用代码举例。

1. 用 offsets 对象附带的方法调整日期

```
ts=pd.Timestamp('2019-05-01 09:00')
ts+pd.offsets.YearEnd()                                    #增加到年度结束日期
Timestamp('2019-12-31 09:00:00')
ts=pd.Timestamp('2018-01-01 09:00')
ts+pd.offsets.MonthBegin(n=2)                              #增加 2 个月后的月初
Timestamp('2018-03-01 09:00:00')
```

2. 用 pd.DateOffset()函数调整日期

```
ts=pd.Timestamp('2018-01-01 09:00')
ts+pd.DateOffset(months=2)                                 #增加 2 个月后的月初
Timestamp('2018-03-01 09:00:00')
```

12.5　日期重采样

对于按照时间周期采集的数据，需要调整采样频率时（如实验观测，从一天观测一次，改为一周观测一次），可以通过对现有数据的日期重采样来实现。Pandas 的 Series、DataFrame 对象都提供了 resample()重采样方法。根据时间采样数的不同，可以分为降采样、升采样。

12.5.1 重采样方法

重采样功能非常灵活，允许指定许多不同的参数来控制频率转换和重采样操作。

1. resample()重采样方法

函数 resample(rule,how=None,axis=0,fill_method=None,closed=None,label=None,convention='start', kind=None, loffset=None, limit=None, base=0,on=None, level=None)，参数说明如下。

（1）rule：字符串，指定转换的偏移量别名，如'5Min'。

（2）how：字符串，指定降采样的函数（'sum'，'mean'，'std'，'sem'，'max'，'min'，'median'，'first'，'last'，'ohlc'），值为 None 时，默认为'mean'。

（3）axis：指定采样数据维度方向，0 或'index'为列方向（默认值）重采样，1 或'columns'为行方向重采样。

（4）fill_method：字符串，默认值 None，指定升采样填充的方法，如'ffill'、'bfill'。

（5）closed：指定数据左右区间开闭取值，可选项为{'right', 'left',None}，默认值为 None。

（6）label：指定索引左右区间开闭区间值，可选项为{'right', 'left',None}，默认值为 None。

（7）convention：确定 rule 开始或结束时间点，仅适用于 PeriodIndex，可选项{'start', 'end', 's', 'e'}，默认值为'start'。

（8）kind：默认值为 None，可选项{'timestamp', 'period'}。指定'timestamp'转换为 DateTimeIndex，或将 period 转换为 PeriodIndex。

（9）loffset：timedelta 对象，默认值 None，调整采样的时间索引。

（10）limit：整数，默认值 None，限制填充最大数。

（11）base：整数，默认值 None，指定周期范围内频率的间隔数。

（12）on：字符串，可选，DataFrame 对象只能指定列索引值且是时间类似的列值。

（13）level：字符串或整数，可选，指定索引层次值，且层次值对应的数据值必须为时间类型。

2. resample()重采样方法适用示例

```
np.random.seed(1975)
si= pd.date_range('6/1/2019', periods=19, freq='S')      #生成 19 个连续 1s 增量的时间索引
D1= pd.Series(np.arange( len(si)), index=si)             #生成带时间索引的 19 个顺序整数的
                                                          Series 对象
D1[:10].resample('5T').sum()                             #重新采样前 10 个时间，在 5min 内累
                                                          加所有数
2019-06-01    45                                         #前 10 个时间，累积和为 45
Freq: 5T, dtype: int32
```

这里的 sum()等价于 D1[:10].resample('5T',how='sum')，属于降采样。

12.5.2 降采样

降采样（Downsampling）指将时间样本数据采样频率从高转为低的过程，需要借助聚合（统计）函数。用 resample()方法实现降采样过程，必须考虑 closed 数据采样区间的设置，另外，也要

考虑 label 索引区间的设置。原始采样数据，采用 12.5.1 小节建立的 D1，执行结果如图 12.26 所示。

1. 基于 sum()、max()的降采样

```
D1.resample('5S',closed='left',label='left').sum()              #执行结果如图 12.27 所示❶
```

上行代码，关闭数据聚合左区间，即从周期 5 的右区间开始间隔统计。时间索引则从周期 5 的左边开始间隔标志时间索引值。

```
D1.resample('5S',closed='right',label='right').sum()            #执行结果如图 12.28 所示❷
```

```
2019-06-01 00:00:00     0
2019-06-01 00:00:01     1
2019-06-01 00:00:02     2
2019-06-01 00:00:03     3
2019-06-01 00:00:04     4
2019-06-01 00:00:05     5
2019-06-01 00:00:06     6
2019-06-01 00:00:07     7
2019-06-01 00:00:08     8
2019-06-01 00:00:09     9
2019-06-01 00:00:10    10
2019-06-01 00:00:11    11
2019-06-01 00:00:12    12
2019-06-01 00:00:13    13
2019-06-01 00:00:14    14
2019-06-01 00:00:15    15
2019-06-01 00:00:16    16
2019-06-01 00:00:17    17
2019-06-01 00:00:18    18
Freq: S, dtype: int32
```

图 12.26　生成时间索引的 Series 对象

```
2019-06-01 00:00:00    10
2019-06-01 00:00:05    35
2019-06-01 00:00:10    60
2019-06-01 00:00:15    66
Freq: 5S, dtype: int32
```

图 12.27　数据关闭左区间

```
2019-06-01 00:00:00     0
2019-06-01 00:00:05    15
2019-06-01 00:00:10    40
2019-06-01 00:00:15    65
2019-06-01 00:00:20    51
Freq: 5S, dtype: int32
```

图 12.28　数据关闭右区间

上行代码，关闭数据聚合右区间，即从周期 5 的左区间开始间隔统计。时间索引则从周期 5 的左边开始间隔标志时间索引值（当最后一个周期的频率数不够时，自动以一个周期时间点标志，这是 Lable 参数设置'left'值和'right'值的唯一区别）。注意在以 5s 为周期的情况下，图 12.26 原始样本记录，只有 16s、17s、18s 三个记录，不足 5 个。

❶、❷的降采样结果，使采样频率从 1s 一条记录，降到了 5s 一条记录。

接着执行以 6s 为一条记录的降采样。

```
D1.resample('6S', label='right', closed='right').max()
                        #以 6s 为周期 label 和 closed 右边都为闭区间取最大值进行降采样，执行结果如下
```

```
2019-06-01 00:00:00     0
2019-06-01 00:00:06     6
2019-06-01 00:00:12    12
2019-06-01 00:00:18    18
Freq: 6S, dtype: int32
```

2. 基于 ohlc[①]()的降采样

在股票、期货等交易市场，经常需要通过时间序列，对当天的 Open（开盘）、High（最高）、Low（最低）、Close（收盘）四项值进行统计。Pandas 的 Series、DataFrame 对象可以通过 resample()

① ohlc 取自 Open、High、Low、Close 四个英文单词的第一个字母。

方法以传递 how='ohlc'来快速、方便地统计。

```
np.random.seed(1975011312)
si= pd.date_range('6/1/2019', periods=19, freq='S')                #生成 19 个连续 1s 增量的时间索引
D2= pd.Series(np.random.randint(-200, 200, len(si)), index=si) #模拟股票交易，生成 19 个随机交易变化数
D2
```

生成的随机交易数据如图 12.29 所示。

```
D2.resample('1min', how='ohlc')                                    #以 1min 为一次进行降采样
```

模拟股票交易数据 OHLC 降采样计算结果如图 12.30 所示。

```
2019-06-01 00:00:00    198
2019-06-01 00:00:01   -146
2019-06-01 00:00:02   -142
2019-06-01 00:00:03    -15
2019-06-01 00:00:04    121
2019-06-01 00:00:05    189
2019-06-01 00:00:06   -174
2019-06-01 00:00:07    141
2019-06-01 00:00:08   -180
2019-06-01 00:00:09    140
2019-06-01 00:00:10    -24
2019-06-01 00:00:11    149
2019-06-01 00:00:12   -182
2019-06-01 00:00:13    112
2019-06-01 00:00:14    -86
2019-06-01 00:00:15    142
2019-06-01 00:00:16   -116
2019-06-01 00:00:17   -114
2019-06-01 00:00:18    -59
Freq: S, dtype: int32
```

图 12.29　模拟股票生成随机交易数据

	open	high	low	close
2019-06-01	198	198	-182	-59

图 12.30　对股票模拟数据进行 OHLC 计算

12.5.3　升采样

升采样（Upsampling）指将时间样本数据采样从低频率转换为高频率的过程。对样本数据进行升采样采用插值方法进行，而不是通过聚合函数方式。

```
np.random.seed(1975)
si= pd.date_range('6/1/2019', periods=2, freq='W-MON')             #生成 2 个连续一周增量的时间索引
D3=pd.DataFrame(np.random.randint(2,200,size=(2,3)), index=si,columns=['销售数量','销售人数','销售客户数'])
D3                                                                 #执行结果如图 12.31 所示
D4=D3.resample('1D'). ffill()                                      #从第一行复制数据，作为后续新插进去的记录的值
D4
```

该行升采样处理，以新的一天为周期，对图 12.31 记录进行插入新记录处理，提高了数据采样频率，执行结果如图 12.32 所示。

	销售数量	销售人数	销售客户数
2019-06-03	83	22	2
2019-06-10	131	37	199

图 12.31　产生以周为周期的两条记录

	销售数量	销售人数	销售客户数
2019-06-03	83	22	2
2019-06-04	83	22	2
2019-06-05	83	22	2
2019-06-06	83	22	2
2019-06-07	83	22	2
2019-06-08	83	22	2
2019-06-09	83	22	2
2019-06-10	131	37	199

图 12.32　以天为周期对图 12.31 所示数据进行升采样

12.6　基于时间的绘图处理

Pandas 的 Series、DataFrame 对象所提供的 plot()方法，对基于时间的绘图提供了比 Matplotlib 库更为方便的功能。

12.6.1　模拟股票

模拟两支股票在同一天的 50min 内 50 次的交易量。

```
np.random.seed(1922220)
si= pd.date_range('6/1/2019', periods=50, freq='T')     #这里采用 1min 为间隔周期模拟 50 个
                                                          交易时间频率
gp= pd.DataFrame(
    np.random.randint(-100,100,size=(50,2)),             #模拟 2 支股票，50 次交易数
    index=si,                                             #为模拟股票交易建立时间的行索引
    columns=['人工智能','绿色农业']                       #模拟股票名称
    )
gp.cumsum()                                               #连续累加和
gp.plot()                                                 #绘制股票交易线
```

执行结果如图 12.33 所示。

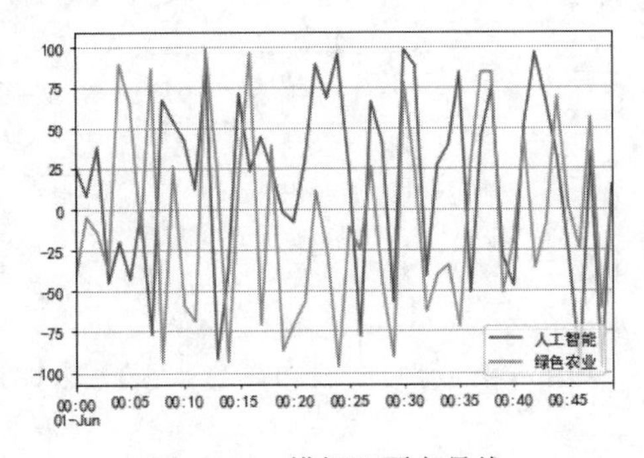

图 12.33　模拟股票交易线

12.6.2 GDP 统计

每年全球范围的国家（包括地区）都会进行 GDP[①]数据统计，可以从世界银行官网下载最近年份各个国家的 GDP 汇总排行表（https://datacatalog.worldbank.org/dataset/gdp-ranking）。

中国国家统计局官网也提供了历年我国 GDP 数据，可以通过简单注册个人信息，下载历年 GDP 详细数据（http://data.stats.gov.cn/search.htm?s=GDP）。

为了重点演示数据与时间的关系，这里采用了东方财富网上的数据进行模拟分析，其对应网址为 http://data.eastmoney.com/cjsj/gdp.html，其 GDP 数据分析界面如图 12.34 所示。

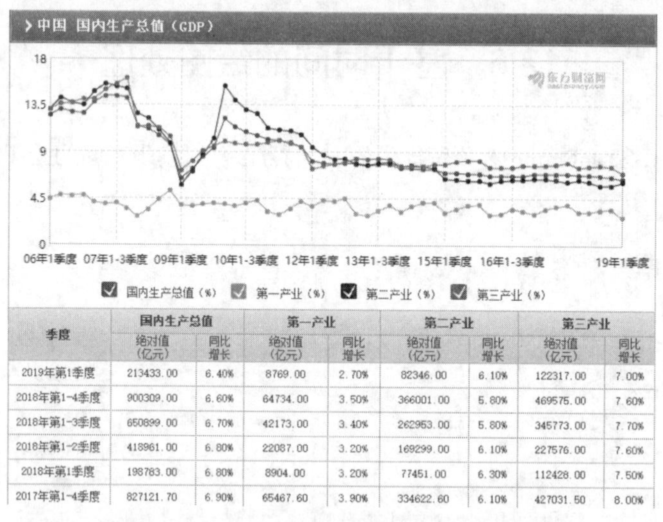

季度	国内生产总值		第一产业		第二产业		第三产业	
	绝对值（亿元）	同比增长	绝对值（亿元）	同比增长	绝对值（亿元）	同比增长	绝对值（亿元）	同比增长
2019年第1季度	213433.00	6.40%	8769.00	2.70%	82346.00	6.10%	122317.00	7.00%
2018年第1-4季度	900309.00	6.60%	64734.00	3.50%	366001.00	5.80%	469575.00	7.60%
2018年第1-3季度	650899.00	6.70%	42173.00	3.40%	262953.00	5.80%	345773.00	7.70%
2018年第1-2季度	418961.00	6.80%	22087.00	3.20%	169299.00	6.10%	227576.00	7.60%
2018年第1季度	198783.00	6.80%	8904.00	3.20%	77451.00	6.30%	112428.00	7.50%
2017年第1-4季度	827121.70	6.90%	65467.60	3.90%	334622.60	6.10%	427031.50	8.00%

图 12.34 东方财富网上的 GDP 分析结果

1. 获取从 2016 年第 1 季度到 2019 年第 1 季度国内 GDP 数据

直接摘取自东方财富网上的数据，保存为“中国 GDP 数据.csv”文件（本书配套电子资料提供），双击打开该文件，显示如图 12.35 所示。

	A	B	C	D	E	F	G	H	I
1	季度	绝对值（亿元）	同比增长	第一产业绝对值	第一产业同比增长	第二产业绝对值	第二产业同比增长	第三产业绝对值	第三产业同比增长
2	2019年第1季度	213433	6.40%	8769	2.70%	82346	6.10%	122317	7.00%
3	2018年第1-4季度	900309	6.60%	64734	3.50%	366001	5.80%	469575	7.60%
4	2018年第1-3季度	650899	6.70%	4217[illegible]	[illegible]	[illegible]	5.80%	345773	7.70%
5	2018年第1-2季度	418961	[illegible]	[illegible]	[illegible]	[illegible]	6.10%	227576	7.60%
6	2018年第1季度	198783	6.80%	[illegible]	[illegible]	[illegible]	6.30%	112428	7.50%
7	2017年第1-4季度	827121.7	6.90%	65467.6	3.90%	334622.6	6.10%	427031.5	8.00%
8	2017年第1-3季度	592539.5	6.90%	41229.1	3.70%	238445.9	6.30%	312864.6	7.80%
9	2017年第1-2季度	380944	6.90%	21987	3.50%	153212.9	6.40%	205744.1	7.70%
10	2017年第1季度	180385.3	6.90%	8654	3.00%	70084.4	6.40%	101646.9	7.70%
11	2016年第1-4季度	743585.5	6.70%	63672.8	3.30%	296547.7	6.30%	383365	7.70%
12	2016年第1-3季度	532434	6.70%	40667.1	3.50%	210754.8	6.30%	281012.2	7.50%
13	2016年第1-2季度	342071.4	6.70%	22097.3	3.00%	135115.8	6.20%	184858.3	7.50%
14	2016年第1季度	161456.3	6.70%	8803.2	2.90%	61385.1	6.00%	91268.1	7.50%

不同季度的 GDP 值

图 12.35 2016 年第 1 季度到 2019 年第 1 季度国内 GDP 数据

① GDP（Gross Domestic Product，国内生产总值），计算一年内一个国家的国民经济生产总值。

2．数据分析要求

（1）读取 CSV 表数据到 Pandas 的 DataFrame 对象中。

（2）对不同季度的 GDP 进行线性分析。

```
import pandas as pd
import numpy as np
GDP=pd.read_csv(r'G:\MyFourBookBy201811go\testData\中国 GDP 数据.csv',encoding='gb2312')
GDP
```

GDP 数据显示结果如图 12.36 所示。

	季度	绝对值（亿元）	同比增长	第一产业绝对值	第一产业同比增长	第二产业绝对值	第二产业同比增长	第三产业绝对值	第三产业同比增长
0	2019年第1季度	213433.0	6.40%	8769.0	2.70%	82346.0	6.10%	122317.0	7.00%
1	2018年第1-4季度	900309.0	6.60%	64734.0	3.50%	366001.0	5.80%	469575.0	7.60%
2	2018年第1-3季度	650899.0	6.70%	42173.0	3.40%	262953.0	5.80%	345773.0	7.70%
3	2018年第1-2季度	418961.0	6.80%	22087.0	3.20%	169299.0	6.10%	227576.0	7.60%
4	2018年第1季度	198783.0	6.80%	8904.0	3.20%	77451.0	6.30%	112428.0	7.50%
5	2017年第1-4季度	827121.7	6.90%	65467.6	3.90%	334622.6	6.10%	427031.5	8.00%
6	2017年第1-3季度	592539.5	6.90%	41229.1	3.70%	238445.9	6.30%	312864.6	7.80%
7	2017年第1-2季度	380944.0	6.90%	21987.0	3.50%	153212.9	6.40%	205744.1	7.70%
8	2017年第1季度	180385.3	6.90%	8654.0	3.00%	70084.4	6.40%	101646.9	7.70%
9	2016年第1-4季度	743585.5	6.70%	63672.8	3.30%	296547.7	6.30%	383365.0	7.70%
10	2016年第1-3季度	532434.0	6.70%	40667.1	3.50%	210754.8	6.30%	281012.2	7.50%
11	2016年第1-2季度	342071.4	6.70%	22097.3	3.00%	135115.8	6.20%	184858.3	7.50%
12	2016年第1季度	161456.3	6.70%	8803.2	2.90%	61385.1	6.00%	91268.1	7.50%

图 12.36　读入 DataFrame 并显示 GDP 数据

```
GDP1=pd.read_csv(r'G:\MyFourBookBy201811go\testData\中国 GDP 数据.csv',encoding='gb2312',
index_col=0,usecols=['季度','绝对值（亿元）'])    #指定'季度'为行索引，数据列只剩'绝对值（亿元）'
GDP1                                           #执行结果如图 12.37 所示
```

图 12.38 数据记录顺序的情况绘图结果，x 轴将出现大日期在左边的现象，人们的习惯是 x 轴大数在右边，因此，继续对行索引记录进行升序排序，其代码如下。

季度	绝对值（亿元）
2019年第1季度	213433.0
2018年第1-4季度	900309.0
2018年第1-3季度	650899.0
2018年第1-2季度	418961.0
2018年第1季度	198783.0
2017年第1-4季度	827121.7
2017年第1-3季度	592539.5
2017年第1-2季度	380944.0
2017年第1季度	180385.3
2016年第1-4季度	743585.5
2016年第1-3季度	532434.0
2016年第1-2季度	342071.4
2016年第1季度	161456.3

图 12.37　获取'季度'作为行索引的记录

季度	绝对值（亿元）
2016年第1-2季度	342071.4
2016年第1-3季度	532434.0
2016年第1-4季度	743585.5
2016年第1季度	161456.3
2017年第1-2季度	380944.0
2017年第1-3季度	592539.5
2017年第1-4季度	827121.7
2017年第1季度	180385.3
2018年第1-2季度	418961.0
2018年第1-3季度	650899.0
2018年第1-4季度	900309.0
2018年第1季度	198783.0
2019年第1季度	213433.0

图 12.38　对左边数据按照行索引进行升序排序

```
GDP2=GDP1.sort_values(by='季度',ascending=True,axis=0)
GDP2                                                  #对行索引进行升序排序
```

执行结果如图 12.38 所示。在此基础上对图 12.38 所示数据绘图，结果显示如图 12.39 所示。

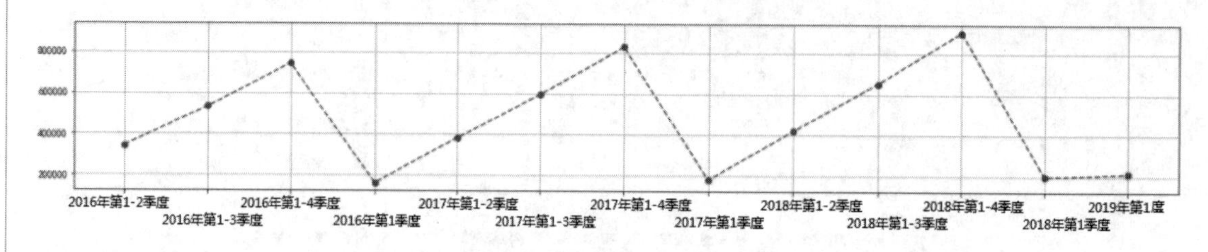

图 12.39　GDP 季度趋势

与图 12.34 相比，图 12.39 显得信息量不足，这跟数据采集的频率有关。感兴趣的读者可以在中国国家统计局官网下载更多的数据，进行更详细的数据分析。

12.7　案例 13 [三酷猫分析历年分数线]

一年一度的高考结束了，每所大学都要开始准备招生，面对百万高考大军和成千上万的报考信息，招生老师需要快速锁定自己学校的招生分数线，以便招到优质生源。

这里模拟 1000 名向 X 大学提交报名志愿考生的 10 年语文、数学、英语三门科的高考成绩，假设该大学每年录取 10 名学生，需要确定每年的录取分数线，并进行数据分析图形展示。

（1）建立 1000 名学生的语文、数学、英语三门课程的成绩，从 2010 年到 2019 年平均每年报名 100 名。

```
np.random.seed(1922220)
si= pd.period_range('2010', periods=10, freq='Y')          #产生连续 10 年的年份序列
year=[]
for d in si:
   year.append(np.repeat(d,100))          #每年为 100 名学生记录成绩，由此产生 100 个重复的年份
y1=np.array(year).reshape(1000)           #重新产生 1000 个年份的一维数组
Score= pd.DataFrame(
   {'语文':np.random.randint(0,150,1000),'数学':np.random.randint(0,150,1000),'英语':
np.random.randint(0,150,1000)}            #随机模拟 1000 名学生语文、数学、英语的成绩
   index=y1                               #1000 名年份序列作为行索引值
   )
Score                                     #显示生成的原始成绩记录表，如图 12.40 所示
```

（2）对数据进行规整。

```
S1=Score['语文']+Score['数学']+Score['英语']              #对每名学生的三门成绩进行累加
S2=pd.DataFrame({'总分':S1},index=S1.index)               #建立以时间为索引值，总分为列数据的对象
S3=S2['2010'].sort_values(by='总分',ascending=False,axis=0) #对 2010 年的总分进行降序排序
```

```
S3['总分'][9]                                #获取第 10 名学生的总分，即为当年分数线
320                                          #获取 2010 年第 10 名总分
```

在上述代码的基础上，继续改进代码，以获取连续 10 年的分数线。

```
Score_line={}
for y in si:                                                #从时间序列迭代获取年份
    y=str(y)                                                #把年份转为字符串类型
    S3=S2[y].sort_values(by='总分',ascending=False,axis=0)  #循环获取每年的降序排序记录
    Score_line[y]=S3['总分'][9]                             #获取每年第 10 名的总分，并存入字典对象
print('历年分数线:')
Score_line                                                  #打印输出 10 年的分数线
历年分数线:
{'2010': 320,
 '2011': 314,
 '2012': 324,
 '2013': 333,
 '2014': 316,
 '2015': 336,
 '2016': 312,
 '2017': 333,
 '2018': 334,
 '2019': 318}
```

（3）对规整数据进行图形可视化分析。

```
Score_end=pd.Series(Score_line,name='分数线年份')
Sp=Score_end.plot(title='X 大学最近 10 年招生分数线分析')
Sp.set_ylabel('总分')
Sp.set_xlabel('年份')
```

代码执行结果如图 12.41 所示。从显示的图形折线图可以非常直观地发现，2015 年的录取分数线最高，为 336 分；2016 年的录取分数线最低，为 312 分。这些分数线的统计，有利于招生老师现场录取时作为分数参考，另外也有利于学校进一步研究如何提高生源质量。

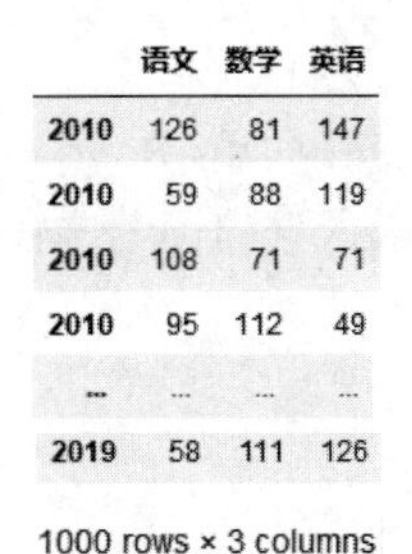

	语文	数学	英语
2010	126	81	147
2010	59	88	119
2010	108	71	71
2010	95	112	49
...	...	...	...
2019	58	111	126

1000 rows × 3 columns

图 12.40 原始成绩表

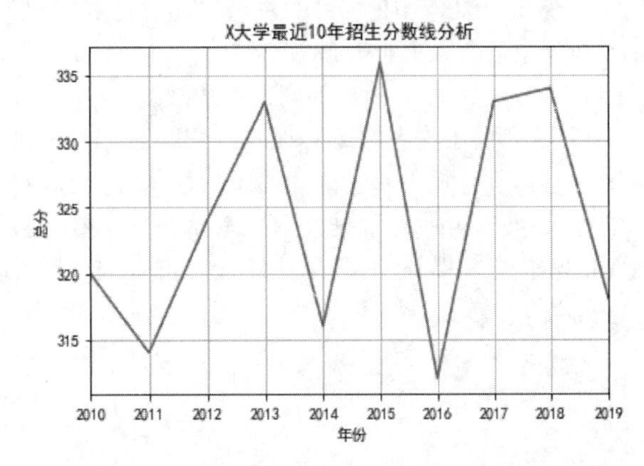

图 12.41 X 大学最近 10 年招生分数线分析

12.8　习题及实验

1. 填空题

（1）Pandas 提供了四种类型的生成日期时间的对象，分别是（　　）、（　　）、（　　）、（　　）。

（2）时间增量是相对指定时间点上的（　　）时间差异，用不同的单位表示，如天、小时、分钟、秒。它们可以是（　　），也可以是（　　）。

（3）周期表示一段范围的时间，如一天、一周、一个月、一个季度、一个年度等。规则的时间周期用 Pandas 中的（　　）对象表示，（　　）产生连续的周期序列对象 PeriodIndex。

（4）日期偏移量更加遵循（　　）持续时间规则，如 DateOffset()在增加日时，总是增加到指定日的同一时间，而忽略夏令时等所带来的时间差异；而 Timedelta()在增加日时，每天增加（　　）。

（5）Pandas 的 Series、DataFrame 对象都提供（　　）重采样方法。根据时间采样数的不同，可以分为（　　）、（　　）。

2. 判断题

（1）pd.Timestamp(year=2019, month=6, day=1, hour=8,minute=1,second=10,microsecond=1000)，用键值对形式指定年、月、日、时、分、秒、毫秒。（　　）

（2）Timedelta 是 datetime 的一个子类，用于提供时间增量计算功能，其提供增量时间值时，必须在参数里指定增量时间单位。（　　）

（3）M= pd.Period('2019-01', freq='M')表示建立时间在以分钟为周期的一个变量 M，然后可以对该变量做周期加减等操作。（　　）

（4）在实际工作中，为了准确安排日期，在做时间计划安排时，采用日期偏移更加准确科学。（　　）

（5）利用 D1.resample()方法，时间采样频率从 1s 变成了 5s，属于升采样。（　　）

3. 实验题

实验一：获取 2020 年 12 个月的月末日期并计算当日的星期

实验二：观察读者入书群时间规律

作者的《Python 编程从零基础到项目实战》一书在 2018 年 10 月正式上市，并为读者建立了学习交流 QQ 群。由于作者好奇心很强，想知道一天内读者入群的时间规律，方便作者集中精力给读者解疑答惑，于是把入 QQ 群的读者信息保存为“QQ 入群信息.csv”文件。

要求通过 DataFrame 的数据读取、数据整理、数据转化、数据统计、数据显示，用图直观地显示一天 24 小时内，并以小时为单位统计入群人数，以发现一天哪些时段入群的读者比较多。

第 13 章 Scikit-learn 基础

机器学习是人工智能的中流砥柱，且技术日趋成熟，大名鼎鼎的 AlphaGo[①]打败世界职业围棋冠军的同时，也让世人彻底意识到，人工智能技术在局部领域已经超过人类的智力能力。基于此，以机器学习为代表的人工智能技术得到越来越多人的青睐，而 Scikit-learn 作为一款优秀的开源机器学习库，便是入门者最佳选择之一。

学习内容

- 机器学习入门
- 数据准备
- 分类
- 回归
- 聚类
- 降维
- 模型选择
- 数据预处理
- Scikit-learn 与 TensorFlow 的比较
- 案例 14 [三酷猫预测手写数字]
- 习题及实验

[①] 主要利用了强化学习算法。

13.1 机器学习入门

机器学习是基于数据基础上对数据进行分析以及后续数据发展走向进行预测，并获取有用的信息。前面章节所介绍的数据处理结果，可以被机器学习所用。

13.1.1 从垃圾邮件说起

在互联网高速发展的今天，人们普遍使用电子邮箱收发邮件，因此传统的书信在一般公众生活中已经基本上消失了。我们在体验强大的信息化手段的同时，也遇到了新的问题，那就是垃圾邮件。大量的垃圾邮件混杂在正常邮件之中，在干扰着邮箱使用者。

图 13.1 所示是作者不常用的一个邮箱，里面除了虚线处的那个邮件有用外，其他都可以认为是垃圾邮件。可见，大量的垃圾邮件会让使用者头昏眼花。

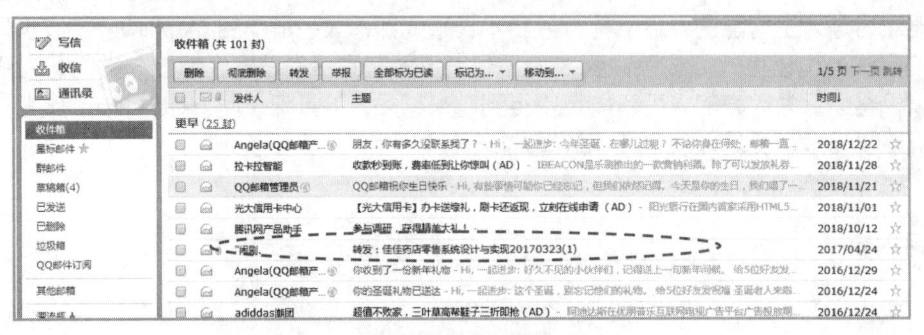

图 13.1　混杂着垃圾邮件的邮箱

图 13.2 则是作者常用的另外一个邮箱，通过该邮箱的机器学习功能，把垃圾邮件自动分类到“垃圾箱”中。注意仔细观察图 13.2 左侧列表里的“垃圾箱(30)”，“30”代表已经过滤掉的 30 个垃圾邮件。打开“垃圾箱”，如图 13.3 所示，里面是大量的会议邀请或论文约稿邮件（作者 10 多年前在一本会议期刊上发表过论文，疑似泄漏了邮箱地址），这些都是作者不需要的邮件。

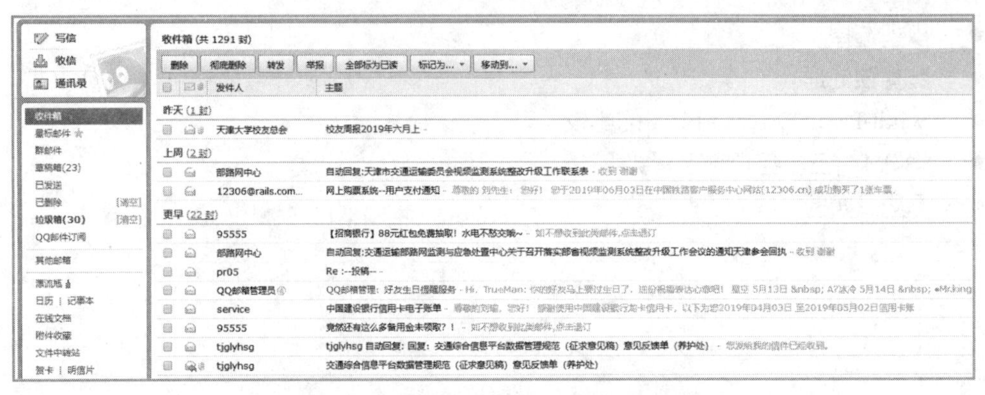

图 13.2　机器学习过滤垃圾邮件后的邮箱

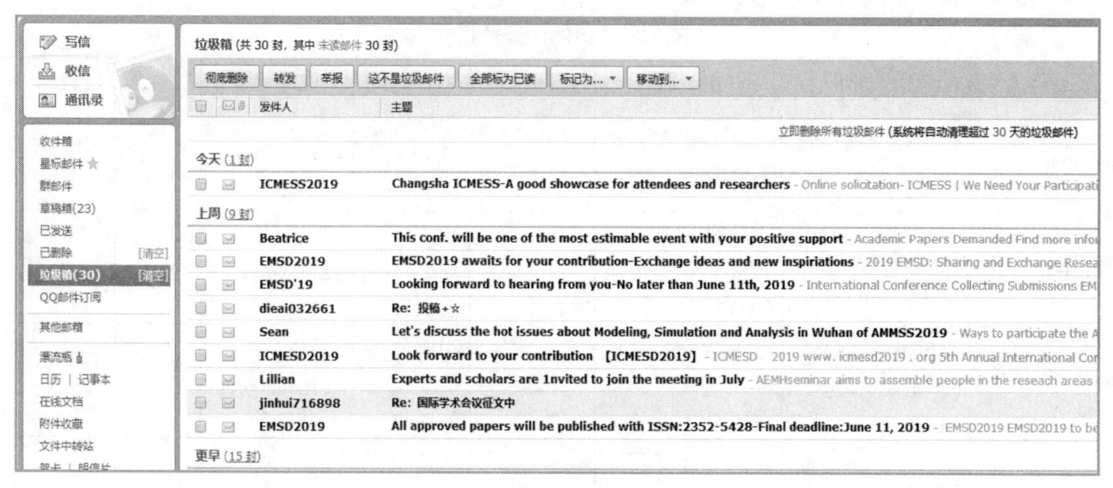

图 13.3　垃圾箱里的垃圾邮件

那么机器学习是怎么识别垃圾邮件的呢？

1. 数据

这里的所有邮件都是数据，一条邮件记录包括发件人、发件地址、主题、发件时间、收件地址、收件人、打开状态（未读、已读）等。这些记录包含了不同邮件的信息。

2. 对数据做标记（Mark）[①]

邮箱用户往往在打开邮箱时，会把没有用的邮件直接删除，删除的记录进入了“已删除”箱（见图 13.3 左侧列表）。这个删除操作就是做标记过程。

3. 删除数据的统计分析

当连续删除某些邮件达到一定次数时，机器学习算法认为该类邮件对邮箱用户来说是没有用的。于是当新的该类邮件再次发送过来时，机器学习会根据该类邮件删除数据记录的特征（属性+数值），自动将其归类为垃圾邮件。

这里把识别邮件记录的属性，如发件人、发件地址、主题、打开状态、删除记录条数，以及这些属性对应的值进行综合统计分析。假设打开状态的值为“未读”，删除记录条数超过 3 条，发件地址的邮箱地址一样，主题值为“投稿”的记录，自动识别为垃圾邮件。

这种根据标记数据集训练区分新数据的方法叫监督学习，没有标记的叫无监督学习。

13.1.2　相关概念

在机器学习中经常要用到一些专用术语，这里继续以垃圾邮件为例进行说明。将图 13.1 混杂着垃圾邮件的记录数据化，如表 13.1 所示。

---

① 做标记又叫加标签（Label）。

表 13.1　邮件记录数据化[1]

发件人	发件地址	主　题	打开状态	发件时间	收件地址	收件人	垃圾邮件
Angela	aAnssgela_admin@qq.com	朋友，你有多久没联系我了？	False	2018 年 12 月 22 日中午 11:49	5236@qq.com	liyu	是
拉卡拉智能	zzuqseful@intel.lakala-mail.com	收款秒到账，费率低到让你惊叫（AD）	False	2018 年 11 月 28 日晚上 9:31	5236@qq.com	liyu	是
光大信用卡中心	wshuaka@limit.cebbank-credit.com	办卡送豪礼，刷卡还返现，立刻在线申请（AD）	False	2018 年 11 月 1 日上午 6:47	5236@qq.com	liyu	是
闹剧	swwwqj0513@qq.com	转发：佳佳药店零售系统设计与实现 20170323(1)	True	2017 年 4 月 24 日中午 12:54	5236@qq.com	liyu	否
…	…	…	…	…	…	…	…

1. 特征（Feature）

特征用于刻画一事物异于其他事物的特点，由属性和属性值组成。表 13.1 里的列名：发件人、发件地址、主题、打开状态、发件时间、收件地址、收件人都为属性。每个属性记录了各自的属性值，如第一个邮件发件人属性的值为“Angela(QQ 邮箱产品经理)”，一个属性和一个对应属性值构成了一个邮件的一个特征。

2. 特征向量（Feature Vector）

一个事物所记录的所有特征，构成了一个特征向量。表 13.1 记录了四条邮件特征的记录，就产生了四个特征向量（而且是数值化的）。

3. 距离度量（Distance Metrics）

为了判断事物之间的相似度，在机器学习中引入距离度量算法。距离度量是数学法则，用于空间测量沿曲线的距离和曲线间的角度。常见的距离度量算法包括欧式（欧几里得）距离算法[2]、街区距离算法、棋盘距离算法等。

对于具有标签的数据，很容易区分哪些是有用的信息，哪些是无用的信息。如表 13.1 最右边添加了“垃圾邮件”标签，其值为“是”的都分为垃圾邮件，其值为“否”的则是邮箱用户需要的正常邮件。这是监督学习的优点。但是，有些数据是无法做标记的，就得采用无监督学习，如图像识别里的去噪音，就需要用到距离度量算法。

关于该方面的详细算法实现，可以参考周志华编著的《机器学习》（清华大学出版社，2016 年）一书。

4. 算法（Algorithm）

算法就是解决问题的过程，能够对一定规范的输入，在有限时间内获得所要求的输出，如线

[1] 为了避免不必要的麻烦，这里对邮箱地址进行了处理，非真实邮箱地址。

[2] 欧氏距离算法的推广为闵氏（闵可夫斯基）距离算法，是机器学习里距离度量的基本算法之一。

性回归算法、均值算法等。

5. 模型（Model）

机器学习中的模型，借助算法和数据形成固定模式，实现对事物性质的准确判断或表达。模型可以大，也可以小，如线性回归分类是监督学习的一种算法，可以基于该算法和相关数据建立数据模型，称线性回归分类模型。大的如监督学习模型，利用数据和数据综合统计分析（分类）算法实现对垃圾邮件的区分。这里的分类算法可以是线性回归分类、决策树、朴素贝叶斯、支持向量机等。

6. 数据集（Data Set）

数据集指机器学习中提供的数据样本，用于不同模型的计算、评估、验证和预测，最终可以产生有用的信息。数据样本在模型计算时，往往分训练（Train）集、测试（Test）集、验证（Validation）集（含交叉验证）。

训练集用于机器学习模型的训练，通过模型算法对参数的调整或记住示例预测数据，训练集初步获得数据学习经验。训练集的训练往往是多次的，然后选择最佳预测的结果。

测试集用于测试训练模型，给出误差率，以验证训练模型是否合理。比如说训练集提供了500 张人脸图像，经过训练分类为张三、李四、王五三个人各自特征（甚至可以有识别标签）的训练结果。然后，用王五的 100 张照片去测试验证获得的图像识别率是高还是低，高则说明训练模型可靠性高，低则需要重新调整训练集数据和模型算法，以获取更好的预测模型。

测试集从样本数据中获取，一般建议随机抽取样本数据的 20%左右，剩下的用于训练集。

目前为止，训练集、测试集都是固定的一份，但是很有可能从样本中抽取的训练集、测试集数据存在缺陷问题。如人脸图像训练集缺少戴帽子的图像，测试集人脸图像数据缺少某个特征的数据，由此产生了模型偏差问题。为了避免类似问题，可以继续对训练集、测试集数据进行交叉分成几份，把训练集交叉分成几份，把测试集数据交叉分成几份（除了一份用于最后验证测试外，其余几份用于对训练模型的验证测试，由此产生验证集），以获取更加健壮的训练模型。

实际使用过程中把样本分为训练集和测试集进行模型训练比较普遍，如图 13.4 所示，交叉验证使用相对较少。

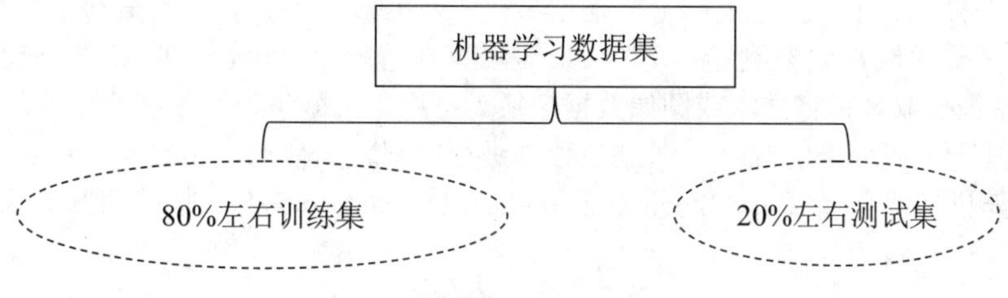

图 13.4　机器学习数据集分类

13.1.3　Scikit-learn 库

Scipy 是著名的科学计算库，它的英文全称为 Science Python，在它基础上产生了一系列 Sci 开头的更加专业的科学应用库。细心的读者马上会感觉到 Scikit-learn 库名的不一般。起始 Sci 就是 Science 的缩写，那么英文全称就是 Science KitLearn（直译为“科学工具学习”）。进一步可以确定，Scikit-learn 库是在 Scipy、Numpy 库基础上新派生出来的专业用于机器学习的库。

Scikit-learn 库主要功能分六大部分：分类、回归、聚类、降维、模型选择、数据预处理[1]。

（1）分类（Classification）确定数据对象的所属类别。常见应用场景有垃圾邮件分类、可标记图像识别等。Scikit-learn 库提供了支持普通最小二乘线性、线性和二次判别分析、向量机（Support Vector Machines，SVM）、随机梯度下降、最近邻、高斯处理、交叉分解、朴素贝叶斯、决策树、多类和多标签、特征选择、半监督、等渗回归、概率校准、神经网络算法等功能。

由于 Scikit-learn 不支持深度学习，不支持 GPU[2]加速，因此对于多层感知机（Multilayer Perceptron，MLP）[3]不适合大规模数据处理的应用场景。

（2）回归（Regression）是指预测与给定对象相关联的连续属性。常见的应用场景如预测药物反应、预测股票价格趋势等。Scikit-learn 库提供了支持向量回归（Support Vector Regression，SVR）、岭回归、套索（Lasso）回归、弹性网络、最小角度回归（Least Angle Regression）、贝叶斯回归、稳健型回归、多项式回归算法等功能。

（3）聚类（Clustering）指自动识别具有相似属性的给定对象，并将其分组为集合，属于无监督学习的范畴。常见的应用场景如顾客细分、试验结果分组等。Scikit-learn 库提供了 K 均值聚类、亲和力传播聚类、光谱聚类、均值偏移聚类、分层聚类、基于密度的噪声应用空间聚类（Density-Based Spatial Clustering of Applications with Noise，DBSCAN）等算法功能。

（4）降维（Dimensionality Reduction）指采用主成分分析（Principal Component Analysis，PCA）、截断奇异值分解（Singular Value Decomposition，SVD）语义分析、字典学习、因子分析、独立成分分析、非负矩阵分解（Non-negative Matrix Factorization，NMF）或特征选择等降维技术来减少要考虑的随机变量的个数，以提高运行速度。主要应用场景有可视化处理、自然语言处理、信息检索和计算效率提升等。

（5）模型选择（Model Selection）指通过调整参数对模型进行比较、验证、选择，以选择最佳精度的模型效果。Scikit-learn 库提供了交叉验证、各种模型评估、模型持久性、验证曲线等功能。

（6）数据预处理（Data Preprocessing）指数据特征的提取和归一化，是机器学习过程中的第一个也是最重要的一个环节。这里归一化是指将输入数据转换为具有零均值和单位权方差的新变量，但因为大多数时候都做不到精确等于零，因此会设置一个可接受的范围，一般都要求落在 0~1 之间。而特征提取是指将文本或图像数据转换为可用于机器学习的数字变量。

部分算法基于上述分类的混合，通过参数等进行区别，如被动攻击算法（Passive Aggressive Algorithms）、随机梯度下降算法（Stochastic Gradient Descent，SGD）、核岭回归算法等。

13.2 数 据 准 备

机器学习离不开数据，这里将提供一些可以公开获取的数据源，并告诉读者如何使用。根据

---

[1] https://scikit-learn.org/stable/index.html。

[2] GPU，Graphics Processing Unit，图形处理器，利用 GPU 对图像处理算法加速，提高运算速度。

[3] MLP 又叫人工神经网络（ANN，Artificial Neural Network）。

获取途径不同，可以把 Scikit-learn 利用的数据源分为五大类，分别是国内外专业在线数据源、Scikit-learn 数据源、业务数据库数据、随机自生成数据和指定文件读取数据。

13.2.1　国内外专业在线数据源

在专业数据分析中，利用国内外现有的在线公共数据资源，可以大幅加快专业数据的获取速度，加大数据项目成功的概率。目前，似乎没有类似数据门户的全国性或全球数据资源目录网，至少笔者没有发现，有发现的读者可以通过各种途径告知笔者。在无法直接获取数据门户信息的情况下，一种比较好的办法就是利用搜索引擎搜索各种自己想要研究的数据。

如从事国民经济研究的，想获取最近几年国内外的 GDP 数据，那么可以用搜索引擎搜索“GDP csv”，搜索结果如图 13.5 所示，第一条记录就是世界银行所提供的全球范围经济实体每年 GDP 数据排名，并提供对应的数据下载功能。

图 13.5　通过搜索引擎获取需要的数据资源

下面是一些作者感兴趣，并通过搜索引擎搜集到的专业数据资源地址，如表 13.2 所示。

表 13.2　国内外专业数据资源地址

分　类	数据资源名称	地　址
国内	北京市政务数据资源网	http://www.bjdata.gov.cn/
	国家生态系统观测研究网络科技资服务系统	http://www.cnern.org.cn/introduce.jsp
	天元数据网	https://www.tdata.cn/
	搜狗实验室数据资源	http://www.sogou.com/labs/resource/list_news.php
	资源环境数据云平台	http://www.resdc.cn/
	清华大学自然语言处理实验室推出的中文文本分类工具包	http://thuctc.thunlp.org/
	北京大学信息科学与技术学院计算机系网络实验室 Dlib 组健康大数据资源	http://net.pku.edu.cn/dlib/healthcare/
	腾讯大数据	https://data.qq.com/about

续表

分　类	数据资源名称	地　址
国外	美国政府开放数据资源	https://www.data.gov/
	印度政府开放数据资源	https://data.gov.in/
	世界银行开放数据资源	http://data.worldbank.org/
	印度储备银行开放数据资源	https://rbi.org.in/Scripts/Statistics.aspx
	538 数据资源	https://github.com/fivethirtyeight/data
	Amazon 大数据资源	https://aws.amazon.com/cn/datasets/
	美国加州大学欧文机器学习库	https://archive.ics.uci.edu/ml/index.php
	机器学习竞赛、托管数据、共享代码的平台，位于澳大利亚墨尔本市	https://www.kaggle.com/datasets
	一个著名的数据科学社区	https://datahack.analyticsvidhya.com/contest/all
	著名的金融数据共享及交易网	https://www.quandl.com/
	数据驱动网	https://www.drivendata.org/
	著名的数字图像在线数据库	http://yann.lecun.com/exdb/mnist/
	带字符的自然图像库	http://www.ee.surrey.ac.uk/CVSSP/demos/chars74k/

13.2.2　Scikit-learn 数据源

Scikit-learn 库本身提供两类数据，一类是自带的小数据集（Toy Datasets），另一类是在线真实世界数据集。

1.　小数据集

小数据集随 Scikit-learn 库同步安装到计算机硬盘上，具体安装位置随操作系统的不同及安装方式的不同略有差异，如 D:\python\Lib\site-packages\sklearn\datasets\data。data 子文件夹里存放着七类小数据集文件，如图 13.6 所示。

boston_house_prices	2019/2/15 22:44	Microsoft Office...	34 KB
breast_cancer		Microsoft Office...	118 KB
diabetes_data.csv		WinRAR 压缩文件	24 KB
diabetes_target.csv		WinRAR 压缩文件	2 KB
digits.csv	2019/2/15 22:44	WinRAR 压缩文件	57 KB
iris	2019/2/15 22:44	Microsoft Office...	3 KB
linnerud_exercise	2019/2/15 22:44	Microsoft Office...	1 KB
linnerud_physiological	2019/2/15 22:44	Microsoft Office...	1 KB
wine_data	2019/2/15 22:44	Microsoft Office...	11 KB

类型: Microsoft Office Excel 逗号分隔值文件
大小: 33.9 KB
修改日期: 2019/2/15 22:44

图 13.6　Scikit-learn 库自带小数据集

读者可以采用如下形式调用小数据集内容。

```
from sklearn.datasets import load_<name>          #导入对应名称的小数据调用函数
data=load_<name>()                                #通过调用函数装入数据
```

代码中的name指具体的小数据集的名称，其完整的名称罗列如表13.3所示，每类数据集详细说明见附录四。

表 13.3　Scikit-learn 小数据集名称

序　　号	小数据集名称	调 用 方 式	数据内容说明
1	鸢尾花数据集	from sklearn.datasets import load_iris	记录三个品种 150 朵鸢尾花（各 50 朵），并附带分类标签值（0，1，2）
2	波士顿房价数据集	from sklearn.datasets import load_boston	506 条波士顿房价，含 13 个字段属性，标签 MEDV 自住房屋的中位数价值 1000 美元
3	糖尿病数据集	from sklearn.datasets importload_ diabetes	442 名糖尿病 10 个字段属，标签值（基线后一年的疾病进展的定量测量）
4	手写数字数据集	from sklearn.datasets import load_digits	1797 张手写数字图片，每个图片记录了 64 个像素属性值（8×8），属性值范围为 0~16，标签值标记 10 类数字（0，1，2，…，9）
5	人生理数据集	from sklearn.datasets import load_linnerud	20 个人生理数据集，两个小数据集： 生理数据集 linnerud_physiological.csv 运动数据集 linnerud_exercise.csv
6	葡萄酒识别数据集	from sklearn.datasets import load_wine	178 条葡萄酒 13 个字段属性值，标签值：三个品种的葡萄酒的值（0，1，2）
7	乳腺癌威斯康星（诊断）数据集	from sklearn.datasetsload import_breast_cancer	569 条乳腺癌威斯康星（诊断）数据 30 个字段属性值，标签值：恶性、良性（0，1）

每类小数据对象都有数据（data）和标签（target），可以通过如下代码查看。

```
from sklearn.datasets import load_iris          #导入鸢尾花数据加载函数
iris_data=load_iris()                           #加载数据
data_x=iris_data.data                           #鸢尾花属性数据
data_y=iris_data.target                         #标签值（0，1，2），分别表示三个品种的鸢尾花
data_x[0]                                       #第一朵鸢尾花的属性值
array([5.1, 3.5, 1.4, 0.2])                     #萼片长度、萼片宽度、花瓣长度、花瓣宽度
data_y[100]
2                                               #第三个品种鸢尾花的分类标签值
```

说明：

上述代码是使用小数据集的标准用法，读者可以通过更换名称（见表 13.3）调用不同的数据集，并使用对应的数据和标签。

每类小数据对象提供了详细内容介绍，可以通过 DESCR 属性获取对应的信息。

```
iris_data.DESCR                                 #获取鸢尾花数据描述信息
'.. _iris_dataset:\n\nIris plants dataset\n--------------------\n\n**Data Set
Characteristics:**\n\n    :Number of Instances: 150 (50 in each of three classes)\
n    :Number of Attributes: 4 numeric, predictive attributes and the class\n    :Attribute
Information:\n        - sepal length in cm\n        - sepal width in cm\n        - petal
```

```
length in cm\n        - petal width in cm\n        - class:\n                - Iris-Setosa\n
- Iris-Versicolour\n            - Iris-Virginica\n            \n   :Summary Statistics:\n\n
============== ==== ==== ======= ===== ====================\n                    Min  Max
Mean    SD   Class Correlation\n    ============== === === ====== ==== ==================
\n   sepal length:   4.3  7.9   5.84   0.83    0.7826\n   sepal width:    2.0  4.4  3.05
0.43   -0.4194\n    petal length:    1.0  6.9   3.76   1.76    0.9490  (high!)\n    petal
width:    0.1  2.5   1.20   0.76    0.9565  (high!)\n    ============== ==== ==== =======
===== ==================\n\n   :Missing Attribute Values: None\n   :Class Distribution:
33.3% for each of 3 classes.\n   :Creator: R.A. Fisher\n   :Donor: Michael Marshall
(MARSHALL%PLU@io.arc.nasa.gov)\n   :Date: July, 1988\n\nTh…
```

获取鸢尾花属性名称信息：

```
iris_data.feature_names
['sepal length (cm)',                                      #萼片长度（厘米）
 'sepal width (cm)',                                       #萼片宽度（厘米）
 'petal length (cm)',                                      #花瓣长度（厘米）
 'petal width (cm)']                                       #花瓣宽度（厘米）
```

2．在线真实世界数据集

Scikit-learn 库提供了真实世界大规模数据集，如表 13.4 所示，详细内容见附录四。

表 13.4　Scikit-learn 库真实世界大规模数据集

序　号	真实世界数据集名称	下载及导入函数	数据内容说明
1	剑桥大学 AT&T 实验室面部数据集	fetch_olivetti_faces()	提供了 40 类 400 张人脸图像，提供了 4096 个特征项（介于 0 和 1 之间的图像灰度值），标签值为 0 和 39 之间的整数，表示人脸对应的人的身份，每类标签对应 10 个样例
2	20 个新闻组数据集	fetch_20newsgroups()、fetch_20newsgroups_vectorized()	提供了 20 类 18 846 条新闻样本记录，并提供 20 类新闻分类的标签值
3	野外人脸识别数据集	fetch_lfw_people()、fetch_lfw_pairs()	提供 13 233 张 JPG 图片，每张图片提供 0~255 范围的颜色特征值，提供 5749 个图像分类标签值
4	森林覆盖数据集	fetch_covtype()	提供美国 30m×30m 的森林区域树种记录，记录提供了 54 个特征值，并提供了 7 类树的标签值
5	路透社新闻专线报道档案数据集（第一卷）	fetch_rcv1()	提供路透社超过 804 414 个新闻专线报道的档案记录
6	KDD Cup99 数据集	fetch_kddcup99()	麻省理工学院林肯实验室提供的模拟网络攻击行为的记录
7	加州住房数据集	fetch_california_housing()	美国加州 1990 年人口普查住房记录数据，标签值为加州地区的房价中值

3．使用示例

这里以 20 个新闻组数据集为例，说明其使用过程。

函数 fetch_20newsgroups(data_home=None,subset='train',categories=None,shuffle=True,random_state=42, remove=(),download_if_missing=True)，参数说明如下。

（1）data_home：可选，默认值为 None，则从 Scikit-learn 安装工作环境的'∽/ scikit_learn_data'子文件夹的 20news-bydate_py3.pkz 文件中读取数据。如果为数据集指定下载地址或本地文件夹路径名，则从指定的位置读取 20news-bydate_py3.pkz 文件中的数据。

（2）subset：设置需要加载的子数据集，可选项为{'train'，'test'，'all'}，其中，'train'为训练集，'test'为测试集，'all'为训练集和测试集都加载。

（3）categories：None、string 或 unicode 的集合对象，值为 None（默认值），加载所有类别的数据；非 None，则指定要加载的类别名称列表（其他类别忽略）。

（4）shuffle：布尔值，可选，默认值为 True，则对数据进行洗牌，这对样本独立且相同分布的数据的算法模型更加有用，如随机梯度下降；设置 False 则可以提高运行效率。

（5）random_state：整数、RandomState 实例或 None（默认），生成随机数确定数据集重排序。

（6）remove：元组，可以包含（'headers', 'footers', 'quotes'）的任何子集。指定可选项，则指定的子数据集在加载时被排除。'headers'排除新闻组标题，'footers'排除帖子的末尾（看起来像签名），'quotes'排除引用其他文章的行。

（7）download_if_missing：可选，默认值为 True，当使用计算机没有指定的 20news-bydate_py3.pkz 文件时，则从源站点网站下载数据；为 False 时，则当使用计算机没有数据时，引发 IOError。

返回值对象包括的属性为 data（数据集）、target（标签值）、filenames（文件名）、DESCR（数据集描述）、target_names（标签名）。

加载数据示例：

```
from sklearn.datasets import fetch_20newsgroups              #导入新闻组数据集函数
newsgroups_train = fetch_20newsgroups(subset='train')        #加载 20 个新闻组的训练集
from pprint import pprint
pprint(list(newsgroups_train.target_names))                  #输出 20 类新闻分类标签名称
['alt.atheism',
 'comp.graphics',
 'comp.os.ms-windows.misc',
 'comp.sys.ibm.pc.hardware',
 'comp.sys.mac.hardware',
 'comp.windows.x',
 'misc.forsale',
 'rec.autos',
 'rec.motorcycles',
 'rec.sport.baseball',
 'rec.sport.hockey',
 'sci.crypt',
 'sci.electronics',
 'sci.med',
```

```
'sci.space',
'soc.religion.christian',
'talk.politics.guns',
'talk.politics.mideast',
'talk.politics.misc',
'talk.religion.misc']
```

13.2.3 业务数据库数据

在实际工作中，将接触一类基于数据库的业务数据。这里的数据库可以是基于关系型的数据库系统，如 MySQL、SQLServer、Oracle、SQLite（Python 自带单机数据库系统）、Access 等；还可以是基于 NoSQL 的数据库系统，如 MongoDB、Cassandra、Redis、Hbase 等；也可以是既具有关系数据库特征又具有 NoSQL 特征的 NewSQL 数据库系统，如 PostgreSQL、SequoiaDB（国产）、SAP HANA、MariaDB、VoltDB、Clustrix 等[①]。

数据库里记录的业务数据随着应用环境的不同五花八门，如服务业的餐饮系统，将记录菜单、顾客信息、原材料采购、点菜单、结账记录等大量的信息；4S 汽车销售店将记录汽车基本信息、入库信息、销售信息、顾客信息、维修记录信息、配件采购信息等；交通部门则记录高速公路上通行车辆基本信息、车辆通过的交通量信息、收费信息、ETC 信息、收费站信息等；油田记录油井基本信息、油井管道基本信息、油井管道检测信息、油井管道维修信息、作业人员基本信息等；超市记录商品基本信息、商品采购信息、商品入库信息、商品上架信息、商品销售记录、商品盘点信息、商品报废信息、商品退货信息、商品赠送信息、顾客信息、员工信息等。其实，这里罗列的一些系统信息，都是作者亲手开发或参与的一些信息系统信息。

面对种类繁多，业务应用多样化的数据，读者可以借助这些数据库系统，获取有价值的数据，然后进行数据分析和预测。

Python 语言为此提供了大量的数据库系统访问驱动接口程序，详细内容可以参考作者编写的《Python 编程从零基础到项目实战》（2018 年 10 月）一书第 12 章的相关内容。

这里利用 Python 自带的 SQLite 数据库系统，模拟餐饮一天的销售记录，通过 Pandas 展现记录，并用 Matplotlib 可视化数据。

1. 建立餐饮连续几天的销售记录库

```
import sqlite3
conn=sqlite3.connect('restaurant.db')                  #第一次建立数据库，第二次开始连接数据库
cur=conn.cursor()                                      #通过建立数据库游标对象，准备读写操作
cur.execute('''Create table T_Sale(date text,name text,nums int,price real,Explain
text)''')                                              #建立销售表
cur.execute("insert into T_Sale Values('2019-6-25','清蒸带鱼',9,48,'')")
                                                       #插入模拟餐饮销售记录★
conn.commit()                                          #提交销售记录到数据库文件
```

① 刘瑜、刘胜松，《NoSQL 数据库入门与实践（基于 MongoDB、Redis）》，2018 年 4 月。

读者可以利用★处代码行，修改括号里的餐饮记录内容，然后反复执行该行记录，以达到销售表里多条模拟记录的要求。最后一定要利用最后一条执行代码，把所插入内容保存到数据库文件里，避免数据的丢失。

2. 读取销售记录并用 Pandas 展现

```
import pandas as pd
import sqlite3
conn=sqlite3.connect('restaurant.db')          #第一次建立数据库，第二次开始连接数据库
sql="Select date as '销售日期',name as '菜名',nums as '销售数量',price as '单价(元)',Explain
as '说明' from T_Sale"                          #读取销售记录 SQL，并把英文字段名转为汉字字段名
D1=pd.read_sql(sql, conn )                     #执行 SQL 查询语句，并返回到 DataFrame 对象
conn.close()
D1                                             #显示表格数据如图 13.7 所示
```

	销售日期	菜名	销售数量	单价(元)	i
0	2019-6-19	南瓜粥	10	15.3	
1	2019-6-18	南瓜粥	2	15.3	
2	2019-6-18	南瓜粥	2	15.3	
3	2019-6-20	南瓜粥	25	15.3	
4	2019-6-21	南瓜粥	25	15.3	
5	2019-6-22	南瓜粥	28	15.3	
6	2019-6-23	南瓜粥	35	15.3	
7	2019-6-24	南瓜粥	34	15.3	
8	2019-6-25	南瓜粥	39	15.3	
9	2019-6-18	宫保鸡丁	26	25.0	
10	2019-6-19	宫保鸡丁	20	25.0	
11	2019-6-20	宫保鸡丁	22	25.0	
12	2019-6-21	宫保鸡丁	27	25.0	
13	2019-6-21	宫保鸡丁	1	25.0	
14	2019-6-22	宫保鸡丁	19	25.0	
15	2019-6-23	宫保鸡丁	28	25.0	
16	2019-6-24	宫保鸡丁	38	25.0	
17	2019-6-25	宫保鸡丁	37	25.0	
18	2019-6-19	清蒸带鱼	28	48.0	
19	2019-6-20	清蒸带鱼	21	48.0	
20	2019-6-21	清蒸带鱼	25	48.0	
21	2019-6-22	清蒸带鱼	27	48.0	
22	2019-6-23	清蒸带鱼	18	48.0	
23	2019-6-24	清蒸带鱼	15	48.0	
24	2019-6-25	清蒸带鱼	9	48.0	

图 13.7　餐饮销售记录

3. 用 Matplotlib 展现一种菜品的销售趋势

```
import pandas as pd
```

```
import sqlite3
conn=sqlite3.connect('restaurant.db')                  #第一次建立数据库，第二次开始连接数据库
sql="Select date as '销售日期',name as '菜名',nums as '销售数量',price as '单价(元)',Explain
as '说明' from T_Sale where name='清蒸带鱼'"          #重新从数据库里获取清蒸带鱼的记录
D2=pd.read_sql(sql, conn )
import matplotlib.pyplot as plt
from matplotlib.font_manager import FontProperties  #导入字体属性设置函数
font = FontProperties(fname=r"C:\windows\fonts\simsun.ttc", size=14)       #宋体
plt.figure(figsize=(8,6))
plt.xlabel("销售日期",fontproperties=font)
plt.ylabel("日销售数量",fontproperties=font)
plt.plot(D2['销售日期'],D2['销售数量'],label='清蒸带鱼')
plt.text(0,27,'清蒸带鱼销售',fontproperties=font)
plt.show()
```

清蒸带鱼的销售趋势如图 13.8 所示。

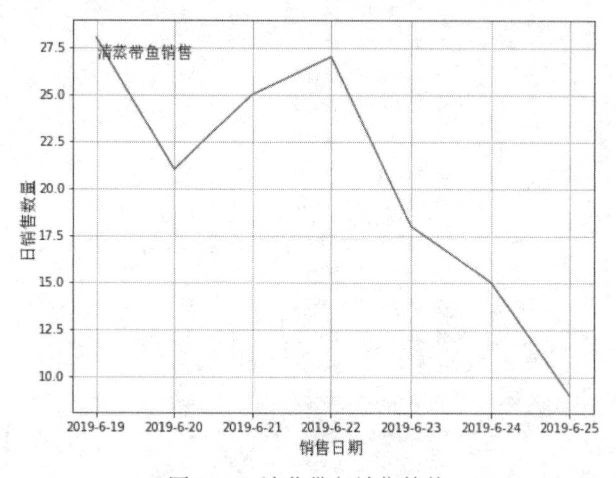

图 13.8　清蒸带鱼销售趋势

13.2.4　随机自生成数据

当读者手头缺乏数据又苦于无法建立符合研究要求的数据集时，Scikit-learn 为此提供了新的解决方法——随机样本生成器（Random Sample Generators）。随机样本生成器可以根据读者的预期要求，快速生成模拟样本数据集，然后在这个样本的基础上，进行各种数据分析和机器学习验证。

1. 分类样本数随机生成器

函数 sklearn.datasets.make_classification(n_samples=100, n_features=20, n_informative=2, n_redundant=2,n_repeated=0,n_classes=2,n_clusters_per_class=2,weights=None,flip_y=0.01,class_sep=1.0, hypercube=True, shift=0.0, scale=1.0, shuffle=True, random_state=None)，参数说明如下。

（1）n_samples：指定需要随机生成的样本数，默认值为 100。

（2）n_features：指定样本的总特征数，默认值为 20。

（3）n_informative：指定信息特征的数量，每个分类由多高斯簇[①]组成，默认值为 2。

（4）n_redundant：指定冗余特征的数量，这些特征是作为信息特征的随机线性组合生成的，默认值为 2。

（5）n_repeated：指定从 n_informative、n_redundant 特征数中随机抽取重复特征的数量，默认值为 0。

（6）n_classes：指定样本分类的数量，默认值为 2。

（7）n_clusters_per_class：指定每类样本的聚类数，默认值为 2。

（8）weights：指定分配给每分类（n_classes）样本数的比例，默认值为 None，则每类得到的样本数是平衡的。如果 len(weights)== n_classes – 1，则自动推断最后一个分类的权重；如果权重总和超过 1，则可以返回多个 n_samples 样本。

（9）flip_y：指定随机交换的分类部分样本分数，默认值为 0.01。

（10）class_sep：指定分类因子，该因子数乘以 hypercube 参数值，使较大值分散，方便样本数的分类，默认值为 1.0。

（11）hypercube：值为 True，则将簇值放在超立方体的顶点上；值为 False，则将簇放在随机多面体的顶点上，默认值为 True。

（12）shift：按指定值移动特征，值为 None 则通过[-class_sep, class_sep]中确定的随机值移动特征。

（13）scale：指定一个数值，通过乘以特征值进行缩放；值为 None，则通过[1,100]中确定的随机数值对特征值进行缩放，默认值为 1.0。

（14）shuffle：随机产生样本和特征值，默认值为 True。

（15）random_state：确定数据集建立时的随机数生成器，默认值为 None。

返回值：

（1）X，形状为[n_samples, n_features]的数组，返回生成的样本。

（2）Y，形状为[n_samples]的数组，返回每类样本的分类标签。

分类样本数随机生成器代码示例：

```
import numpy as np
import matplotlib.pyplot as plt
from sklearn.datasets import make_classification                    #导入分类样本随机生成器
sam,fea=make_classification(n_samples=100,n_features=5,n_informative=2,n_clusters_
per_class=1,n_classes=3)                                            #生成指定分类样本★
plt.scatter(sam[:, 0],sam[:,1], marker='*', c=fea)                  #绘制散点图
plt.show()
```

★生成 100 个样本数，总特征值是 5 个，信息特征数 2 个，每类 1 个簇，样本分 3 个类。上述代码执行结果如图 13.9 所示。

---

① 簇为样本的分类组，可以理解为一个分类包含几个组的数，也可以是一个分类只包含一个组的数，通过 n_clusters_per_class 参数指定一个分类里簇的个数。

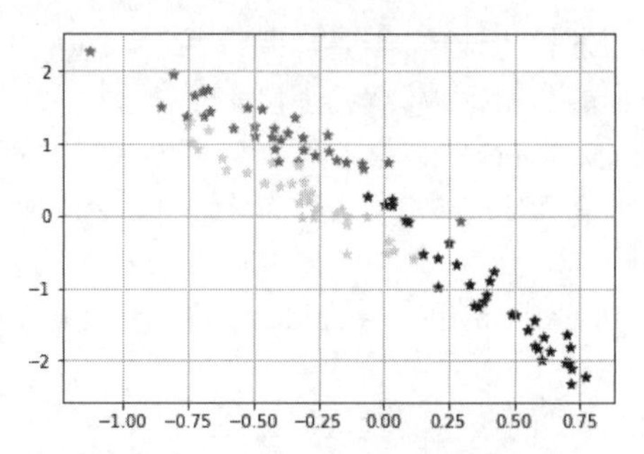

图 13.9　生成 3 个分类的随机样本

注意：

特征值参数值必须符合该公式要求 n_informative+n_redundant+n_repeated<n_features，否则报错。另外，参数还要满足 n_classes * n_clusters_per_class<=2 ** n_informative，否则报错。

2．聚类样本数随机生成器

函数 sklearn.datasets.make_blobs(n_samples=100,n_features=2,centers=None,cluster_std=1.0, center_box=(-10.0, 10.0), shuffle=True, random_state=None)，参数说明如下。

（1）n_samples：指定要生成的样本数，如果指定一个正整数值，则它是簇之间平均分配的总样本数，默认值为 100；如果是类似数组对象，则序列的每个常量值都指定一个簇的样本数。

（2）n_features：指定每个样本的特征数，默认值为 2。

（3）centers：整数、形状为[n_centers, n_features]的数组或默认值 None，指定聚类中心数；当 n_samples 参数为正整数且该参数的值为 None，则生成 3 个中心；当 n_samples 为类似数组对象，则该参数必须是 None 或长度等于 n_samples 的数组。

（4）cluster_std：浮点数或浮点数序列对象，可选，默认值 10，簇值的标准偏差。

（5）center_box：浮点数对（最小值，最大值），可选，默认值为（-10.0，10.0），指定聚类中心的边界范围。

（6）shuffle：默认值 True，随机产生样本值。

（7）random_state：默认值为 None，确定数据集建立时的随机数生成器。

返回值：

（1）X，形状为[n_samples, n_features]的数组，返回生成的样本数。

（2）Y，形状为[n_samples]的数组，返回每类集群样本的分类标签。

聚类样本数随机生成器代码示例：

```
import numpy as np
import matplotlib.pyplot as plt
from sklearn.datasets.samples_generator import make_blobs
plt.figure(figsize=(10,6))
plt.subplot(121)
sam,fea= make_blobs(n_samples=500, n_features=2,centers=None)       #随机生成三个聚类
plt.scatter(sam[:,0],sam[:,1],marker='o',c=fea)                     #绘制三个聚类
plt.subplot(122)
sam1,fea1= make_blobs(n_samples=500, n_features=2,centers=[[-5,-3], [-5,3],
```

```
[4,-4],[3,3]])                                           #随机生成四个固定中心位置的聚类
plt.scatter(sam1[:,0],sam1[:,1],marker='o',c=fea1)      #绘制四个聚类
plt.show()
```

上述代码执行结果如图 13.10 和图 13.11 所示，图 13.10 生成三个随机中心位置的聚类，图 13.11 生成固定中心位置的四个聚类。

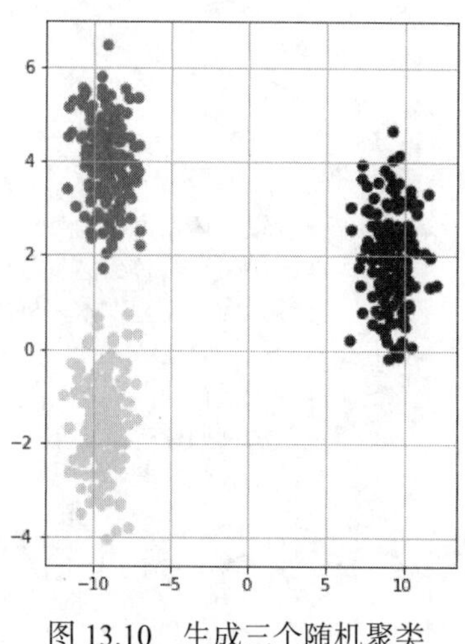

图 13.10　生成三个随机聚类

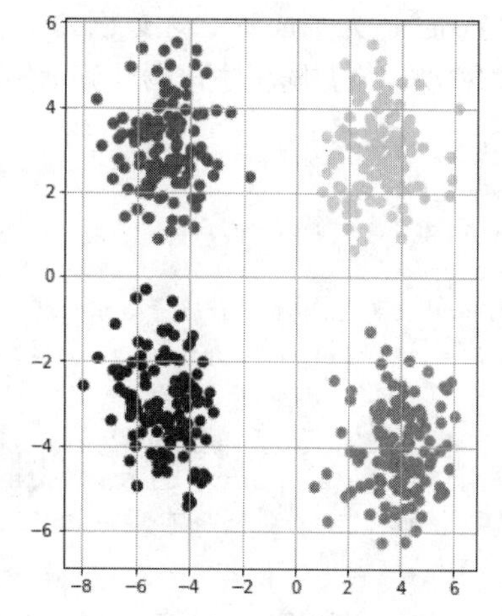

图 13.11　生成固定中心的四个随机聚类

3．回归模型样本数随机生成器

函数 sklearn.datasets.make_regression(n_samples=100, n_features=100, n_informative=10, n_targets=1, bias=0.0, effective_rank=None, tail_strength=0.5, noise=0.0, shuffle=True, coef=False, random_state=None)，参数说明如下。

（1）n_samples：指定样本数，默认值为 100。

（2）n_features：指定样本的总特征数，默认值为 100。

（3）n_informative：指定信息特征数，默认值为 10，用于构建用于生成输出的线性模型的特征的数量。

（4）n_targets：整数，默认值为 1，回归目标的数量，即与样本相关联的 y 输出向量的维数。

（5）bias：浮点数，可选，默认值为 0.0，底层线性模型的偏差项。

（6）effective_rank：整数或 None，可选，默认值为 None 则输入数据集具有良好的条件，居中、具有单位方差的高斯；整数情况下，提供线性组合解释大多数输入数据所需的奇异向量的近似数量。

（7）tail_strength：范围在[0.0,1.0]之间的浮点数，可选，默认值为 0.5；effective_rank 参数不为 None 情况下，确定奇异值范围噪音尾部的相对重要性。

（8）noise：浮点数，可选，默认值为 0.0，确定输出高斯噪声的标准偏差。

（9）shuffle：默认值为 True，随机产生样本值。

（10）coef：默认值为 False，值为 True 则返回基础线性模型的系数。

（11）random_state：默认值为 None，确定数据集建立时的随机数生成器。

返回值：

（1）X，形状为[n_samples, n_features]的数组，返回输入样本。

（2）Y，形状为[n_samples]或[n_samples, n_targets]的数组，样本在 y 轴的输出值。

（3）Coef，形状为[n_features]或[n_features, n_targets]的数组，可选，返回基础线性模型的系数（仅当 coef 值为 True 时，才返回）。

回归模型样本数随机生成器代码示例：

```
import numpy as np
import matplotlib.pyplot as plt
plt.rc('font', family='SimHei', size=10)                    #设置黑体，大小为 10
plt.rcParams['axes.unicode_minus'] = False                  #解决坐标轴负数的负号显示问题
from sklearn.datasets import make_regression                #导入回归模型样本随机生成器
X,Y,Coef =make_regression(n_samples=200, n_features=1,coef=True,noise=8)
                                                            #生成线性回归样本
plt.scatter(X,Y,c='b',alpha=0.7)                            #绘制回归样本散点图
plt.plot(X,X*Coef,color='black',linewidth=4)                #绘制线性回归趋势线
plt.title('随机生成线性回归样本')
plt.show()
```

代码执行结果如图 13.12 所示。

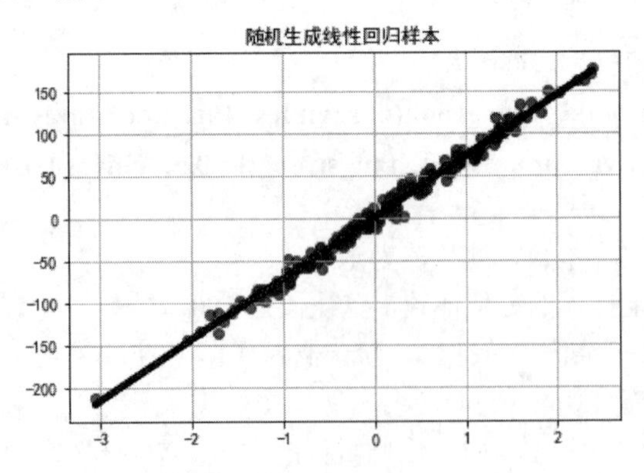

图 13.12　随机生成线性回归样本数据

4．S 曲线数据集随机生成器

函数 sklearn.datasets.make_s_curve(n_samples=100, noise=0.0, random_state=None)，参数说明如下。

（1）n_samples：整数，可选，默认值为 100，指定 S 曲线上的采样点数。

（2）noise：浮点数，可选，默认值为 0.0，指定高斯噪音的标准偏差。

（3）random_state：默认值为 None，确定数据集建立时的随机数生成器。

返回值：

（1）X，形状为[n_samples, 3]的数组，返回采样点数。

（2）T，形状为[n_samples]的数组，返回样本的单变量位置。

```
import matplotlib.pyplot as plt
from sklearn.datasets import make_s_curve                    #导入回归模型样本随机生成器
X,color=make_s_curve(300,random_state=0)
plt.scatter(X[:,0],X[:,2], c=color)
plt.show()
```

生成 S 曲线数据集，如图 13.13 所示。

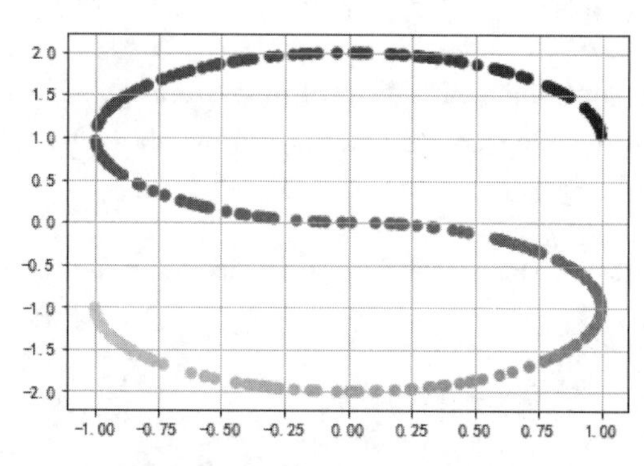

图 13.13　随机生成 S 曲线数据

5. 其他随机样本生成器

Scikit-learn 官网还提供了以下随机样本生成器，读者可以通过 np.info()获取使用帮助信息。

（1）datasets.make_biclusters(shape, n_clusters)，生成具有恒定块对角线结构的数组，用于双聚类。

（2）datasets.make_checkerboard(shape, n_clusters)，生成具有块棋盘结构的数组，用于双聚类。

（3）datasets.make_circles([n_samples, shuffle, …])，在 2d 平面中创建一个包含较小圆的大圆。

（4）datasets.make_friedman1([n_samples, …])，生成“弗里德曼＃1”回归问题样本。

（5）datasets.make_friedman2([n_samples, noise, …])，生成“弗里德曼＃2”回归问题样本。

（6）datasets.make_friedman3([n_samples, noise, …])，生成“弗里德曼＃3”回归问题样本。

（7）datasets.make_gaussian_quantiles([mean, …])，通过分位数生成各向同性高斯和标签样本。

（8）datasets.make_hastie_10_2([n_samples, …])，生成 Hastie 等使用的二进制分类数据。

（9）datasets.make_low_rank_matrix([n_samples, …])，生成具有钟形奇异值的大多数低秩矩阵。

（10）datasets.make_moons([n_samples, shuffle, …])，制作两个交错的半圆。

（11）datasets.make_multilabel_classification([…])，生成随机多标签分类问题样本。

（12）datasets.make_sparse_coded_signal(n_samples, …)，生成字典元素的稀疏组合信号。

（13）datasets.make_sparse_spd_matrix([dim, …])，生成稀疏对称确定正矩阵。

（14）datasets.make_sparse_uncorrelated([…])，使用稀疏不相关设计生成随机回归问题样本。

（15）datasets.make_spd_matrix(n_dim[, random_state])，生成随机对称正定矩阵。

（16）datasets.make_swiss_roll([n_samples, noise, …])，生成瑞士卷数据集。

13.2.5 指定文件读取数据

Scikit-learn 库接受任何使用 Numpy 或 Scipy 的数组对象的数据，其他可以转化为数组对象的类型也可以接受，如 Pandas 的 DataFrame 数据对象。对于 Numpy、Scipy、Pandas 数据的读写处理，请参考本书的 5.1 节、8.3 节、10.6 节内容。

这里利用 Scikit-learn 库本身提供的读取文件功能，实现对文本、图片数据的读取处理。

1. 文本文件读取

函数 datasets.load_files(container_path,description=None,categories=None,load_content=True, shuffle=True,encoding=None,decode_error='strict', random_state=0)，参数说明如下。

（1）container_path：指定如图 13.14 所示的主文件夹路径。

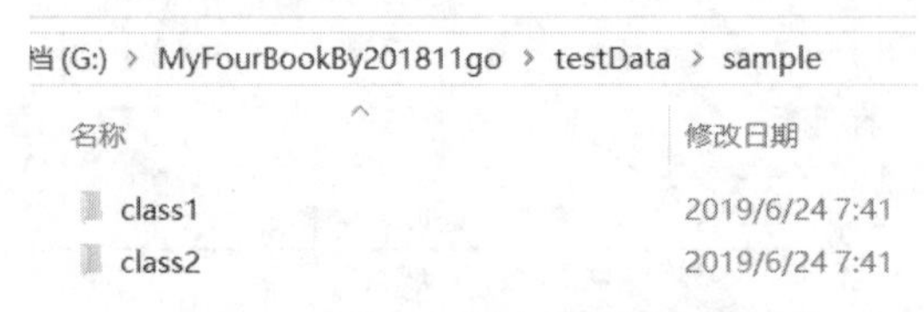

图 13.14　建立分类路径的样本数据

（2）description：字符串，可选，默认值 None，描述数据集简单情况。

（3）categories：字符串集合对象，可选，默认值 None，加载所有标签（子文件夹）下的所有样本数据；指定标签名的列表，则加载指定标签范围的样本数据。

（4）load_content：逻辑值，默认值 True，则加载所有的文本文件；False 则不加载不同内容（特征）的文件，但返回数据对象的 filenames 属性提供文件路径信息。

（5）shuffle：默认值 True，随机读取数据（对样本独立且相同分布的模型，如随机梯度下降模型可能很重要）。

（6）encoding：字符串或 None（默认值），在中文等双字节多字节的情况下，需要指定编码类型，一般中文用'utf-8'、'gb2312'、'gbk'。

（7）decode_error：可选{'strict','ignore','replace'}，指定解码出错提示方式。

（8）random_state：默认值 0，指定随机生成器。

文本文件读取样本代码示例。

要用 load_files()函数读取指定路径下的样本数据，必须按照如图 13.14 所示的方法建立对应路径和文本文件。

第一步，建立主文件夹，图 13.14 中是“sample”。

第二步，建立具有样本标签分类作用的两个子文件夹 class1、class2，当然这里可以是三个、四个子文件夹，不受限制，但是子文件夹名称必须准确，因为将会反映到数据标签名称上。

第三步，在对应子文件夹里建立文本文件，这里每个文件里记录了一个班级部分学生的姓名和语文、英语、数学的考试成绩。

第四步，用 load_files()函数读取文本文件的样本数据。

```
from sklearn import datasets
```

```
ScoreData = datasets.load_files(r"G:\MyFourBookBy201811go\testData\sample",encoding=
'utf-8')
ScoreData
{'data': ['李曼 89 95 94\r\n 陶丁 91 93 91\r\n 赵霖 89 90 95\r\n 冯一  100 89 93\r\n','张小
丁 99 100 94\r\n 王丽   100 98 93\r\n 刘玲玲 99 99 95\r\n 丁钢    98 99 93\r\n'],
'filenames': array(['G:\\MyFourBookBy201811go\\testData\\sample\\class2\\score2.txt',
'G:\\MyFourBookBy201811go\\testData\\sample\\class1\\score1.txt'],dtype='<U57'),
 'target_names': ['class1', 'class2'],
 'target': array([1, 0]),
 'DESCR': None}
```

注意：

在文本文件里有中文的情况下，必须用 encoding 解决中文显示问题，否则将显示十六进制的数字。

2. 图片文件读取

Scikit-learn 库提供了样本图片的读取函数 load_sample_images()、load_sample_image(image_name)。

（1）用 load_sample_images()显示两张样例图片

```
from  sklearn.datasets import load_sample_images
dataset=load_sample_images()                                  #加载两张样例图片
china=dataset.images[0]                                       #第一张图片，中国夏宫
flower=dataset.images[1]                                      #第二张图片，花
import matplotlib.pyplot as plt
plt.figure(figsize=(10,6))
plt.subplot(121)
plt.imshow(china)                                             #显示第一张图片
plt.title('China Summer Place')
plt.subplot(122)
plt.imshow(flower)                                            #显示第二张图片
plt.title('Flower')
plt.show()                                                    #执行结果如图 13.15 所示
```

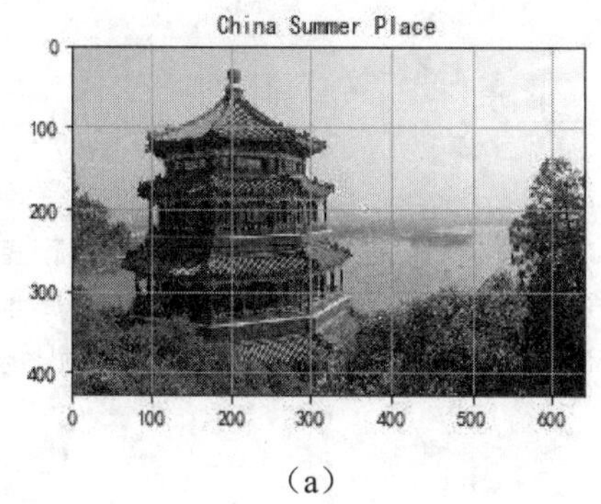

（a）

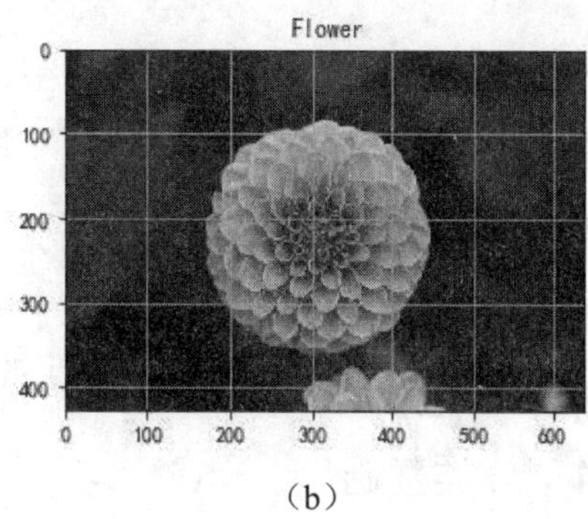

（b）

图 13.15　显示两张样例图片

（2）用 load_sample_image(image_name)显示指定 JPG 图片

load_sample_image(image_name)只能读取默认路径下 china.jpg、flower.jpg 两张图片，其中参

数 image_name 指定一张图片的名称。为了让该函数读取读者指定的 JPG 图片，只要找到存放样例图片的默认路径，然后把需要显示的 JPG 图片复制到该默认路径下就可以调用。假设 Scikit-learn 库的默认安装样例图片路径为 D:\Python\Python37\site-packages\sklearn\datasets\images（不同的安装路径前面部分稍微有点不一致），然后把一张名为“运动会 9.jpg”的图片复制到该路径下，接着执行如下代码。

```
from sklearn.datasets import load_sample_image
sport=load_sample_image(r'运动会 9.jpg')
plt.figure(4)
plt.imshow(sport)
plt.title('运动会无人机')
```

执行结果如图 13.16 所示。

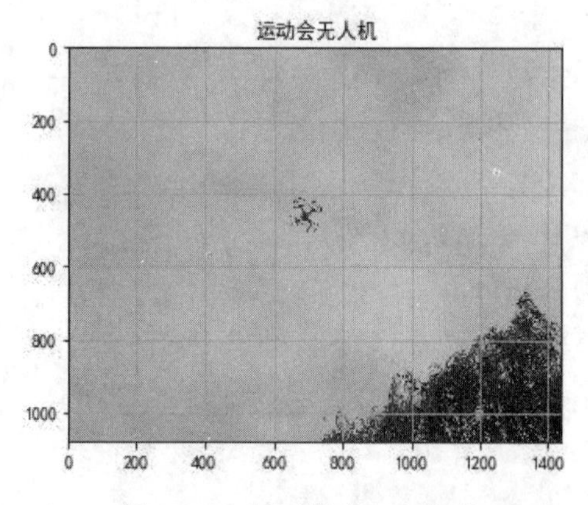

图 13.16　显示指定 JPG 图片

说明：

利用该方法读取 JPG 图片，只是权宜之计，正式要利用各种格式的图片进行机器学习研究，可以安装专业图像处理库，如 OpenCV、PIL、skimage 等。

13.3　分　类

Scikit-learn 库提供了事物分类识别的机器学习模型，可以模仿人对事物的判断意识，根据预先分类依据，把新事物归类，如判断一个手写字是 5 还是 6。分类属于监督学习，确定对象属于哪个类别。常见的实现模型包括 SVM、最近邻居、随机森林等，常用于垃圾邮件检测、图像识别等。

13.3.1　分类基础

人在用眼睛、耳朵和大脑识别人类时，智能地会把人类分为女人、男人。这是因为人从出生开始就接受训练，了解女人、男人的区别特征。如女人的头发长、柔和，皮肤细腻、穿裙、前胸突起（乳房关键特征之一）、腰细、说话声细等；男人短头发、粗直，皮肤粗糙、穿西服、前胸平直、腰直、说话声粗等。上述男女的特征，经过大脑的综合统计、分析，就可以得出是男人、女人的判断。由此，人先经过从出生开始的学习，掌握了区分男女的特征和分类依据（事先分男、女两类），然后当面对陌生人，根据已经掌握的经验信息就可以进行分类判断，以确定是男还是女，最后验证判断结果是否准确。

从上例可以得到分类机器学习的基本过程。

第一步，准备训练数据。

第二步，选择分类模型，准备学习（机器学习分类模型比较多）。

第三步，分类模型训练学习，掌握分类特征、分类标签（无监督学习没有该项内容），并进行验证测试、调优。

第四步，训练后的分类模型进行实际应用。

第五步，应用结果的评估。

说明：

分类机器学习基本过程，可以应用到其他机器学习过程，也就是具有相似的处理过程。

Scikit-learn 库提供了类似人判断男、女的分类机器学习模型，如 SVC、NuSVC（基于数值控制的支持向量分类模型）、LinearSVC（线性支持向量分类模型）和 SGDClassifier（随机梯度下降分类模型）。

1. SVC 分类模型

SVC 全称 C-Support Vector Classification（C-支持向量分类），通过样本数据间的间隔（距离）计算对数据进行分类。

函数 Class sklearn.svm.SVC(C=1.0,kernel='rbf',degree=3,gamma='auto_deprecated',coef0=0.0, shrinking= True,probability=False, tol=0.001, cache_size=200, class_weight=None, verbose=False, max_iter=-1, decision_function_shape='ovr', random_state=None)，参数说明如下。

（1）C：浮点数，可选，默认值为 1.0，分类错误率的惩罚系数。低值 C 使训练集分类更加平滑（包容性强，但更容易出错）；高值 C 则可以提高训练集的分类准确度，但泛化能力[①]弱（适应性）。

（2）kernel：字符串，可选{'linear', 'poly', 'rbf', 'sigmoid', 'precomputed', 可调用自定义内核函数}，指定要在算法中使用的内核类型。默认值为'rbf'径向基函数（Radial Basis Function）高斯核算法，采用该算法时，必须考虑 C、gamma 两个参数的设置；'linear'为线性核算法；'poly'为多项式核算法；'sigmoid'为 S 型核算法；'precomputed'为格拉姆矩阵预估核算法。

（3）degree：整数，可选，默认值为 3，在 kernel 参数指定为'poly'时，用该参数指定多项式核函数的次数，kernel 参数为其他内核类型的情况下，该参数不起作用。

（4）gamma：浮点数，可选，默认值为'auto'（则会采用 1/n_features），指定'poly'、'rbf'、'sigmoid'内核模型的核系数；在 Scikit-learn 为 0.22 及以上版本，推荐用'scale'选项；该参数定义了单个训练样本的影响程度，该参数值越大其他样本越接近影响。

```
import sklearn as sn
sn.__version__                                  #查看 sklearn 安装版本
```

① 模型对训练集和测试集以外样本的预测能力称为模型的泛化能力。

```
'0.20.3'
```

（5）coef0：浮点数，可选，默认值为 0.0，核函数中的独立项，它仅在'poly'和'sigmoid'内核类型下有用。

（6）shrinking：布尔值，可选，默认值为 True 意味着使用收缩启发方式。

（7）probability：布尔值，可选，默认值为 False。若启动概率预估模式，必须在调用拟合（fit）方法前启用它，但会减慢该方法的运行速度。

（8）tol：浮点数，可选，默认值为 1e-3，设置计算停止标准的度量值。

（9）cache_size：浮点数，可选，指定内核缓存的大小（以 MB 为单位）。

（10）class_weight：可选，设置可选项为字典对象或'balanced'，将类 i 的参数 C 设置为 SVC 的 class_weight[i]*C，如果没有给值，则所有的类是一个权重。

（11）verbose：布尔值，默认值为 False，不启用；值为 True 则启用详细输出，并存在无法在多线程中正常运行的问题。

（12）max_iter：整数，可选，求解器内迭代的硬性限制，默认值为-1 无限制。

（13）decision_function_shape：可选，可选项为'ovo'、'ovr'，默认值为'ovr'，是否将形状（n_samples，n_classes）的 one-vs-rest（'ovr'）决策函数作为所有其他分类器返回，或者返回具有形状（n_samples，n_classes *（n_classes -1）/ 2）的 libsvm 对象的原始 one-vs-one（'ovo'）决策函数。

（14）random_state：整数，可选，默认值为 None，确定随机函数。

注意：

SVC 模型的训练时间是随训练集数据量平方级增长，因此，不适合超过 10 000 的样本。当样本数据集超过 10 000 个，并在测试过程发现执行效率非常低的情况下，应该考虑 sklearn.linear_model.LinearSVC、sklearn.linear_model.SGDClassifier。

参数 kernel 所提供的内核算法相关的数学公式及使用参考官网地址 https://scikit-learn.org/stable/modules/svm.html#svm-classification。

2. SVC 分类模型的拟合方法 fit()

SVC 分类模型要实现训练集的学习，必须通过其提供的 fit()方法来实现，fit()根据给定的训练数据拟合 SVM 模型。

函数 fit(X, y, sample_weight=None)，参数说明如下。

（1）X：类似数组的集合对象或稀疏矩阵，提供形状为（n_samples, n_features）的训练向量，其中 n_samples 是样本数，n_features 是特征值；对于 kernel ="precomputed"（见 SVC 的 kernel 参数），X 的预期形状是（n_samples，n_samples）。

（2）y：类似数组集合对象，形状为(n_samples,)的一维数组，指定分类标签值。

（3）sample_weight：类似数组的集合对象，形状为(n_samples,)的一维数组，指定每个样本的权重，权重加上每个样本的 C（见 SVC 的 C 参数）缩放比决定样本中的侧重部分。

3. SVC 模型代码示例

演示 SVC 分类模型的数据集训练、测试、可视化分类结果过程。

```
from sklearn import svm
import numpy as np
import matplotlib.pyplot as plt
```

```
Data =np.array([[1.0, 1.0, 0],                     #准备训练数据样本集，最后一列为分类标签
    [1.0, 2.0, 0],
    [1.5, 3.0, 0],
    [2.0, 1.0, 0],
    [2.5, 2.0, 0],
    [2.0, 2.5, 0],
    [5.0, 5.0, 1],
    [4.0, 4.0, 1],
    [4.5, 5.0, 1]])
x_train = Data[:,:-1]                              #准备训练集数据
y_train = Data[:,-1]                               #提供训练集对应的标签值
cl= svm.SVC(C=0.9, kernel='linear', gamma=10)      #在线性核算法情况下，需要确定 C、gamma
                                                    参数，创建学习模型
cl.fit(x_train, y_train)                           #指定训练集，分类标签集，进行拟合训练学习
T=np.array([[1.5,2],[4.5,4]])                      #测试集数据
er=cl.predict(T)                                   #测试模型，并给出分类结果
print('测试数据分类结果:',er)
x = np.linspace(0, 8, 20)                          #设置分类线的 x 坐标值
y = -(cl.coef_[0,0]*x+cl.intercept_[0])/cl.coef_[0,1]  #计算分类线 y 值，coef_为线性斜率，
                                                        intercept_为截距
plt.plot(x,y, 'g')                                      #绘制分类线
plt.plot(x_train[0:6,0], x_train[0:6,1], 'bP')          #绘制标签为 0 的样本数据，十字标记
plt.plot(x_train[6:,0], x_train[6:, 1], 'mo')           #绘制标签为 1 的样本数据，圆形标记
plt.plot(T[:,0],T[:,1],'gD',markeredgewidth=4)          #绘制测试数据，粗的实心菱形标记
plt.show()
测试数据分类结果: [0. 1.]                                 #测试数据[1.5,2]分类为 0，[4.5,4]
                                                        分类为 1
```

执行结果如图 13.17 所示，分类线左下角为十字标记的是标签值为 0 的样本，分类线右上角为圆形标记的是标签值为 1 的样本；左下角一个粗的实心菱形标记是测试数据[1.5,2]，其标签值也为 0，归入左下角样本类；右上角一个粗的实心菱形标记是测试数据[4.5,4]，其标签值也为 1，归入右上角样本类。测试结果表明测试数据分类非常准确。

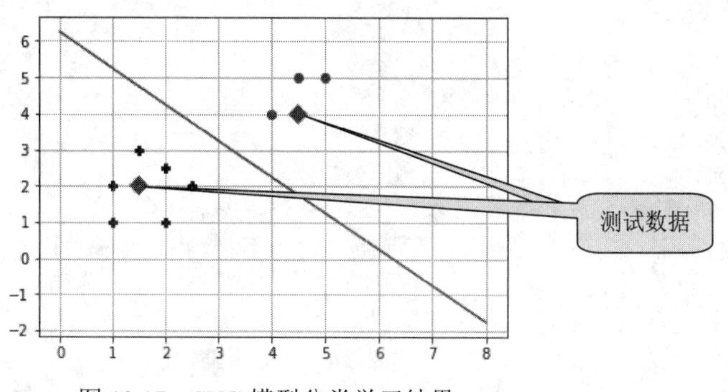

图 13.17　SVC 模型分类学习结果

13.3.2 手写字识别

这里通过 Scikit-learn 库提供的手写数字样本数据，实现数据分类和识别过程。

1. MNIST 样本数据集准备

在机器学习过程中，训练集数据必须足够多，才能保证模型的高精度的运行。Scikit-learn 库自带的小数据集提供了 1797 张手写数字数据集图片（见 13.2.2 小节表 13.3），为了提高模型的准确度，这里采用更大规模的样本数据。

第一步，从以下网址下载带有 70 000 个手写数字的样本数据，其中训练集为 60 000 个，测试集为 10 000 个，并都含标签值（0~9 共 10 个数字）。

https://github.com/amplab/datascience-sp14/raw/master/lab7/mldata/mnist-original.mat。

第二步，获取 Scikit-learn 库数据存放路径。

```
from sklearn.datasets.base import get_data_home
get_data_home()                                   #获取数据存放路径
'C:\\Users\\111\\scikit_learn_data'               #Scikit-learn 默认数据安装存放路径★
```

这是作者测试安装路径，不同的安装方法路径有所不同，以 get_data_home()函数获取值为准。

第三步，把下载的 mnist-original.mat 文件存放到★指定的子路径 mldata 下，就可以使用该数据集。

第四步，测试安装数据集。

```
from sklearn.datasets import fetch_mldata
mnist = fetch_mldata('MNIST original')
mnist
{'DESCR': 'mldata.org dataset: mnist-original',          #数据集名称
 'COL_NAMES': ['label', 'data'],                         #列名分标签集、数据集
 'target': array([0., 0., 0., ..., 9., 9., 9.]),         #标签分 0~9 共 10 类
 'data': array([[0, 0, 0, ..., 0, 0, 0],                 #数字数据集
       [0, 0, 0, ..., 0, 0, 0],
       [0, 0, 0, ..., 0, 0, 0],
       ...,
       [0, 0, 0, ..., 0, 0, 0],
       [0, 0, 0, ..., 0, 0, 0],
       [0, 0, 0, ..., 0, 0, 0]], dtype=uint8)}
mnist.data.shape                     #获取数据集的形状
(70000, 784)                         #70 000 张手写数字图片，每张图片 784 个特征元素（不同的颜色值）
one1=mnist.data[0,:]                 #获取一张图片的特征元素
import matplotlib.pyplot as plt
plt.imshow(one1.reshape(28,28))      #重新组合成二维数组 28*28=784
```

显示一张数字图片，如图 13.18 所示。

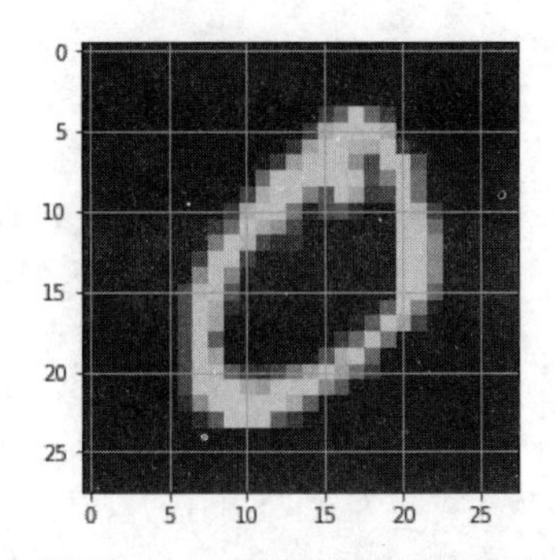

图 13.18　显示数字为 0 的图片

2. 分类模型识别手写数字

由于 MNIST 样本数据集为 70 000 张手写数字图片，远远超过 SVC 模型样本处理要求。为了提高识别效率，这里采用 SGDClassifier 分类模型，其可以高效地处理规模非常大的数据集。

```
from sklearn.datasets import fetch_mldata
mnist= fetch_mldata('MNIST original')                  #加载 70 000 张手写数字图片
x, y = mnist['data'], mnist['target']                  #把图片数据赋值给 x，把对应的标签值赋值给 y
x_train, x_test, mark_train,mark_test = x[:60000],x[60000:],y[:60000],y[60000:]
                                                       #对样本按 6:1 进行分类
#建立二分类器，把标签值为 0 的设置为 True，非 0 的设置为 False
mark0_train= (mark_train ==0)                          #把前 60 000 个标签中值为 0 的设置为 True
mark0_test = (mark_test ==0)                           #把后 10 000 个标签中值为 0 的设置为 True
one1=mnist.data[0,:]                                   #测试数字 0，见图 13.18        ★
```

调用 SGDClassifier 分类模型对测试数字进行分类预测。

```
from sklearn.linear_model import SGDClassifier  #导入分类模型
sgd_cl = SGDClassifier(random_state=123) #创建分类模型，用 random_state 参数固定随机值
sgd_cl.fit(x_train,mark0_train)          #利用 60 000 个训练样本数据（含标签值）进行模型训练
predict =sgd_cl.predict([one1])          #对手写数字 0 进行模型测试
print(predict)                           #输出测试结果
[ True]                                  #SGDClassifier 分类模型确认该数字是 0
```

到目前为止，手写数字图片都来自 MNIST 样本数据集，若读者想测试自己动手写的手写数字，则可以注意观察★处的特点，然后执行下面代码，继续观察手写图片 one1 的数值特点。

```
one1=one1.reshape(28,28)                 #是一个 28 行乘以 28 列的二值图片
one1
array(
[[0,0,0,0,0,0,0,0,0,0,0,0,0,0,0,0,0,0,0,0,0,0,0,0,0,0,0,0],
[0,0,0,0,0,0,0,0,0,0,0,0,0,0,0,0,0,0,0,0,0,0,0,0,0,0,0,0],
[0,0,0,0,0,0,0,0,0,0,0,0,0,0,0,0,0,0,0,0,0,0,0,0,0,0,0,0],
[0,0,0,0,0,0,0,0,0,0,0,0,0,0,0,0,0,0,0,0,0,0,0,0,0,0,0,0],
[0,0,0,0,0,0,0,0,0,0,0,0,0,0,0,51,253,159,50,0,0,0,0,0,0,0,0,0],
[0,0,0,0,0,0,0,0,0,0,0,0,0,0,48,238,252,252,252,237,0,0,0,0,0,0,0,0],
```

```
[0,0,0,0,0,0,0,0,0,0,0,0,54,227,253,252,239,233,252,57,6,0,0,0,0,0,0],
[0,0,0,0,0,0,0,0,0,0,0,224,252,253,252,202,84,252,253,122,0,0,0,0,0,0],
[0,0,0,0,0,0,0,0,0,0,163,252,252,252,253,252,252,96,189,253,167,0,0,0,0,00],
[0,0,0,0,0,0,0,0,0,51,238,253,253,190,114,253,228,47,79,255,16,0,0,0,0,0,0],
[0,0,0,0,0,0,0,0,0,48,238,252,252,179,12,75,121,21,0,0,253,243,50,0,0,0,0,0],
[0,0,0,0,0,0,0,0,38,165,253,233,208,84,0,0,0,0,0,0,253,252,165,0,0,0,0,0],
[0,0,0,0,0,0,0,7,178,252,240,71,19,28,0,0,0,0,0,0,253,252,195,0,0,0,0,0],
...
```

从上述代码执行结果可以看出手写数字为“0”的图片（见图 13.18），在二维数组里由 0 和非 0 组成，细心的读者甚至可以看出，非 0 数字围成了一个“0”的形状。0 代表空白处（在图 13.18 显示为黑色），非 0 代表“0”的形状（在图 13.18 显示为黄色，见代码执行结果）。读者可以修改 one1 二维数组值，以改变手写数字的形状，也可以自己制作 28×28 大小的二值图片，进行图像识别测试。

注意：

（1）二值图片的数值范围只能取[0,255]。

（2）对分类样本数量越多，识别越准确，但是会带来存储及运行性能问题，不同的分类模型要注意区分应用范围，有些适合中小规模的样本分类，有些适合大规模的样本分类。

13.4 回　　归

回归（Regression）根据事物之间的因果关系，借助已有数据预测后续数据发展趋势，是无监督学习方法。回归技术常用于随时间在 x 轴上的发展，随机性发展的事物在 y 轴上趋于平均值的回归性。如根据统计研究发现，父母的身高对孩子身高产生回归影响，身高发展具有相似趋势。换句话说，就是父母身高高，孩子身高高的可能性非常大，父母身高矮，孩子身高矮的可能性也非常大。该技术常用药物反应、股票价格预测分析等。

13.4.1 回归基础

Scikit-learn 库中常见算法包括线性回归（Linear Regression）、逻辑回归（Logistic Regression）、多项式回归（Polynomial Regression）、逐步回归（Stepwise Regression）、岭回归（Ridge Regression）、套索回归（Lasso Regression）、弹性网络回归（Elastic Net Regression）、决策树分类回归（Decision Tree Classifier Regression）、随机森林回归（Random Forest Regression）等。

1. 决策树分类回归模型

决策树采用类似二叉树的算法，判断每个节点特征值的相似度。当节点只有两个子节点时，则是基于二叉树决策分析；当节点具有多个子节点时（可以是 1 个，2 个，3 个，…），则为基于普通分类树决策分析，决策树根据节点的关系分层次，层次越多判断节点越多。决策树既可以用于分类，又可以用于回归决策。

函数 classsklearn.tree.DecisionTreeClassifier(criterion='gini',splitter='best',max_depth=None, min_samples_split=2,min_samples_leaf=1,min_weight_fraction_leaf=0.0,max_features=None,random_state=None,max_leaf_nodes=None,min_impurity_decrease=0.0,min_impurity_split=None, class_weight = None, presort=False)，参数说明如下。

（1）criterion：设置节点不纯度，用于判断预测值方向，决定下一个节点是在左边还是在右边。可选项'gini'和'entropy'。'gini'为默认值，代表基尼不纯度，计算速度稍微快些；'entropy'代表信息熵，可以产生更加均衡的决策树。

（2）splitter：样本数据在每个节点的拆分策略，可选项'best'和'random'。默认值'best'选择最佳分拆方法，只适用于小规模样本数据；'random'选择最佳随机分拆，适用于大规模样本数据。

（3）max_depth：整数或 None，可选，设置树节点产生的最大深度。默认值为 None 时，则产生树的所有叶子节点都是纯的（都是同一类数据）或产生的所有叶子节点所包含的样本数少于 min_samples_split 参数限制的个数为止。深度越大越容易过拟合，推荐深度最大在 20 以内。

（4）min_samples_split：整数或浮点数，默认值为 2。节点分拆子节点前必须拥有的最小样本数，当小于该数时，节点不再分拆。

（5）min_samples_leaf：整数或浮点数，可选，默认值为 1，叶节点必须拥有的最小样本数。

（6）min_weight_fraction_leaf：浮点数，可选，叶节点所有样本权重和的最小加权分数。默认值为 0.0，则所有叶子节点具有相同的权重。

（7）max_features：整数、浮点数、字符串或 None，可选，设置分拆节点时最大特征个数。默认值为 None，则该参数值为样本的特征数（n_features）；设置"auto"、"sqrt"则其值设置为 sqrt(n_features)，设置为"log2"则其值为 log2(n_features)；整数直接指定特征数，浮点数指定特征数的百分比。

（8）random_state：整数，随机状态的实例对象或 None，可选，提供随机生成的种子值。固定随机产生值；默认值 None，则随机生成器是 np.random，且随机产生值不固定。

（9）max_leaf_nodes：整数、None，可选，设置最大叶节点，可以防止过拟合；默认值 None，则不限制最大的叶子节点数。

（10）min_impurity_decrease：浮点数，可选，默认值 0。限制决策树的增长，如果节点的分拆导致不纯度大于或等于这个阈值，则该节点被分拆。

（11）min_impurity_split：浮点数，默认值 1e-7，限制决策树的增长，如果节点的不纯度小于这个阈值，则该节点不再生成子节点。

（12）class_weight：字典、字典列表，"balanced"或 None（默认值）；指定样本标签分类的权重，防止训练集某些样本带有偏向；None 值，则所有样本的分类都一个权重；"balanced"则自动计算权重，样本数量少的类别对应的样本权重高。

（13）presort：布尔值，可选，默认值为 False。对于小型训练集（几千个样本之内）可以通过该参数设置 True 加快计算速度，对于大型训练集不适用。

2. 决策树分类回归模型代码示例

```
import numpy as np
import matplotlib.pyplot as plt
from sklearn import tree
```

```
plt.rc('font', family='SimHei', size=10)                    #设置黑体，大小为10
plt.rcParams['axes.unicode_minus'] = False                  #解决坐标轴负数的负号显示问题
from sklearn.datasets import make_regression                #导入回归模型样本随机生成器
#==============================================产生样本数据
data,target,Coef =make_regression(n_samples=200, n_features=3,coef=True,noise=8,
random_state=97)                                            #生成线性回归样本
x_train, y_train =data[:160],target[:160]                   #训练集
x_test, y_test =data[160:],target[160:]                     #测试集
#=============================================决策树回归计算
tree_model=tree.DecisionTreeRegressor()                     #创立决策树回归模型
tree_model.fit(x_train, y_train)                            #对训练集数据进行模型学习
result=tree_model.predict(x_test)                           #用测试集数据预测
score=tree_model.score(x_test, y_test)                      #评估模型预测的准确度
#=============================================数据可视化
plt.figure()
plt.plot(np.arange(len(result)),y_test,"bo--",label="真实值")        #绘制真实线性图
plt.plot(np.arange(len(result)),result,"ro-",label="预测值")         #绘制预测线性图
plt.title(f"决策树回归模型预测---准确度:{score}")
plt.legend(loc="best")
plt.show()                                                  #执行结果如图 13.19 所示
```

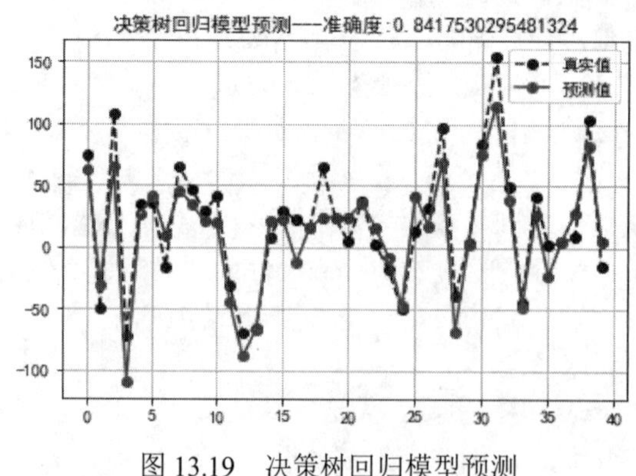

图 13.19　决策树回归模型预测

13.4.2　鸢尾花相似度预测

利用现有离散型的数据进行新事物的相似度预测，是机器学习的任务之一。如利用已知父母从小到大历年的身高数据，再对比不同的孩子身高数据，通过预测分析，可以确定哪个孩子是该父母的。首先要注意“离散型”三个字，也就是给出的样本是非线性的，无法用线性公式进行描述；其次，用于通过身高数据判断哪个孩子是自己的孩子，而不是预测该父母的孩子将来几年预计的身高——其实，作者更喜欢这样的，面向未来的预测，可惜，预测难度会更高，预测结果也会更加不确定；最后，现有父母从小到大的身高数据必须提供，而且可靠，否则预测模型无法正常工作。

从上面讨论可以知道，不同的预测要求要具有不同的前提条件，由此导致选择的预测模型要

求也会不一样。在实际工作之中，必须先深入研究样本数据和预测要求，然后才能去选择（或建立）必要预测模型。

1. 随机森林回归模型

随机森林回归模型是在集成决策树回归模型的基础上，通过指定 *N* 个决策模型一起工作，产生的预测结果。随机森林模型是机器学习里功能非常强大的模型之一。

（1）随机森林回归模型对象

Scikit-learn 库的 ensemble 模块提供了 RandomForestRegressor 对象，用于建立随机森林回归模型。其主要参数使用说明如下。

① n_estimators：用于指定决策树的数量，默认值 10（在 Scikit-learn 0.22 版本将改为 100）。

② criterion：确定节点分拆的不纯度数值，默认值"mse"表示均方误差。

其他参数的使用读者可参考 DecisionTreeClassifier 对象的参数使用说明。

（2）RandomForestRegressor 主要方法

① fit(X,y)：对训练集进行模型学习，X 为训练集的特征数据，y 为目标值（或标签分类）。

② predict(test_X)：对测试集数据 test_X 进行模型测试，返回预测结果。

③ score(test_X,test_y)：通过测试集数据 test_X，测试集目标值 test_y（或标签分类），给出 predict()测试结果的准确度（百分比小数，越接近 1，预测准确度越高）。

2. 鸢尾花随机森林回归预测

```
from sklearn.model_selection import train_test_split          #导入样本分类器
from sklearn.ensemble import RandomForestRegressor            #导入随机森林回归模型
from sklearn.datasets import load_iris                        #导入鸢尾花样本集函数
iris=load_iris()                                              #装入鸢尾花样本集
#==============================================鸢尾花样本集基本情况
labels=iris.feature_names                                     #获取鸢尾花的四个特征名
print('鸢尾花的四个特征名是:')
print('萼片宽度%s,萼片长度%s,花瓣宽度%s,花瓣长度%s'%(labels[0],labels[1],labels[2],
labels[3]))
print('获取鸢尾花记录的前 2 条的四个特征值')
print('第一朵花特征值',iris['data'][0])
print('第二朵花特征值',iris['data'][1])
num,fw=iris['data'].shape                          #获取鸢尾花 data 样本集的形状大小
print('该样本集提供了%d 朵鸢尾花（带%d 个特征）记录'%(num,fw))
print('该样本集提供了鸢尾花记录对应的标签分类数：',iris['target'].shape)
X=iris['data']                                     #150 朵鸢尾花特征记录（4 个特征值）
y=iris['target']                                   #标签值为 0、1、2 的 150 朵花的分类
train_X,test_X,train_y,test_y=train_test_split(X,y,test_size=0.2,random_state=201)
                                                   #按照 4:1 分割训练集和测试集
print(train_X.shape, train_y.shape, test_X.shape, test_y.shape)
#==============================================
rModal=RandomForestRegressor(n_estimators=20)      #创建带 20 个随机决策树的随机森林模型
rModal.fit(train_X,train_y)                        #取样本 150*80%作为训练集进行模型学习
#==============================================测试集数据模型测试
```

```
result=rModal.predict(test_X)          #取样本 150*20%作为测试集进行测试，这里没有提供分类标签
print(r'30 个样本分类预测相似度结果:')   #标签分类值为 0，1，2
print(result)
score=rModal.score(test_X,test_y)
print('30 个测试样本预测平均分类相似度',score)
r2=rModal.predict([iris.data[121]])
print('第 121 朵鸢尾花测试分类相似度为',r2)
print('第 121 朵鸢尾花实际分类标签值为',iris['target'][121])
```

代码执行结果如下。

```
鸢尾花的四个特征名是:
萼片宽度 sepal length (cm),萼片长度 sepal width (cm),花瓣宽度 petal length (cm),花瓣长度 petal
width (cm)
获取鸢尾花记录的前 2 条的四个特征值
第一朵花特征值 [5.1 3.5 1.4 0.2]
第二朵花特征值 [4.9 3.  1.4 0.2]
该样本集提供了 150 朵鸢尾花（带 4 个特征）记录
该样本集提供了鸢尾花记录对应的标签分类数： (150,)
(120, 4) (120,) (30, 4) (30,)
30 个样本分类预测相似度结果:
[1.  1.  0.  1.  0.  1.1  1.  1.  2.  0.  2.  0.  1.  1.1.  0.  0.  2.  0.  0.  0.   1.2
2.  0.  2.  1.7 1.6 1.  0.  1.85]
30 个测试样本预测平均分类相似度 0.9429381443298969
第 121 朵鸢尾花测试分类相似度为 [1.9]
第 121 朵鸢尾花实际分类标签值为 2
```

通过对鸢尾花的数据分析，可以知道每个样本数据有 4 个特征，随机森林回归模型能接受多特征值的情况，并做出预测结果。那么 4 个特征在预测分析中各自的重要性如何？

```
print('萼片宽度,萼片长度,花瓣宽度,花瓣长度')
print(rModal.feature_importances_)                              #获取样本特征的重要性
萼片宽度,萼片长度,花瓣宽度,花瓣长度                               #特征名称
[0.01314913 0.00372562 0.56943676 0.41368849]                   #对应的重要性百分比
```

由以上可知，花瓣宽度重要性最高，占 56.9%；其次为花瓣长度，占 41.3%；再次为萼片宽度、萼片长度。在样本特征特别多的情况下，应该保留主要特征值，舍去次要特征值，以提高运算速度。

13.5 聚　　类

“物以类聚”，这里的聚类（Clustering）指利用机器学习模型把相似元素进行自动分类，该模型属于非监督学习。聚类模型应用很广，可以对消费者进行分类，对实验数据进行分类等。聚类算法的实现在第 9 章 Scipy 高级应用第 9.5 节聚类中已经做了初步介绍。这里采用 Scikit-learn 库提供的聚类算法，其提供的内容包括 KMeans（K 均值）、临近传播、光谱聚类、均值偏移、分层

聚类、DBSCAN（基于密度的聚类）、Brich（综合层次聚类）等。

13.5.1　聚类基础

聚类算法分类一个突出的特点是没有借助样本数据的标签值进行分类，这也是监督学习与非监督学习的一个最主要的区别。

1．聚类算法基本实现思路

聚类算法基本实现思路包括划分法（Partitioning Methods）、层次法（Hierarchical Methods）、基于密度的方法（Density-Based Methods）、基于网格的方法（Grid-Based Methods）、基于模型的方法（Model-Based Methods）。这里重点介绍一下划分法的实现思路。

第一步，通过指定 K 确定需要形成的簇的个数，即把样本数据集分 K 类的个数先进行确定。

第二步，通过迭代找到每簇的质心点，迭代过程是先确定 K 类的 K 个初始质心，然后把相近距离的样本点纳入该簇中，依次完成 K 个初始质心的一次样本归类；然后计算各自分簇样本数据的距离均值，以各自均值为新的质心，依次计算并调整样本数的归类；然后反复迭代计算，一直到新质心稳定不变或符合迭代阈值要求，实现样本数据的预测分类即可。

迭代过程改变分簇，使得每一次改进之后的分簇方案都较前一次好，而所谓好的标准就是同一分簇中的记录越近越好，而不同分簇中的记录越远越好。为了达到全局最优，基于划分的聚类可能需要穷举所有可能的划分，计算量将随着样本数的增大而剧增。为此，在实际使用过程中采用了启发反复，如 K 均值、K 中心算法，逐步提升聚类质量，这类算法适用于中小规模的样本数据集的预测分类。

2．KMeans 聚类算法原理

在 KMeans 聚类一簇中，样本数据与质心之间进行欧几里得距离公式的计算：

$$\mathrm{Dis}=\sqrt{(x_2-x_1)^2+(y_2-y_1)^2} \tag{13.1}$$

式中，Dis 为两个平面坐标点的直线距离；(x_2,y_2)、(x_1,y_1) 为二维平面上两个点的坐标。这里可以把其中一个坐标看作质心坐标，然后指定的 K 个质心坐标与其他样本数据坐标进行欧几里得公式计算，算出距离最近的质心，纳入该质心的簇中，一直循环计算直至所有样本数据都被轮询计算完成。

然后，计算每簇内质心到各个数据点的平均距离，这个平均距离是新产生的质心点；继续从新开始轮询计算新质点到样本数据的距离，再计算平均距离 M，如此轮询直到平均距离最小，且稳定为止，或达到某一指定阈值为止，停止迭代循环。

3．K 均值模型对象

函数 KMeans(n_clusters,init,n_init,max_iter,tol,precompute_distances,verbose,random_state,copy_x,n_jobs,algorithm)，参数说明如下。

（1）n_clusters：整数，可选，指定样本要生成的簇个数（质心数），即 K 值，默认值为 8。

（2）init：可选项{'k-means++', 'random' , an ndarray}，指定聚类计算初始化分簇质心[①]

① 质心，几何物理学术语，质量中心的简称。这里可以理解为一组相似数据平均距离的中心位置。

（centroid）位置方法；默认值'k-means++'，以智能方式选择指定个数的初始聚类质心，并快速收敛；'random'从初始质心的数据中随机选择 K 个观测值；如果传递的是 ndarray，则其形状应该是(n_clusters, n_features)，并给出初始质心值。

（3）n_init：整数，默认值为 10，计算质心迭代次数。一般情况下可以不修改该值，当 K 值较大时，可以适当增大该值。

（4）max_iter：整数，默认值为 300，指定单次运行算法的最大迭代次数。对于不是凸数据集，存在算法无法很好收敛的问题，通过指定该值让运行的算法在指定次数范围内退出。

（5）tol：浮点数，默认值为 1e-4，指定算法收敛时的容差值。

（6）precompute_distances：预先计算数据之间的距离，但会占用更多的内存，可选项{'auto', True, False}。若为'auto'，则当样本数超过 1200 万个时，不进行预先计算；若为 True 值，则始终预先计算距离；若为 False，则不预先计算距离。

（7）verbose：整数，默认值为 0，指定详细模式。

（8）random_state：整数，随机或 None，确定质心初始化的随机数生成器。默认值为 None，则不固定随机生成数。

（9）copy_x：布尔值，当使用 precomputing distances 参数时，将数据质心化会得到更准确的结果；值设为 True，则原始数据不会被改变；值设为 False，则会直接在原始数据上做修改并在函数返回值时将其还原。

（10）n_jobs：整数或 None（默认值），可选，指定用于并行计算 n_init 的作业数。

（11）algorithm：指定该模型的具体实现算法，可选项{"auto", "full" ,"elkan"}。"full"适用于稀疏数据集情况下的计算；"elkan"表示密集数据集情况下的计算；默认值"auto"则会根据数据集是否是稀疏值自动选择"full"或"elkan"算法。

4．KMeans 的主要方法

（1）fit(X[,y])：进行数据集的模型训练，K 均值聚类计算。

（2）fit_predict(X[,y])：计算聚类的簇质心，并预测每个样本的聚类索引值。

（3）predict(X)：预测测试样本的簇分类。

（4）score(X,[y])：评估预测结果与实际情况的准确度。

5．KMeans 代码示例

```
from sklearn.cluster import KMeans                    #导入 KMeans 模型
import numpy as np
Data=np.array([[1,2],[2,4],[1,1],                     #预置第一类训练集数据
          [7,5],[8,4],[8,6]])                         #预置第二类训练集数据
kmeans=KMeans(n_clusters=2, random_state=133)         #创建模型，指定 K 值为 2，样本数据分两类
kmeans.fit(Data)                                      #样本数据 K 均值模型训练
lb=kmeans.labels_                                     #训练结果的分类标签
print('K 均值模型训练结果分类标签',lb)
result=kmeans.predict([[2,3],[9,5]])                  #数据测试预测分类
print('测试集的测试分类结果',result)                  #预测结果
kc=kmeans.cluster_centers_
print('K 均值模型计算最后质心',kc)
```

```
K 均值模型训练结果分类标签 [0 0 0 1 1 1]                    #前 3 个样本数据分到 0 类，后 3 个分到 1 类
测试集的测试分类结果 [0 1]                                  #测试前一个坐标点分到 0 类，后一个分到 1 类
K 均值模型计算最后质心[[1.33333333 2.33333333]              #0 类的质心坐标
 [7.66666667 5.]]                                          #1 类的质心坐标
```

对上述 K 均值聚类结果进行可视化，如下所示。执行结果如图 13.20 所示。

```
import matplotlib.pyplot as plt
plt.figure()
plt.plot(Data[:3,0],Data[:3,1],'bo')                       #绘制蓝色圆点第 1 类样本
plt.plot(Data[3:,0],Data[3:,1],'gv')                       #绘制绿色下三角点第 2 类样本
plt.plot(kc[:,0],kc[:,1],'k*',markeredgewidth=10)          #绘制黑色粗*质心点
plt.show()
```

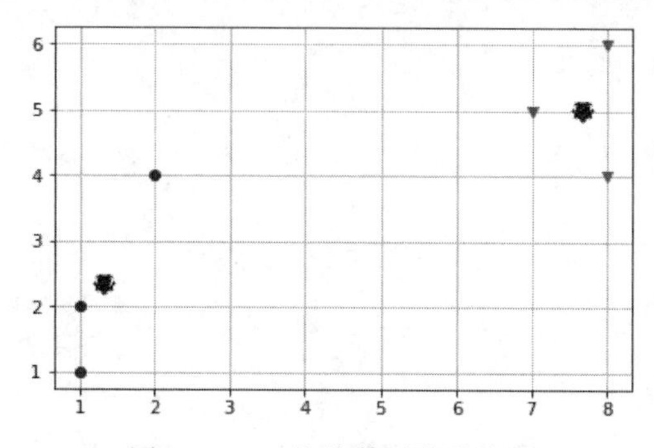

图 13.20 K 均值模型聚类结果

K 均值聚类要求数据具有一定的离散分类特征，且没有异常或孤立点数据，否则会降低聚类准确度，并增加计算量。

13.5.2 鸢尾花无监督学习

在实际数据机器学习前，第一步先要仔细观察样本数据集的特点，第二步要求选择不同适应数据集特点的机器学习算法模型，第三步才能正式实际调试预测。

1．观察鸢尾花原始数据特点

```
import matplotlib.pyplot as plt
import numpy as np
from sklearn.cluster import KMeans
from sklearn import datasets
plt.rc('font', family='SimHei', size=10)                    #设置黑体，大小为 10
plt.rcParams['axes.unicode_minus'] = False                  #解决坐标轴负数的负号显示问题
iris = datasets.load_iris()
print('鸢尾花观察样本形状大小')
print(iris.data.shape)
print('观察鸢尾花头四行样本数据记录')
print(iris.data[:4,:])
```

```
data= iris.data                                          #表示取特征空间中的 4 个维度
plt.scatter(data[:,2],data[:,3], c="blue", marker='o', label='iris')
                                                          #获取花瓣宽度、花瓣长度
plt.xlabel('花瓣长度')
plt.ylabel('花瓣宽度')
plt.legend(loc='best')
plt.show()
鸢尾花观察样本形状大小
(150, 4)
观察鸢尾花头四行样本数据记录
[[5.1 3.5 1.4 0.2]
 [4.9 3.  1.4 0.2]
 [4.7 3.2 1.3 0.2]
 [4.6 3.1 1.5 0.2]]
```

执行结果如图 13.21 所示。

2．K 均值聚类计算

```
kc= KMeans(n_clusters=3)                                 #创建 K 均值聚类模型，K=3
kc.fit(data)                                             #训练集模型学习
mark=kc.labels_                                          #获取训练聚类结果的标签分类
r0=data[mark==0]                                         #获取聚类簇 0 数据集
r1=data[mark==1]                                         #获取聚类簇 1 数据集
r2=data[mark==2]                                         #获取聚类簇 2 数据集
plt.scatter(r0[:,2],r0[:,3],c='k',marker='o', label='簇 0 类')
plt.scatter(r1[:,2],r1[:,3],c='b',marker='+', label='簇 1 类')
plt.scatter(r2[:,2],r2[:,3],c='g',marker='*', label='簇 2 类')
plt.xlabel('花瓣长度')
plt.ylabel('花瓣宽度')
plt.legend(loc='best')
plt.show()
```

K 均值聚类预测结果如图 13.22 所示。

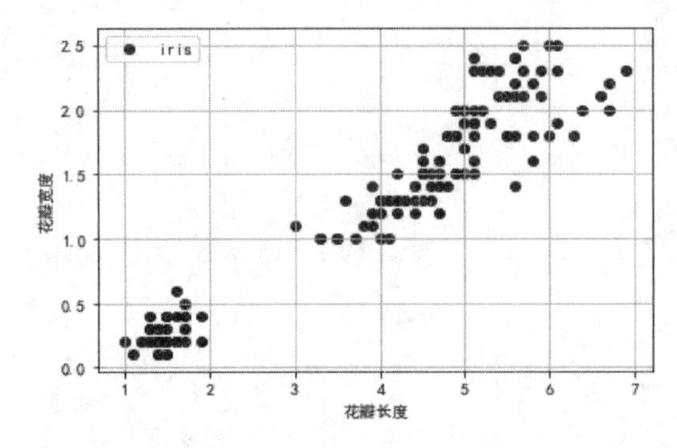

图 13.21　鸢尾花花瓣长、宽样本分布

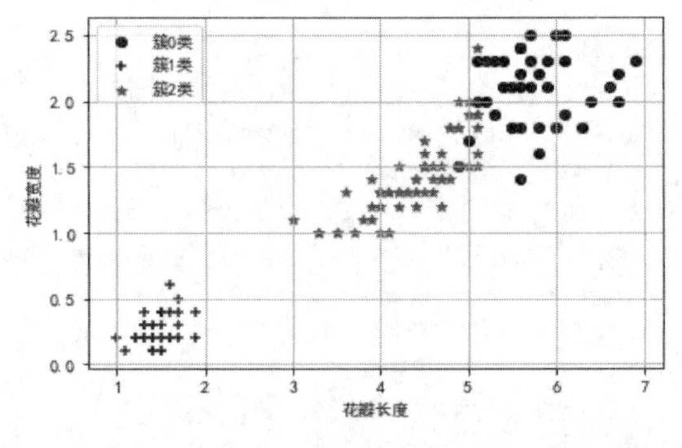

图 13.22　经过 K 均值聚类计算区分 3 簇分类

13.6　降　　维

在实际样本数据集机器学习过程中会碰到两类大的问题：一类是样本数据特征维度过高，如 13.3.2 小节的 MNIST 数据集，一个手写数字样本有 784 个特征值，意味着对应 784 个维度，在特征值分析和存储等方面增加了解决问题的难度；另外一类是大规模的样本数据特征都参与机器学习，会导致运算速度变慢，甚至非常缓慢。因此，需要通过降维方法，降低处理的特征维度，提高运行效率，使数据处理可视化，使机器学习更加实用。

13.6.1　降维基础

目前，主流降维方法为投影和流形学习。

投影（Projection）指高维度的主要特征可以通过低维度的特征表示，而两个维度的特征表现相似，因此，可以把高维度的特征数据降到低维度，然后进行机器学习，以提高机器运算速度、降低计算难度。如把三维样本数据降维到二维，然后可以用二维图展现其特征。

流形学习（Manifold Learning）认为实际观察到的数据是由一个低维流形映射到高维空间，可以用低维唯一的表示高维的特征。这里的流形是指数据表现出来的形状，如二维平面形状数据可以在三维中弯曲或扭曲[①]，如瑞士卷。

Scikit-learn 库提供的降维算法包括主成分分析（Principal Component Analysis，PCA）、独立成分分析（Independent Component Analysis，ICA）、文档主题生成模型（Latent Dirichlet Allocation，LDA）、自组织映射网络（Self Organizing Map，SOM）、多维尺度变换（Multidimensional Scaling，MDS）、等距离映射（Isometric Feature Mapping，ISOMAP）、局部线性嵌入（Locally-Linear Embedding，LLE）、T-分布随机近邻嵌入（T-distributed Stochastic Neighbor Embedding，T-SNE）等。

PCA 是一种无监督学习，是最常用的降维算法之一，其采用投影方法降维。

1．PCA 算法对象

函数 PCA(n_components, copy, whiten, svd_solver, tol, iterated_power, random_state)，参数说明如下。

（1）n_components：整数、浮点数、字符串或 None，指定要保留的特征数（维度数），直接指定维度数，则是一个大于等于 1 的整数；也可以指定(0,1]之间的一个浮点小数，让该算法根据样本特征方差来决定降维到的维度数。另外，也可以设置为'mle'（同步需要设置 svd_solver == 'full'），用 MLE 算法根据特征的方差分布情况自行确定一个维度值。None 为默认值，取 min(n_samples, n_features) – 1。

（2）copy：布尔值，默认值为 True，复制训练集；值为 False 则 fit()时覆盖原始的训练集数据，拟合转换得用 fit_transform（X）。

（3）whiten：布尔值，可选，判断是否对样本数据集进行白化（归一化处理，让方差都为

[①] 流形学习，百度百科，https://baike.baidu.com/item/流形学习。

1），默认值为 False。为 True 值时，进行白化处理，'components_'向量乘以 n_samples 的平方根，然后除以奇异值，以确保具有单位分量方差的不相关输出。

（4）svd_solver：字符串，指定奇异值 SVD 算法，可选项{'auto', 'full', 'arpack', 'randomized'}。'auto'，当样本特征大于 500×500 时，要提取的特征个数低于最小值的 80%，启用更加有效的'randomized'算法，否则启动'full'算法；'full'是传统意义上的 SVD 算法，通过调用 LAPACK 解算器运行完整的 SVD 算法；'arpack'通过调用 ARPACK 解算器运行 SVD 算法对 n_components 进行截断处理（处理范围 0 <n_components <min（X.shape））；'randomized'用随机 SVD 算法，适用于数据规模大、维度多、主特征比例低的样本数据的降维。

（5）tol：浮点数，大于等于 0，默认值为 0，计算奇异值的容差（svd_solver == 'arpack'）。

（6）iterated_power：大于等于 0 的整数，'auto'（默认值），当 svd_solver == 'randomized'时，指定幂方法的迭代次数。

（7）random_state：整数、随机状态实例或 None（默认值），指定随机生成器，指定整数的情况下，产生的随机数固定。

2．PCA 主要属性

（1）components_：形状为(n_components, n_features)的数组，返回具有最大方差的特征部分。

（2）explained_variance_：形状为(n_components,)的数组，返回降维后各特征的方差值，方差值越大，说明对应的特征越重要。

（3）explained_variance_ratio_：返回降维后各特征的方差值占总方差值的比例，比例越大，对应的特征越重要。

（4）singular_values_：(n_components,)形状的数组，对应于每个所选特征的奇异值。

（5）mean_：(n_features,)形状的数组，根据训练集估计的每个特征经验均值。

（6）n_components_：估计的特征数量。

（7）noise_variance_：估计的噪声协方差。

3．PCA 主要方法

（1）fit()：对训练集通过拟合方法进行降维模型训练。

（2）fit_transform()：对训练集通过拟合方法进行模型训练，并返回降维结果。

（3）inverse_transform()：对降维数据集逆向转换为原始训练集（存在信息损失现象）。

（4）score()：对降维后的数据按贡献率进行从大到小排序打分。

4．PCA 降维代码示例

```
import numpy as np
from sklearn.decomposition import PCA
X=np.array([[-1,-1,-1],[-2,-1,-3],[-3,-2,-2],[1,1,1],[2,1,3],[3,2,2]])     #三维样本
pca=PCA(n_components=2)                                  #创建 PCA 模型，从三维降到二维
P1=pca.fit_transform(X)                                  #模型训练并返回降维结果
print(pca.explained_variance_ratio_)                     #指出降维后各特征的重要性比
print(P1)                                                #输出从三维降到二维的结果
[0.95481204 0.04269126]                                  #第一特征更加重要
[[ 1.7011731  -0.17456155]                               #降到二维的输出结果
 [ 3.62571738  0.92389386]
```

```
 [ 4.05262791 -0.75329358]
 [-1.7011731   0.17456155]
 [-3.62571738 -0.92389386]
 [-4.05262791  0.75329358]]
```

对 X 样本的三维可视化用如下代码实现，其执行结果如图 13.23 所示。

```
from matplotlib import pyplot as plt
from mpl_toolkits.mplot3d import Axes3D                    #导入三维坐标模块 Axes3D
plt.figure()
ax1 = plt.axes(projection='3d')
i=0
for x in X:
      if i<3:
           ax1.scatter(x[0],x[1],x[2],c='r',marker='o',linewidths=4)
                                                            #在三维用散点函数绘制前 3 个点
      else:
           ax1.scatter(x[0],x[1],x[2],c='k',marker='v',linewidths=4)
                                                            #在三维用散点函数绘制后 3 个点
   i+=1
plt.show()
```

对降维后的二维数据进行可视化，代码实现如下，其执行结果如图 13.24 所示。

```
from matplotlib import pyplot as plt
plt.figure()
plt.plot(P1[:3,0],P1[:3,1],'ro')                          #在二维绘制前 2 个点
plt.plot(P1[3:,0],P1[3:,1],'kv')                          #在二维绘制后 2 个点
plt.show()
```

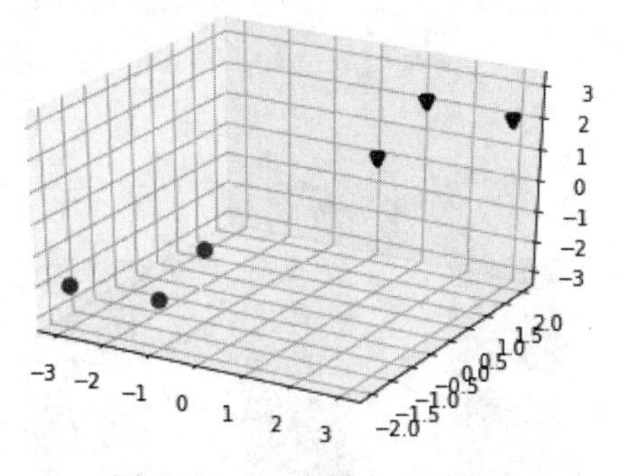

图 13.23　三维样本可视化

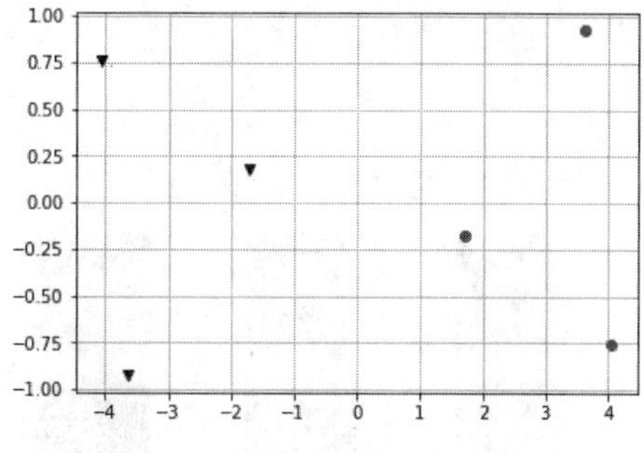

图 13.24　降维后的二维可视化

13.6.2　手写数字图像降维

PCA 降维算法适用于对图像进行降维处理。图像数据往往可以通过合理的降维，在保证图像信息准确度的情况下，减少特征数，进而减少图像处理数据量，提高运算速度。

在 13.3.2 小节的基础上，继续利用 MNIST 手写数字数据集，实现降维处理过程。一张手写图

像提供了 784 元素点（784 个维度值），其中图像四周大量的是值为 0 的特征数，通过降维合理去掉该部分的信息，可以达到提高机器运算速度的目的。

```
%matplotlib inline                              #一次启动 matplotlib 核，并驻内存
import matplotlib.pyplot as plt
from sklearn.datasets import fetch_mldata
mnist = fetch_mldata('MNIST original')          #装入 70000 个手写字图片数据，第一次需要在线下载
data=mnist.data                                 #手写字样本数据
target=mnist.target                             #手写字标签分类 0~9
from sklearn.decomposition import PCA           #导入 PCA 模型
from sklearn.model_selection import train_test_split          #导入样本数据集分割器
X_train,x_test,y_train,y_true = train_test_split(data,target,test_size=0.2)
                                                    #按 4:1 分割训练集、测试集
pca=PCA(n_components=0.9,random_state=95)           #建立 PCA 降维模型对象，保留 90%的方差
P1=pca.fit_transform(X_train)                       #对训练集进行模型训练，并返回降维结果
print(X_train.shape)                                #原始训练集的形状大小
print(P1.shape)                                     #打印降维训练结果的大小形状
s=pca.inverse_transform(P1)                         #对降维结果进行逆向转换，还原 784 特征的图像
s.shape                                             #输出还原后数据集的大小形状
(56000, 784)                                        #原始训练集大小的特征个数为 784
(56000, 87)                                         #降维后的训练集大小的特征个数为 87
(56000, 784)                                        #还原后的训练集大小的特征个数为 784
```

经过降维运算后，训练集原先特征从 784 维降到了 87 维，这意味着一个手写字图片所需要记录的信息减少了约 88.9%，可以大幅减少对存储空间的要求。采用降维处理后的训练集数据质量如何呢？

```
for i in range(9):
     plt.subplot(3, 3, i + 1)
     plt.imshow(X_train[i].reshape(28,28)       #显示原始训练集手写数字图片，如图 13.25 所示
for i in range(9):
     plt.subplot(3, 3, i + 1)
     plt.imshow(s[i].reshape(28,28))        #显示降维并还原后训练集手写数字图片，如图 13.26 所示
```

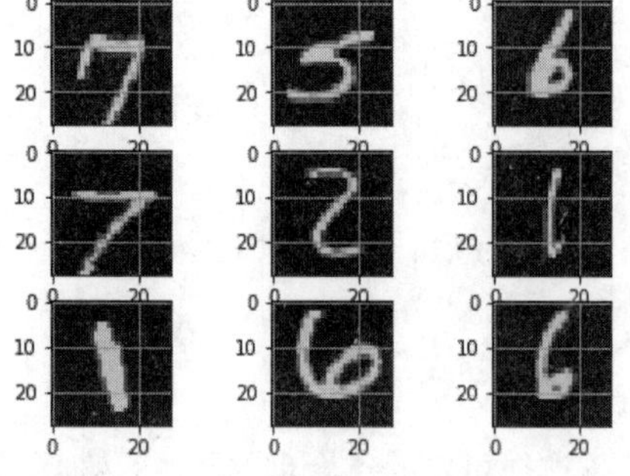

图 13.25　原始训练集手写数字

图 13.26　降维并还原后训练集手写数字

从图 13.25 和图 13.26 显示效果来看，降维并还原的数字损失信息不多，具备图像识别处理条件。

这里需要进一步解决一个问题，就是降维时 n_components 参数值取什么值比较科学？上述示例凭猜测取了 0.9。这里可以通过对特征主成分方差解释率的累积变换趋势进行直观判断。

```
import numpy as np
pca=PCA(random_state=95)                              #保留 0.9 的方差比
pca.fit(X_train)
csum= np.cumsum(pca.explained_variance_ratio_)        #主成分方差解释率累积
plt.plot(csum)
plt.plot(range(200),np.ones(200)*0.9,'r--')           #主成分方差解释率累积拐点所在区域
plt.show()
```

从图 13.27 可以直观地看出手写数字图片数据的主要特征解释率累积到 0.9 后，其曲线变化明显趋缓，意味着 0.9 后的一些特征值对主体图像质量的影响大幅减小。读者可以在[0.9,0.95]的区间内合理选择 PCA 降维 n_components 参数值。

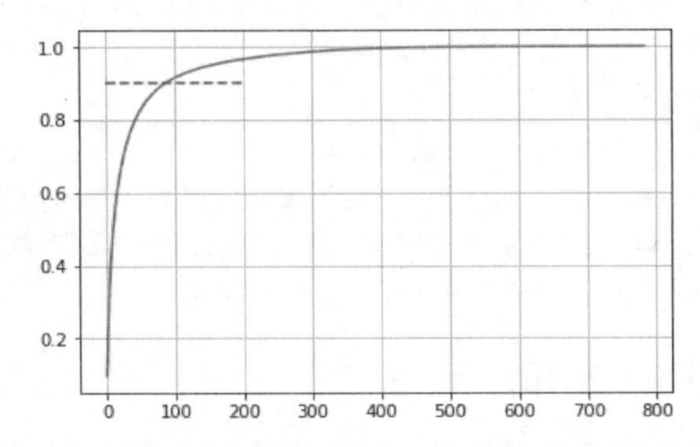

图 13.27　训练集数据降维训练后主要特征解释率变化趋势

对手写字图片样本数据集进行降维处理后，就可以继续在该数据集基础上进行各种模型的图像识别处理。

13.7 模 型 选 择

机器学习过程中，训练完成的模型在实际使用过程中会出现准确率很低的问题。所谓的训练集模型经验满足不了新样本数据（验证集）的预测要求，产生了泛化能力不足问题。在实际工作之中，用户希望选择最佳模型，由此产生了模型选择问题。

13.7.1　模型选择基础

训练完成的模型在实际使用中表现不佳，可以从数据集、模型训练方法选择、模型参数调优、模型选择着手进行完善。

1. 欠拟合（Underfitting）和过拟合（Overfitting）

欠拟合是指模型拟合程度不高，数据距离拟合曲线较远，或模型没有很好地捕捉到数据特

征，不能够很好地拟合数据。主要解决方法是增加数据集的新特征，添加多项式特征，减少正则化参数，使用非线性模型并调整模型的容量。该部分涉及数据集的解决方法见 13.8 节数据预处理。

过拟合是指对训练集进行模型拟合训练的情况下偏差很小（预测错误率），但在实际验证集下的泛化预测准确性很差。主要解决方法是增加更多的训练数据，减少训练集的特征个数（如降维），对模型进行正则化处理。

Scikit-learn 为过拟合提供了 learning_curve()方法（位于 sklearn.model_selection 模块内），通过准确度对比发现是否存在过拟合问题。

2. 模型参数调优

Scikit-learn 库的机器学习模型，如 SVC 分类模型、DecisionTreeClassifier 回归模型、KMeans 聚类模型、PCA 降维模型都存在大量的参数，不同的参数值对同一样本数据也会产生不同的训练结果。通过人工调整参数，希望得到最优的模型，但是大量的参数调整工作将带来很大的工作量。一般建议模型推荐的默认值或通过等间隔取值方式观测并确定最佳参数值，或通过可视化方式确定参数值（如图 13.27 所示）。

3. 模型选择

Scikit-learn 库的模型库都带 score()方法，用于评估模型对样本的预测准确度。如可以针对相同手写数字图片样本数据集，采用 SVC 分类模型、KMeans 聚类模型所能识别的准确度进行比较，确定哪个模型更适合。

13.7.2 交叉验证及模型选择

在前面介绍的样本数据进行机器学习，把样本分为训练集、测试集两部分，然后进行模型训练。该方法的缺陷是当有新的数据进行预测时，产生准确度下降问题。为了提高模型的鲁棒性，这里提供一种更好的训练模型方法，在样本里除了产生训练集、测试集外，再单独产生 n 份验证集。通过验证集对模型的连续训练，产生适应性更加强壮的模型结果。

1. 验证方法

对于验证集的产生方法可以分为 Holdout 验证方法、交叉验证方法、留一验证方法等。

Holdout 验证方法把样本数据分为训练集、测试集、验证集三大部分，一般分拆比例如 6:2:2，这里的 60%为训练集，测试集为 20%，验证集为 20%，也可以把验证集分为几个进行连续验证。

留一验证方法就是在样本里取一条记录作为验证数据，进行模型训练，然后取下一个记录，一直到所有的样本都获取一遍，产生最终的训练模型。该方法适应于小样本训练。

交叉验证方法就是把样本随机分拆成 n 份子样本，一个单独的子样本用于验证模型，剩余的 $n-1$ 份用于模型训练。每个子样本验证一次，这就交叉验证 n 次，然后产生最终的模型结果。一般 n 取 10 次。

2. 交叉验证代码示例

对 Scikit-learn 库自带的 digits 手写数字小样本进行 10 次随机交叉验证，并通过 SVC 分类模型的'rbf'和'sigmoid'算法进行分别验证，最后通过曲线学习观测函数 ShuffleSplit()，用可视化方式评估交叉验证的效果。

```
import numpy as np
import matplotlib.pyplot as plt
from sklearn.svm import SVC                                  #导入 C-支持向量分类模型
from sklearn.datasets import load_digits                     #导入小样本手写数字集
from sklearn.model_selection import learning_curve           #导入学习曲线观测函数
from sklearn.model_selection import ShuffleSplit             #随机分拆样本获取指定数量的交叉验证
                                                              集函数
plt.rc('font', family='SimHei', size=10)                     #设置黑体，大小为 10
plt.rcParams['axes.unicode_minus'] = False                   #解决坐标轴负数的负号显示问题
def do_learning_curve(estimator,title,X,y,cv=None,n_jobs=1,train_sizes=np.linspace
(0.1,1.0, 5)):
    plt.xlabel("训练集样本数")
    plt.ylabel("验证集预测准确分数")
    plt.title(title)
    train_sizes,train_scores,test_scores=learning_curve(estimator,X,y,cv=cv,n_jobs=
n_jobs,train_sizes=train_sizes)                              #学习曲线观测
    print('训练集准确度大小',train_scores.shape)
    train_scores_mean = np.mean(train_scores,axis=1)         #训练集训练结果取 n 次交叉验证得分的
                                                              平均值
    test_scores_mean = np.mean(test_scores, axis=1)          #验证集预测结果取 n 次交叉验证得分的
                                                              平均值
    plt.plot(train_sizes,train_scores_mean,'bo-',label="训练集准确度得分")
                                                             #绘制训练集 5 个点位的训练准确度
    plt.plot(train_sizes, test_scores_mean, 'go-',label="交叉验证准确度得分")
                                                             #绘制验证集 5 个点位的训练准确度
    plt.legend(loc="best")
    plt.show()
digits = load_digits()                                   #装入手写字样本数据集
X,y= digits.data,digits.target                           #获取样本数据、对应的标签值
#通过 10 次迭代进行交叉验证，以获得更平滑的平均测试和训练得分曲线，每次随机选择 20%的数据作为验证集
cv=ShuffleSplit(n_splits=10, test_size=0.2, random_state=0)   #随机获取 10 次交叉验证集
estimator = SVC(gamma=0.001)                             #创建 SVC 分类模型，默认值是'rbf'算法
do_learning_curve(estimator=estimator,title='高斯核算法-学习曲线',X=X,y=y,cv=cv,n_jobs=4)
estimator1 = SVC(gamma=0.001,kernel='sigmoid')           #创建 SVC 分类模型，选择'sigmoid'算法
do_learning_curve(estimator=estimator1,title='S 型核算法-学习曲线',X=X,y=y,cv=cv,n_jobs=4)
训练集准确度大小 (5, 10)                                 #5 为 5 个验证点，10 为每个点位 10 次交叉
                                                          验证的准确值
```

从图 13.28 可以看出 SVC 模型的'rbf'算法，通过交叉验证训练还是存在欠拟合现象，在样本数 400 范围内交叉验证准确度与训练集准确度值相差较大。随着样本数增大到 400 开始，两曲线日趋接近，拟合状况变好。

从图 13.29 可以看出 SVC 模型的'sigmoid'算法，通过交叉验证训练拟合相似很好，能接受样本大小所带来的变化影响。

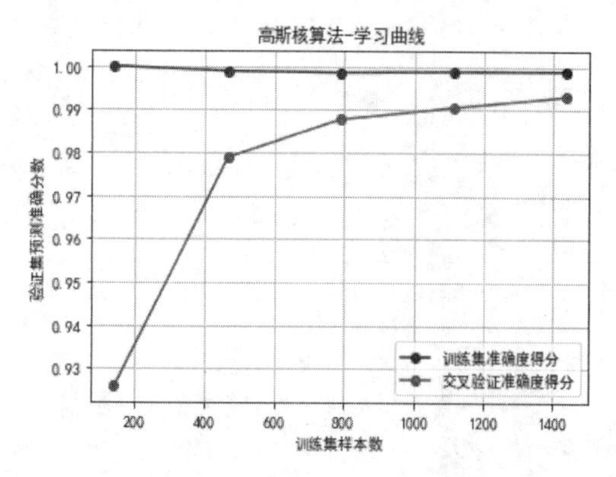

图 13.28　SVC 高斯核算法交叉验证拟合

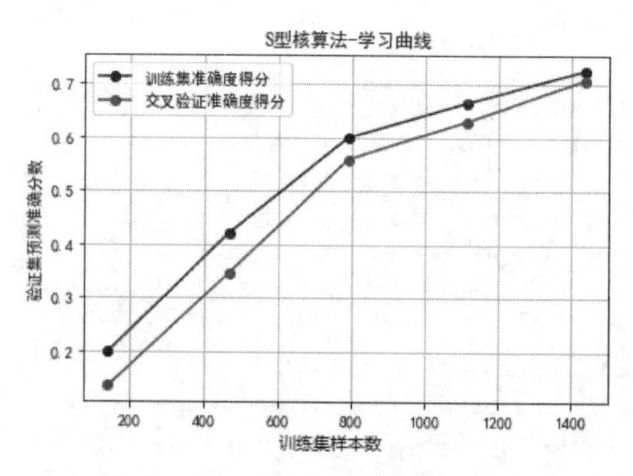

图 13.29　S 型核算法交叉验证拟合

这里需要注意的是，采用'rbf'算法的预测准确度范围在[0.93,1]之间，而'sigmoid'算法只有[0.2,0.75]之间，无论是传统的 Holdout 验证方法还是交叉验证方法，'rbf'算法表现要远远好于'sigmoid'算法。

由此，在实际使用过程中，这里应该采用基于 SVC 模型的'rbf'算法，进行交叉验证训练，并产生更加强壮的模型。

13.7.3　模型固定

对于经过训练、评估认为较优的模型，应该把它固定下来，在实际使用时直接调用预测，而不是先训练再调用预测，这样可以节省大量的时间。

Scikit-learn 库提供了 Python 对象保存函数 joblib.dump()，以文件形式保存经过训练的模型参数内容。

1．dump()函数

函数 joblib.dump(value, filename, compress=0, protocol=None, cache_size=None)，参数说明如下。

（1）value：可以是 Python 任何对象，需要存储到磁盘的对象。

（2）filename：字符串，指定存储文件名。

（3）compress：整数（从 0 到 9），布尔值或 2 值元组，可选，数据的可选压缩级别；0 或 False 不压缩；值越高压缩越多，读取速度也越慢。

（4）protocol：整数，可选，Pickle 协议。

（5）cache_size：该参数在 Scikit-learn 0.10 版本后已经弃用。

2．保存训练模型

```
from sklearn.externals import joblib
from sklearn.datasets import load_digits                      #导入小样本手写数字集
from sklearn.model_selection import train_test_split          #导入样本随机分拆函数
Xtrain,Xtest,Ytrain,Ytest=train_test_split(digits.data,
digits.target,test_size=0.2,random_state=1)
```

```
estimator.fit(Xtrain, Ytrain)                      #模型拟合训练
joblib.dump(estimator, 'digits_svc_g.m')           #保存 13.7.2 小节的高斯核算法 SVC 模型
['digits_svc_g.m']                                 #保存的文件名，可以用%pwd 查看存放路径
```

3. 调用训练模型

```
from sklearn.datasets import load_digits           #导入小样本手写数字集
from sklearn.svm import SVC                        #导入 C-支持向量分类模型
SVC_g=joblib.load('digits_svc_g.m')                #把模型对象从文件中加载
tests=SVC_g.predict(Xtest)                         #测试集预测
SVC_g.score(Xtest,Ytest)                           #测试集预测准确度
0.9944444444444445
```

13.8　数据预处理

到目前为止，书上所使用的样本数据都是 Scikit-learn 自带的经过预处理后的规则数据，可以直接用来训练模型。但是，在实际情况下，采集的原始数据需要进行严格检查，根据数据的特点进行各种预处理后，才能被用于机器学习。

13.8.1　数据预处理基础

原始采集的数据，根据数据类型可以分为数值型的和非数值型的。数值型数据，如鸢尾花花瓣的长度、宽度都是浮点数，手写数字图片数据集都是 0~255 的灰度值。非数值型数据，如学生的性别特征值分为男、女，衣服颜色特征值分为白色、蓝色、黑色、黄色、红色、橘色、灰色、绿色等。

1. 原始采集数据存在的一些问题

（1）特征值缺失，需要通过合适的方式进行弥补，使数据完整。

（2）特征之间的方差过大，使模型学习失败，需要通过标准化处理。

（3）对分类特征值仅提供了连续值，如-2、-1、0、1、2，需要把该类特征值按照正负值进行分类。

（4）对于存在异常值的样本数据，如某城市地表监测温度值存在超过 70℃的异常值，需要进行处理。

（5）一些机器学习模型无法处理非数值型数据，由此需要把该类数据进行数值化处理。

（6）一些机器学习模型需要提供标准化值的数据，使均值为 0，方差为 1。

（7）在训练数据不够多、训练模型结果存在过拟合问题时，需要通过正则化方法进行处理。

2. 常用数据问题预处理方法

1）标准化（Standardization）

数据集的标准化是将数据按比例进行缩放，将其转化为无量纲的纯数值，方便不同单位或量级的指标能够进行比较。如书的厚度、重量、价格，存在不同的单位和不同的数量级，如果不进行标准化处理，模型将无法很好地同时处理这些特征。这里介绍 Z 标准化和 0-1 范围缩放标准化。

（1）Z 标准化（Zero-Score Normalization），又叫标准差标准化

对原始数据集进行标准化可以分为去均值的中心化（特征值的均值为 0）和方差的规范化（特征值的方差为 1）。

```
from sklearn import preprocessing
import numpy as np
Data= np.array([[ 100, 98,78],
          [ 89,  0., 100.],
          [ 0,  99, 95]])
S_data= preprocessing.scale(Data)                          #标准化处理
S_data                                                     #处理结果数据输出
array([[ 0.8263816 ,  0.69631175, -1.38058503],
     [ 0.58070058, -1.41415891,  0.95578964],
     [-1.40708219,  0.71784716,  0.4247954 ]])
```

接下来需要验证标准化处理的数据在特征均值上是否等于 0，方差是否为 1。

```
fm=S_data.mean(axis=0)                                     #求每列特征值的均值
print('特征值均值为',fm)
print('特征值均值为%.2f,%.2f,%.2f'%(fm[0],fm[1],fm[2]))
特征值均值为 [ 0.00000000e+00 -7.40148683e-17  1.85037171e-17]
特征值均值为0.00,-0.00,0.00
fs=S_data.std(axis=0)                                      #求每列特征值的方差
print('特征值方差',fs)
特征值方差 [1. 1. 1.]
```

执行结果确定原始数据被处理成特征均值为 0、方差为 1 的标准化数据。

（2）0-1 范围缩放标准化

0-1 标准化对数据集进行线性变换，使结果落到[0,1]区间，其计算公式如下：

$$x = \frac{x - \min}{\max - \min} \tag{13.2}$$

式（13.2）中的 max、min 分别为数据集的最大值和最小值。

```
scaler =preprocessing.MinMaxScaler()
print(scaler.fit(Data))                                    #样本数据 0-1 化训练
print(scaler.transform(Data))                              #转置为 0-1 范围的标准化
MinMaxScaler(copy=True,feature_range=(0,1))                #0-1 化训练结果
[[1.         0.98989899 0.        ]                       #输出 0、1 化结果
 [0.89       0.         1.        ]
 [0.         1.         0.77272727]]
```

2）正则化（Normalization）

机器学习的分类或聚类需要用到数据的正则化。如用于文本内容的分类，对文本上下文内容的聚类。

Scikit-learn 的 preprocessing 模块提供了正则化函数 normalize()。

函数 preprocessing.normalize (X, norm='l2', axis=1, copy=True, return_norm=False)，参数

说明如下。

（1）X：形状为[n_samples, n_features]的数组或稀疏矩阵，指定需要规范化的数据。

（2）norm：指定正则化非零样本的标准（在 axis=0，则正则化每个非零特征），可选项为{'l1', 'l2','max'}，默认值为'l2'[①]。

（3）axis：值为 0 或 1，默认值为 1。值为 1，则规则化样本值；值为 0，则正则化每个特征。

（4）copy：布尔值，可选，默认值为 True，则复制原始数据并进行规则化；值为 False，则直接对原始数据进行规则化。

（5）return_norm：布尔值，默认值为 False，设置 True 则返回计算的规则标准。

```
Data= np.array([[ 100, 98,  78],
[ 89,  0., 100.],
             [ 0,  99, 95]])
n_2= preprocessing.normalize(Data, norm='l2')                  #数据按照 l2 标准进行正则化
n_2
array([[0.62392854, 0.61144997, 0.48666426],
       [0.66482736, 0.        , 0.74699704],
       [0.        , 0.72153295, 0.6923801 ]])
```

13.8.2　手写数字的预处理

Scikit-learn 提供自带的手写数字图片——无论 digits 还是 MNIST 都是已经处理过的样本数据集。下面亲自写几个数字，然后拍成图片，让模型去识别。第一步需要制作符合要求的手写数字图片，并对图片数据进行预处理。

1. 建立原始手写数字图片

在纸上写几个数字，用手机或照相机拍照并上传到计算机中，用画板打开，如图 13.30 所示。在画板里选取一个数字，如“5”，注意选取时像素范围长、宽必须一样。可以仔细观测画板最下方状态栏里的像素变化，然后截取数字并复制到新的画板里（可以提早打开另外一个空白画板），在新画板里选择“重新调整大小”，把图片的长宽像素都设置为 28 并确认，就可以产生如图 13.31 所示的大小符合样本数据要求的标准手写数字图片。

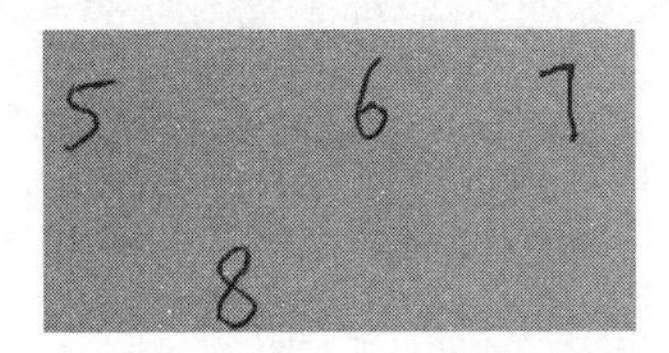

图 13.30　原始手写图片

图 13.31　长和宽都为 28 像素的图片

2. 保存数字图片

图 13.31 所示的数字图片调整像素后，在画板里保存，保存时保存类型选择“单色位图”，相当于黑白图片。然后把该图片另存为 JPG 格式的图片，文件名为 F5_T.jpg。把该文件复制到类似

---

① 正则化方法，百度百科，https://baike.baidu.com/item/正则化方法，提供'l2'、'l1'的正则化方法。

的样本图片路径下。

```
C:\Users\111\AppData\Roaming\Python\Python37\site-packages\sklearn\datasets\images
```

3．分析预处理图片

```
import matplotlib.pyplot as plt
from sklearn.datasets import load_sample_image
plt.rc('font', family='SimHei', size=10)          #设置黑体，大小为10
plt.rcParams['axes.unicode_minus'] = False        #解决坐标轴负数的负号显示问题
Five=load_sample_image(r'F5_T.jpg')               #从默认样本图片路径下读取手写数字 5 的图片
plt.imshow(Five)                                  #显示图片如图 13.32 所示
plt.title('手写5')
plt.show()
```

继续查看“5”图片的数字特点。

```
Five.shape
(28, 28, 3)
```

该数字的数组维度为三维，不符合digits或MNIST样本数据的处理要求。从该数组的第一维度3可以知道该图片存在RGB三个颜色通道，可以取第一个颜色通道值，使图片数组变成二维数组。

```
F1=Five[:,:,0]                                    #保留第一维的第 0 个通道的值
```

观察图片“5”的数组值情况。

```
F1                                                #显示图片“5”的数组值
array([[254, 255, 254, 255, 254, 254, 255, 254, 255, 255, 254, 255, 255,253, 255,
255, 255, 254, 255, 255, 251, 254, 255, 255, 253, 255,255, 255],
       [255, 255, 255, 252, 255, 254, 254, 255, 255, 253, 253, 254, 255,253, 255,
252, 254, 255, 251, 255, 255, 255, 254, 252, 255, 254,254, 253],
       [255, 253, 253, 255, 254, 255, 254, 253, 255, 255, 255, 255, 255,255, 253,
255, 255,   0,   5,   0,   0,   0,   2,   0,   2, 255,250, 255],
       [255, 255, 255, 255, 253, 254, 255, 254,   3,   0, 254,   0,   1, 0,   0,   0,
0,   0,   0,   4,   1,   2,   1,   1,   0, 255,255, 254],
       [255, 252, 253, 255, 254, 255, 255, 255,   0,   0,   1,   4,   0,3,   2,   2,
0,   2,   1,   0,   0,   0,   0, 254, 255, 255,251, 252],
…
```

该图片的数值是范围从0到155的整数，大于200的都是代表图片的空白处，小于10的代表“5”的形状。数组维度为二维，满足样本数据的测试要求。

但是样本数据的空白都用0表示，其整数值用于表示手写数字的形状（见13.3.2小节内容），于是尝试用0-1范围缩放标准化函数MinMaxScaler()来预处理数据。

```
from sklearn import preprocessing
plt.rc('font', family='SimHei', size=10)          #设置黑体，大小为10
plt.rcParams['axes.unicode_minus'] = False        #解决坐标轴负数的负号显示问题
scaler =preprocessing.MinMaxScaler()
scaler.fit(F1)                                    #样本数据 0-1 化训练
```

```
F2=scaler.transform(F1)                                #转置为 0-1 范围的标准化
plt.imshow(F1)                                         #显示 0-1 范围标准化处理后的图片效果
plt.title('手写 5')
plt.show()
```

0-1 缩放标准化后的图片“5”显示如图 13.33 所示。继续查看 0-1 缩放标准化后的数组值。

```
F2
array([[0.75, 1. , 0.75, 1., 0.83333333,0.99607843, 1., 0.99607843, 1. , 1. ,0.99607843,
1.  , 1. , 0.99215686, 1.,1. , 1. , 0.99607843, 1. , 1. ,0.98431373, 0.99607843, 1. ,
1. , 0.99215686,1. , 1. , 1. ],
    [1. , 1., 1. , 0.25, 1. ,0.99607843, 0.99607843, 1., 1. , 0.99215686,0.99215686,
0.99607843, 1., 0.99215686, 1. ,0.98823529, 0.99607843, 1. , 0.98431373, 1. ,1. , 1. ,
0.99607843, 0.98823529, 1. ,0.5, 0.8 , 0.33333333],
…
```

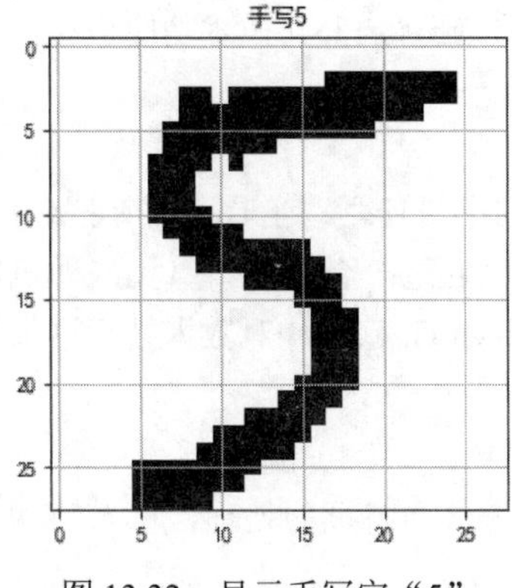

图 13.32　显示手写字“5”

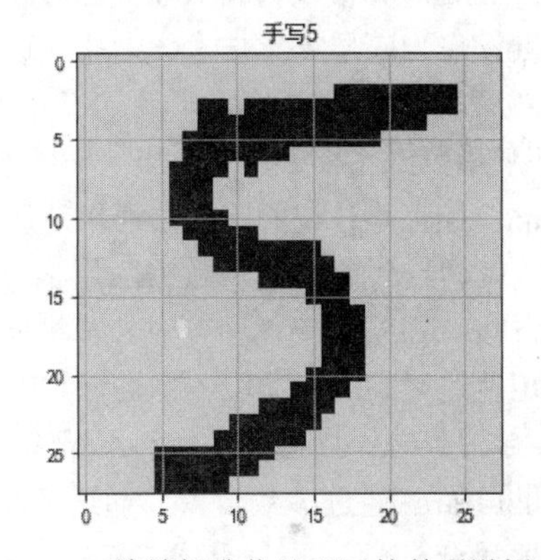

图 13.33　0-1 缩放标准化处理后的单通道颜色“5”

缩放后的数据值范围在[0,1]之间，将平均值以下的值置为 True，平均值以上的值置为 False，并转为 0、1。0 值表示为图片的空白，1 值表示为“5”的形状。

```
C=np.ones((28,28))*0.5                     #取中值，并产生 28*28 的均值数组
F3=C>F2                                    #均值数值与同形状的“5”图片数组进行数值比较
F3=F3.astype(int)                          #逻辑值转为整数，True 转为 1，False 转为 0
F3                                         #输出二值数组值
```

数组 C 与 F2 比较，当值小于均值时产生 True，当值大于均值时产生 False，最后把 True 转为 1，把 False 转为 0。

```
array([[0,0,0,0,0,0,0,0,0,0,0,0,0,0,0,0,0,0,0,0,0,0,0,0,0,0,0],
      [0,0,0,1,0,0,0,0,0,0,0,0,0,0,0,0,0,0,0,0,0,0,0,0,0,0,0, 1],
      [0,0,0,0,0,0,0,0,0,0,0,0,0,0,0,0,0,1,1,1,1,1,1,1,1,0,1, 0],
      [0,0,0,0,0,0,0,0,1,1,0,1,1,1,1,1,1,1,1,1,1,1,1,1,1,0,0, 0],
      [0,1,0,0,0,0,0,0,1,1,1,1,1,1,1,1,1,1,1,1,1,1,1,0,0,0,1, 1],
      [0,0,1,1,0,0,0,1,1,1,1,1,1,1,1,1,1,1,1,0,0,0,0,0,0,0,0, 0],
…
```

经过数据预处理后的数组数据具有很强的 0、1 数值特征，并较好地体现了“5”的形状，具备了手写数字预测的要求。在 13.10 节将对该预处理后的数值进行识别测试。

13.9　Scikit-learn 与 TensorFlow 的比较

到目前为止，读者初步了解了 Scikit-learn 库机器学习的基本原理和功能，并具备初步应用的能力，这也是本书的基本定位。因为机器学习内容范围很广，Scikit-learn 本身内容也非常丰富，如果需要深入掌握，至少需要一本专业书籍来专题介绍。在完成本书基本内容的学习后，读者对传统机器学习知识有了基本的了解，但是要在机器学习方面深入发展，还是远远不够的。目前流行的深度学习、强化学习等专业知识需要读者继续深入掌握。尤其是谷歌这几年推出的机器学习工具——TensorFlow 很值得大家关注和学习。震惊世界的打败世界围棋冠军的 AlphaGo 就是采用 TensorFlow 作为底层支撑技术。为此，这里对 Scikit-learn 和 TensorFlow 技术功能进行简单对比，方便读者深入学习。

1. 使用范围不同

Scikit-learn 是传统的、面向通用功能的、中小规模应用的机器学习工具，而 TensorFlow 主要面向深度学习、进行大规模数据应用学习。Scikit-learn 可以通过一台个人计算机来做机器学习，而 TensorFlow 在实际工作中，对计算机要求会很高，需要专用 GPU 芯片对数据处理进行加速，并需要采用性能更高的专业服务器进行数据处理。

2. 学习方式不同

Scikit-learn 通过参数设置，通过不同模型的选择，通过数据特征的处理，在人辅助的情况下进行机器学习。

TensorFlow 学习方式更加高级，它通过自身的机器学习模型，自动提炼数据，无须人为辅助。

3. 学习难度不同

Scikit-learn 适合机器学习的初学者入门学习，而 TensorFlow 不适合机器学习的入门教育。

TensorFlow 工具的官网地址为 https://tensorflow.google.cn/。

TensorFlow 工具的官网下载地址为 https://tensorflow.google.cn/install。

13.10　案例 14 [三酷猫预测手写数字]

在 13.8.2 小节里实现了亲自动手制作的数字“5”图片的预处理，满足了机器学习模型的数据预处理要求。接下来，需要通过模型识别该图片，看看识别效果如何。

基本处理思路是调用 MNIST 手写数字样本，进行决策树回归模型训练，然后用该模型去预测新数字“5”，观测预测结果。

处理过程在 13.8.2 小节处理的基础上继续执行如下代码。

```
F3=F2.reshape(F2.size,).astype(int)                #把数组从二维降到一维，方便后续模型识别
```

对新数字“5”图片进行模型识别。

```
from sklearn.model_selection import train_test_split      #导入样本分类器
from sklearn.datasets import fetch_mldata
mnist= fetch_mldata('MNIST original')                     #加载 70000 张手写数字图片
x, y = mnist['data'], mnist['target']            #把图片数据赋值给 x，把对应的标签值赋值给 y
train_X,test_X,train_y,test_y=train_test_split(x,y,test_size=0.2,random_state=201)
                                                 #按照 4:1 分割训练集
from sklearn import tree
tree_model=tree.DecisionTreeRegressor()          #创立决策树回归模型
tree_model.fit(train_X, train_y)                 #对训练集数据进行模型学习
result=tree_model.predict([F3])                  #用测试集数据“5”的图片数据进行预测
print(result)                                    #输出预测分类结果
[5.]                                             #识别结果是数字 5，跟实际图片内容一致
```

注意：

手写图片的数字建议用圆珠笔写，字的粗细、字型的大幅变化会影响识别的准确度。

13.11 习题及实验

1. 填空题

（1）特征刻画一事物异于其他事物的特点，由（ ）和（ ）组成。

（2）机器学习中的模型，借助（ ）和（ ）形成固定模式，实现对事物性质的准确判断或表达。

（3）机器学习的样本集数据可以分（ ）集、（ ）集和（ ）集，其中前两类使用场景最多。

（4）Scikit-learn 库所提供的模型采用统一的使用方法，（ ）方法用于训练模型，（ ）方法用于预测模型，（ ）方法用于预测准确度的评分。该特点简化了学习难度，有利于读者更好地掌握模型使用功能。

（5）训练完成的模型在实际使用中表现不佳，可以从（ ）、模型训练（ ）选择、模型（ ）调优、（ ）选择着手进行完善。

2. 判断题

（1）SVC 全称 C-Support Vector Classification（C-支持向量分类），通过样本数据间的间隔（距离）计算对数据进行分类。（ ）

（2）分类模型、聚类模型都应用于事物的分类，都是监督学习模型，都借助训练集、测试集训练模型。（ ）

（3）通过降维方法，可以降低数据集处理的特征维度，减少对存储空间的要求，提高运行效率，使数据处理可视化，使机器学习更加实用，属于无损数据处理。（ ）

（4）欠拟合是指模型拟合程度不高，数据距离拟合曲线较近，或模型没有很好地捕捉到数据特征，不能够很好地拟合数据。（ ）

（5）在实际情况下，采集的原始数据需要进行严格检查，根据数据的特点进行各种预处理后，才能被用于机器学习。（　　）

3. 实验题

实验一：降维前后的训练时间比较

利用 13.6.2 小节手写数字图像降维代码，并选择 SGDClassifier()模型，测试降维前后模型训练所花时间。

实验二：分析手写数字泛化性不强的原因

把案例 14 [三酷猫预测手写数字]的测试图片换成 F51.png 图片，图片资料见书附赠地址。该图片数字 5 由作者用画图软件通过鼠标绘制。

分析泛化性不强的主要因素，并提出完善学习模型建议（至少两点）。

附录一 数据类型

序　号	数据类型	说　明
1	bool_	布尔型（True 或者 False）
2	int_	默认的整数类型（与 C 语言中的 long 类似，一般为 int32 或 int64）
3	intc	与 C 的 int 类型一样，一般为 int32 或 int 64
4	intp	用于索引的整数类型（类似于 C 的 ssize_t，一般为 int32 或 int64）
5	int8	字节（值范围为-128～127）
6	int16	整数（值范围为-32768～32767）
7	int32	整数（值范围为-2147483648～2147483647）
8	int64	整数（值范围为-9223372036854775808～9223372036854775807）
9	uint8	无符号整数（值范围为 0～255）
10	uint16	无符号整数（值范围为 0～65535）
11	uint32	无符号整数（值范围为 0～4294967295）
12	uint64	无符号整数（值范围为 0～18446744073709551615）
13	float_	float64 类型的简写
14	float16	半精度浮点数，长度包括：1 个符号位，5 个指数位，10 个尾数位
15	float32	单精度浮点数，长度包括：1 个符号位，8 个指数位，23 个尾数位
16	float64	双精度浮点数，长度包括：1 个符号位，11 个指数位，52 个尾数位
17	complex_	complex128 类型的简写，即 128 位复数
18	complex64	复数，表示双 32 位浮点数（实数部分和虚数部分）
19	complex128	复数，表示双 64 位浮点数（实数部分和虚数部分）
20	string	固定长度的字符串类型（每个字符 1 个字节）

续表

序　号	数据类型	说　明
21	unicode_	固定长度的 unicode 类型的字符串，如 U7、U8、U9 等
22	object_	Python 对象类型
23	Bytes_	Python 字节类型

不同的数据类型具有不同的字节长度和不同的取值精度，是在科学研究和利用低级语言（如 C、Fortran 语言嵌入 Python 编程）做扩展功能开发时需要考虑的因素。当对小数点精度有要求时，必须慎重选择数值类型。如 int 和 intp 具有不同的取值范围，具体取决于计算机内存寻址是 32 位还是 64 位。对于浮点数，通常是 64 位浮点数，几乎相当于 np.float64。在一些不寻常的情况，使用更精确的浮点数是必要的。

附录二 数组常量

常数名称	调用方式	示例	使用说明

正无穷	numpy.inf
	numpy.Inf
	numpy.Infinity
	numpy.infty
	numpy.PINF
		>>> import numpy as np
		>>> np.inf
		Inf
			代表数学里的正无穷数

负无穷	numpy.NINF	>>> np.NINF -inf	代表数学里的负无穷数
正零	numpy.PZERO	>>> np.PZERO 0.0	
负零	numpy.NZERO	>>> np.NZERO -0.0	
非数值 Not a Number	numpy.NAN numpy.NaN numpy.nan	>>> np.NAN nan	当数组、二维表遇到缺失数据的情况时，用该常量表示。nan 是特殊的浮点型（float）
自然常数 e	numpy.e	>>> np.e 2.718281828459045	
伽马	numpy.euler_gamma	>>> np.euler_gamma 0.5772156649015329	
π	numpy.pi	>>> np.pi 3.141592653589793	

扩展维度	numpy.newaxis	>>> x = np.arange(3)
		>>> x.ndim
		1
			None 的别名

续表

常数名称	调用方式	示　例	使用说明

扩展维度	numpy.newaxis	>>> x2=x[:,np.newaxis]
		>>> x2.ndim
		2
		>>>
		x3=x[:,np.newaxis,np.newaxis]
		>>> x3.ndim
		3
		>>> x3.shape
		(3, 1, 1)
			None 的别名

np.isfinite(x)函数：判断元素的有限性，有限（x 不是无穷大或 NaN）则返回 True，无限则返回 False。

```
>>> np.isfinite(np.inf)                    #np.inf 正无穷大
False
>>> np.isfinite(np.nan)                    #NaN 值
False
>>> np.isfinite(np.pi)
True
```

np.isnan(x)函数：判断 x 是否是非数值，是非数值则返回 True，否则返回 False。

```
>>> np.isnan(np.nan)
True
>>> np.isnan(np.pi)
False
```

np.isinf(x)函数：判断 x 是否是正无穷大，是则返回 True，否则返回 False。

```
>>> np.isinf(np.inf)
True
>>> np.isinf(np.PZERO)
False
```

附录三 Matplotlib 的线型、线色、图标

1. 线型风格(Line Styles)

序 号	字 符	功能描述
1	'-'	实线
2	'--'	虚线
3	'-.'	点划线
4	':'	虚点线

2. 线色(Color)

序 号	字 符	颜 色
1	'b'	蓝色(blue)
2	'g'	绿色(green)
3	'r'	红色(red)
4	'c'	青色(cyan)
5	'm'	品红(magenta)
6	'y'	黄色(yellow)
7	'k'	黑色(black)
8	'w'	白色(white)

3. 图标(Markers)

序 号	字 符	图标说明
1	'.'	点
2	','	像素点
3	'o'	圆点
4	'v'	下三角点

续表

序　　号	字　　符	图 标 说 明
5	'^'	上三角点
6	'<'	左三角点
7	'>'	右三角点
8	'1'	下三叉点
9	'2'	上三叉点
10	'3'	左三叉点
11	'4'	右三叉点
12	's'	正方点
13	'p'	五角点
14	'*'	星形点
15	'h'	六边形点 1
16	'H'	六边形点 2
17	'+'	加号点
18	'x'	乘号点
19	'D'	实心菱形点
20	'd'	瘦菱形点
21	'_'	横线点

附录四 机器学习数据集详细说明

1. 小数据集（Toy Dataset）

Scikit-learn 七类自带小数据集，供机器学习数据使用的样本数据。

（1）鸢尾花数据集

样本数量：记录三个品种 150 朵鸢尾花（各 50 朵）的四种特征信息

调用方式：from sklearn.datasets import load_iris

数据内容（特征信息）：萼片长度、萼片宽度、花瓣长度、花瓣宽度

数据标签：分类标签值（0，1，2）

（2）波士顿房价数据集

样本数量：506 条波士顿房价，含 13 个特征信息

调用方式：from sklearn.datasets import load_boston

数据内容（特征信息）：'CRIM', 'ZN', 'INDUS', 'CHAS', 'NOX', 'RM', 'AGE', 'DIS', 'RAD','TAX', 'PTRATIO', 'B', 'LSTAT'

数据标签：MEDV 自住房屋的中位数价值 1000 美元

（3）糖尿病数据集

样本数量：442 名糖尿病 10 个特征信息

调用方式：from sklearn.datasets import load_diabetes

数据内容（特征信息）：年龄、性别、体重指数、平均血压、6 个血清测量值（S1、S2、S3、S4、S5、S6）

数据标签：基线后一年的疾病进展的定量测量

（4）手写数字数据集

样本数量：1797 张手写数字图片

调用方式：from sklearn.datasets import load_digits

数据内容（特征信息）：每个图片记录了 64 个像素属性值（8×8），属性值范围为 0~16

数据标签：标记 10 类数字（0，1，2，…，9）

（5）人生理数据集

样本数量：包含两个小数据集，其中生理数据集 linnerud_physiological.csv，20 个观察值；运动数据集 linnerud_exercise.csv，20 个观察值

调用方式：from sklearn.datasets import load_linnerud

数据内容（特征信息）：运动特征值为引体向上、仰卧起坐、跳跃

数据标签：重量、腰围和脉搏

（6）葡萄酒识别数据集

样本数量：178 条葡萄酒 13 个特征记录

调用方式：from sklearn.datasets import load_wine

数据内容（特征信息）：Alcohol（酒精度）、Malic Acid（苹果酸）、Ash（灰分）、Alcalinity of Ash（灰分的碱度）、Magnesium（镁）、Total Phenols（总酚）、Flavanoids（黄酮）、Nonflavanoid Phenols（非黄烷类酚）、Proanthocyanins（花青素）、Colour Intensity（颜色强度）、Hue（色调）、OD280/OD315 of diluted wines（稀释葡萄酒）、Proline（脯氨酸）

数据标签：三个品种的葡萄酒的值（0，1，2）

（7）乳腺癌威斯康星（诊断）数据集

样本数量：569 条乳腺癌威斯康星（诊断）数据，30 个特征

调用方式：from sklearn.datasets import load_breast_cancer

数据内容（特征信息）：radius (mean)半径（平均值）、texture (mean)纹理（平均值）、perimeter (mean)周长（平均值）、area(mean)面积（平均值）、smoothness(mean)平滑度（平均值）、compactness(mean)致密度（平均值）、concavity (mean)凹度（平均值）、concave points (mean)凹点（平均值）、symmetry(mean)对称性（平均值）、fractal dimension (mean)分形维数（平均值）、radius (standard error)半径（标准误差）、texture (standard error)纹理（标准误差）、perimeter (standard error)周长（标准误差）、area (standard error)面积（标准误差）、smoothness (standard error)平滑度（标准误差）、compactness (standard error)致密度（标准误差）、concavity (standard error)凹度（标准误差）、concave points (standard error)凹点（标准误差）、symmetry (standard error)对称性（标准误差）、fractal dimension (standard error)分形维数（标准误差）、radius (worst)半径（最差）、texture (worst)质地（最差）、perimeter (worst)周长（最差）、area (worst)面积（最差）、smoothness (worst)平滑度（最差）、compactness (worst)致密度（最差）、concavity (worst)凹陷（最差）、concave points (worst)凹点（最差）、symmetry (worst)对称性（最差）、fractal dimension (worst)分形维数（最差）

数据标签，恶性、良性（0，1）

2. 真实世界数据集

Scikit-learn 提供的真实世界数据集为来自实际应用的、更大规模的数据，在实际机器学习使用中，更具实际应用价值。该类数据第一次使用时，需要通过函数下载数据到本地计算机上，才能被使用。

（1）剑桥大学 AT&T 实验室面部数据集

样本数量：400 条样本，4096 个特征

调用方式：fetch_olivetti_faces()

数据内容（特征信息）：图像灰度值

数据标签：0~39之间的整数

（2）20个新闻组数据集

样本数量：20类，18846条样本，1个特征

调用方式：fetch_20newsgroups_vectorized()、fetch_20newsgroups()

数据内容（特征信息）：文本内容

数据标签：20个分类标签值，文本型

（3）野外人脸识别数据集

样本数量：5749类13233条样本，5828个特征（特征值为0~255）

调用方式：fetch_lfw_people()、fetch_lfw_pairs()

数据内容（特征信息）：图像灰度值

数据标签：姓名

（4）森林覆盖数据集

样本数量：7类581012个样本，54个特征

调用方式：fetch_covtype()

数据内容（特征信息）：名称、数据类型、测量、描述、海拔、方位角、坡度、土壤类型等

数据标签：1~7代表森林覆盖类型

（5）路透社新闻专线报道档案数据集（第一卷）

样本数量：103类804414条样本，47236个特征（特征值为0、1）

调用方式：fetch_rcv1()

数据内容（特征信息）：新闻记录

数据标签：值为0、1

（6）KDD Cup99数据集

样本数量：4898431条，41个特征

调用方式：fetch_kddcup99()

数据内容（特征信息）：TCP基本连接特征包含了一些连接的基本属性，如连续时间，协议类型，传送的字节数等

数据标签：值为“normal”或异常类型的名称

（7）加州住房数据集

样本数量：20640条样本，8个特征

调用方式：fetch_california_housing()

数据内容（特征信息）：中位数、房龄、平均房间数、平均卧室数、人口、平均入住率、维度、经度

数据标签：无

附录五 本书附赠代码清单

本书附赠代码见 books2019V1.zip 压缩包。

（1）解压后 books2019V1 子路径下是.ipynb 的代码文件

（2）images 子路径下是书测试用图片

（3）data 子路径下是书测试用 cvs、wav 文件

（4）pycode 子路径下是书测试用 py 文件

章　次	代码文件名称	所属节内容
第 1 章	无	
第 2 章	U2_23 节.ipynb	2.3 Jupyter Magic（魔法）命令
	U2_Experiment1	实验一，代码文件丢失问题的解决 实验二，用魔法命令调试
	U2Experiment1.py	
第 3 章	U3_31_32 节.ipynb	3.1 接触 Numpy 3.2 建立数组（3.2.1 和 3.2.2 节）
	U3_32 节_属性方法.ipynb	3.2.3 数组属性的使用 3.2.4 数组方法的使用
	U3_33_Slice.ipynb	3.3 索引与切片
	U3_34_Mathematical_calculation	3.4 基本数学计算
	U3_35_1 初等函数	3.5.1 初等函数
	U3_35_23 随机集合函数	3.5.2 随机函数 3.5.3 数组集合运算
	U3_35_45 基础高级统计	3.5.4 基础统计函数 3.5.5 高级统计函数

续表

章　次	代码文件名称	所属节内容
第 3 章	U3_35_6_sort_other	3.5.6 排序 3.5.7 将数值替换到数组指定位置 3.5.8 增加和删除行（列） 3.5.9 数值修约等杂项函数
	U3_link_split_example1	3.2.6 案例 1[建立学生成绩档案]
	U3_Experiment1	实验一，三酷猫批发冰淇淋
	U3_Experiment2	实验二，三酷猫图像处理
第 4 章	U4_4142_行列式矩阵建立 1	4.1 行列式建立及计算 4.2.1 构建矩阵
	U4_424344	4.2.2~4.2.4 节 4.3 求线性方程组 4.4 向量、特征向量、特征值 4.5 案例 5 [三酷猫求三维空间面积]
	U4_Experiment1	实验一，求方阵 ***A*** 的特征值、特征向量 实验二，三酷猫求围棋格子的所有坐标
第 5 章	U5_51_File	5.1 处理数据文件
	U5_52_12_narray	5.2.1 数组结构 5.2.2 副本与视图
	U5_54_Example_food	5.4 案例 6 [三酷猫制订减肥计划]
	U5_52_3broadcasting	5.2.3 广播原理
	U5_Experiment1	实验一，广播计算 实验二，三酷猫文字处理
第 6 章	U6_6162_Image	6.1 开始绘图 6.2 绘制图形
	U6_6364_photo	6.3 处理图像 6.4 案例 7 [三酷猫戴皇冠]
	U6_Experiment1	实验一，在猫图片上加一个数字 5，采用两种方法添加 实验二，把实验一的图片进行灰度处理，切割数字，保存数字图片
第 7 章	U7_717273_3D	7.1 绘制三维图形 7.2 动画 7.3 工程化
	U7_7475_Params	7.4 参数配置 7.5 案例 8[三酷猫设计机械零配件]
	U7_Experiment1	实验一，用两种方法各建立一个立方体 实验二，旋转立方体
	U7_Experiment1.py	建议在 IDLE、Pycharm 上运行三维动画

续表

章　次	代码文件名称	所属节内容
第 8 章	U8_1234_base	8.1 接触 Scipy 8.2 特殊数学函数（special） 8.3 读写数据文件（io） 8.4 线性代数（linalg）
	U8_56_stats-ODE	8.5 统计（stats） 8.6 积分（integrate）
	U8_789_spatial	8.7 空间算法和数据结构（spatial） 8.8 稀疏矩阵（sparse） 8.9 案例 9 [三酷猫统计岛屿面积]
	U8_Experiment1	实验一，对手写数字，如 5（根据书上要求制作）进行描述性统计，并用条形图展现其特征 实验二，对数学公式在二维坐标图上产生的曲线封闭空间进行面积计算
第 9 章	U9_123456_Scipy2	9.1 信号处理（signal） 9.2 插值（interpolate） 9.3 优化与拟合（optimize） 9.4 多维图像处理（ndimage） 9.5 聚类（cluster） 9.6 案例 10 [三酷猫图像文字切割]
	U9_Experiment1	实验一，根据提供的散点值，样条插值方法连接曲线 实验二，在图 9.32 的基础上，切割字母 A，并用直方图统计 A 的特征
第 10 章	U10_12_Series	10.1 接触 Pandas 10.2 Series 基本操作
	U10_34_DataFrame	10.3 DataFrame 基本操作 10.4 DataFrame 数据索引深入
	U10_567_CRW	10.5 数据计算 10.6 读写数据 10.7 案例 11 [三酷猫发布交易公告]
	U10_Experiment1	实验一，对 MySQL 数据库数据进行读写操作 实验二，对实验一数据进行统计并发布
第 11 章	U11_1234_Pandas	11.1 缺失数据处理 11.2 多源数据操作 11.3 数据转置和透视表 11.4 数据统计

续表

章　　次	代码文件名称	所属节内容
第 11 章	U11_5678_groupby	11.5 数据分组和聚合运算 11.6 数据可视化 11.7 字符串数据处理 11.8 案例 12 [三酷猫分析简历]
	U11_Experiment1	实验一，对表 11.4 和表 11.5 所示二维数据对象实现数据的四种合并操作 实验二，对图片进行样本描述性统计
	resume.csv、MD.csv	
第 12 章	U12_12_DateTime	12.1 时间处理基础 12.2 时间增量处理
	U12_34567_Period	12.3 时间周期处理 12.4 日期偏移处理 12.5 日期重采样 12.6 基于时间的绘图处理 12.7 案例 13 [三酷猫分析历年分数线]
	U12_Experiment1	实验一，获取 2020 年 12 个月的月末日期并计算当日的星期 实验二，观察读者入书群时间规律
	中国 GDP 数据.csv	
第 13 章	U13_123_Skilearn	13.1 机器学习入门 13.2 数据准备 13.3 分类
	U13_4_sklearn	13.4 回归
	U13_5_聚类	13.5 聚类
	U13_6_降维	13.6 降维
	U13_7_ModelSelection	13.7 模型选择
	U13_810_Example	13.8 数据预处理 13.10 案例 14 [三酷猫预测手写数字]
	U13_Experiment1	实验一，降维前后的训练时间比较 实验二，分析手写数字泛化性不强的原因

参考文献

[1] [美]John V.Guttag．编程导论[M]．梁杰，译．北京：人民邮电出版社，2015.

[2] 刘瑜．Python 编程从零基础到项目实战[M]．北京：中国水利水电出版社，2018.

[3] Jupyter 官网，https://jupyter.org/.

[4] Numpy 官网，http://www.numpy.org/.

[5] Scipy 官网，https://docs.scipy.org/doc/.

[6] Matplotlib 官网，https://matplotlib.org/.

[7] Scikit-learn 官网，https://scikit-learn.org/stable/.

[8] 盛骤，谢式千，潘承毅．概率论与数理统计[M]．北京：高等教育出版社，2008.

[9] 同济大学数学系．高等数学[M]．7 版．下册．北京：高等教育出版社，2014.

[10] 同济大学数学系．工程数学线性代数[M]．6 版．北京：高等教育出版社，2014.

[11] 张贤达．矩阵分析与应用[M]．北京：清华大学出版社，2014.

[12] 丁同仁，李承治．常微分方程教程[M]．2 版．北京：高等教育出版社，2004.

[13] 程乾生．数字信号处理[M]．北京：北京大学出版社，2003.

[14] Tom M.Apostol．数学分析[M]．2 版．邢富冲，邢辰，李松洁，贾婉丽，译．北京：机械工业出版社，2004.

[15] 周志华．机器学习[M]．北京：清华大学出版社，2016.

后 记

从准备到写完这本书，花了一年的时间，书写多了就不觉得辛苦了，更多的是快乐，因为可以把自己最宝贵的知识及实践经验与更多人共享。上本书是给 Python 入门的读者写的，书名是《Python 编程从零基础到项目实战》，这本书其实是在上本书的基础上做技术拓展，主要为想从事数据分析、科学计算、机器学习的读者，提供入门级别的学习内容。通过本书的学习，读者至少具备了中级水平的解决实际问题的能力，如数据分析师，可以利用 Pandas 库做专业的数据分析；研究人员，可以利用 Numpy、Scipy、Matplotlib 库做物理、生物、金融等专题的研究和数据分析；机器学习工程师，可以通过 Scikit-learn 库跨入人工智能的大门。当然，书上也提供了很多具有实战意义的案例和实验内容，如 QQ 群入群规律分析、处理历年分数线、数字图像识别等。

对于已掌握本书知识的读者，后续可以继续深入学习和研究相关的知识。

数据分析方面：读者至少要熟悉 SQL、NoSQL 数据库知识，因为本书提供更多的是数据处理、数据分析的内容。对数据的管理，数据库是必须熟悉的内容。对于基础条件比较好的读者，可以找专门介绍 Numpy、Pandas 的书，进行更加深入的学习。

科学计算方面：其实是数据和算法对专业内容的处理和分析。深入学习 Numpy、Scipy 是必然的，另外也应该掌握 SymPy、Pyodide 等库的使用。

机器学习方面：除了深入学习 Scikit-learn 库外，知名的还包括 PyBrain、Pylearn2 等，目前主推学习 TensorFlow 库内容。在视觉识别方面可以考虑 OpenCV，音频识别可以选择 eyeD3 库等。

三维可视化方面：除了深入学习 Matplotlib 还可以选择更加专业的 PyOpenGL、gdal 等。

有点啰唆，但是给出了后续深入学习和研究的方向，仅供参考。

时间有限，走对的路是非常重要的——赠送给读者的话。